生态文明与
西北区域环境变迁

束锡红 胡鹏 陈祎 屈原骏 著

上海人民出版社

目 录

第三编　新时期西北区域人口与资源环境协调发展

第四编　生态文明建设宁夏实践

第五编　宁夏农业优势特色产业转型升级与可持续发展

绪论:文明演进中人与自然关系的生态哲学新思考

自20世纪70年代开始,由于人类向自然界的过度索取,人类社会赖以生存的环境已经出现了全球性问题与“能源危机”,至此世界范围内的学者掀起了关于“增长的极限”研究,各地环保运动此起彼伏。半个世纪过去了,加快生态文明建设已然成为各国发展的重要推动力量。莱斯所提出的“易于生存的社会”,首先在于降低经济增长速度,实现缓增长的“稳态经济”;其次是要放弃无节制的异化消费,减少浪费型的物质需求;最后以生态危机为契机,对当前政治经济文化制度进行根本性的改革。中国不断对生态制度进行构建和完善。2005年,时任浙江省委书记的习近平同志在浙江安吉余村调研时首次提出“绿水青山就是金山银山”的科学论断。具有里程碑意义的党的十八大从战略的高度将“四位一体”上升到“五位一体”,把生态文明建设列入社会主义总体布局。党的十九大报告明确指出,新常态背景下我们要建设的现代化是人与自然和谐共生的现代化。2018年全国生态环境保护大会深刻回答了“为什么建设生态文明、建设什么样的生态文明、怎样建设生态文明”等重大理论和实践问题。党的十九届四中全会上明确将生态文明制度体系作为十三大制度优势之一,以生态文明建设为契机推动我国治理能力和治理体系现代化,并指出:党中央以前所未有的力度抓生态文明建设,美丽中国建设迈出重大步伐,我国生态环境保护发生历史性、转折性、全局性变化。

一、生态文明概念及研究述评

关于生态文明的概念,有广义和狭义之分。广义上的生态文明是指人类社会在原始文明、农业文明、工业文明后的一种新型的文明形态。狭义上的生态文明指与物质文明、政治文明和精神文明相并列的现实文明形式之一,主要强调人类在处理与自然关系时所达到的文明程度。美国学者莱斯特·R.布朗(Lester R.Brown)针对世界生态文明严峻的形势指出,人类的文明已经陷入危机和困境,必须用经济可持续发展的新道路,来代替现行的经济发展模式。[①]美国著名未来学家阿尔温·托夫勒(Alvin Toffler)、海蒂·托夫勒(Heidi Toffler)认为,以科技信息革命驱动的第三次浪潮,正在彻底改观建立在工业革命之上的现代文明。这个新的文明以多样化和再生能源为基础,为我们重新制定了行为准则,并使我们超越标准化、同步化和集中化,超越能源、货币和权力的积聚化。[②]德国学者马丁·杰内克、约瑟夫·胡伯(Joseph Huber)等提出了"生态现代化理论(Ecological Modernization Theory)",已经成为发达国家环境社会学的一个主要理论。它要求采用预防和创新原则,推动经济增长与环境退化脱钩,实现经济与环境的双赢。[③]在国内,关于生态文明的界定也有不同的观点。原国家环保部副部长潘岳认为,生态文明是人类遵循人、自然、社会和谐发展这一客观规律而获得的物质和精神成果综合,是指以人与自然、人与人、人与社会和谐共生、良性循环、全面发展、持续繁荣为基本宗旨的文化伦理形态。[④]中央编译局副局长俞可平提出,生态文明是人类在改造自然以造福自身的过程中为实现人与自然之间的和谐所作的全部努力和所取得的全部成果,表征着人与自然相互关系的进步状态。这种文明的状态包括人类保护自然环境和生态安全的意识、法律、制度、政策,也包括维护生态平衡和可持续发展的科学技术、组织机构和实际行动。[⑤]

关于生态文明建设的策略和路径,国外的学者主要从生态现代化和可持续发展的观点提出建设性理论。美国学者保罗·霍肯(Paul Hawken)提出,环境问题的关键是设计而非管理,创造一个可持续发展的商业模式才是人类唯一的出路。这种商业模式中,企业"对社会负责"是一种自我驱动的结果,不受道德或规章约束。[⑥]20 世纪 90 年代,伴随着经济增长,"生态现代化理论"被学术界部分学者推崇。阿尔伯特·威尔(Albert Weale)为"生态现代化理论"做出了解

---

① [美]莱斯特·R.布朗:《B 模式 2.0:拯救地球,延续文明》,林自新等译,东方出版社 2006 年版,第 1 页。

② [美]阿尔温·托夫勒、海蒂·托夫勒:《创造一个新的文明:第三次浪潮的政治》,陈峰译,上海三联书店 1996 年版,第 3 页。

③ 黄海峰、刘京辉等:《德国循环经济研究》,科学出版社 2007 年版,第 326 页。

④ 潘岳:《社会主义生态文明》,《学习时报》2006 年 9 月 25 日。

⑤ 俞可平:《科学发展观与生态文明》,薛晓源、李惠斌主编:《生态文明研究前沿报告》,华东师范大学出版社 2007 年版,第 18 页。

⑥ [美]保罗·霍肯:《商业生态学:可持续发展的宣言》,夏善晨等译,上海译文出版社 2007 年版。

释,就是指一种日益被欧洲政策精英所接受的环境意识形态或价值信念,用以辩护特定类型的环境政策。[①]“生态现代化理论”的核心观点是环境保护应该被视为未来经济可持续发展的前提,环境保护与经济发展应该是相互支持、相互促进的,认为技术革新能为经济增长和环境保护都带来利益,并建议政府更多地使用市场调节的手段来实现经济增长和环境保护的双赢。[②]国内学者则注重在经济快速化和工业现代化过程中,中国生态文明建设的中国特色化。吴凤章在《生态文明构建:理论与实践》一书中提出,厦门在生态文明建设中已走出了一条创新的路径,主要做法有:树立生态城市建设理念;构建生态城市结构;调整产业结构发展生态经济;推行资源集约化利用;自觉进行生态修复;开展区域综合整治;推动大众参与等途径。他主张以创新发展为动力开展现代化生态文明建设。[③]严耕、杨志华等人认为,生态文明建设需要处理好四大关系,即环境保护与生态改善、工业化进程与生态文明建设、区域利益与生态环境问题的全球性、当代利益与后代利益的关系,树立和谐主义的新思维。同时,应该以态系统的生态价值与生态建设体系、生态系统的经济价值与生态产业体系、生态文明观念与生态文化体系以及现代林业与生态文明建设这四个维度来构建生态文明系统。[④]

英国学者、著名生态社会主义理论家戴维·佩珀(David Peper)提出,真正基层性的广泛民主、生产资料的共同占有、社会与环境公正、相互支持的社会—自然关系,是其生态社会主义的经典原则,这几条原则恰恰构成了一种真正社会主义的社会基础。他认为,这种社会需要一种把动物、植物和星球生态系统的其他要素组成的共同体带入一种和谐共处关系。[⑤]中国在生态文明方面的发展代表了世界社会主义国家的发展水平,中国在生态文明方面所取得的成就和努力,不仅是社会发展过程中自我超越,也是社会主义制度在生态文明方面对资本主义制度的超越,因此,这种超越决定了生态文明和社会主义发展的未来。[⑥]

---

① Albert Weale, “Ecological Modernization and the Integration of European Environmental Policy”, in *DuncanLief-ferink*, Phliip Lowe and Arthur Mol(eds.), p.206.

② 王宏斌、王学东:《近年来学术界关于生态文明的研究综述》,《中共杭州市委党校学报》2012 年第 2 期。

③ 林爱广:《中国生态文明建设及路径的分析研究》,浙江农业大学 2013 年博士论文,第 6 页。

④ 严耕、杨志华:《生态文明的理论与系统构建》,中央编译出版社 2009 年版。

⑤ [英]戴维·佩珀:《生态社会主义:从深生态学到社会正义》,刘颖译,山东大学出版社 2005 年版,第 4 页。

⑥ 王宏斌:《生态文明与社会主义》,中央编译出版社 2011 年版,第 181—186 页。

上述学者在一定程度上,多层次、多方位地对生态文明问题进行深入的研究,生态文明理论对生态文明建设实践模式和发展路径具有重要的指导意义。但生态问题不只是某一个国家、某一个地区的事情,今后的研究需要引起全世界对生态建设的全球化意识,对生态文明建设的行动和计划同样需要全球性的协同行动、联合制衡。一方面,需要唤醒全球环保意识;另一方面,需要研究全球协同环保行动的具体策略和发展路径。

二、"两山"理论:文明演进中人与自然关系的生态哲学新思考

蕾切尔·卡森(2011)在《寂静的春天》中认为:"不是魔法,不是敌人的活动使这个受损害的世界的生命无法复生,而是人们自己使自己受害。"[①]18 世纪 80 年代以来科学技术快速发展,推动人类进入到工业社会,工业文明从起始国英国扩散到全球,人类社会也开始由农业社会步入工业社会—后工业社会—信息化社会。科学发犹如一把"双刃剑",人们利用这把"利剑"不断增强从自然环境中获取资源的能力,把巨大的自然资源转换为社会财富。与此同时,一方面,人们对自然界的不当攫取、不公对待,自然环境并没有从熵效应中得到有效补偿;另一方面,温室效应、极端天气、空气污染、垃圾泛滥、土地侵蚀、可饮用水资源持续减少、海平面增高、物种绝灭等一系列问题越发凸显。《中国大百科全书·环境科学卷》(1983 年版)记录,人类活动释放到环境到中的化学物质是火山爆发和岩石风化的 100 倍以上。每年由数亿吨金属和人工合成化合物被排放自然环境并引起灾疫频繁发生,人类生命财产也同样遭受威胁。"灾疫"一般都是灾、疫并举的。[②]其中灾指的是"某一地区,由内部演化或外部作用所造成的,对人类生存环境、人身安全与社会财富构成严重危害,以至超过该地区承灾能力,进而丧失其全部或部分功能的自然—社会现象"。[③]疫,在传统中医病症"温疫"(瘟疫)的俗称,它大体相当于西方医学中的急性传染病,其"特点是发病急,具有强烈的传染性、流行性,病情大多险恶"。[④]灾疫与自然环境变异是两个具有关联性的社会经验事实,不可以分开。

杨兴玉博士在其国家社科基金项目成果之一《灾疫研究述略:历史进程与

---

① 蕾切尔·卡森:《寂静的春天》,吕瑞兰、李长生译,上海译文出版社 2011 年版,第 3 页。
② 杨兴玉:《灾疫研究述略:历史进程与学科结构》,《四川师范大学学报》2011 年第 5 期,第 32 页。
③ 曾维华:《环境灾害学引论》,中国环境科学出版社 2000 年版,第 19 页。
④ 赵群:《实用医学词典》,人民卫生出版社 2008 年版,第 787 页。

学科结构》中指出,当代学者在研究灾疫时把它当作灾害或疫灾,人为地割裂了二者之间的关系,需要从整体上推动灾害学的发展。宋正海等(2002)收集了古代文献中有关自然灾害引发人类疫情的记载,在其著作《中国古代自然灾异相关性年表总汇》,用翔实而确凿的证据论证了为灾—疫的链发性。从诸多学者相关研究成果不难发现自然环境恶化与人类承受相应惩罚之间的因果关系。2020年新冠肺炎疫情在全球施虐,并以难以置信的速度由感染人群向非感染人群、感染地区向非感染区域传播,给人类社会以沉重打击、沉痛伤害。目前对引发于新冠病毒的诱因还没由定论,但自然环境变异无疑是研究病毒起因不可忽视的因素。除了新冠病毒以外,2020年还相继发生了禽流感、猪瘟、冰雹、水灾、旱灾等灾疫,灾疫接连不断地发生,间隔期越来越短,影响区域却愈来愈大,人类在疲于应付的同时仿佛看见一次次“魔高一尺、道高一丈”的“博弈”,人与自然和谐发展已然成为全社会热门话题。

面对着错综复杂的时代形势,习近平总书记站在历史的高度,本着对人民负责的态度,科学地回答了当代中国乃至世界“为什么要建设生态文明?”“建设什么样的生态文明?”以及“怎么建设生态文明?”这三个关乎人类生存福祉的重大理论与现实问题。

马克思在《1844年经济学哲学手稿》中提道:“人靠自然界生活。这就是说自然界是人为了不致死亡而必须与之不断交往的、人的身体。所谓人的肉体生活和精神生活同自然界相联系,因为人是自然界的一部分。”[①]人与自然是辩证统一的,这一认识奠定了马克思生态观。一方面自然界为人类的生存和发展提供了物质基础,另一方面人类来源于自然界,是自然界的重要组成部分。自然界虽然是人类活动的实践对象,但不意味人类可以主宰自然界,像征服其他民族一样。自然界是人类生产生活的载体,同时也是人类致富的方式途径。在亚里士多德的《政治论》就对人类的致富之道有着详尽的论述:“一旦(人类的)致富之道不能满足其享乐的目的,他们会采取另外的手段,甚至是一些违背自然的方式。……他们认为世间一切只要有用皆可致富,并且他们还认为人生的目的全在于致富。”[②]人类享乐的劣根性所带来的“自然不再是自然而是财富”的思维定式,使人类在违背自然的方式下攫取牺牲自然就显得符合道义了。习近平

---

① 《马克思恩格斯选集》第1卷,人民出版社1995年版。

② 亚里士多德:《政治论》,台海出版社2016年版。

总书记在中国新常态发展背景下提出要走好新时代的长征路，要脚踏实地实事求是地干好社会主义事业，并将金山银山与绿水青山之间的辩证关系运用到西北地区的跨越式发展过程中来，一语将人类固有的思维方式解放出来，曾经用绿水青山换取金山银山的时代已经过去，如今的绿水青山就是金山银山，美丽健康的生态环境将给人类生活带来源源不断的财富和精神享受。“两山”理论告诫我们工业化并不是时时处处地办工业，农业化也不是非要在贫瘠土地上开展粮食种植，应当是宜工则工，宜农则农，宜开发则开发，宜保护则保护，因地制宜的发展当地经济，实现居民创收。①无论是哪种模式，都是为适应中国所面临的新形势、新要求所作出的社会主义道路探索，这是一条实现“两个一百年”奋斗目标和中华民族伟大复兴的必由之路，是实现我国社会主义现代化和创造人民美好生活所创造出来的中国智慧。

从 2005 年 8 月 15 日，时任浙江省委书记的习近平在安吉县余村调研时，首次提出“绿水青山就是金山银山”的重要论述开始，13 年来，安吉人高举“两山”旗帜，把绿色变成一种永续发展的理念、自觉自愿的行动，绿水青山由此也奇迹般地转化为金山银山。2019—2021 年，安吉县连续三年蝉联全国旅游百强县榜首。

2005 年 8 月 24 日，习近平以其笔名“哲欣”在《浙江日报》头版“之江新语”栏目中发表短评《绿水青山也是金山银山》，文章指出：“绿水青山可带来金山银山，但金山银山却买不来绿水青山。绿水青山与金山银山既会产生矛盾，又可辩证统一。在鱼和熊掌不可兼得的情况下，我们必须懂得机会成本，善于选择，学会扬弃，做到有所为、有所不为，坚定不移地落实科学发展观，建设人与自然和谐相处的资源节约型、环境友好型社会。在选择中，找准方向，创造条件，让绿水青山源源不断带来金山银山。”习近平总书记强调：“要坚持绿水青山就是金山银山的理念，坚定不移走生态优先、绿色发展之路。要继续打好污染防治攻坚战，加强大气、水、土壤污染综合治理，持续改善城乡环境。要强化源头治理，推动资源高效利用，加大重点行业、重要领域绿色化改造力度，发展清洁生产，加快实现绿色低碳发展。要统筹山水林田湖草沙系统治理，实施好生态保护修复工程，加大生态系统保护力度，提升生态系统稳定性和可持续性。”

习近平生态文明理论是以地域特色为基础。安吉县位于风调雨顺的浙江

① 习近平：《之江新语》第 1 卷，浙江人民出版社 2007 年版。

省,随处可见的是清泉溪水和万顷竹海,用“绿水逶迤去,青山相向开”①来形容一点都不为过。基于良好的生态基础,习近平创造性地提出绿水青山也是金山银山的重要命题,习近平生态文明理论是以建设美丽富裕中国为目标。走向生态文明新时代,建设美丽中国,是实现中华民族伟大复兴的中国梦的重要内容,是加快推进绿色发展重要举措,习近平在全国生态文明大会上明确指出:“绿色发展是构建高质量现代化经济体系的必然要求,是解决污染问题的根本之策。”不断提高环境治理水平、明确治理红线,打造出“天水土境”的新状态,确保到2035年,生态环境质量实现根本好转,美丽中国目标基本实现。到21世纪中叶,人与自然和谐共生,生态环境领域国家治理体系和治理能力现代化全面实现,建成美丽中国,让每一位炎黄子孙都享受到祖国大好河山带来的优美财富。

三、天人合一:中国古代生态哲学思想之历史价值

关于人与自然的关系,“天人合一”构成了中国古代生态哲学思想的基础,人与自然和谐发生是其核心价值。儒、道思想家、哲学家都围绕这一思想有大量阐释,其中就包括儒、道两家“天人合一”思想。《周易》的天地人的三才说法是“天人合一”的最早渊源,指出天、地、人是组成世界的三大元素,“有天地,然后有万物;有万物,然后有男女”,三者相互联系、相互作用、相互依存。人作为“三才”之一,生活在天地之间并不是完全被动适应,而是在把握“人万物之性”(天地运行规律)基础上起到天地万物之化育“赞”助的作用。老子的《道德经》认为道是宇宙的本源,所谓“道生一、一生二、二生三、三生万物”的大概释义为:道生天地,天地生万物,所表达一种人与天地、自然‘合为一体’是一种和谐共处、共生的关系。老子提出的“人法地,地法天,天法道,道法自然”,希望人们按照客观规律办事。儒家讲求“三纲五常”“重仁尚礼”,道家强调“无为而治”“道法自然”。儒家认为“三纲”“五常”本源来自“天理”,道家文人“无为”“道法”源至“天道”,儒、道“天人合一”都是古文人在为了维护既有统治秩序前提下对自然和社会规律进行的总结。作为从春秋战国时期发展起来的中国早期生态哲学思想,虽然其内涵核心具有主观、客观唯心主义色彩,但他们都将人、天、地纳入一个统一的宇宙系统,彰显的天地人和,所遵从自然规律理念为社会发展指明了方向。两者互补结合,正为现代“生态伦理学”处理人与自然生态的关系提

① 唐朝张说的《下江南向夔州》。

供了一种极其可贵的即“人与自然和谐共生”的哲学智慧和生态伦理理念。①

时代车轮滚滚向前，人们在文明演进历史进程中无数次天灾人祸中付出惨重代价，又在抗灾救灾后起死回生，通过总结逐渐认识了“人、天、地”之间的本质规律。中国进入现代工业社会以来，人们改造自然能力不断增强，不当索取与破坏行为屡次超出自然界能承受的范围带来了诸多灾难，国人不得不再次思考人与自然关系。后工业时代，以人类为中心世界观、发展观行将就木，迫切需要一种新的哲学观来指导社会实践。生态哲学诞生于20世纪80年代的欧洲，20世纪末开启中国化进程。生态哲学理论是运用生态学的基本观点和方法观察事物和解释现实世界的理论。②现代生态学把世界看作“人—社会—自然”复合系统，是各种生态因素相互作用的有机整体。生态哲学是以人与自然的关系为哲学基本观点，追求人与自然和谐发展为目标，为可持续发展提供理论支持。中国古代哲学家用“天人合一”抽象地解释了人与自然的关系，为当代中国生态哲学研究和实践奠定了深厚的理论基础。把中国古代哲学理论与西方生态哲学理论相结合，去伪存真、洋为中用，在生态建设实践中建构出具有中国特色的生态哲学理论并用于指导社会建设实践，中华文明便能在多次经受灾疫和磨难后得到永续发展。

四、和谐发展:文明演进中构建新生态哲学思想

新中国成立后，在处理与自然的关系上，也走过一段弯路，也曾提出过一些诸如“战胜自然”“人定胜天”的言论，错误地夸大人的能力，无视违背自然规律所带来了各种环境灾害。一次次抗灾救灾过程，也是正确认识人与自然关系规律的过程。每次人祸引发生态灾难到抗灾救灾斗争胜利，加深国人对人与自然关系本质认识。中国共产党人在扬弃中继承“天人合一”的合理成分，从流传千年的农业生态知识、习惯法中汲取养分，在对人与自然朴素意识传承和实践中发展了马克思主义生态哲学思想。从自然是“无尽宝藏”到“绿水青山就是金山银山”，人们意识到自然资源也有自己的价值体系，人类的价值体系与自然价值规律可以协调，最大利益可以合一，通过实践逐步完善了中国生态文明思想和哲学理论体系。

---

① 朱贻庭:《“天人合一”的道德哲学精义》,《华东师范大学学报(哲学社会科学版)》2017年第14期。

② 余某昌:《生态哲学》,陕西人民出版社2000年版,第33页。

(一) 新中国成立初期中国共产党人在救灾实践中探索中国化生态思想(20世纪50初至70年代末)。新中国成立之初,血吸虫病在我国境内暴发,这是一场新中国与瘟疫之间的遭遇战,在党的领导、全社会共同参与下消除了灾害。50年代末,我国遭遇"三年自然灾害",中国共产党人号召人民勤俭节约、发展生产,使国家从灾难中挺了过来。50—70年代,水灾四起,中国共产党人提出了"水利是农业的命脉"的思想。在多次灾害战中,中国共产党人不断深化对人与自然关系的认识。1.人类必须按照客观规律抗灾救灾。对自然界没有认识或认识不清,自然界会处罚人类,抗疫受挫。反之,人类够取得抗灾疫(抗疫战)的主动权。2.发挥主观能动性是确保灾疫战胜利的根本保障。"人类同时是自然界和社会的奴隶,又是它们的主人"。①科学认识自然灾害,采取切实可行的社会行动,人与自然可以回到和谐发展的轨道。3.勤俭节约符合人与自然永续发展的内在规律。在这一时期,中国共产党人初步认识了人与自然的关系。

(二) 改革开放后中国共产党人在救灾实践中发展生态科学思想(20世纪70年代末至90年代初)。粗放型发展模式带来经济增长,也带来土地沙化,水土流失,酸雨、旱涝等环境问题,中国共产党人积极组织社会力量抗灾救灾,在社会实践中发展马克思主义生态哲学。1.发展了提供人类抵御自然灾害的物质支持,增长了人们抗灾自救的能力。自然灾害之所以能够给人类造成如此大的伤害,这与人类在面对灾害时财政乏力、救灾物资短缺等情况密切相关。只有"经济发展了,国家强大了,我们才能有力量抵御任何自然的和社会的风浪"②。2.优美环境是人类的共有财富。环境属于人类共有的"公共产品",只有人类财富在优美环境中得以固化,"共同富裕"才能被自然规律这把"标尺"丈量与承认。3.掌握科技就获得了抗灾救灾主动权。如今,科学技术被广泛地用来预防和抵御自然灾害,从灾害预防到大数据监控,科技在防灾救灾中的作用越来越大。4.提出人口、资源、环境与经济社会协调发展的基本思想。自然灾害是人与人、人与自然关系变异的反映,实现人口、资源、环境与经济社会协调发展是改变这种变异关系的唯一路径。这一时期,中国共产党人看到人与自然协调发展的可持续性。

(三) 世纪转型时期中国共产党人提出可持续发展的生态文明理论(20世

① 《毛泽东文集》第八卷,人民出版社1999年版,第72页。

② 中共中央文献研究室:《十三大以来重要文献选编》,人民出版社1991年版,第549页。

纪 90 年代末至 2003 年初)。1998 年 6 月,北至内蒙古、黑龙江、吉林,南至湖南、广西等省份相继暴发洪水,防洪警报此起彼伏。其间,各大中城市连续出现雾霾天气给人们敲响了警钟。经历多次诸如抗洪抢险的灾疫战,中国共产党人更加重视生态理论建设。1.可持续发展是人与自然互动后的不二选择。粗放型发展模式带来土地沙化、森林减少、自然灾害频发、防护能力减弱等不可持续发展问题,中国共产党人在多次灾疫战后,把转变生产方式、实现可持续发展定为国家发展战略中的核心内容。2.生态环境是生产力。马克思把生产资料定义为生产力的一部分,而中国共产党人结合实践作了更具体的定义,提出“生态环境是生产力”“保护环境就是保护生产力”①等理念,发展了马克思主义生态哲学理论。3.世界是一个“地球村”。各国都是极端天气的受害者,应对全球变暖形成的极端天气,仅仅依靠一个国家的努力是不够的。全球居民是“地球村”的“村民”,解决共同环境问题需要各国相互配合和密切合作。在这期间,中国共产党人看到了人与自然关系协调需要全球参与。

(四) 发展时期中中国共产党人提出了科学发展观等系列理论(2003 年至 2012 年初)。在这一时期,发生了 SARS(2003)、凝冻(2008)、汶川地震(2008)等灾害。SARS 疫情结束之后,中国公共突发事件防御体系得到全面升级,生态哲学思想也得到进一步发展。1.提出全面可持续的科学发展观。科学发展观坚持了可持续发展基本思想,把人与自然和谐作为发展质量的判断标准,从而确保人类一代接一代地永续发展。2.以人为本成为科学发展的核心。共产党人把实现“广大人民群众的根本利益”上升到“以人为本”高度,强调人本化的利益取向,符合了全面发展的人性需要,使科学发展目的更加具备哲学思想的一般属性。这一时期,中国共产党人提出了重要的发展哲学理念:科学发展观。

(五) 新时代以习近平为代表的中国共产党人提出生态文明等新理念(2012 年至今),丰富与发展了马克思主义生态哲学思想。以工业文明为标志的现代文明带给人类丰厚的物质财富,也带来了生态系统严重退化问题,人类社会迫切需要新的哲学理论用以指导未来社会发展。党的十八大以来,以习近平为代表的中国共产党人提出了一系列具有后现代特征的新生态哲学思想理念,主要概括为:1.提出具有经典传统文化底蕴的生态文明思想。习近平生态哲学继

① 《江泽民文选》第一卷,人民出版社 2006 年版,第 534 页。

承了道家“人法地,地法天,天法道,道法自然”和儒家“天人合一”“唯天为大”等尊重自然规律的传统思想,用经典文化夯实了中国生态哲学之“地基”。2.“绿水青山就是金山银山”。彻底否定唯经济指标论的错误思想,肯定环境的经济价值,丰富了马克思主义生产力理论。3.把“全球村”理论提升为人类命运共同体思想。如果一味破坏人类与自然共生共存的关系,伤害自然最终将伤害人类。[①]一方面,共生共存关系对人与自然具有双重价值,超越了人类中心主义单边思想;另一方面,发达的网络与现代交通,使人类的经济、政治、文化交流频繁,各国命运被紧紧联系在一起,一损俱损,一荣共荣。这一时期,中国共产党人为生态哲学理论发展做出了重大贡献,提出了“两山”理论。

中国共产党生态哲学理论的形成,经历了尊重自然规律思想→协调发展思想→可持续发展思想→科学发展观思想→生态文明建设思想的发展过程,成为马克思主义生态哲学重要组成部分。哲学是发展的理论体系,从社会实践中来,又回到实践中去。面对新的灾疫战,及时总结、深化对人与自然关系的哲学认识,有利于发挥马克思主义生态哲学理论的现实指导作用。

五、尊重规律:文明演进之生态哲学理论再构建

卢梭说过:“人是生而自由的,却无往不在枷锁之中。自以为是其他一切的主人的人,反而比其他一切更是奴隶。”[②]如前所述,人类正步入一个相互联系、共同命运的新时代。人类强大的改造自我、改造自然能力预示着两种可能性:尊重自然规律,按照自然规则办事,人在自然中和谐发展;反之,则两败俱伤。

(一) 人与自然“之战”没有赢家

200年前,恩格斯就提醒过人们,“不要过分陶醉于我们人类对自然界的胜利。对于每一次这样的胜利,自然界都对我们进行了报复”。中国也有古语,“杀敌一千,自损八百”。每一次灾疫战,人类都付出惊人代价。人们不应该过于陶醉于每次灾害作战中所表现出来的勇气,也不应该过于崇拜那些如飞蛾扑火般的自救行为。人类灾害史明白地表明,人与自然之战没有彻底的赢家,每一次给自然带来伤害,人类自己也沦为受害者。人类应该放弃过去那种“人有

---

① 郭荣君、梁雪:《中国梦视域下习近平生态文明思想试析》,《经济研究导刊》2019年第25期,第147—148页。

② 卢梭:《社会契约论》,何兆武译,商务印书馆1980年版,第8页。

多大胆,地有多大产”“向大自然开战”等人类中心主义思想,重拾对自然敬畏之心,主动研究自然,把握未曾掌握的自然规律,从而把救灾的“双输”变成和谐发展的“共赢”。

(二)人与自然是部分与整体的关系

人类未出现之前,自然界已经存在几十亿年。自然环境逐步改善,人从最简单细胞经过几十万年演化成社会群体,自然界不断进化造就了人类这一地球的新物种。除了人类,还有很多生物早于人类而存在于自然界中。如2亿多年前存在的鳄鱼,4亿多年前就有了郁郁葱葱的森林等等,它们形成了有序的生物链、生物圈,产生了自然规律与自然平衡。正如恩格斯所说:“我们连同我们的肉、血和头脑都是属于自然界的和存在于自然界之中的”[①]人与自然是部分与整体关系。一方面,自然由包括人类的多种生物组成,每个部分通过有机的方式联系在一起,有序互动,构成了一个自我维系的生态系统;另一方面,人类与自然功能是部分与整体关系。自然界整体功能不等于部分功能简单相加,而是部分相互作用的结果。相互消耗、抵消,整体功能小于部分之和,生态环境便处于恶化状态。反之,有序互动,产生乘数效应,整体功能远大于部分功能之和,人与自然呈现和谐发展状态。

(三)人类价值是自然价值的一部分

人类价值包括生存价值与社会价值。生存价值与人的自然属性相关,社会价值则是人类自我实现的社会属性。20世纪80年代,生物学家罗尔斯顿提出自然价值论,主张自然也有自己的价值,主要指自然的内在价值,即它自身生存与发展。当然,自然除了内在价值外,还具有外在价值,即每一种生物对于它的下一级消费者来说,还存在一种被需要的外在价值。人类是自然的一分子,人的生存价值归属于自然的内在价值;而人的社会价值归属于自然的外在价值。长久以来,人类中心主义把人类价值凌驾于自然价值之上,以消耗自然环境为代价去换取经济增长。结果看来,社会价值这块“蛋糕”似乎越做越大,但随之而来环境污染、生态系统退化导致自然价值受损,也威胁了人类价值体系。

(四)多样性与公平性是生物永续发展的共同需要

1.生物多样性是自然循环的本质特征。生物因食物联系在一起,各自成为

---

① 《马克思恩格斯选集》第3卷,人民出版社2012年版,第998页。

食物链上的一个“链环”。一种生物成为另一种生物的食物来源,而这种食物来源又不被其他生物占用,这构成了生物长盛不衰的生存法则。如果一种生物被人类灭绝,整个食物链断裂,就意味着相邻的生物没有了食物来源。以此类推,整个链条上的其他生物都会面临食物短缺的生存危机。也就是说,生物多样性确保了整个生物圈稳定。美国生物学家泰勒(W. Taylor)(1935)把生物这种互为食物的关系称为动物、植物之间合作性团体,最终生物、非生物之间的这种竞争与合作的关系使自然界达到一致平衡、和谐状态。①

2. 生物都有公平生活的权利。有机界并非一个狂暴肆虐的个人主义“战场”,每个生物都在自然规则支配下在所属空间生活。人类不能以自己为中心,以自然界主宰者的姿态掠夺其他生物的生活空间与发展机会。

(五) 人的能力是无限性和有限性的辩证统一

人的能力无限性,指的是人类在开发自身能力方面具有巨大潜力。人类能够通过发展教育、科学研究,把自己的能力从一个高度推向另一个高度,潜力无限。近 200 年来,随着人类科学研究与应用能力增强,改造自然的深度与广度被空前放大,从自然界转换而来的社会财富也超过了过去几千年的总和。同时,人的能力也是有限的。如果把人的能力无限性理解为人对自然界具有无尽的开发办法与手段,把科学凌驾于自然之上,那么这种想法就过于妄自尊大了。如同真理一样,人的能力开发与运用也有“定义域”,而这个“定义域”指的是:自然界可以承受与自我修复的范围。在“定义域”内,人类的能力是一种正能量,科学则可以服务人类与自然,被恰当地运用能够让生活环境优美,物质生活丰裕,世界变得更加美好。反之,如果还秉持着“战胜自然”的错误认识,不约束自己对自然界的行为,那么科学将变成一把“达摩克利斯之剑”,能够威胁人类,也能剥夺自然界其他生物的生存机会。

---

① 康纳德·沃斯特:《自然的经济体系》,侯文蕙译,商务印书馆 1999 年版,第 23 页。

第一编　历史时期西北区域环境变迁

西北地区不仅作为我国古代北方农牧经济的过渡带，还作为历代中原王朝制约西域的战略要地，促使其在经济发展及社会变迁方面拥有较为明显的特征。[①]频繁的人口迁移和宜农宜牧的自然环境，使这一地区的人口与资源环境关系的发展表现出自然环境——经济活动——文化变迁这一主线，呈现出从气候波动主导型到以游牧经济结构为主体的地缘政治主导型，再转为以农耕经济结构为主体的掠夺式开发主导型的变化特征。[②]

西北区域环境变迁与农业生产密不可分，在与自然界不断的抗争与适应的过程中创造了灿烂的农耕文明。在晚新生代前后（约350万—260万年前）西北地区地貌轮廓大致形成。6 000年前，西北地区除了原始荒漠还出现了原始草原和森林，随着青藏高原的不断上升以及东亚季风的形成，西北地区逐渐成为干冷区域，且逐年加剧。由于西北地区进一步变干，导致黄土堆积、沙漠扩张，西北地区区域自然环境大致形成。在历史变迁过程中，西北区域环境除了自身变化以及衍生出来的自然灾害和气候变更，人文因素的影响也十分显著。[③]农耕民族、游牧民族在军事、经济、文化上的交流融合是西北地区历史进程的重要组成部分，尤其是宜农宜牧的自然环境和人口频繁的迁徙，使这一地区成为古代中国北方农耕、游牧两种文化交汇融合的典型地带。从这一地区的历史发展进程中可以看出，该地区的欠发达现状与历史时期生态环境遭到不合理开发等有直接关系。

---

① 束锡红、马宗英：《区域环境变迁与经济文化历史演进之互动——以陕甘宁地区为例》，《贵州民族研究》2004年6月。

② 束锡红、张跃东：《陕甘宁地区自然环境变迁与农牧经济结构的历史演进》，《中央民族大学学报》2004年第3期，第15页。

③ 王向辉：《西北地区环境变迁与农业可持续发展研究》，西北农林科技大学。

第一章　历史时期西北区域环境特征

西北地区在行政区划上包括陕西省、甘肃省、青海省、宁夏回族自治区和新疆维吾尔自治区，广义上我们也将内蒙古自治区的西部包括在内，西北地区地域辽阔，占全国总面积的34%，人口却占总人口的9%。西北地区深居中国西北部内陆，距离海洋较远，此区域主要以高原、山区和盆地为主，由于阻挡了周边的暖湿气流，因此西北绝大多数地区常年干旱，降水稀少，属于我国淡水资源最为匮乏却空间分布格局不平衡的地区，具有面积广大、干旱缺水、荒漠广布、风沙较多、生态脆弱、人口稀少、资源丰富、开发难度较大、国际边境线漫长、利于边境贸易等特点。

西北地区作为我国的边疆区域，其生态安全、经济社会发展以及未来可持续发展都关乎整个国家的生态安全和生态建设进程，同时关乎国家"一带一路"倡议的全面实施以及我国东中西部区域协调发展和社会的公平，因此西北地区的环境变迁与生态文明建设是实现国家的可持续性发展重要途径。

第一节　西北区域地理环境

秦汉至明的漫长历史时期中，特别是当整个中国的政治文化中心仍在关中地区的时候①，由于其重要的战略位置，西北黄土高原地区的沃土草原为农牧民族所青睐。尤其是来自中原农业发达地区大批汉族移民的持续进入，造成该地区自然环境变迁过程中人为经济扰动作用明显。

一、宁夏地理环境

20世纪90年代，一些国内知名学者对宁夏地处内陆的地理位置，作过一番详细研究，指出应在首府银川建立大型航空港，凭借现代喷气式飞机，变不利的经济地理态势为有利的交通地理优势。因为专家们细细测量地图上宁夏的地

---

① 陈正祥：《中国文化地理》，三联书店1983年版。

理位置，发现由此飞往欧洲、中东各大城市最为便捷，并大胆提出应在银川设立内陆开放特区，在 2012 年 9 月，国务院批准宁夏回族自治区建立内陆开放实验区，并批准建立银川综合保税区，我们欣喜地看到这一大胆设想变为现实。即便在牛马为主要交通工具的古代，宁夏早已是中西交流、东西方文明汇聚的十字路口。在这一问题上，历史学家、经济学家、地理学家皆达成共识。的确，地处亚洲大陆腹地、中国大陆西缘的宁夏，北邻漫漫戈壁和欧亚大草原，南接黄土高原。这样，当北方好战的游牧民族屡屡南下西移，南方的黄河文明北移西渐时，宁夏的南北夹击的地理位置便为这两大文明提供了撞击、融汇的历史舞台。在撞击过程中，剽悍的匈奴人、突厥人与同样好战的汉军唐将，都曾虎视眈眈，欲据这块宝地为己有。

说宁夏为一块宝地，有两层意思。首先，宁夏北部平原地区（亦称河套地区的前套，以与内蒙古的后套地区相区别）位居荒芜的阿拉善高原和鄂尔多斯高原之间，为一天然凹陷盆地，后经黄河泥沙淤积而成为平原。在古代中原汉民族和北方草原游牧民族势力扩张时期，前者可在此引水灌田，筑城设防，建立遥控大漠、拱卫关中的桥头堡；后者则可在此驻牧休息，进而威逼关中长安。尤其在汉唐时期，农耕汉民族的经济、政治、文化中心仍在陕西关中地区，尚未南移到黄河下游或长江以南，宁夏的区域战略位置倍受历代统治者的青睐，因为宁夏南部距关中仅数百公里，若游牧民族骑兵长驱直入，则数日内即可兵临长安城下。可以说在中国古代北方地区农牧民族持续对峙的“冷战”时期，以及由此衍生的战略格局中，宁夏地区的特殊地理位置已成为双方拼死争夺的政治地缘优势。而正是这种历史时期的政治地缘优势与农牧皆宜的自然环境结合，形成了宁夏及中国西北其他类似地区吸引游牧和农耕人口竞相迁入的强大动力，当然在皇权王权至上的时代，这种动力乃是由各族统治者长官意志加以实现的。

其次，正如陈育宁先生指出的，在中国北方地区，大兴安岭以西，阿尔泰山、阴山以南，燕山、祁连山、阿尔金山以北，是一条内陆草原地带，古代许多游牧部落在这条草原地带上驰骋东西方。他们从蒙古高原逾阿尔泰山脉或准噶尔盆地进入哈萨克斯坦，再经里海北岸、黑海北岸到达多瑙河流域，这条横贯亚欧的草原之路也是古代几度引起民族大迁徙浪潮的通道。这条草原之路穿越中国北方，在它的中段，即从河西走廊到鄂尔多斯和阴山南麓的漠南草原，处于连接东西和南北通道的十字路口，向西通过居延海南部可以进入天山北麓、阿尔泰山南麓草原,直至伊犁河流域;向东沿阴山可达呼伦贝尔草原;向北通过蒙古草原到达贝加尔湖附近;向南过黄河可直通中原内地,贺兰山正是位于这一十字路口的一侧[①]。而贺兰山下的宁夏平原及其南部固原地区因此成为古代中西交通的要道。早在汉代就曾修有著名的回中道,南起回中(今陕西省陇县西北),经萧关,北抵安定郡(今宁夏固原),这是关中地区西北方向的重要通道;另外,由固原到河西走廊有宽敞的车马大道。著名的丝绸之路北段中路也经过宁夏南部,盛唐时被称为长安—凉州北道,在宁夏境内共有197.5公里;当时的朔方节度使所在地灵州(今宁夏灵武)至长安亦有一条长625公里的灵州道[②]。利用这些交通路线,无论是北方游牧民族,还是中原关中的汉民族,一旦占据宁夏各主要城隘后,都可以随时驱兵深入对方的腹地,或者以静制动,利用庞大的军队给对方以心理威慑。这一点中原王朝的皇帝们可谓是心领神会,他们共同的杰作就是长城。宁夏境内的秦长城、明长城,以及点缀于贺兰山前清水河谷、荒漠之中的城堡,便是历史时期宁夏政治地缘优势的具体体现。

地处两种优势的夹击之中,决定了宁夏地区势必成为汉民族及各游牧民族人口,特别是军事人口迁入的高强度区。同时,古代崛起于阴山山麓的草原游牧文化和兴盛于关中中原的农耕汉文化,作为两种外部人文因素,凭借各自强大的军事实力,为了各自的政治经济利益,给宁夏区域文化的发展序列予以极大扰动,其明显标志就是农牧民族历时千余年的人口大迁徙。我们知道,农牧民族两种文明力量的对峙、征服与被征服贯穿中国北方历史的始终。从历史进步的角度看,此种文明的血与火、强者与强者之间没有绝对胜负可言的拼搏,不仅赋予秦汉以来的中国文化以野性的蛮力、再生的能量、异彩纷呈的活力,而且在宁夏这类两种文化的边缘区,以频发的大规模民族人口迁徙为中介,产生了一种以中原农耕文化、草原游牧文化为母体文化,兼有明显地方特色的西北边地文化。而且这种边地文化的某些特征历经王朝更替、民族兴衰,保持了鲜明的历史恒定性。

二、陕西地理环境

陕西古为"雍州",因在陕原以西而得名。《读史方舆纪要》对陕西的记载如下:"陕西据天下之上游,制天下之命者也。是故以陕西而发难,虽微必大,虽弱

---

① 陈育宁等:《古代北方草原通道上的贺兰山岩画与匈奴文化》,1992年宁夏国际岩画会议论文。
② 宁夏回族自治区交通厅编写组:《宁夏交通史》,宁夏人民出版社1988年版。

必强。虽不能为天下雄,亦必浸淫横决,酿成天下之大祸。”[①]因此可以看出,陕西自古以来就是军事、政治必争之地,这主要是由其独特的地理位置决定。陕西地处西北内陆腹地,欧亚区带,全省纵跨黄河、长江两大水系,是第二亚欧大陆桥的中心和中国西北、西南、华北、华中之间的门户;东连中原,南凭川鄂,西俯北五省,是我国内接省区最多的省份,具有承东启西、连接南北的区域之便。

中国历史上曾有十三个王朝在此建都。公元前1136年左右,周文王把国都从周原迁到了丰(今西安长安区马王镇一带)。公元前350年,秦迁都咸阳,之后的西汉、新莽、西晋、前赵、前秦、后秦、西魏、北周、隋和唐均定都于此。唐代是中国古代的鼎盛时期之一,也是古代陕西文化最辉煌、经济最繁荣的时期。进入新时代,我国提出“一带一路”倡议,陆海联动,着力构建人类命运共同体。伴随国家战略和使命的不断演进,陕西省正在成为西北地区、中国中西部和“一带一路”的重要开放窗口,门户区位优势正在彰显和形成。作为全国的运营调度中心,陕西不仅是八大铁路枢纽和八大航空枢纽之一,同时也是非常重要的公路枢纽。省会西安成立了拥有铁路集装箱中心站和公路港中心站的国际港务区,这也是我国首个不沿边、不沿江、不沿海的最大内陆港。与此同时,陕西省还拥有两个综合保税区和海关特殊监管区域,发挥着货币流通、贸易沟通、政策沟通、道路连通和民心相通的重要作用,使陕西省成为“一带一路”的重要物流中心。中欧班列“长安号”从陕西西安出发至中亚、欧洲,路线覆盖包括哈萨克斯坦、德国、波兰、比利时等“一带一路”沿线45个国家和地区,辐射范围基本实现了欧亚区域全覆盖。

陕西省南北跨度大,因而省境南北地区间自然条件差异较大,加之地质时期的构造运动,使陕西省在地质地貌的综合结构上形成了三大区域,即由黄土沉积物堆积而成的陕北高原,由渭河干支流的冲积作用而形成的关中平原,以及由秦岭和大巴山等组成的陕南山地。秦岭山系横亘在渭河平原与汉江谷地之间,是长江与黄河的分水岭,也是我国南北方的天然分界线。总体来看,陕西地貌类型复杂多样,高原山地、平原、盆地分布面积均不小,各种地貌分区在气候、土壤、水文和植被等方面的差异也相当显著。这种差异性也相应地形成了

---

① (清)顾祖禹:《读史方舆纪要》,中华书局2005年版。

不同的文化区(陕北文化区、关中文化区和陕南文化区)。就农业景观而言,陕北地区半干旱温带大陆性气候决定了当地半农半牧、甚至是游牧的农业景观;温带半湿润气候形成了关中麦作农业景观;北亚热带湿润气候与陕南稻作农业景观相契合。不同的生产制度和农业景观形成了三大区不同的文化基底:游牧、半农半牧的生产制度与辽阔单调的自然景观,形成了陕北尚武、质朴的文化特征;面朝黄土背朝天的旱作农业方式促进了关中民众敦厚、稳重、保守、固执群体性格的形成;多山、湿润的亚热带气候下,茂密的植被与稻作农业方式,使陕南地区产生了信巫重鬼神的民风和灵活多变的性格特征①。

三、甘肃地理环境

甘肃省位居我国西北部,地形呈狭长西北—东南走势,东西横跨 16 个经度,南北纵越 10 个纬度,位于黄土高原、青藏高原和内蒙古高原的交会地带,东连陕西,西邻新疆,南靠四川、青海,北接宁夏、内蒙古。其独特的地理区位优势,决定了它在承接东西、联通南北方面具有绝对优势,在物资运输、人才流动、信息流通中承担着重要角色。是新亚欧大陆桥通往中亚、西亚和欧洲的国际大通道和陆路口岸,可辐射陕、甘、宁、青、新、藏等省(区),带动区域开放和经济发展。作为丝绸之路经济带的重要组成部分和向西开放的重要窗口,甘肃省自古以来就是丝绸之路上的锁匙之地和黄金路段,是承东启西、接南衔北的重要战略通道,丝绸之路全长近 7 000 公里,在甘肃境内绵延长达 1 600 公里。省内丝绸之路沿线的节点城市较多,尤其是兰州天然地成为“丝绸之路经济带”重要的交通枢纽和陆路进出口货物集散中心,决定了其与中西亚国家和地区点对点连接和直达交通的必然。

甘肃省地域辽阔,地形呈狭长状,有着丰富且多样的地貌,如山地、高原、河谷、沙漠、戈壁等,四周被群山峻岭所围绕,地势西高东低。大体可分为六个各具特色的地形区域:祁连山地、河西走廊、河西走廊以北地带、甘南高原、陇中黄土高原和陇南山地②。祁连山地绵延于甘青边界,是青藏高原东北缘与河西走廊的分界山岭。东起陇中黄河西岸,西至当金山口与阿尔金山为界,东西全长 800 公里,由多组平行山岭及山间盆地、宽谷组成,地貌上属中、高山地。河西走廊系祁连山脉以北,走廊南山(龙首山、合黎山、马鬃山)以南的中间呈东南—西

---

① 张晓虹:《陕西文化区划及其机制分析》,《人文地理》2000 年第 3 期,第 17—21、72 页。

② 《甘肃发展年鉴》编委会编:《甘肃发展年鉴 2010》,中国统计出版社 2010 年版,第 32 页。

北走向的狭长地带，因位于陇中黄河以西，形似走廊，故名。地势平坦，光照条件充足，祁连山前地带洪积冲积扇边缘及河流沿岸多戈壁绿洲，水源丰富，灌溉条件优越，自汉代开始即为西北边防屯田要地。河西走廊以北地带，为河西走廊与北部阿拉善高原的分界。地质上属阿拉善—北山山地边缘的隆起地带，包括龙首山、合黎山、马鬃山等一系列断续的中山。岩层与山麓砾石裸露，形成大面积的戈壁与盐漠景观。甘南高原位于甘肃省南部、青藏高原东北隅，地处青藏高原向陇中黄土高原和陇南山地的过渡地带，东部和南部以丘陵、山地为主，西部为平坦的甘南草原。陇中黄土高原位于甘肃省东部和中部地区，东起陕甘边界的子午岭，西极乌鞘岭，中部以六盘山为界，分为陇东黄土高原和陇西黄土高原。地处黄土高原西部，总面积11.3万平方公里。地质构造上属鄂尔多斯地台、祁连褶皱系与西秦岭褶皱系的交接地带，表层为第四纪中晚期黄土堆积。陇南山地位于甘肃省东南部，北靠陇中黄土高原，西邻甘南山地高原，南接川北山地丘陵，东接秦岭与汉中盆地。全区均为山地，为秦岭山系和岷山山系交汇而成，大部分为海拔1 000—2 000米的中山和海拔2 000—3 000米的亚高山。

甘肃自古以来都是华夏文明、游牧文化和外来文化交流融合的核心区域，有着深厚的历史文化底蕴，是中华文化的发源地之一。甘肃文化在新石器时代就已萌芽，以农耕文化为主的大地湾文化的产生为标志。人文始祖伏羲诞生于渭河上游，周的先祖三千多年前发源于陇东地区。随后，以农牧并举、各民族交汇为特征的秦文化形成，奠定了自先秦至隋唐时期甘肃地域文化的基本形态以及发展格局；同时，也标志着甘肃地域文化的形成。汉唐以来，中西文化交流、融汇的“丝绸之路”贯穿甘肃全境，不同民族的文化汇集于此。各民族的密切交流使甘肃地区形成了多元的文化特征，各地区、各民族的文化特色也各有其特点。最后，甘肃人文环境深厚，地处丝路要道，自古以来就是中西文化交流的桥梁，不同文化交流促进了甘肃地区文化的发展，使甘肃地域文化具备了开放性、包容性等特点。

四、青海地理环境

青海在清朝时期属于甘肃西宁道，民国十八年(1929年)改为青海行省。青海省以“全国最大盐水湖而得名，是我国两大河流(长江和黄河)的发源地。西北毗连新疆，西南接壤西藏，南连西康，东北东南接壤甘肃，所以是腹地和边地的中介地，也是西北国防的重镇”[①]。青海和西藏共居青藏高原，是进藏之交通要道和建设西藏、巩固国防的重要基地，自古以来就是稳疆固藏的战略要地。处于中原与新疆、西藏交通的要冲，产生了两条贯穿始终的干线。一条是经青海西北出柴达木抵达新疆的古青海路和丝绸之路青海道；另一条是青海西南越江河源头到西藏的唐蕃古道。丝绸之路青海道分为东西两段，东段起自龙涸松潘经浇河到沙州慕贺川贵南，由慕贺川分两途：一途是西涉赤水曲沟处的黄河，西行经曼头城恰卜恰，吐谷浑城都兰，至柴达木盆地东南部的白兰，另一途兴海渡黄河，经大河坝、札梭拉山口至白兰。白兰衔接河南道东西两段，地理位置显得尤为重要。河南道西段起自白兰，跨越柴达木盆地，西入新疆都善、于闻[②]。而后的唐蕃古道不但是唐朝长安通往吐蕃都城逻些的官道，而且是中国与印度、尼泊尔等国联系的一条重要的商路，即以西安为起点经过狄道到西宁，再由西宁到达西藏直至印度[③]。就国际范围看，青藏高原地处几个国际区域经济合作区的过渡带，东属最具活力的亚太经济圈（以亚太经合组织为标志）、西邻日渐组成的伊斯兰经济圈（包括中亚 5 国和西亚部分国家）、南接颇具实力的南亚经济区（由印度、孟加拉国、斯里兰卡等国组成），北与俄罗斯、蒙古国等国相望。

青海省地势总体呈西高东低，南北高中部低的态势，西部海拔高峻，向东倾斜，呈梯形下降，东部地区为青藏高原向黄土高原过渡地带，地形复杂，地貌多样。中部以高峻的昆仑山脉为界，分为南部的青南高原和北部的柴达木盆地—河湟谷地两部分。青南高原的地势较高，海拔多在 4 000 米以上，部分山岭甚至超过 6 000 米。唐古拉山脉雄踞于青南高原西南，是长江的发源地。巴颜喀拉山脉横亘于东南，是长江水系和黄河水系的分水岭。以布尔汉布达山为界的戈壁沙漠区，北至祁连山麓，西达新疆，大部分属戈壁沙漠，地形过低，形成盆地，即柴达木盆地。由于盆地内水流没有出路，故湖泊较多，时隐时现，但是由于中亚细亚飓风影响到盆地，使得柴达木北部有面积 44 000 公里的大戈壁滩，人类居住较为困难。地貌类型主要为极干旱内陆盆地背景下发育起来的洪积扇和洪积倾斜平原、风蚀风积地貌和干燥剥蚀山地等。河湟谷地位于青海省东北部，西以日月山为界与共和盆地和青海湖流域相邻。地质构造上由祁连山早古

① 马鹤元：《近十年来青海建设事业》，载《西北世纪》1937 年第 3 期。
② 裴文中：《史前时期之东西交通》，《边政公论》。
③ 参见松田寿男：《吐谷浑遣使考上》，《史学杂志》。

生代褶皱带和中新生代断限盆地构成。地貌形态上由高海拔山地、低山丘陵和宽谷峡谷相间的串珠状河谷及其河流阶地构成。

古丝绸之路"青海道"自公元5世纪时期的南北朝兴盛以来,唐代在此基础上又产生了"唐蕃古道",处于通道贸易交流、文化交流的中转站重要位置的青海,在历史上与中亚以及西亚等国家均有密切的贸易往来,且沿线国家中亚、西亚国家大多信奉伊斯兰教,世世代代居住在青海的回族、撒拉族与沿线国家文化相同、习俗相近,共同的地缘文化,奠定了青海的文化基础。青海也是我国少数民族分布聚居的主要地区,地区文化呈现异常丰富的多元特征。农牧与农耕交错存在,从事不同农业方式的少数民族聚居在同一片土地上,其生活方式和宗教习俗之间发生着潜移默化的影响和融合。两千多年里西北游牧文明与农耕文明此消彼长,造就了该区域游牧与农耕的双层品格。信奉中原儒释道思想的汉族与信奉藏传佛教的藏族、土族、蒙古族以及信奉伊斯兰教的回族、撒拉族共同组成青海特有的地域文化。

五、新疆地理环境

新疆是我国面积最大的一个省份,东西长约1 950公里,南北宽约1 550公里,总面积约166万平方公里,约占全国面积的六分之一。南与青藏高原为邻,东经河西走廊与甘肃省相连。东北与蒙古国接壤,北部与俄罗斯为邻,西与哈萨克斯坦、吉尔吉斯斯坦、塔吉克斯坦相邻,西南与阿富汗、巴基斯坦、印度相邻。新疆是古代欧亚大陆交通的枢纽,丝绸之路的交汇地带。它不但通过中亚与西亚、欧洲相连,而且向南越过喀喇昆仑山脉连通印度洋、向北通过阿尔泰山脉与俄罗斯远东腹地融为一体。中国历史上强盛朝代,不但直接管辖和治理新疆,而且更是视新疆为其地缘政治枢纽,攸关其王朝的安全,诸如汉、唐、清莫不如此。近代以来,新疆的枢纽地位空前突出,19世纪和20世纪初,英俄在中亚进行大角逐①,清王朝也被裹入其中;新疆处在内陆亚洲地缘政治的前沿地带,处于美国著名亚洲内陆研究学者拉铁摩尔所描述的枢纽地位②。实际上,近代新疆的确从英俄的角斗场成为亚洲的枢纽③;进入21世纪以来,包括中国新疆在内的

---

① Gerald Morgan: Anglo-Russian Rivalry in Central Asia: 1810—1895, London, Frank CASS and Company Limited, 1981, pp.15—16.

② O.Lattimore: *Pivot of Asia*, Boston, Little, Brown and Company, 1950.

③ 许建英:《民国时期英国与中国新疆(1912—1949)》,新疆人民出版社2008年版,第6页。

中亚地区始终处于各种大角逐和小角逐之中[1]，其地缘政治重要性愈发凸显。

新疆地区山脉与盆地相间排列，被称为“三山夹二盆”。北部为阿尔泰山，南部为昆仑山系，中间为天山，阿尔泰山和天山之间为准噶尔盆地，天山和昆仑山系之间为塔里木盆地。阿尔泰山位于新疆北部边境，是新疆天然森林的主要分布区，分布着许多高山牧场，自古以来就是游牧民族繁衍生息之地。昆仑山高耸于新疆南部，山南是青藏高原，山北则是塔里木盆地，落差很大。天山横亘于新疆中部，西起乌恰，东至伊吾，它截留了来自大西洋的湿润空气，终年覆盖冰雪，是新疆主要河流的源头及补给源。天山将新疆从中部一分为二，形成各具特点的南北两个地理区域，天山以北称之为北疆，天山以南称之为南疆。北疆的准噶尔盆地，面积约 38 万平方公里，盆地中部是古尔班通古特沙漠，因盆地西部有阿拉山口及额尔齐斯河谷缺口，湿润的气流可以进入，所以沙漠为固定沙丘，有稀疏的植被。盆地边缘适宜耕牧，也是很早被开发的地区之一。南疆的塔里木盆地，面积较大，约为 53 万平方公里，为四周高山封闭的内陆盆地，中间是我国最大的沙漠塔克拉玛干沙漠。

有史以来，新疆由于民族众多，宗教信仰多元，语言文字殊异，于是又派生出多民族文化、多元宗教文化和多语种文化等文化类型。新疆文化无论是着眼于生态特征分类，还是以族属分类，或是以信仰取向和语种特性分类，都是一种多元的复合型地域文化。两汉时期的西域三十六国主要在天山以南地区，因为是在一些较大的绿洲筑城而居，于是西域绿洲农耕文化也称之为绿洲城郭文化。在西域绿洲特有的自然、地理和人文环境中发展形成了绿洲农业文化，基本特征是既具有开放性，又具有封闭性，为开放和封闭的统一体。生活和活动在天山以北、阿尔泰山、帕米尔地区的游牧部族因逐水草而居的生产生活方式形成了草原游牧文化。自汉代以来，屯垦文化也成为新疆多元文化中的重要组成部分。汉代西域都护府和唐代安西、北庭都护府的建立，使中原的汉文化在西域广泛传播，先进的生产技术和农具、丝绸和农作物、郡县制度以及汉语言文字、汉传佛教、儒家思想、民风民俗都传入西域，形成了与本土文化互融互渗的局面。我国南北各省的风俗习惯、饮食文化和当地少数民族文化互相交融，具有民族特色和地域特色的多元文化格局出现。

---

① 《左文襄公全集·奏稿》卷 50。

第二节 西北行政区划

一、明清以前西北行政区划

中国自古作为一个传统的农业社会，最需要且最合适的治理方式莫过于实行中央集权下的分地域与分层级的行政管理。其实这种分地域与分层级的管理体系就是行政区域，又或者称为行政区划。《左传》有言之：为政“如农之有畔”，畔则边界，用今天的话就是政治运作最需要的是有边界，农业生产如此，政治运作亦如此。农民的田地有边界，政府的治理、国家的疆域都是有边界的，超出边界即不在自己的管理范围内了，古言曰：“不在其位不谋其政”。由此可见行政规划在中国历史上的重要性。

由于行政区划是具有继承性及延续性的，因此，行政区划对于维护国家稳定、民族团结以及经济文化的持续发展都有着十分重要的影响。行政区划的出现体现了中央集权制国家中央政府与地方政府之间存在的行政管理关系，这是中央与地方关系中最重要的一个方面。因此，行政区划是中央与地方出现行政关系的产物。如果中央与地方之间不存在行政关系，则无行政区划可言。从周朝初期来时的封建诸侯国开始，中央集权制国家由此不断形成，与之同时发展起来的也有国家的行政区划，从春秋初出现的年县到秦始皇三十六郡，在这期间经历了五个世纪。自此行政区划都是在秦始皇三十六群的基础上发展成熟的。事实上行政区划往往不是一次性的行为，而是一再进行的根据需要不断调整的常时性工作。这一变化也在一定程度上反映出中央集权与地方分权的变化。明清以前西北地区的行政区划主要有两个阶段。第一阶段是郡县二级制到州郡县三级转变，自秦朝开始，基层政区是县（少数民族称之为道），此时天下划分为三十六个郡，每个郡下设二十个县，直到汉代，郡县进行了进一步的细化。随后东汉晚期出现了中国历史上规模最大的一次农民起义——黄巾起义，向官僚地主发动了猛烈攻击，并对东汉朝廷的统治产生了巨大的冲击，让一大群太守招架不住、不知所措，使得朝廷不得不派出九卿出任州牧，并授予其三权（兵权、财权、政权），以此来镇压此次农民起义。至此州成了郡以上的行政区划，直至魏晋南北朝时期逐渐成为正式的行政制度。第二阶段是州县二级制到道（路）州县三级制的转变。隋灭陈之后，又开始推行郡县二级制，主要目的为加强中央集权，减弱地方分权，这个时期的二级制较之以前的二级制，其统治力度加大，原因是此时的隋唐疆域不断扩大。直至唐代后期，即便有庞大的机构也难以对辽阔的疆域进行管理，因此逐步建立了监察区，辽宋金时期就逐渐演变为道（路）州县三级制。

以元代陕西行省为例，“陕西等处行中书省，中统元年（1260年），以商挺领秦蜀五路四川行省事。三年，改立陕西四川行中书省。治京兆。至元三年（1266年），移治利州。十七年，复还京兆。十八年，分省四川，寻改立四川宣慰司。二十年，立京兆宣慰司取代京兆行省。二十一年，仍合为陕西四川行省。二十三年，四川立行枢密院。本省所辖之地，惟陕西四路五府。”①许有壬《陕西行中书省题名记》（以下简称《题名记》）说：“我元天造，立宣抚司以养以治。中统三年，始立陕西四川行中书省。至元二十三年，朝议分省四川，咨答转滞，改陕西行省，而四川自为省矣。中更王相府、宣慰司者一，尚书省者二，寻复其旧，此其大较也。”②

陕西行省中统元年正式设立后，可分为两个阶段，一个是与四川合为一省，第二个阶段到元二十三年单独设省，但需要强调的是，此后虽然陕西和四川各自为行省的体制大致确定下来，但在1299年（大德三年）至1302年（大德七年）仍然有两省合二为一的变动。据《元史》卷20《成宗纪三》大德三年二月丁巳条载：“罢四川、福建等处行中书省……置四川、福建宣慰司都元帅府及陕西汉中道肃政廉访司。”大德七年六月己丑条又载：“罢四川宣慰司，立四川行中书省。”此史料是证至元二十三年以后仍然有大德三年至七年间四年零四个月四川省并入陕西行省的情况。

据《元史》卷60《地理志三》，陕西行省辖“路四，府五，州二十七，属州十二，属县八十八”。

奉元路（治今陕西西安市），上路。蒙哥汗二年（1252年）户数为33 935户。唐初为雍州，后改京兆府。宋为永兴军节度和京兆府。金为京兆府路。元中统三年（1262年），设立陕西四川行省，治京兆。中统四年左右，史书中已经出现京兆路记载③。至元四年（1265年）到七年前后，省并云阳县人泾阳，栎阳县人临

① 《元史》卷91《百官志七》。
② 《至正集》卷42《陕西行中书省题名记》。
③ 《元史》卷5《世祖纪二》中统四年八月癸亥。

潼,终南县入盩厔[1]。至元十六年十二月因皇子忙哥剌封安西王,改京兆路为安西路。皇庆元年(1312 年)二月,嗣安西王阿难答角逐皇位失败而被杀,改安西路为奉元路[2]。奉元路还是陕西等处行中书省和陕西诸道行御史台的治所。领一录事司,咸宁、长安、咸阳、兴平、临潼、蓝田、泾阳、高陵、县、盩厔、鄠县十一县,同州、华州、耀州、乾州、商州五州。州领十五县。

咸宁县,金属京兆府,倚郭。元为下县。

长安县,金属京兆府,倚郭。元为下县。

咸阳县,金属京兆府。元为下县。

兴平县,金属京兆府。元为下县。

临潼县,金属京兆府。元为下县。屯田 1 020 余顷。

蓝田县,金属京兆府。元为下县。

泾阳县,金属京兆府。元为下县。至元二年曾并入高陵县,三年复立。屯田 1 020 余顷。

高陵县,金属京兆府。元为下县。

鄠县,金属凤翔府。元初升鄠州,增置柿林县。至元元年,降鄠州为鄠县,下县。废柿林县。

同州,下州。唐为同州,一度改冯翊郡。宋为定国军。金为同州,属中州,隶京兆府路。元仍为同州。领朝邑、郃阳、白水、澄城、韩城五县。

朝邑县,宋、金属同州。元为下县。

白水县,宋、金属同州。元为下县。

澄城县,宋、金属同州。元为下县。

韩城县,宋属同州。金末改祯州。至元元年废祯州,二年再立。六年又废,只设韩城县。下县。

华州,下州。唐为华州,又改华阴郡。宋前后改镇国军和镇潼军。金为华州,属中州,又改金安军。隶京兆府路。元复为华州。领华阴、蒲城、渭南三县。

华阴县,宋、金属华州。元为下县。

蒲城县,宋、金属华州。元为下县。

---

① 《元史》卷 6《世祖纪三》至元四年十二月己卯、卷 7《世祖纪四》至元七年四月己丑。

② 《元史》卷 10《世祖纪七》至元十六年十二月丁酉、卷 24《仁宗纪一》皇庆元年二月辛未。

渭南县，宋、金属华州。元为下县。屯田 1 222 顷。

耀州，下州。唐初为宜州，后为华原县，又改耀州。宋为耀州，又改感义军和感德军。金为耀州，上州，隶京兆府路。至元元年，并华原县入本州，又并美原县入富平。领三原、富平、同官三县。

三原县，宋、金属耀州。元为下县。

富平县，宋为望县。因宋、金曾在富平激战，破坏严重，故金省富平入美原县①。至元元年复立，又并美原县入富平。下县。

同官县，宋、金属耀州。元为下县。

乾州，下州。唐为京兆府奉天县，后因高宗乾陵所在，升乾州。宋为醴州。金复为乾州，隶京兆府路。至元元年，并奉天县入本州。五年，复立奉天县，又并好时入奉天县，后改奉天为醴泉。又割邠州之永寿县来属。领醴泉、武功、永寿三县。

醴泉县，金及元初为奉天县。后改醴泉。下县。

武功县，金属乾州，大定年间改名武亭。元恢复旧名，下县。

永寿县，金属邠州。元划属乾州，一度并入奉天县②。至元十五年，徙县治于麻亭。下县。

商州，下州。唐为商州，一度改上洛郡。宋、金亦为商州。金为下州，隶京兆府路。入元仍为商州，领一洛南县。

洛南县，宋、金属商州。元为下县③。

与金京兆府路比较，元奉元路的辖区范围稍有缩小，属州由六减为五，直接和间接管辖的县也由三十六个减少到二十六个。户口则减少八分之七。

二、明清时期西北行政区划④

明清时期西北地区的行政建制主要是陕西和甘肃两省。明洪武二年（1369年）在元代陕西、甘肃两行省的基础上，设置陕西等处行中书省；洪武九年（1376

---

① 《陕西通治》卷 5《建置四》。

② 《元史》卷 6《世祖纪三》至元五年十二月戊寅。

③ 以上初注明外，据《宋史》卷 87《地理志三》；《金史》卷 26《地理志下》；《元史》卷 60《地理志二》；《元一统志》卷 4《陕西等处行中书省》。

④ 本部分有关明清西北行政建制的内容主要参考了郭红、靳润成：《中国区划通史·明代卷》，复旦大学出版社 2017 年版，第 87—98 页；傅林祥、林涓、任玉雪、王卫东：《中国区划通史·清代卷》，复旦大学出版社 2017 年版，第 363—398 页。

年)改为陕西等处承宣布政使司;清康熙二年(1645 年),陕西布政使司左右分支,左布政使驻西安城,右布政使驻巩昌府;康熙五年(1666 年),陕西右布政使移驻兰州城,次年,改名甘肃布政使司,陕甘分省。

府级行政区划层面,明初陕西布政司包括西安府、凤翔府、延安府、庆阳府、临洮府、平凉府、汉中府、宁夏府等 9 府;洪武五年(1372 年),废宁夏府,治卫所管辖;洪武六年(1373 年),增设河州府,随于洪武十二年(1379 年)废;万历二十三年(1595 年),升汉中府兴安州为直隶州。此后,9 府 1 直隶州的建制一直持续至清初。

分省后的陕西省,领西安府、凤翔府、汉中府、延安府 4 府,兴安直隶州和榆林卫。雍正三年(1725 年),升耀州、商州、同州、华州、乾州、邠州、鄜州、绥德州、葭州 9 州为直隶州。雍正八年(1730 年),于榆林卫地置榆林府。雍正十三年(1735 年),升通州直隶州为府,降耀州、华州两直隶州为散州。乾隆元年(1736 年),降葭州直隶州为散州。乾隆四十七年(1782 年),升兴安直隶州为府。至清末,陕西领 7 府、5 直隶州。

分省后的甘肃省,领平凉府、巩昌府、庆阳府等 4 府。康熙五十七年(1718 年)设靖逆卫同知和柳沟通判。雍正二年(1724 年),裁柳沟通判,置安西同知;设置宁夏府、西宁府、凉州府、甘州府。雍正三年(1725 年),将平凉卫、固原卫归入平凉府管辖,庆阳卫归入庆阳府管辖,临洮卫、河州卫、兰州卫归德所归入临洮府管辖,洮州卫、岷州卫、靖逆卫、西固所归入巩昌府管辖;次年,进一步裁撤平凉卫、固原卫、庆阳卫、临洮卫、河州卫、兰州卫、岷州卫等 7 卫及西固所千总缺,归并各州县管辖。雍正六年(1728 年),升秦州和阶州为直隶州。雍正七年(1729 年),置肃州直隶州。乾隆三年(1738 年)改临洮府为兰州府。乾隆二十四年(1759 年),裁靖逆厅,置安西府。乾隆三十八年(1773 年)改安西府为安西直隶州。乾隆四十二年(1777 年),升泾州为直隶州。同治十年,置化平川直隶厅。同治十三年,升固原州为直隶州。至此,甘肃领兰州府、平凉府、巩昌府、庆阳府、宁夏府、西宁府、凉州府、甘州府 8 府,固原州、泾州、阶州、秦州、肃州、安西州 6 直隶州,以及化平川直隶厅。

县级行政区划层面,明代陕西布政司包括府辖县、州、州辖县三类,明初约有 115 个县级行政单位。清代分省后,陕西省下辖 68 县、11 散州,至清末领 73 县、5 散州、8 散厅;甘肃省下辖 28 县、9 散州、20 卫所,至清末领 47 县、6 散州、8

散厅。

清代在省和府之间还设有巡守道。清代陕西和甘肃各道的历史演化进程相对繁复,至乾隆朝后逐渐稳定。

陕西省设有督粮道、凤邠道、陕安道、延榆绥道、潼商道5道。

督粮道,置于顺治二年(1645年),驻西安府,雍正年间兼巡西安、凤翔2府及乾、邠2直隶州,乾隆九年(1744年)改辖西安府和乾州直隶州,乾隆二十五年(1760年)增辖鄜州直隶州,后称督粮兼西乾鄜道,至光绪三十年(1904年)裁。

凤邠道,置于顺治二年(1645年),驻西安府,初为清军驿传道,康熙六年(1667年)、康熙二十一年(1682年)两次裁撤,康熙十三年(1674年)和康熙三十二年(1693年)两次复置,雍正十二年(1734年)改为驿盐道,乾隆九年(1744年)分巡凤翔府和邠州直隶州,乾隆二十五年(1760年)称分巡凤邠等处地方盐驿道;嘉庆元年(1796年),改为凤邠道,移驻凤翔府,辖凤翔府和邠州直隶州;嘉庆十一年(1806年)兼管盐务,称盐法兼分巡地方凤邠道;咸丰末年迁驻西安府,光绪三十年(1904年)分巡西安府及乾州和鄜州两直隶州,故又称凤邠西乾鄜道,至光绪三十四年(1908年)裁。

陕安道,置于康熙十年(1671年),称分巡汉兴道,分巡汉中府、兴安州,初驻汉中府,嘉庆四年(1799年)移驻兴安府;嘉庆五年(1780年)改为分巡陕安兵备道,驻汉中府,辖汉中、兴安二府。

延榆绥道,置于顺治二年(1645年),初为榆林东路道,驻神木县;雍正八年(1730年),改为分巡延绥道,移驻绥德州,辖延安府及绥德和鄜州两直隶州;乾隆二十五年(1760年),与榆葭道合并为延榆绥道,移驻榆林府,辖延安和榆林两府及绥德直隶州。

潼商道置于康熙十年(1671年),驻潼关,雍正朝后辖同州府和商州直隶州。

甘肃省设有甘凉道、西宁道、宁夏道、兰州道、巩秦阶、平庆泾固化道、安肃道7道。

甘凉道,原称分守凉庄道,康熙初年由分守西宁到改,驻凉州卫。雍正二年(1724年),辖凉州府;乾隆十三年(1748年),称分守凉庄道整饬凉永镇羌等处事务,布政使司参政衔;乾隆二十五年(1760年),称分守凉庄道凉永镇羌等处事务;乾隆三十二年(1767年),加兵备衔;乾隆三十七年(1772年),甘州府来属,改为甘凉道,驻凉州府,辖甘州府、凉州府2府;乾隆四十四年(1779年),兼管驿务。

西宁道，置于顺治二年(1645年)，驻西宁卫，抚治番夷并管西宁卫。雍正二年(1724年)，辖西宁府；乾隆十三年(1748年)，为分巡陕西抚治西宁道，按察使司副使衔；乾隆三十二年(1767年)，加兵备衔，改为抚治西宁兵备道；乾隆四十四年(1779年)，兼管驿务。

宁夏道，即整饬宁夏河西道，置于顺治二年(1645年)，驻宁夏卫。雍正二年(1724年)，辖宁夏府；乾隆十三年(1748年)，为陕西等处提刑按察使司分巡宁夏道副使衔；乾隆二十四年(1749年)，加水利衔；乾隆二十五年(1760年)，为分巡整饬宁夏河东河西等处地方道兼水利事；乾隆三十二年(1767年)，加兵备衔；乾隆四十四年(1779年)，兼管驿务；嘉庆十一年(1806年)，兼管盐务；宣统三年(1911年)，裁盐法事，为分巡宁夏道。

兰州道，初为临洮道，康熙二年(1662年)，以临巩兵备道改置，驻兰州，辖临洮府狄、河、兰、金、渭5州县。康熙八年(1669年)，移驻临洮府；康熙二十四年(1685年)，移驻兰州；乾隆十三年(1748年)，为整饬临洮道屯田茶马驿传，按察使司佥事衔；乾隆二十四年(1749年)，加水利衔；乾隆二十八年(1763年)，改名驿传道，驻兰州府，兼分巡兰州府；乾隆三十年(1765年)，为整饬甘肃驿传道，兼辖兰州管理屯田茶马事务；乾隆四十四年(1779年)，改为兰州道，全程分巡兰州府兼管茶马水利道；宣统三年(1911年)，改为劝业道。

巩秦阶道，原为洮泯兵备道，置于顺治二年(1645年)，驻岷州卫，管洮、泯、漳、成等卫县屯粮、驿传。康熙二年(1662年)，曾辖阶、文2县和西固所；康熙二十五年(1686年)，巩昌府来属；雍正六年(1728年)，辖巩昌府、秦州直隶州和阶州直隶州；乾隆十三年(1748年)，为整饬洮泯道兼陇右等处地方督理茶马分巡屯田道，按察使司副使衔；乾隆二十八年(1763年)，改称巩秦阶道，全称分巡巩秦阶道兼理茶马屯田事务，移驻巩昌府；乾隆四十四年(1779年)，兼管驿务；光绪十五年(1889年)，移驻秦州。

平庆泾固化道，即整饬固原道，原称固原道，置于顺治二年(1645年)，驻固原州，辖静宁、隆德等处，兼管屯田、驿传。康熙十四年(1675年)，改为平庆道，全称整饬平庆道，移驻平凉府，辖平凉府和庆阳府，兼管驿盐事务；乾隆十二年(1747年)，移驻固原州，加兵备衔，次年再加按察使副使衔；乾隆二十八年(1763年)，为整饬平清等处驿盐兵备道；乾隆四十四年(1779年)，兼管驿务；同治十一年(1872年),移驻平凉府;光绪五年(1880年),改称分巡平庆泾固化兵备道;宣统三年(1911年),裁盐法事务。

安肃道,置于乾隆三十七年(1772年),由原属安西道的安西府和原属甘肃道的肃州合并成,驻肃州,辖安西州、肃州,抚治番彝兼管肃州屯田事务。乾隆四十四年(1779年),兼管驿务。

根据光绪《大清会典事例》记载,如表1所示,以清末的行政区划为标准,西北地区陕甘两省共有27个府级行政单位和152个县级行政单位,包括15府、11直隶州、1直隶厅,120县、22散州、10散厅。其中,陕西省12个府级行政单位和85个县级行政单位,包括7府、5直隶州,7散厅、5散州、73县;甘肃省15个府级行政单位和55个县级行政单位,包括8府、1直隶厅、6直隶州,6散厅、6散州、47县。①

表1 清嘉庆年间陕西省行政区划概况

省	府	治所	辖地
陕西省	西安府	长安县(西安市) 咸宁县(西安市)	耀州(耀县)、孝义厅(柞水县)、宁陕厅(宁陕县)、咸阳县(咸阳市)、兴平县(兴平县)、临潼县(临潼县)、高陵县(高陵县)、鄠县(户县)、蓝田县(蓝田市)、泾阳县(泾阳县)、三原县(三原县)、盩厔县(周至县)、渭南县(渭南市)、富平县(富平县)、醴泉县(礼泉县)、同官县(铜川市)
	同州府	大荔县(大荔县)	华州(华县)、潼关厅(潼关县)、朝邑县(大荔县)、郃阳县(合阳县)、澄城县(澄城县)、韩城县(韩城市)、白水县(白水县)、华阴县(华阴市)、蒲城县(蒲城县)
	凤翔府	凤翔县(凤翔县)	陇州(陇县)、岐山县(岐山县)、宝鸡县(宝鸡市)、扶风县(扶风县)、郿县(眉县)、麟游县(麟游县)、汧阳县(千阳县)
	汉中府	南郑县(汉中市)	宁羌州(宁强县)、留坝厅(留坝县)、定远厅(镇巴县)、佛坪厅(佛坪县)、褒城县(勉县)、城固县(城固县)、洋县(洋县)、西乡县(西乡县)、凤县(凤县)、沔县(勉县)、略阳县(略阳县)
	兴安府*	安康县(安康市)	汉阴厅(汉阴县)、平利县(平利县)、洵阳县(旬阳县)、白河县(白河县)、紫阳县(紫阳县)、石泉县(石泉县)

① 《清会典事例》,卷153,《户部·疆理》,中华书局1991年版,第2册,第939—942页。

（续表）

省	府	治　所	辖　地
陕西省	延安府	肤施县（延安市）	安塞县（安塞县）、甘泉县（甘泉县）、安定县（子长县）、保安县（志丹县）、宜川县（宜川县）、延川县（延川县）、延长县（延长县）、定边县（定边县）、靖边县（靖边县）
	榆林府	榆林县（榆林市）	怀远县（横山县）、葭州（佳县）、神木县（神木县）、府谷县（府谷县）
	商州	商州（商洛市）	镇安县（镇安县）、雒南县（洛南县）、山阳县（山阳县）、商南县（商南县）
	乾州	乾州（乾县）	武功县（武功县）、永寿县（永寿县）
	邠州	邠州（彬县）	三水县（旬邑县）、淳化县（淳化县）、长武县（长武县）
	鄜州	鄜州（富县）	洛川县（洛川县）、中部县（黄陵县）、宜君县（宜君县）
	绥德州	绥德州（绥德县）	米脂县（米脂县）、清涧县（清涧县）、吴堡县（吴堡县）
甘肃省	兰州府	皋兰县（兰州市）	狄道州（临洮县）、河州（临夏市）、金县（榆中县）、渭源县（渭源县）、靖远县（靖远县）
	平凉府	平凉县（平凉市）	静宁州（静宁县）、华亭县（华亭县）、隆德县（隆德县）
	巩昌府	陇西县（陇西县）	洮州厅（临潭县）、岷州（岷县）、安定县（定西市）、会宁县（会宁县）、通渭县（通渭县）、宁远县（武山县）、伏羌县（甘谷县）、西和县（西和县）
	庆阳府	安化县（庆城县）	宁州（宁县）、合水县（合水县）、环县（环县）、正宁县（正宁县）
	宁夏府	宁夏县（银川市） 宁朔县（银川市）	宁灵厅（吴忠市）、灵州（灵武市）、平罗县（平罗县）、中卫县（中卫市）
	西宁府**	西宁县（西宁市）	碾伯县（海东市）、大通县（门源县）
	凉州府	武威县（武威市）	镇番县（民勤县）、永昌县（永昌县）、古浪县（古浪县）、平番县（永登县）
	甘州府	张掖县（张掖市）	山丹县（山丹县）
	化平川厅	化平川厅（泾源县）	

（续表）

省	府	治所	辖地
甘肃省	固原州	固原州(固原市)	平远县(同心县)、海城县(海原县)
	泾州	泾州(泾川县)	崇信县(崇信县)、镇原县(镇原县)、灵台县(灵台县)
	阶州	阶州(陇南市)	文县(文县)、成县(成县)
	秦州	秦州(天水市)	秦安县(秦安县)、清水县(清水县)、礼县(礼县)、徽县(徽县)、两当县(两当县)
	肃州	肃州(酒泉市)	高台县(高台县)
	安西州	安西州(瓜州县)	敦煌县(敦煌市)、玉门县(玉门市)

注：* 道光三年(1823年)析安康县砖坪营地置砖坪厅，光绪《清会典事例·户部·疆理》未载。

** 乾隆二十七年(1762年)于循化营城内设同知，置循化厅，属兰州府，道光三年(1823年)改署西宁府；乾隆五十六年(1791年)以归德县丞管理区域置贵德厅。光绪《清会典事例·户部·疆理》均未载。

说明：括号中为今地名。

第三节　西北区域环境要素特征

本书所指自然环境特征可定义为：与农牧经济活动密切相关的气候、地形、植被、降水量、水系、日照等环境要素特征。从现有文字记载及考古发现来看，历史时期(秦汉—明)西北自然环境尽管以干旱半干旱地区温带草原、黄土丘陵、荒漠为主要特征，但由于该地区生态系统十分脆弱，对自然和人为的扰动作用非常敏感，尤其是以农业为主的汉族移民的大量迁入，使由秦汉到明的1 800余年间，基本生态条件如植被、水系都曾多次发生很大变化，既有正面效应，也有负面效应。

一、天然适合农牧经济活动环境特征

这些特征主要包括地形、河流和植被。在本书限定的历史时期内，它们作为宁夏区域文化发生、成长的基本环境条件，千余年来除地形、河流外，只有植被发生了质的变化。

1. 气候

西北地区地处亚欧大陆腹地，包括新疆、青海、甘肃、陕西、宁夏以及内蒙古西部的中国西北地区属于干旱半干旱地区，该区域包括青藏高原、蒙新高原和

黄土高原交汇，年降水量小于 200 mm，水资源缺乏，生态环境脆弱，干旱事件频发，是对全球气候变化响应最敏感的区域之一。

竺可桢对西北地区乃至全国近五千年来的气候史的初步研究，可导致下列初步性的结论：(1)在近五千年中的最初二千年，即从仰韶文化到安阳殷墟，大部分的年平均温度高于现在 2 ℃左右。一月温度大约比现在高 3—5 ℃。其间上下波动，目前以限于材料，无法探讨。(2)在那以后，有一系列的上下摆动，其最低温度在公元前 100 年、公元 400 年、1200 年和 1700 年；摆动范围为 1—2 ℃。(3)在每一个四百至八百年的期间里，可以分出五十至一百年为周期的小循环温度范围是 1—0.5 ℃。(4)上述循环中，任何最冷的时期，似乎都是从东亚太平洋海岸开始，寒冷波动向西传布到欧洲和非洲的大西洋海岸。①

近代以来，学界一般以 100°E 为界，以此来划分西北地区的东西部，由于这两部分气候特征迥异，诸多学者针对这两个区域进行分类研究。早在 2002 年，施雅风等人发现西北地区出现了降水增多、冰川融水及径流增加等现象，由此开启了西北地区干湿变化的研究。②张永等人利用帕尔默干旱指数分析了 1953 年至 2003 年西北地区的干湿变化，其趋势为湿—干—湿。③黄小燕等利用 1960 年至 2009 年西北地区干湿变化的数据，发现西北地区有明显的变湿趋势。④

自 1960 年以来，西北地区气温一直处于波动上升的状态，增温幅度可达 0.34 ℃/10a，是全球增温幅度的三倍，从时间上看，有三个较为明显的时间节点。1960—1986 年，气温的变化幅度较为平稳，直到 1987 年开始，气温开始出现升高异常，增幅可达 0.52 ℃/10a。1998 年以来增温趋势才有错环节，有些地区有下降趋势。研究表明，西北地区的气温变化有季节和空间的变化，其中冬季增温明显，春季最弱，因此冬季的增温对于年平均气温的影响较大，尤其是极端低温的升高对于增温的影响较为突出。其中，新疆阿尔泰山地区、青海西北部和内蒙古中部升温幅度最大，青海南部和甘肃西南部升温幅度最小。

---

① 竺可桢：《中国近五千年来气候变迁的初步研究》，《考古学报》1972 年第 1 期，第 35 页。

② 施雅风、沈永平、胡汝骥：《西北气候由暖干向暖湿转型的信号、影响和前景初步探讨》，《冰川冻土》2002 年第 3 期，第 219—226 页。

③ 张永、陈发虎、勾晓华等：《中国西北地区季节间干湿变化的时空分布：基于 PDSI 数据》，《地理学报》2007 年第 11 期，第 1142—1152 页。

④ 黄小燕、张明军、贾文雄等：《中国西北地区地表干湿变化及影响因素》，《水科学进展》2011 年第 2 期，第 151—159 页。

近50年来,西北地区全年降水量有增长趋势,其中1960年至1986年,年降水量较为平稳,1987年开始到2000年,西北地区的降水量呈现显著上升,但2000年之后,降水量增加的趋势又有所减弱。西北地区降水量呈现季节性及区域性变化,夏季降水量相明显高于冬季,东南地区由西北地区递减。西北地区降水量主要以100°E为界,以西降水增加,以东降水减少,降水量增加较为明显的是西北地区西部和中部,较弱的区域为西部地区东部。西北地区西部的降水量主要来自夏季降水量的增加,西北地区东部的降水量的减少主要是由于秋季降水量的减少。研究表明,西北地区的降水量以2000年为转折点,降水量呈现出增加趋势。

2. 地形和河流

西北地区农牧业主要集中在黄土高原、关中平原、宁夏平原、河套平原、河湟谷地以及河西走廊天山北麓等地区,地形和河流的是本区农牧业发展的根本原因所在。由于以上区域地势大多低平,加上水利灌溉之便,适宜大规模的开垦,历史上黄河及其支流就一直在本区的农牧业发展中发挥着重要的作用,祁连山、天山的冰川融水造就了河西走廊以及天山北麓的绿洲农牧业。黄河及其主要支流渭河、泾河、湟水、洮河、清水河、大黑河、窟野河分布在除新疆以外的其他省(自治区),丰富的水源使得流经区域成为天然适合农牧经济活动的区域,甚至是当地早期人类文化遗址的发现地。从西北逶迤而来的渭河及支流流经包括今天的宝鸡、咸阳、西安、渭南等地区,冲积出了“八百里秦川”之称关中平原;相传此地为后稷教化百姓农耕的起源地,《尚书》评价全国各地农田时,把关中平原所在的雍州定为上上,居全国之冠;周人和秦人凭借关中平原的农业优势,一举完成灭商和统一六国的壮举。据史记载,自先秦时期起,就有黄土高原北部的山戎、猃狁、荤粥、河湟一带的西羌、泾渭上游的犬戎以及河西走廊和西域地区(今新疆维吾尔自治区及以西地区)等游牧民族在活动,在秦王朝统一六国后,实行“移民戍边”政策,将移民置于沿河内外新设郡县及上郡地区垦牧;西汉的对匈奴军事行动过程中,通过采取军屯、移民的措施扩大了农业的发展。如《史记·匈奴列传》的记载表明包括黄土高原和河套平原在内的“河南地”因有黄河灌溉之利和广阔无垠的荒草地,秦王朝迁徙大量的罪犯到此居住垦荒,开启了对黄土高原和河套平原的农业开发;如今的秦渠、汉延渠即为当时农牧业开发的遗迹。祁连山、天山的冰川融水在河西走廊和天山南北的高山河流,河流在山前冲击形成洪积扇和冲积扇，扇缘部位的黏土在一定程度上起到了对水体阻隔的作用，它能保证季节性山洪的水长期储存在扇体中，相当于一个“水坝”，保证了泉水的稳定性，当水流到冲积扇扇缘部位的时候，已经离地表很近，非常利于打井汲水甚至直接形成泉水出露；人类活动就位于洪积扇和冲积扇的边缘地区。如武威是石羊河冲积形成的绿洲，张掖市是黑河穿出峡谷所形成的冲积扇，酒泉和嘉峪关在北大河流域的冲积扇上；天山山麓地带和塔里木盆地周边分布的绿洲都是高山冰川融水形成冲积扇。

从地貌地形特征看，河套平原南北介于阴山和鄂尔多斯高原之间，东西沿黄河延展，长 500 公里，宽 20—90 公里，亦拥有平坦的地势、充足的光照及充沛的黄河过境水量，只是土地次生盐渍化严重，且排水不畅。河西走廊位于合黎山、龙首山与祁连山之间，东西走向，为冲积洪扇构成的窄长山前倾斜平原，长约 1 000 公里，宽数十公里，大部地表覆有黄土状物质，加之祁连山冰雪融化而来的充沛水量，非常适合发展灌溉农业。鄂尔多斯高原海拔 1 300—1 700 米，其南部与陕北高原相连，由于地势平坦，历史时期早期为温带草原，在西汉武帝时也曾有大量汉族移民迁入，进行过土地开垦活动。黄土高原以六盘山为界，以西为陇中盆地，海拔多在 2 000—2 500 米之间，其间丘陵林立，沟壑纵横；以东为陇东间山盆地，海拔在 1 400—2 000 米左右，以黄土台地（或称塬）为特点。上述地区尽管地形千差万别，但都处在中国北方传统的农牧混杂区内，有着相似的地区发展历史，在典型的北方草原地带与黄河冲积平原之间，起着缓冲带的作用。

3. 植被

植被是表征所在区域农业生产的重要指标之一，史念海先生在《黄土高原森林和草原变迁》一书中提到①，西周时期黄土高原的森林面积大约有 3 200 万亩，由此可见历史上黄土高原的气候湿润、植被覆盖率高，是进行农业生产的理想之所。即便有人类对这一地区的开发逐渐增大，但也由于当时人口较少，对植被的破坏相对较轻，史书中关于赫连勃勃建立统万城的描述，也表明在两晋十六国时期，黄土高原地区还是茂密的植被景观。以上表明历史时期的黄土高原就是发展农牧业生产的重要区域。宁夏南部山区及邻近甘肃陇西等黄土高

① 史念海：《黄土高原森林和草原变迁》，陕西人民出版社 1985 年版。

原西部地区是马家窑与齐家文化遗址分布的中心地区，现代孢粉分析显示，这里在全新世中期植被是以桦属、松属为主的常绿阔叶混交林①。早期人类正是利用这类山地森林之间的山谷台地从事原始农业生产。

植被的变化同时反映区域的农业生产结构的变化，我国北方农牧交错地带与 400 毫米等降水量基本吻合，农牧交错地带西北段主要在榆林、兰州一线，并随着气候变化和历史时期游牧民族和农耕民族的相互关系发生迁徙、农牧交错地带东南以农业为主。西北部分以畜牧业为主。当气候变冷、变干，游牧民族南下掠夺农耕民族，农牧交错地带向南发生移动，反之，当气候变暖，中原王朝强大时，农牧交错地带向南北发生偏移。

祁连山和天山山脉由于海拔高，东西跨度长，形成了植被的分布的差异。祁连山是一组大致平行的呈西北—东南走向的山脉群。这组山脉群长达 1 000 多公里，宽达 300 多公里；祁连山植被的差异取决于从太平洋吹来的东南季风向西吹到的位置和极限，从东到西逐渐由森林过渡到草原、荒漠景观，历史时期的农业生产也从东向西遂由种植业变为畜牧业。中国境内的新疆天山长达 1 700 多公里，平均海拔约 4 000 米，其间有 20 多条山脉和 10 多个山间盆地，高耸且宽阔的山脉成为地理屏障，使山南和山北呈现出两种迥然不同的自然景观，也造就了天山不同海拔间农业和牧业景观的差别。天山北坡山麓是重要的农作物产区，而海拔高山地草原带、针叶林带、亚高山(高山)草甸带是重要的畜牧业基地。

根据朱士光先生的研究，河套地区及鄂尔多斯除东南的绝大部分，在全新世中晚期(距今约 5 000 年，相当于考古学上的新石器时代)为暖温带草原，兼有稀疏草原、灌丛草原②。这个结论也为早期人类活动遗址的地理分布所证实。甘肃陇西地区是马家窑与齐家文化遗址分布的中心地区，现代孢粉分析显示，这里在全新世中期植被是以桦属、松属为主的常绿阔叶混交林③。早期人类正是利用这类山地森林之间的山谷台地从事原始农业生产。随着以关中、中原为根据地的黄河农业文明的急剧兴起，在由秦汉至明的漫长历史时期中，尽管中原王朝和游牧民族的征服王朝或割据政权在时间上几乎平分秋色，但凭借先进

①②③ 中国科学院黄土高原综合科学考察队：《黄土高原地区自然环境及其演变》，科学出版社 1991 年版。

农业生产技术而扩张的汉民族,却给宁夏及相邻地区的自然植被造成令游牧人望尘莫及的巨大破坏。这主要表现在北部地区沙漠化的扩大,南部地区水土流失严重。例如,内蒙古乌兰布和沙漠北部,原是黄河冲积平原,在汉代大规模开垦之前,这一地区原是一望无际的干草原,随着大批汉族人口的迁入,大片草原被开垦为表土裸露的农田,助长了风蚀作用,导致沙漠的扩大①。陕北榆林延安地区,考古学家曾在此发现大批东汉时期画像石刻,反映了当地发达的农业经济,如牛耕地、铁制农具的广泛应用,还有豪门大户们的各种狩猎生活,无疑当时的生态环境十分良好。唯有宁夏平原及内蒙古河套,借助不息的黄河和密如蛛网的引黄渠道,使农业生产维持至今,因为它们的自然环境条件,由于长期的引黄灌溉,又衍化出一系列有利于农业生产和人口定居的次生态条件。

二、人为次生适合农业活动的环境特征

人类活动对自然环境的改变可称为因人为经济活动而产生的次生环境特征。历史时期西北地区人类活动对自然环境的改变,大致分为关中平原和宁夏平原水利灌溉系统的修建和黄土高原梯田整理两种类型。

郑国渠是先秦时期规模最大的水利工程。于公元前246年,秦王政采纳韩国人郑国的建议,开发渭北旱原的"泽卤之地";《史记·河渠书》载:郑国率秦人"凿泾水自中山西邸瓠口为渠,并北山,东注洛,三百余里,欲以溉田"。②郑国渠的建成,使得灌溉的农田面积达4万顷,使关中之地成为秦国的重要粮仓对关中农业经济的发展产生了巨大的促进作用,作物产量得到提升,单产达到6石4斗,并且改善了关中地区的农业生态环境,起到了改良盐碱地的功效。汉唐时期出于社会发展的需要,加大了开发关中水资源的力度,西汉一方面继续利用郑国渠灌溉系统,另一方面充分利用泾水、渭水和洛水开辟新的灌溉途径,陆续开凿了六辅渠、成国渠、漕渠;隋唐两代,关中地区水利建设迅猛发展,引泾的郑白渠灌溉系统日臻完备;明清时期,关中平原水利工程分布的范围明显扩大,形成了不同层次的灌溉网。③秦朝实行军民屯垦以解决供应问题,成为中原王朝在宁夏平原的第一次移民开发尝试。宁夏平原黄河两岸土地平整,只要选好地势

---

① 侯仁之:《历史地理学的理论与实践》,上海人民出版社1979年版。

② 司马迁:《史记》,中华书局1959年版。

③ 王双怀:《关中平原水利建设的历史审视》,《陕西师范大学学报(哲学社会科学版)》2015年1月。

较高的进水口,就可导水入渠实现全程自流灌溉。随着秦朝灭亡"秦所徙适成边者皆复去",匈奴重新夺回河套地区,农田变为牧场,水利设施、淤陷毁坏。汉代移民实边宁夏平原水利首次大开发,汉武帝采纳主父偃建议,设立朔方郡,为移民从事屯垦和兴修水利提供了便利;有学者考证宁夏引黄灌渠是在元狩三年(公元前120年)前后,由官方组织吏卒开凿的,这是银川平原开渠的最早纪录,虽因缺少文献记载和考古佐证秦渠、汉延渠的开凿年代,但却显示两汉时期,银川平原引黄灌溉出现了第一个开发高峰,汉渠、光禄渠、七级渠、汉延渠等古渠道已基本形成并运行,宁夏引黄灌区逐渐发展为黄河上游规模较大的灌区。唐代开边营田扩大宁夏平原水利开发规模,《旧唐书·地理志》记载全国有灌溉面积千顷以上的大灌区有33处,宁夏引黄灌区便是其中之一,武则天万岁通天元年(696年),在今中宁石空堡附近置丰安军,8 000余官兵"屯田二十万以上",记载了卫宁平原的水利系统开发。[①]明清屯田开渠推动宁夏平原水利开发管理全面发展,宣德六年(1431年)宁夏设立河渠提举司"专掌水利,兼收屯粮",并令"御史二人往理其事",至明嘉靖年间(1522—1566年),宁夏平原有干渠18条,总长1 479里,共溉田15 734顷,汉渠、唐徕渠占总灌溉面积的80%,这是宁夏河套平原引黄灌溉史上第一次记载比较全面而确切的数字。清朝经过康雍乾三朝修浚与开凿,宁夏平原的水利灌溉事业达到了历史时期的极盛,尤其是大清、惠农、昌润三渠的开凿,使宁夏引黄灌区形成系统完整的灌溉网络。据嘉庆重修《大清一统志》宁夏府记载,当时直接由黄河开口引水的有汉延渠、唐徕渠、大清渠、惠农渠等23条大小渠道,全长2 198里,灌溉农田近218万亩。[②]

由于黄土本身的湿陷性以及人类对黄土高原的过度开发,使得黄土高原的水土流失严重,而黄土高原的梯田整理是应对水土流失、保持农作物产量的有效措施。梯田在史前时期便已出现,其雏形是人们清除森林或小山顶,以种植粮食或作为防御工事,后来在人多地少等矛盾和需求的推动之下,逐渐成为一种集约利用山地的成熟方式,得以广泛发展,梯田不仅可改变地形坡度、拦滞径流、稳定土壤,具有保水、保土、保肥作用,增加单位面积粮食产量,还使得丘陵高山地区的大面积种植成为了现实。《诗经·小雅·白华》描述:"滮池北流,浸彼稻田",滮池在陕西秦岭以北、渭水之南的咸阳城西南。这里是地形南高北低

---

① 吴晓红:《历史时期宁夏平原引黄灌溉的三次大开发》,《西夏研究》2021年第3期。
② 吴忠礼等:《宁夏引黄灌溉今昔》,宁夏人民出版社2008年版。

的旱坡地，诗文虽八个字，却说明在西周时期黄土高原南部地区的农民就已经开始在坡地上兴修梯田。据梁家勉考证，黄土高原的梯田“在西汉末期公元前三十年间教田三辅的祀之，把区田方法应用于陕西黄土区的梯田上，可以说是梯田技术的一个显著的进步”①。元代《王祯农书》对梯田的定义、分类、布设与修筑方法进行了系统叙述，可以说是我国历史上梯田建设已进入一个新的发展阶段。明清以来，将梯田建设与治山治水结合起来，并得以推广。修筑梯田不仅仅是为了获得粮食，而且和治山治水结合了起来，进一步发挥了梯田的作用，形成了引洪漫淤、保水、保土、肥田的梯田技术和理论。②

汉唐时期的大规模移民实边，及随之而来的陕甘宁边疆地区农业经济的昌盛，在宁夏北部冲积平原地区产生了良好的次生生态效应，可称为因人为经济活动而产生的次生环境特征。在汉武帝移民拓边以前，该地区属干旱半干旱地区温带草原，加之黄河纵贯其中，河道摇摆不定，平原中部湖泊密布，沼泽遍地。经过汉武帝元朔二年（公元前 127 年）、元鼎四年（公元前 113 年）、元鼎六年（公元前 111 年）、元狩四年（公元前 119 年）这 4 次大规模移民，使来自中原关中地区总计 146 万余人迁入宁夏北部及相邻陕甘、内蒙古地区。经过这些汉族农民、士兵、流犯的辛苦垦殖及大兴水利，加之历代相继，逐渐使宁夏平原原来的草原生态系统转变为以人工灌溉农业为支撑的次生生态体系。在整个历史时期，以黄河的黑山峡、青铜峡为起点，相继开凿了秦汉渠、汉延渠、唐徕渠等大型引水渠，还有无数大小引水支渠、斗渠，据明嘉靖时资料，宁夏平原共有渠道 19 条，总长度 757.5 公里，灌溉面积 156.11 万亩③，其中唐渠或称唐徕渠，“自汉（延）渠口之西凿引河流，绕城西（今银川）逶迤而北，系波亦入于河。延袤四百里。其支流陡口大小八百处”。汉延渠“引河流绕城东（今银川），逶迤而北，系波仍入于河，延袤二百五十里，其支流陡口大小三百六十九处”④。这些密如蛛网的渠道，在宁夏平原形成了一个人工水文网。据现代资料，在宁夏，黄河年平均含沙量 6.54 公斤/立方米，灌区渠道引水平均含沙量为 23.3 公斤/立方米，长期的引黄灌溉，使黄河泥沙淤积于原来的草原棕钙土壤之上，形成一层几十厘

① 梁家勉：《中国梯田考》，《华南农学院第二次科学讨论会论文汇刊》1956 年。
② 姚云峰等：《我国梯田的形成与发展》，《中国水土保持》1991 年 6 月。
③ 卢德明等：《明代以来宁夏引黄灌溉演变情况》，《宁夏水利科技》1984 年第 1 期。
④ 以上原文皆引自《嘉靖宁夏新志》。

米至两米以上的淤灌熟土层，土壤中有机质含量高，是典型的良田沃土；通过灌、排、洗、淤这一套行之有效的改良盐碱土措施，改造了宁夏平原原来“地固泽咸齿，不生五谷”的盐化土壤，增加了适宜作物品种，如水稻的大规模种植；由于人工引水量大，抵消了平原地区降水量不足的劣势，加之渠沟、水田面积的扩大，人工林网的兴起，产生了所谓“绿洲效应”，在宁夏平原形成比较温和湿润的地方气候①。这样，在荒原环绕的贺兰山下，由于历代人民的开拓，出现了“川辉原润千村聚，野绿禾青一望同”的塞上江南。上述四种因人为经济活动而产生的次生环境特征，在内蒙古河套地区、甘肃河西走廊地区不同程度地均有存在。它们的共性就在于：通过人工改造相对有利的天然生态环境，使源自中原关中地区的灌溉农业在陕甘宁边地长期存在，从汉到明，尽管间有衰退，但总的历史走向却是为农耕人口及所携文化提供了一个稳定发展的生态空间，而这个东西纵贯陕甘宁地区的农业经济生态空间，三面却为独成体系的游牧经济生态空间所包围。这种地理并存格局，事实上正是陕甘宁地区边地文化承袭农牧文化之长，成长壮大的历史舞台。

三、东西方农业文明的辉映

闻名天下的古埃及文化所在的尼罗河流域，亦是一个次生环境条件明显的地区，同宁夏平原一样，都是人类用双手在干旱半干旱地区创造出的人工绿洲。尼罗河流域，面积约2.7万平方公里，长1 200公里，尼罗河为南北流向，其河谷南部宽度在15—25公里，北部宽度则达50公里。以阿斯旺为界，尼罗河流域自然环境具有明显的工分性：北部主要由较宽的冲积平原组成，南部包括苏丹的北部地区，则是起伏的山地和狭长的河谷。宁夏区域文化存在的自然环境，包括北部平原及南部山区。其中宁夏境内黄河干流流域面积约9 687.48平方公里，也是南北流向，南部卫宁平原宽度10—15公里，北部银川平原宽度为40—50公里，同尼罗河谷宽狭相差无几。同样，宁夏地区自然环境更是具有典型的二分性：北部主要由较宽的冲积平原构成，南部则是山峦起伏的黄土高原。古埃及所在的尼罗河冲积平原西部是广阔的撒哈拉大沙漠，东部紧接阿拉伯沙漠；宁夏境内的黄河冲积平原西邻腾格里沙漠，东部则与毛乌素沙漠为伴，当然，历史时期这些沙漠面积要小一些。

---

① 汪一鸣：《宁夏平原自然生态系统的改造》，《中国农史》1983年第4期。

新石器时代晚期，尼罗河两岸布满了茂密的树林和沼泽，进入历史时期后（指青铜器时代及其以后时代）气候趋于干冷，以至于当时的古埃及几乎与今天的埃及一样干旱，蒸发量大于降雨量。因此，古埃及人也只有依靠挖沟开渠，方能摆脱环境的制约。他们利用尼罗河洪水千百年来沿两岸形成的两条较高的土脊，逐渐加固了这些天然屏障，又加修贮水坝。与此同时，沿河流平行方向修筑了堤坝，其结果是把埃及划分为一系列盆地，盆地中土地一片平坦，每逢河水升起，洪水到来，在堤坝内挖掘的与河流平行的渠道，把各个盆地一一灌满，待田野已经浸透后，再把水放归尼罗河。此外，利用河谷的自然坡度修了一系列运河，把上游河水引向地处下游的某些地势较低，但为特大洪水所不及的地区①。这样，定期泛滥的尼罗河水挟带着来自上游苏丹高原含有机质的泥土，通过这种灌溉体系，均匀地淤积在两岸贫瘠的土地上，长此以往，形成沃野千里的人工灌溉生态环境，而这也正是古埃及文化走向世界的根基所在。

宁夏区域文化根本不能与人类文明发源地的古埃及文化相提并论，但其改造自然的精巧和伟大并不逊色于这个文化巨人。定居于宁夏平原的汉族移民，利用平原内南高北低的自然地势，以高处的青铜峡、黑山峡为起点，沿南北方向，在黄河西岸开凿干渠，再依据干渠经过的地形挖支渠、斗渠，从而实现了黄河水的自流灌溉。另外，人们还采用"激河"工程技术，所谓渠首迎水堺的形式，将河床中一部分水流抬高，引水到地势较高的地带，以扩大灌溉面积。汪一鸣先生曾撰文指出，宁夏平原农田水利系统一个重要特点是：无严格管理即无灌溉效益。因为黄河主流易徙，年际间、季节间水位差大，渠口引水不稳定，易使农田受旱无收；河水含沙量较大，输水渠道容易淤塞，如遇黄河洪水或山洪、暴雨，容易发生涝灾；银川平原中下游地势低洼，排水困难，加上渠道渗漏，往往引起土壤盐渍化。因此，不但在基建阶段要注意引、输、灌、排工程的配套建设，而且平时使用要严格管护，坚持"岁修"。可见，宁夏平原原有的草原生态系统改造为灌溉农田生态系统后，只有在妥善、科学的管理下，才能维持良好的生态平衡（如汉唐社会稳定时期，引者注）。一旦发生战乱，居民离散，水利不修，农田生态系统失去控制，灌溉农业就遭受破坏甚至无法存在②。五代十六国，及历代中原王朝衰落时，莫不如此。我们知道，在古代的技术条件下，疏浚渠道非个人

---

① G.莫赫塔尔（主编）：《非洲通史》第二卷，中国对外翻译出版公司1984年版。

② 汪一鸣：《汉代宁夏引黄灌区的开发》，《水利史研究会成立大会论文选》，水利电力出版社。

或一家一户所能完成,必须由一权威的社会组织统一指挥,以严格的条例加以管理。从现存的清代《宁夏府志》水利卷中《春浚规条十二则》看,其内容可与现代工程管理细则相媲美,由此也表明,宁夏平原农业区居民的社会行为具有严密的组织性。当然在古代东方国家,如中国、埃及、两河流域,都拥有被马克思提及的"亚细亚生产方式",即大规模灌溉系统与建立其上的东方专制统治,但宁夏区域文化作为干旱半旱特殊生态系统中的中原农耕文化亚类型,加之特定的边疆军事形势,居民社会更具有强烈的封建军事专制色彩。事实上,在干旱半干旱环境中由庞大的人工灌溉系统支持的农业生产体系,历史悠久,而又使用至今的,只有埃及的尼罗河流域、中国的河西走廊与宁夏平原。而被誉为人类四大文明发祥地之一的两河流域,由于沙漠侵袭,战乱迭起,水利工程荒弃,其伟大的文明已成为往昔的辉煌。

四、宁夏引黄灌溉:文明与环境的交汇

宁夏古灌区即位于宁夏的古代灌区,始于西汉元狩年间(公元前122年—前117年)。此区域自从匈奴统治之后,就在大规模实行屯田制[①]。据《汉书·匈奴列传》所说:"自朔方(郡治在今内蒙古自治区乌拉特前旗,黄河南岸)以西至令居(今甘肃省永登县西北),往往通渠,置田官。"《魏书·刁雍传》中记载:"在富平[②]西南30里有艾山,旧渠自山南引水。北魏太平真君五年(444年)薄骨律镇[③]守将刁雍在旧渠口下游开新口,利用河中沙洲筑坝,分河水人河西渠道。新开渠道向北40里合旧渠,沿旧渠80里至灌区,共灌田4万余顷,史称艾山渠艾山渠。灌田时'一旬之间则水一遍,水凡四溉,谷得成实'。"开渠后的第三年便可向内蒙古五原一带运送军粮达60万斛。据《水经注》记载黄河青铜峡以下段可灌溉富平一带农田。

宁夏引黄灌溉的历史始于秦代,盛于汉代,历代开凿的诸多引黄古渠历经千百年沿用至今。自秦朝起,宁夏便开始实施,宁夏的引黄古灌区经过多年的延伸和开发,进而形成了较为完善且独特的无坝引水、激河浚渠、埽工护岸等工程技术。引黄古灌区有着合理的布局、完善的管理制度,因此有效加强了防治盐碱化的功能及作用,进一步提升了此区域的环境承载力,协调了人口和经济

---

① 汉以后历代政府为取得军队给养或税粮由政府直接组织经营的一种农业集体耕作制度。

② 今吴忠市西南。

③ 今灵武市西南古黄河沙洲上。

的双重压力，由此实现了区域的可持续发展，确保经济、社会、生态等发展方面的效益。著名汉学家费正清等人在他们的《东亚文明：传统与变革》一书写道：“要控制黄河，使它提供必要的水利资源，成为中国专制政府的经济支柱。”宁夏平原的引黄灌溉最大限度地利用了流经宁夏平原的黄河水。独特的灌溉文化在宁夏境内持续发展了 2 200 多年，蕴含着十分深厚的历史底蕴及璀璨丰富的水利文化遗产。引黄古灌区的出现及演化为近现代水利技术的发展和管理提供了有益借鉴，其中包括因地制宜、因势利导的治水理念。秦代的蒙恬，西汉的汉武帝，东汉的虞诩、郭璜，北魏的刁雍，唐代的李听、郭子仪，元朝的郭守敬、张文谦、董文用，明代的汪文辉、张九德，清代的王全臣、通智、钮廷彩，民国的李翰源等人先后为引黄古渠系开发建设提供源源不断的智力支持，其治水业绩彪炳史册。包括《送卢潘尚书之灵武》《横城堡渡黄河》在内的水利诗文 200 余首，《汉唐二坝记》《修唐徕渠碑记》在内的水利碑记 30 余篇，同时包括遗留下的水利文物、器具、实物等不断见证着宁夏引黄灌溉的辉煌历史，也成为黄河文化不可分割的一部分。

任何一种文化或者文明都与地理环境有着十分紧密的联系，因此对于黄河文化而言，西北地区的地形、地貌与生态环境都是黄河文化形成的关键因素，由于宁夏平原、蒙古高原的边缘与鄂尔多斯台地相连接，向北延伸的空间更广阔，因此黄河及其支脉孕育了丰富而灿烂的黄河文化。代表着宁夏平原不同时期的秦渠、汉渠、唐徕渠、大清渠，见证了引黄灌区的发展，也见证了“塞上江南”的富庶景象，唐代诗人韦蟾写道：“贺兰山下果园成，塞北江南旧有名”，描绘了宁夏平原黄河灌区繁荣富足的美好生活。宁夏北部引黄古灌区始于秦汉，兴盛于汉唐，元明清不断完善发展，在治水先贤在吸收了民众智慧的基础上改革创新，不断推进黄河文化在宁夏平原的发展与演进。正如国家灌溉排水委员会的贺信中写道：“望贵区以‘宁夏引黄古灌区’申遗成功为起点，积极调动各界力量，共同做好宁夏引黄古灌区的传承保护与开发利用工作，高标准、高起点、全方位保护遗产的真实性和完整性，继续深入挖掘宁夏引黄古灌区的历史文化底蕴，统筹兼顾、科学合理进行开发利用，让世界灌溉工程遗产在宁夏经济社会发展中发挥更加重要的作用，使宁夏引黄古灌区的明天更加灿烂辉煌。”①

① 宁夏新闻网：《热烈庆祝宁夏引黄古灌区“申遗”成功》，2017 年 10 月 19 日。

第二章　史前宁夏区域经济文化类型演变

经济文化类型原系前苏联民族学家托尔斯托夫·列文和切博克萨罗夫于20世纪50年代提出，特别强调地理环境[①]对物质文化发展所产生的影响。在这里，我们将此概念引申为史前时期特定区域人口群体在一定生态环境基础之上的生计方式和物质文化特征的总和，并以两种形式划分之：原始农耕文化和原始畜牧文化。新石器时代中后期在宁夏及相邻地区，因为区域生态环境不同而产生的两种经济文化类型是：南部黄土高原地带的以马家窑、齐家文化为特征的原始农耕文化，北部平原地区的以细石器文化为特征的畜牧文化。需要说明的是，在南北每个区域生态环境中所存在的仅为经济文化的主体类型，并非纯粹的原始农耕或畜牧文化，只是由于适应各自生态环境的缘故，彼此的文化内涵中农耕或畜牧的比重较大一些而已。这两种原始经济文化类型与历史时期宁夏区域文化的两个母体文化——中原农耕文化和草原游牧文化，既有密切的纵向联系，又有明显的差异。

第一节　新石器时代宁夏经济文化类型特征及生态基础

新石器时代属地质历史全新世时期，时值第四纪间冰期，曾经覆盖地表的冰川业已退隐，气候温暖，植被茂盛。就当时宁夏所属区域而言，从地貌、植被、气候三个基本生态要素看，其生态环境具有明显的南北差异。

一、北部平原生态环境及经济文化特征

在新石器中晚期，该地区属暖湿、干凉气候，植被相对繁茂，曾存在沼泽地带，相应地层中则出土大量磨制石器，包括磨光石斧、陶片、石磨盘和磨棒[②]，表明本地区细石器原始畜牧文化中仍有一定成分的原始农耕文化。尽管进入全新世晚期（新石器时代晚期），气候趋于干凉，雨量减少，但仍有众多大型哺乳动

① 地理环境、自然环境、生态环境这三个概念的内涵相差无几，为统一起见，下文皆用生态环境。

② 周昆叔、胡继兰：《水洞沟遗址的环境与地层》，《人类学报》第7卷第3期，第265页。

物生存，植被以低矮草本植物为主，是草原景观，很适合畜牧经济的发展，当然早期生活于此的原始部落，仍以狩猎、采集作为辅助生存手段。

在新石器时代，由于生产力水平低下，人类的经济生活方式、特征基本上受制于所在生态环境的特征。在北部地区以原始畜牧业为主，兼营原始农业，狩猎的细石器文化类型，其物质文化特征是数量众多的各种精致的细小打制石器，如箭头尖状器、刮削器，并有一定数量的陶器，纹饰形同马家窑文化。如在中卫县发现的10多处细石器文化遗址，有的存在大量的彩陶碎片，能辨识的器形，主要是瓶、罐等。灵武县北部及陶乐县等地的一些细石器文化遗址，彩陶的器形有休、碗、罐等，外表多呈砖红色①。这说明宁夏北部地区细石器文化已与邻近的南部原始农耕文化发生了文化特质的交流。典型的细石器文化广泛分布于中国东北各省、内蒙古、新疆，乃至亚洲东北部的草原地带。但在宁夏北部，由于靠近农耕文化区，因此原始部落的经济生活类型中也出现了一定比例的原始农业特征。但由于细石器文化所在生态环境的特殊性（指草原），在一定程度上又限制了这种经济文化的交流。因而居住在宁夏平原上的细石器文化类型的部落，从生存考虑，仍以原始畜牧业作为主要的生计方式，狩猎和原始农业则是重要补充。

存在于宁夏北部区域生态环境中的细石器文化，其遗址沿灵武到中卫营河一线分布，并呈由东至西的扩张态势。表明在本区的最大地理单元——黄河流域，由于气候、植被、地貌的相似性，使以畜牧为主的细石器文化类型的部落逐渐沿黄河两岸推进，并且以黄河为轴心开始南北扩展。但是扩展的幅度仍以具体的区域生态环境范围为限度，也就是说，以原始畜牧业为基础的细石器文化绝不会扩展到南部黄土高原地区，因为气候、植被、地貌这些对原始人类性命攸关的生态要素很大程度上限制着这种扩展。从而使北部的原始畜牧文化类型与南部原始农耕文化类型的接触，也被控制在交流的层次上，而不会导致这种经济文化类型在新石器时期互相融合。可是在历史时期，农牧两种文化在宁夏及相邻地区却发生了渐进的融合过程。

二、南部山区生态环境及经济文化特征

宁夏南部山区大部是第四纪黄土覆盖的区域，其中河谷纵横。在5 000年

---

① 钟侃：《宁夏古代文物》。

至 4 000 年前新石器时代,该地区气候温暖,雨量充沛,森林茂密。由于河流冲蚀作用,南部黄土高原地区出现众多宽度适宜的河谷阶地,土质肥沃,宜于种植,水流不断,便于饮用。保持相对高度的二级台地尤其适合早期人类部落定居,可免洪水危害。特别是该地区的黄土微粒相互间多存细孔,水分与空气均容易通过,微粒又因雨水蓄积了石灰质,所以充分保持天然养分,这正是农耕所需的基本条件①。

至少和部分北部细石器文化在时间上相接近的马家窑文化,系起源于中原地区的仰韶文化西北地区类型,主要分布在甘肃、宁夏南部等地。在宁夏南部地区的主要遗址有,隆德县凤岭及固原的河川、中河,以彩色陶器为主要特征。出土有用于松土和砍伐树木的石斧、石锛等工具,以及用于收割的石刀,证明当时原始农耕文化在整个经济文化类型中已占主导地位。与北部原始畜牧文化类型相似,南部地区原始农耕文化类型的部落仍从事适当的狩猎活动,并畜养少量的动物。这是因为,尽管当时磨制的石器,如石斧、石刀的出现已使这些部落从环境中获取前所未有的大量食物,用以果腹,但同样由于生产工具的落后和生态环境的多变性,迫使他们不得不寻觅其他的生计方式作为补充,而早在旧石器时代就已十分盛行的狩猎、采集,则是最佳选择。同时,我们应该注意到,南部地区生态环境的特殊性,又在很大程度上限制了畜牧文化在农耕文化中的比重。因而南部地区的原始农耕文化特征十分明显,即经济上以种植粟类作物为主,定居生活,使用流行绳纹、编织纹等砖红,橙黄色彩陶器。

进入新石器时代晚期,宁夏南部山区已出现较为成熟的农耕型的齐家文化(这种原始文化也广泛分布在邻近的陕西、甘肃地区),此时,从适合农耕文化发展角度来看,该地区的生态环境并无质的变化。但人口群体聚集定居范围较马家窑文化时期,已有所扩大,并建有储藏谷物的窑穴,出土大量磨制精致的石斧和石刀,陶器形式、用途多样化,更重要的是出现了红铜器和青铜器。标志着该地区的农业发展水平,使人们能够从所在生态环境中获取足够的食物。尤为重要的是,尽管相对原始农业这一早期人类生存方式,生态环境的多变性和不稳定性依然威胁着人们的生存;但是,伴随生产时过剩食物

---

① 姚六中:《黄河文明之光》,台湾三民书店 1981 年版,第 41 页。

出现而产生的储存器物，如大型陶瓮、窑穴，使早期人类群体迈出了摆脱环境束缚的第一步。

第二节　两种经济文化类型空间分布特征

产生农耕文化的基本生态条件为肥沃的土地和丰富的水量，马家窑文化时期，宁夏南部山区的众多小流域环境——河谷正适合于此。因而从整个南部山区大生态环境看，原始农耕文化类型的部落对环境的适应呈无序分布，因为在黄土高原地带，适宜于耕作的河谷分布是无规律的。这样，生活于其中的原始农耕部落及其经济文化的表现形式，如遗址及其出土的生产工具等，其大区域地理分布则表现为无序性。而着眼于河谷区域小环境，则呈有序分布，在一定走向的河谷内部，气候、植被、地形的一致，使生活其中的人类部落无论其生活遗址，还是各种生产工具的出土地点分布，都是有序的。

就原始畜牧文化而言，又是另一种类型。产生畜牧文化的基本生态条件，应该是大量大型食草哺乳动物群体的存在，具有茂盛草本植被的平缓地带。细石器文化在宁夏北部沿黄河一线大量分布，陆续挖掘的众多遗址，其空间分布也证明了这一点(参见钟侃:《宁夏古代文物、宁夏文物分布略图》)，正是因为在这个本区最大地理单元内，植被、地貌、动物种群的相似性，使生存其中的人类群体借助同质的生态环境，在自身生计方式与之达到较佳适应的基础上，沿黄河流域实现主动的有序分布。总之，新石器时代，在宁夏境内，农耕、畜牧两种经济文化类型的不同区域生态特征，加之生态环境的明显南北差异，促使这两种经济文化的活动范围存在一定程度的空间分隔。在以后的历史时期，由于来自中原关中地区先进农耕文化的扩张，新石器时代北有原始畜牧文化，南有原始农耕文化的地理空间格局，已被彻底打破。尤其汉唐时期，畜牧或曰游牧文化及所属部落，在中央政府的行政强行干预下，按照人为规定的所谓“属国”的范围，集中居住。而北部平原地区由于人工灌溉农业的兴起，成为农耕文化区，大批汉族移民则居住在城堡里，而且有相当数量的小型城市。与此同时，南部地区又转变为重要的畜牧文化区，从战国时的义渠戎民族，到秦、汉、唐，乃至元、明，该地区都以水草丰美、牧业发达而驰名天下，也是历代王朝安置游牧部落的地方之一。由新石器时代至历史时期，农牧文化范围这种南北的倒转，当然与宁夏外部文化势力的崛起有直接关系，如北方草原的游牧文化，中原地区的农耕文化,但是这二者与细石器文化、仰韶文化有亲缘联系,表明即使在史前时期,宁夏地区仍处在畜牧、农耕两大文化系统的夹击之中。

第三节 两种经济文化类型区域演变机制

新石器时代,宁夏境内的原始农耕、畜牧两种经济文化类型,都是在采集狩猎经济基础上发展而来的。只是由于各自所处的生态环境差异明显,促使那些原始部落在依附生态环境的前提下,发展出有利于群体生存的,或以农耕为主,或以畜牧为主的经济文化类型。

一、两种经济文化类型对先祖文化适应性改造

新石器时代,中国北方有两大文化系统,即草原畜牧类型的细石器文化和农耕类型的仰韶文化。宁夏则处在这两种文化系统边缘与交汇地带,通过原始部落的迁徙,北部地区受到细石器文化的强烈渗透和冲击作用。迁入的部落逐渐沿黄河南下,开始与向北扩散的仰韶文化部落发生接触。据考古发现,宁夏北部的细石器文化遗址中发现一些陶器和用于种植的磨制石器。说明宁夏北部当时的区域经济结构中,农耕成分要比其文化母体——北方细石器文化有所增加。有学者研究了邻近内蒙古伊克昭盟杭锦旗的新石器时代遗址,认为从遗址文化遗物所呈现的文化面貌看,与宁夏境内有些原始文化遗址颇有相似之处,如与宁夏陶乐县察罕埂和中卫县一些古遗址的石器和陶器都很相似,但这里没有彩陶片,所以在文化性质上仍存在一定的差异,因为彩陶是农耕型的仰韶文化西北类型——马家窑文化的典型特征。宁夏北部地区细石器文化与其北方母体文化的差异,是与生态及外部文化环境的变化一致的:狭窄的宁夏平原相对其北方草原而言,草原面积大为减少,大型食草哺乳动物数量亦相应缩减,更靠近农耕文化的边缘地带,同时也远离自己母体文化的核心地区。因此,相对典型的北方草原细石器文化,宁夏北部地区这种文化类型的农耕成分更多一些,已实现了向农牧结合的适应性转化。

宁夏南部黄土高原地区,自然环境较适于农耕,发现有大量与中原仰韶文化系统相似的新石器中晚期文化遗址,这系仰韶文化西渐所致。在南部的隆德、海原、西吉等地都发现不同期的马窑文化遗址,其石器构成中也有同其文化母体——仰韶文化类似的器具,但陶器表面绘有动物形体,并出土一些牛、羊骨骼。有的考古学者认为,在海原县菜园村林子梁遗址及切刀把、瓦罐嘴、寨子梁

发现的120多座墓葬、13座房址、67座灰坑、1处窑址[①]及4 000余件如陶器、石器、骨器等遗物,揭示出宁夏南部山区存在着一种时间上与马家窑文化大致并行的另一种土著文化。其中的林子梁遗址上,发现的窑洞式房屋是目前我国所发现的最早的窑洞式房屋之一,房址及墓葬中出土有石刀及细石器、兽骨,说明了当时经济形态是农牧并重的[②]。齐家文化在宁南地区的分布,要比马家窑文化广泛得多,但仍有别于甘肃典型的"齐家文化",这儿出土的陶器明显具有地方特色。可以这样认为,宁夏南部地区的马家窑文化、齐家文化与中原地区的主体文化有一定定的亲缘关系,但由于区域生态环境的个性制约,以及和北方近邻细石器文化的交换,该地区的经济文化类型中畜牧特色较为明显,显示了适应环境效应对先祖文化的后期改造。

二、两种经济文化类型互补作用

新石器时期分布于宁夏南部山区的原始农耕文化和北部地区的畜牧文化,对于各自生存环境的适应,赋予相应原始部落的经济文化以浓重的区域特色。事实上,这种历史的恒定性几乎贯穿宁夏区域文化历史的全部,即使世界其他地区的文化发展,也隐约显露出这种人类生存环境与自身文化变迁之间的关联。这里,生存环境指生态环境与外部文化环境的总和。在相当长时间内,宁夏境内这两种经济文化类型对各自生态环境的最大适应,也成为阻碍两者发生经济文化融合的阻隔,从历史眼光看,这种无形的阻隔实际上是一种业已成熟的内在文化特质,对环境依存的惯性作用。在生产工具粗劣、群体空间活动范围限定的情形下,农耕部落和畜牧部落在各自觅食的有限区域环境内,虽然不会进行两种文化实质内容的完全融合,但凭人类生存之天性,会通过有限的文化交流,甚至于人口的互相迁入,悄然采纳对方的生计方式,作为自己原有经济生活方式的补充。毕竟宁夏南北两大地理单元虽中间隔有几十里宽的过渡地带,但对史前人类而言,仍不是什么障碍。因而在南部山区出土的马家窑文化遗址,我们可以看到明显的畜牧文化痕迹;北部地区细石器文化遗址,则可见典型的农耕文化器具。但马家窑文化与细石器文化的成熟期,在时间分布上并非完全迭合,加之一定的空间分隔,我们尚不太清楚,在宁夏境内这两种经济文化是怎样一种对峙格局。究竟哪一方占有一定的优势?可以肯定的是,它们彼此

---

①② 许成等:《菜园遗存的多维剖析》,《宁夏社会科学》1988年第6期。

少量拥有对方的生计方式,仅是对各自生态环境适应机制的有意或无意的补充,也许双方已开始一定规模的人口双向迁移。换句话说,早在新石器时代,有可能人口迁移对宁夏地区的文化发展发挥着催化剂的作用。对生活在宁夏地区的早期农耕及畜牧部落而言,那种互补式的文化交流的规模,已受到它们各自生态环境之间差异程度的限制,但其结果却是:宁夏南部马家窑文化和北部细石器文化成为中原仰韶文化和北方细石器文化的地理亚文化类型,由此开始了本地区漫长的农牧混合式区域文化发展路线。纵观中国北方的史前及历史时期的文化变迁,宁夏区域文化这种特征,在其他地区亦有不同程度的表现,研究这种承前启后式的文化演变途径,有待从生态学、考古学、古生物学的角度,详尽分析史前时期农耕、畜牧的起源、发展,以及在宁夏这类过渡区域的演变形式。

三、中间环境过渡带的作用

在宁夏南北两种经济文化类型分布区域之间,存在一个农耕、畜牧经济类型的过渡带。它不仅为宁夏境内两种经济文化类型提供地理空间媒介,同时也是中国仰韶、细石器两大文化带交汇的空间契通之一,而实现这种交汇的物质文化基础,便是宁夏境内畜牧、农耕经济文化类型都彼此拥有一定比例对方的经济文化成分。

新石器时代中晚期,在宁夏北部平原与黄土高原之间,还存在着一个诸生态指标处于过渡地位的中间地带,包括今同心县的大部和中宁县的南部,地貌类型为山地与平原间的缓冲地带,植被主要为山地森林和坡地草原。从生态条件来看,此区域宜农宜牧。从现有新石器时代遗址分布特征看,北部冲积平原和南部黄土高原区,分别发现大量以细石器或马家窑文化为主的遗址,近年来则在同心县红城水,发现细石器和马家窑文化特征等量齐观的新石器时代遗址,既有细石器文化的刮削器、尖状器,又伴有石磨、石棒、彩陶等①。这些两种经济文化混生的遗址,显然是南北马家窑、细石器文化长久交流的产物,原来生活在这种遗址中的部落,或者由北边,或者由南部迁移而来。他们迁居中间生态环境过渡带,不仅促进了宁夏南北两种经济文化类型的交汇,而且也促使它们的母体文化——北方草原细石器文化和中原仰韶文化,通过这类南北向的生

---

① 见《宁夏文物》1986年第1期,第88页。

态过渡带，进行文化能量的互换。尽管目前出现了中国史前文化多元起源说，即使在北方地区，除黄河流域的仰韶文化外，还有北方草原东部的红山文化，都可能是中华文明的始祖。但就西北地区而言，仰韶文化仍属主导地位，宁夏地区史前文化的发展深受其影响。与稍南的陇中、关中地区不一样的是，细石器文化亦沉淀于宁夏史前文化的历史地层中。

尽管新石器时代宁夏地区的文化发展基本上是默默无闻，但与孕育了世界上四大文明之一的古埃及史前文化相比，仍有一脉相通之处。目前，考古学家只是在埃及地势较高的尼罗河第五层台地上，发现旧石器时代的燧石工具；宁夏境内唯一被确定为旧石器时代的灵武水洞沟遗址，也位于黄河以东鄂尔多斯台地边缘。这说明，旧石器时代两地的原始部落都生活在河谷台地上，当然，冲积平原靠近河道的地带也应有人类活动，但由于黄河的河道变换和尼罗河泛滥引起的泥沙掩埋，那些遗址已无法找到。

新石器时代，不仅宁夏的区域文化由于生态环境的南北差异而出现两种文化群，古埃及亦是如此。在古埃及，有两种不同的文化群，在其领土的南北两端平行发展，并保持着各自文化的独立性，直至第一王朝时期埃及的统一。南部文化群沿着悬崖峭壁所包围的尼罗河走廊发展，北部文化群则在肥沃而又广阔的三角洲大扇形地带形成。

埃及的南部文化群有塔萨文化，陶器多为黑色碗，石器有特大磨光石斧、刮削器、石刀；拜达里文化，其特色是十分精美的彩色陶器；此外还有略晚一些的纳加达文化工，有彩色陶器、石刀、磨光石斧；稍后的纳加达文化，甚至发现有铜制工具。这些部落以农业为主。北部文化群有法尤姆文化 A、B，尤其是美利得文化为其典型代表，石制工具有镰刀、磨光石斧，这些部落主要从事农业，种植小麦、大麦，饲养牛、羊、猪；另外，可能是西部沙漠地带游牧文化的影响，法尤姆文化 B 中也发现有细石器石片[①]。有的埃及专家认为，法老时代埃及文化之所以伟大，可能正是由于统一了这两种互有区别，而又互为补充的南北文化群。

---

① G.莫赫塔尔主编：《非洲通史》第一卷，中国对外翻译出版公司 1984 年版。

第三章　明代西北移民戍边与边地武备文化

历史时期西北地区的军事移民几乎是与经济移民同步进行的。纵观历史，本地区经济移民和军事移民都有四个共同的高峰期，即西汉、唐、元、明。诚如郭伯赞先生论及西北地区军屯与民屯关系时所说："所谓军屯就是利用边防军队，就其屯戍区域，从事垦殖；军屯一年以后有了积谷，再徙中原失业贫民前往军屯之地，长期定居，成为永久性移民。"①其实在西北边地，由于特殊的政治军事环境，往往是军屯、民屯并举，即使在令西北地区民族关系达到空前和谐的元代，情况亦是如此。不仅元明时期西北地区军事移民规模远远超过经济移民，而且无论是汉唐时期，还是元明时代，军事移民和经济移民一个共同且主要的目的，是在迁入地从事以农业为主的经济开发活动。

本章在兼叙经济移民的背景下，主要根据军事移民对西北边疆地区人口构成、社会组织、经济生活方面的影响，详细论述本地区边地武备文化的产生、发展。这里，边地武备文化是指：在中国北方农牧民族武装对峙的历史时期，如汉、唐、明，处在中原王朝政府与草原游牧民族军事力量对峙第一线的边塞前线及相邻地区，其移民社会所具有的，直接与战争、军队有关的经济生活、社会行为和心态特征。这种边地武备文化的分布范围，除作为个案分析的宁夏及相邻地区外，还包括长城沿线的中国北方农牧经济过渡区域，即今河北北部、山西与内蒙古交界地区，内蒙古河套、鄂尔多斯，陕西北部，宁夏全境，甘肃中西部，汉、唐、明时期边地武备文化为当地区域文化一个典型历史特征。

第一节　明以前边地武备文化产生和发展

一、边地武备文化产生原因

1. 重要军事战略位置及频繁民族战争

我们在前文已述，在农牧民族武装对峙的"冷战"格局下，宁夏及相邻地区

① 翦伯赞：《秦汉史》，北京大学出版社 1983 年版。

南扼关陇要冲,北控大漠。特别是对中原王朝而言,该地区进可作为遥控大漠的前进基地,如汉唐国势空前强大之时;退可作为拱卫关中地区的防守要塞,如明代放弃嘉峪关以西地带、内蒙古河套,国力不济之时。这里有一件发生在本世纪 30 年代的史实,亦可说明宁夏这块西北绿洲的特殊战略位置。1936 年中国工农红军第四方面军组成西路军开始西征,关于西征的最终目的,学术界基本上都认为,是打通西部通道,占领甘肃西部,以便西去新疆接受苏联援助。但事实上并非如此,1936 年 9 月 16 日,毛泽东、周恩来、彭德怀在给西路军领导朱德、张国焘的回电中,再次强调了中央、中央军委的近期军事行动目标的重点为宁夏:“自宁夏及甘西发展重点在宁夏不在甘西。因宁夏是陕、甘、青、绥、内外蒙即整个西北之枢纽。”这里反复强调,要接受苏联武器就必须占领宁夏①。尽管这只是论者的一家之言,足以使我们认识到古往今来宁夏的重要战略位置。历史时期,农耕汉民族曾有以“文景之治”“贞观盛世”为代表的封建王朝鼎盛时期,而游牧民族也分别处于以匈奴、突厥无敌铁骑为代表的强悍时期,他们仿佛两个强健的角斗士,凭着各自的勃勃文明活力,拼杀于大西北的竞技场上。在这场血与火的碰击中,宁夏及相邻地区则成为民族战争的频发地。就汉唐两朝而言,立国之初及前中期因国力有限,无暇西顾本地区因而成为匈奴、突厥袭扰最为严重的地区之一。

西汉时期:汉高祖初立,匈奴单于冒顿在灭东胡后,又西击走月氏,南并河套以南的楼烦、白羊王部,直抵朝那、肤施(今宁夏固原、陕西榆林南)等地,拥有作战士兵 30 万人。

公元前 177 年(汉文帝前元三年),五月,匈奴右贤王侵扰河套以南和北地。六月,汉朝政府遣丞相灌婴发车骑 8.5 万余人反击,将右贤王逐出塞外。公元前 166 年(汉文帝前元十四年)冬,匈奴单于率骑兵 14 万,大举南下,攻入北地朝那、萧关(今宁夏固原东南),北地太守被杀,人口畜产被掳掠,遂趁势挺进到彭阳(今甘肃镇原东南)。匈奴单于派兵袭击焚烧回中宫(今陕西陇县西北),其先锋挺进到东距长安仅 300 里的甘泉宫附近。汉文帝急忙调骑卒 10 万人屯驻长安周围以备匈奴进一步进犯,并增强北地郡的防守;另派张相如为大将军,大举反击,双方 20 余万人激战月余,匈奴不支,逃出塞外。

---

① 张嘉选:《红军西路军史研究中有关问题的再探讨》,《社会科学》1990 年第 5 期。

公元前127年(汉武帝元朔二年),匈奴南下扰掠。公元前124年(汉武帝元朔五年)匈奴右贤王侵扰朔方。

唐代:公元619年(唐高祖武德二年),二月,突厥始毕可汗领兵南下,渡过黄河至夏州(今陕西横山西),梁师都派兵会合之。三月,梁师都领兵攻灵州(今宁夏灵武),为灵州长史杨则所击走。

公元621年(唐高祖武德四年),九月,突厥首领颉利领万余骑进犯原州,行军总管尉迟敬德等领兵击走之。原州即今宁夏固原。

公元622年(唐高祖武德五年),六月,突厥颉利可汗领兵5万余骑南侵,分遣数千骑侵掠原州、灵州等地。

公元626年(唐高祖武德九年)二月,突厥攻原州;三月,又攻灵州。四月,颉利领兵10余万攻掠灵州、原州、泾州(今甘肃泾川北)等地,温彦博为突厥所俘。唐高祖以李靖为灵州道行军总管,与突厥战于灵州之硖石(今宁夏青铜峡),自旦至申,突厥乃退。

公元629年(唐太宗贞观三年),突厥颉利的属部薛延陀自称可汉,扰乱边境。灵州大都督任城王道宗与突厥战于灵州,胜之,俘突厥人畜以万计。

公元694年(武则天延载元年),突厥默啜又攻掠灵州,为右鹰扬卫大将军李多祚领兵所击溃。

公元597年(武则天万岁通天二年),九月,突厥默啜围攻灵州,强迫被俘的凉州都督许钦明劝降灵州守兵,许不从,为突厥所杀。

公元706年(唐牛宗神龙二年),十二月,突厥默啜攻灵州鸣沙县(今宁夏中宁县东北),灵武军大总管沙吒忠义领兵据守,久战而败,死者6 000余人。默啜乘胜进掠原、会等州,掳掠陇右牧马万余匹而去。

公元763年(唐代宗广德元年),七月,吐蕃大举攻掠秦、渭等州,河西、陇右尽没。

公元767年(唐代宗大历二年),九月,吐蕃攻灵州,未克。十月退回灵州。朔方节度使路嗣恭与之战,大败之,破2万余人,擒获500人,获马1 500匹。

公元768年(唐代宗大历三年),八月,吐蕃10万人攻灵州。九月,吐蕃又攻灵州,为朔方骑将白元光领兵所击破。

公元773年(唐代宗大历八年),八月,吐蕃6万余骑攻灵州,郭子仪遣兵击败吐蕃于灵州城南七级渠。

公元 778 年(唐代宗大历十三年),四月,吐蕃大首领马重英领兵 4 万余人又攻灵州,并堵塞汉、御史、尚书三条渠道以破坏屯田①。

总之,西汉时期,从公元前 177—前 121 年(该年,汉将霍去病大攻匈奴,从此匈奴无力南下,北地、陇西、河西等西北边郡地区免除了匈奴的威胁和骚扰)的 56 年中,西北边郡地区,始终为大小民族战争所困扰。汉武帝执政的 60 年中,由于奉行武力拓边,主动出击的战略,西北边地基本无战争,因为战争主要在匈奴的统治腹地——漠北进行。这种情况一直持续到西汉末。东汉初年,匈奴又卷土重来。待到公元 50 年(东汉光武帝建武二十六年)匈奴分为南、北两部,南匈奴呼邪韩单于降汉,从此匈奴不成为边郡威胁。公元 107 年(东汉安帝永初元年)羌族大起义,从此西北边郡地区陷入长达 60 余年的战乱之中,直到公元 169 年(汉灵帝建宁二年)方才平息。

整个唐代,在西北边郡,相对来说,战乱或处在战争威胁之下的时间超过和平时期。从公元 618 年(唐高祖武德元年)唐朝立国,直到公元 647 年(唐太宗贞观二十一年),这 29 年间,突厥不时侵扰。那以后宁夏及相邻地区只有 30 余年的和平岁月,公元 681 年(唐高宗永隆二年),突厥温傅部反,诸部纷纷响应并袭扰原、庆两州。以后吐蕃崛起于青藏高原上,在唐代后期,在西北地区与唐对峙近百年,需要强调的是,尽管汉唐两代,西北边郡时有民族战争,但由于这两个王朝作为中国历史上最为强大的两个建封帝国,以雄厚的经济、庞大的骑兵,击溃了草原劲敌——匈奴和突厥人,因此前文列举的众多民族战争,每一个战争本身不仅规模有限,而且持续时间不过一月左右,至多不会超过半年,为擅长运动战的游牧民族采取打了就跑的袭扰战,并无南下关中、入主中原的政治目的,其破坏性远不及改朝换代式的内战。加之庞大边防军的庇护,迁入的汉族人口仍得以长期居住,并能够发展经济。后文将要论及的明代本地区民族战争,亦属此性质。

2. 军事人口迁入和军屯经济兴起

军事人口的迁入,亦称军事移民。西汉时期,面对北方边境地区匈奴军队咄咄逼人的攻势,汉武帝即位后,这位雄才大略、野心勃勃的君王,凭借日渐强盛的国力,开始以跨境远征、主动出击的形式,大规模反击匈奴人的进攻。公元

---

① 以上史实皆引自钟侃:《宁夏古代历史纪年》,宁夏人民出版社 1988 年版。

前127年汉将卫青等从云中(今内蒙古托克托东北),陇西分路出击,将河套以南的匈奴楼烦、白羊王逐出塞外,俘获数千,牛羊百余万。利用这次军事胜利,汉朝政府乘势在黄河以南设朔郡、五原郡,并从内地移民10万从事屯耕。公元前124年,卫青等率兵10余万人,深入塞北六七百里,俘获匈奴右贤裨王。公元前121年,汉将霍去病在祁连山大败匈奴,斩了万余人,俘匈奴首领2 000余人。公元前121年秋天,由于同年反击匈奴的决定性胜利,使匈奴从此远遁漠北,无力南下威胁西北边境,于是汉朝政府大量裁减北地、上郡等地的戍卒[①],其中部分留居下来,成为移民。整个汉武帝时期,有据可查的,共有四次大规模移民涉及西北边郡地区,见下表。由表中可见,这四次移民活动中,其中元鼎四年和六年两次为典型的军事移民,迁入从事农业生产的军事人口共65万余人,分布在前文已详述的、以首都长安为中心的西北地区环形军事防御带上。

表1 武帝时期西北边地的移民情况

时间类别	数量	身份	迁入目的	迁入地
元朔二年(公元前127年)	10万人	招募之民	从事垦种	朔方
元狩四年(公元前119年)	70余万人	山东贫民	从事农业	于关以西,及充朔方以南新秦中
元鼎四年(公元前115年)	5、6万人	田官吏卒	开渠屯田	自朔方以西,以至另居
元鼎六年(公元前113年)	60万人	塞卒	戍田	上郡、朔方、西河、河西

资料来源:《史记·匈奴列传》《汉书·武帝纪》《汉书·匈奴传》《史记·平准书》。

西汉时期,“自敦煌而至盐泽,往往起亭,而轮台(今新疆轮台县东)、渠犁(今新疆库尔勒)皆有田卒数万人”。元凤四年(公元前77年),又在伊循(今新疆若羌县东)屯田,后更置都尉。宣帝时,屯田远达车师(今新疆吐鲁番盆地)、莎车(今新疆莎车)、北胥鞬(今地无考),设有屯田校尉。元帝时,复置戍己校尉,屯田车师前五庭(今新疆吐鲁番县西)。但这些屯田范围较小,徙入人口不多且不稳定[②]。同时西汉朝政府也在当时的边塞前线居延地区(今内蒙古额吉纳旗一带)设有屯田机构,由戍卒开渠垦田,对此,出土的居延汉简有明确记载。与西域、居延地区的军事移民不同,在汉武帝以后时期,由于匈奴远遁,从此漠

① 《汉书·匈奴传》。
② 葛剑雄:《西汉人口地理》,人民出版社1986年版,第167页。

南无五庭，西北边郡部分地区，特别是包括宁夏北部平原在内的河套地区，已成为军事意义上的“内地”。其突出标志就是，汉代长城设在该地区以北的阴山北麓到居延一线，而本地区迁入人口大增，大规模人工灌溉农业迅速发展。当时宁夏平原及内蒙古河套地带的灌溉农业，无论在开垦面积、自然条件、迁入人口，还是在持续时间方面，都远胜于上述西域，居延地区，只有河西走廊（所谓河西四郡）地区可与之相提并论。因此，我们有理由相信，驻扎在宁夏及相邻地区的士卒，相对他们在西域、居延长城沿线，守卫丝绸大道的同伴而言，有更多时间和人数来专事屯田，诚如前文所言，他们中许多人甚至就地复员，化兵为民。而相对稳定的社会环境和发达的农业，则使农牧互补经济结构在西北地区长期立足生根，成为本地社会生活的基石。此种情形，在唐代又一次重演，对此，我们不再赘述。只想指出，在唐代，由于中原王朝的封建文明已达到历史的最高峰，军事实力亦是如此，所以唐代甚至在西北地区没有修长城，这是一种唐人在军事实力方面自信心的表现，和西汉武帝时期一样，唐贞观之治时期，宁夏及相邻地区军屯经济又一次勃兴。

3. 畜牧业兴起与马匹大规模使用

农牧互补的经济结构为西北地区文化存在和发展的第一基点，除了人工灌溉农业外，经济结构还包括汉唐两朝在本地区设立的众多国有军马场、民营畜牧业，以及内迁游牧民族从事的老本行，而所有这一切又和本地区特有的农牧混居社会水草丰饶的生态环境密切相关。“为天下饶”的畜牧业，尤其是养马业的蓬勃发展，使西北边郡部分地区汉族移民社会相对其中原故里而言，经济生活和社会生活又增添了一个边地文化特有的角色—奔跑疾驰的骏马。马匹本原是草原游牧民族生活中最为重要的社会性、动物性并重的角色。在逐水草而居、信游于茫茫大草原之中的游牧民族社会里，马匹首先因其善驰耐劳的动物特性，而成为游牧民族日常生活中最重要的代步交通工具；其次，在战争中马匹由于高大威猛，善驰迅疾，而成为士兵的乘骑，这样马刀、马匹与善骑人员的结合，就产生了快如闪电、猛如狂风的骑兵，从而彻底改变了人类战争的发展历程，也由此赋予马匹以拼杀疆场，与主人生死与共的社会属性。有人曾将游牧民族将马匹运用于战争之中，称为战争史上第一次技术革命（技术意指马蹬等骑乘用具及相应的骑射技术），骑兵的出现可与装甲兵出现在20世纪战场上相提并论。日本著名历史学家江上波夫曾指出，骑马战术的出现，不仅是战争史上划时代的事件,在人类史上也有着不可估量的意义,因为它不仅对欧亚大陆游牧民骑马民族化及其国家形成和开展侵略以决定性的条件,而且连阿拉伯民族伊斯兰势力的发展,蒙古民族的兴起,欧洲人对美洲大陆的征服,也是因为有了这种骑马战术才具备了可能性①。事实上,骑马战术及相应的骑射技术也在汉文化的边缘地带——中国西北边地,促成一种具浓重骑战色彩的边地武备文化。

二、强汉盛唐之际边地武备文化发展

1. 骑射之风与名将迭出

在西北边郡地区,准军事化社会组织军屯经济、边池军事战略位置,还有马匹的大规模使用,已使骑射之风盛行边池汉回移民社会。其结果正如著名学者劳干先生指出的那样,两汉时期优秀的骑兵将领多出自西北诸郡,如西汉的李广、赵充国,东汉的皇甫规、张奂、殷颖,他们不仅具有胡骑的勇猛和技艺,而且加上中原的文化素养,常使之比游牧民族的对手,在谋略上高出一筹②。西汉对驻扎在西北边郡地区的军队有两种,即边郡军和屯田军。其中屯田兵由中原内地征调的农民充当,实行轮换制,而边郡军则主要由当地人充当,而且是固定的常备军,以骑兵为主,其中服役的骑士,籍贯都是边郡人。在西北边郡,太守为主将,战争期间,常以万骑巡边。其文武官吏也较内郡为多,如大的边郡的长史、司马等各级官吏多至千人,其指挥系统为:太守—都尉—侯官—障尉—侯长—队长③,这和内郡的行政管理系统不同,更具有准军事性的军队特点。

准军事化的社会组织及农牧混居的社会生活,令骑射之风盛行于西北边郡地区,此种社会环境亦使该地区名将迭出。西汉时,所谓缘边六郡就以良家子弟选御林军,多出骑士而名闻天下。到东汉时,本地区秉承西汉时边塞移民社会“迫近我秋”“高上勇力”的武备文化环境,继续培养出一批名将悍将。特别在东汉末年,羌汉战争纷起,黄巾起义席卷全国,从而为西北边郡部分地区(东汉时,属凉州辖制,包括今宁夏、青海、内蒙古及陕西部分地区)边地武备文化及其携带者,提出了英雄用武之地。当时的“凉州三明”皇甫规、张奂、段颖均为东汉政府对羌作战的勇将,三人籍贯均属凉州。其中皇甫规,为安定郡朝那县人(今

---

① (日)江上波夫:《骑马民族国家》,张承志译,光明日报出版社1989年版。

② 劳干:《汉代兵制及汉简中的兵制》,《史语所集刊》第十本。

③ 《中国军事史》第三卷《兵制》,解放军出版社1987年版。

宁夏固原县东南)，其祖父皇甫陵曾任度辽将军，父亲皇甫旗为扶风都尉，恒帝时拜为太山太守，后为牛郎将，在对羌战争中屡立战功并升任度辽将军等职。皇甫规的侄子，皇甫嵩，任北地太守(东汉时，北地郡治所富平，今宁夏吴忠市西南)，在镇压黄巾军过程中，三战三捷，屡立战功，被拜为左车骑将军。这二位勇武之将，并非蛮勇之人，都具有优良的人品和卓越的文化素养。皇甫规敢于犯颜直谏，荐举贤才，不一味地迷恋武力，有勇有谋，而且不贪利，他一生著述共27篇，并以《诗》《书》教授门徒300余人，为一文武双全的将吏。皇甫嵩亦是如此，不贪利，体恤兵民，在朝中享有很高威望①。

但东汉末年，凉州军阀集团的兴起，则又给西北边地武备文化蒙上血腥、野蛮的色彩。其代表就是董卓的凉州军团，在东汉末年的政治动乱中，这支汉朝混杂的武装力量，以其愚昧、野蛮给关中和中原经济、文化以毁灭性破坏。如公元190年，董卓尽徙洛阳人数百万于长安，沿途人民积尸盈路，又把洛阳城中宫庙官府居家，纵火焚烧，使这个中国政治、文化和人口中心毁于一旦。与前述皇氏叔侄所作所为形成鲜明对照，董卓和其属下的凉州将佐虽然勇悍超人，但却滥杀无辜，争权夺利，人格卑下，甚至于以兽性的发泄、武力的滥用，给东汉乱世带来毁灭性的灾难②。由此，我们可以看到，两汉时期西北边地武备文化的发展有两个阶段，即西汉时以慷憎风流为特色的缘边六郡骑士文化，在反击匈奴的民族战争中，以六缘良家子弟为代表的边郡骑士，凭借熟练的骑射技术，以及汉文化素养，为汉帝国立下赫赫战功，是历史发展的推动者和辉煌边塞文化的创造者；另外，就是东汉后期文武兼备的边将，与杀虐成性的军阀集团并存。在这两个阶段，我们亦领略到武力的双重性；一方面在外界强大政治力量、内心高层次伦理修养束缚下，中国西北边地社会崇尚骑射的文化精神，便会转化为蓬勃向上的守士拓边的伟大力量，叱咤风云，驰骋大漠南北，远征千山万水的西汉骑兵，正是这种力量的体现；另一方面，若外界统一政治力量濒于崩溃，一个武夫狂热于蛮勇之力，尤以杀戮为功，那么西北边地社会中习以为常的武士风尚，就如出笼的恶虎，对中原内地造成疯狂的冲击，诚如东汉之后，一首民间歌谣所形容的“凉州大马，横行天下”。

到唐代，由于宁夏及西北边郡地区是防御突厥吐蕃入侵的边防前线，朔方

---

① 窦连荣:《皇甫规皇甫嵩叔侄的功过》,《固原人物集录》,宁夏人民出版社1991年版。

② 王希恩:《汉末凉州军阀集团简论》,《甘肃社会科学》1991年第2期。

节度使设于此。安史之乱中，以朔方节度使郭子仪为统帅的朔方军，是唐政府平叛的中坚力量，他们全军出动，转战南北，为唐王朝立下汗马功劳。正是有这样一批精兵强将，当安禄山攻陷潼关，进逼长安之时，唐肃宗李亨才得以北退到灵武，登基天下，拜郭子仪为兵部尚书，统领天下兵马平息叛乱。安史之乱后，西北边防暂时空虚，吐蕃乘隙而入，形成了对长安关中的直接威胁。唐王朝将刚结束平叛使命的唐军主力相继调回国都长安，利用这批部队在西起陇州，北至灵盐、夏、银川，南到邠、坊州这个环绕着长安的半月形地带上，陆续组建了泾原、凤翔、邠宁、灵盐、夏绥、鄜坊六镇，总兵力曾达到 20 余万人，形成了对国都长安的保护圈，时人称其为京西北藩镇。它们是唐王朝威慑河朔藩镇，控制中原地区，掌握江南财赋，维护全国统一的军事柱石①。

2. 豪门大族与割据势力

汉唐之间，中国历史进入了一个空前大动荡时期。一些雄踞西北边郡地方军事长官，拥兵自立，成为乱世英雄。较为典型的就是西晋后期全定乌氏(宁夏固原东南)张氏家族。自晋惠帝永宁元年(公元 301 年)张轨出任护羌校尉、凉州刺史，至前秦苻坚太元元年(公元 376 年)张天锡战败投降，亡于前秦。张氏家族经五代、历九世、计 76 年，以凉州姑臧城(今甘肃武威市)为统治中心，“跨踞三州(凉州、河州、沙州)，带甲十万，西包葱岭，东距大河”(《资治通鉴》卷一百)，史称前凉。在西晋丧乱之际，由张轨以武功奠定的前凉政权，成为当时中国西北唯一政局较为安定的地区，因而吸引了许多中原难民，由此开创了鼎盛一时的“五凉文化”②。此外，东汉时期，安定乌氏、梁氏家族，前后有 7 人被封侯，出了 3 个皇后，6 个贵人，2 个大将军夫人，女食邑者 7 人，娶公主者 3 人，其余任卿、将、尹、校者 57 人。梁氏祖先本非安定人，大约在西汉后期汉哀帝、汉平帝在位时迁入安定乌氏。在西汉时，梁氏家族就是一个豪强地主大家族，西汉末年绿林起义时，梁氏族人梁统被更始政权召补中郎将，拜酒泉太守，占据凉州。以后又投向刘秀政权，成为东汉重臣，影响东汉朝政达 130 年之久③。事实上，两汉时期以宁夏、甘肃为核心地区的关西地区，由于人民剽悍善战，其中的佼佼者，在乱世之时，往往能利用个人号召力和军事指挥才华，拥兵自立，割据

① 黄利平：《唐京西北藩镇达略》，《陕西师范大学学报》1991 年第 1 期。
② 胡迅雷：《试论乌氏张氏家族与前凉政权的历史地位》，《宁夏大学学报》1991 年第 2 期。
③ 霍舟平等：《试论东汉乌氏梁氏家族的历史地位》，《西北史地》1991 年第 1 期。

一方,或凭借武功,成为新朝的权贵。由此开始了中国西北地区军阀割据的历史,并逐渐成为以后中国乱世之秋司空见惯的现象。

第二节　明代边地武备文化定形与略变

对比西汉唐时期,明代西北边地武备文化进一步发展定型,并走向畸形的顶峰。明代,本地特殊的军事战略位置,由于蒙古部落的袭扰,而继续维持,同时,军屯经济亦达到历史的最高峰。历史环境条件的类似,导致明代本地武备文化与汉唐时的仍有诸多类同,例如军事行政管理体制,士兵为本地人口主体,准军事的社会组织。

一、频繁的蒙古部落袭扰

明代,退居漠北的瓦剌、鞑靼蒙古部落,凭贺兰山、黄河天险与明军在宁夏及西北边郡一带形成军事对峙局面,从明成祖时期到明末崇祯年间的200余年中,成为北部边地的严重威胁。

明英宗正统二年(公元1437年),一月,瓦剌数次扰掠宁夏及西北边郡。四月,瓦剌5 000余骑进犯宁夏唐徕渠。

明代宗景泰元年(公元1450年),一月,瓦剌2 000余骑扰掠灵州。三月,瓦剌又至宁夏固原、甘肃庆阳等地扰掠,将固原人口杀死掳去,官私头畜家财尽行抢掠,不下万计,军民掠散,若不胜言。

明英宗天顺三年(公元1459年),一月,鞑靼孛来领2万余骑攻掠安边营,石彪、杨信等领兵抵御,转战60里,斩500余人,获马驼牛羊2万余头。

明宪宗成化二年(公元1466年),一月,鞑靼攻掠花马池,宁夏总兵官李果领兵拒之,战七天。二月,鞑靼掠韦州苑马寺马300条匹。三月,鞑靼又攻花马池、杨柳墩。七月,鞑靼毛里孩攻掠花马池,往南直至固原、开城、静宁、隆德诸地,开城广宁苑官马1 600余匹被掠。八月,鞑靼又攻掠宁夏,入兴武营,又入灵州,都指挥焦攻战死。

明宪宗成化八年(公元1472年),一月,蒙古鞑靼部攻掠安边营,都指挥柏隆、陈英等战死。成化九年,一月,鞑靼部攻掠花马池,时平虏将军刘聚适在花马池,领兵击却之。成化十八年,春,鞑靼3万余骑围攻灵州,又散掠各地,为总兵李祥等领兵击走之,六月,鞑靼攻入清水营。

明孝宗弘治六年(公元1493年),五月,鞑靼小王子攻掠宁夏庙山墩,指挥王良、赵玺等领300余人抵御,赵玺被杀。弘治十四年,四月,鞑靼火筛,小王子诸部攻掠宁夏、延绥、固原。七月,小王子部攻掠盐池,都指挥王泰等战死。八月,火筛诸部分数道由花马池拆开边墙入境,攻掠固原、韦州、灵州、萌城,转掠平凉、庆阳。

明武宗正德九年(公元1514年),九月,鞑靼小王子所部3万余人入平虏城大掠。十一月,小王子等入花马池,掠去放牧官马500余匹,参将尹清在追击时被杀。

明世宗嘉靖元年(公元1522年),四月,鞑靼自井儿堡又毁墙而入,南下攻掠固原、隆德、平凉等地,指挥杨洪、千户刘瑞等被杀死。嘉靖二年,一月,鞑鞑小王子以万余骑掠沙河堡,总兵官杭雄领兵击却之,嘉靖三年,冬,鞑靼8 000余骑趁黄河冰冻,渡河攻掠宁夏①。

二、长城大规模修建

在中国北方,长城是农耕汉民族抵御游牧民族的军事防线,在诸中原王朝中,除汉代外,明代长城规模最为宏大,但却由汉时长城的边界退到南侧的贺兰山一线。在宁夏及相邻陕甘地区,明代长城(亦称边墙)数量之多,长度之长,远胜于秦、汉、隋历代。当然,从现代人的眼光看,对付飘忽不定,神出鬼没的游牧民族骑兵,修造长城实为劳民伤财之举,其实,最有效的方法莫过于汉武帝的战略,所谓以其人之道攻其人之身,建立精锐的骑兵,深入大漠,采取穷追猛打的战术,歼灭对方有生力量,使之无力南下。所以明代西北地区边墙林立,大军密布,固然表明此时本地区武备文化走向顶峰,但若与汉唐时期充满活力、开疆辟土的边地武备文化相比,明代的边地武备文化则明显缺乏生气勃勃的扩张精神,而且将领平庸,士卒士气低落,只是退缩在一道道长城内、城堡里,坐等挨打,以致整个明代,西北地区民族战争不断,战争的大多数结果是,蒙古骑兵纵掠南北,如入无人之境。

据许成先生的研究,明代的宁夏镇"犄角榆林,屏蔽固原",宁夏、固原、榆林形成保卫关中、互为扶持的三个军事重镇。宁夏镇管辖的长城东起大盐池(今盐池县),西至大兰靖(今甘肃皋兰、靖远),全长1 000公里。固原镇,管辖的长城东起今陕西靖边与榆林相接,西达皋兰与甘肃相接,长470公里。分布在宁

---

① 以上史实皆引自《宁夏古代历史纪年》。

夏的明代边墙有西长城、北长城、东长城、陶乐长城(非正式长城)等。其中,西长城从今日甘肃靖远边界芦沟界进入宁夏中卫县,逾黄河,东北行,上贺兰山,长达200余公里;东长城又分二道,一道是成化十年(公元1474年)右佥都御史徐廷章、都督范瑾奏筑的"河东墙",起于今灵武县横城乡横城堡北1里的黄河岸,东南行,经过水洞沟、横山四队等地,出灵武县境,进入盐池县的高家边壕、东乡子、兴武营等地,入陕西省定边县周台子乡,全长将近200公里;嘉靖十年总制尚书王琼奏筑的"深沟高垒",这道长城也从兴武营开始,经长城庄、安定堡等地,出盐池县境,进入陕西省定边县场堡乡,这道边墙高3丈、阔1丈,旁边挖有2丈深宽的堑沟,因而叫做"深沟高垒",全长180公里[①]。这些长城环绕宁夏东西,使宁夏成为一个大城墙护卫的边地要塞。修筑长城耗费巨大人力、物力,尽管朝廷可以下拨银两,但所出劳力则全由宁夏的广大士卒和百姓承担,这也是明王朝奉行退缩守护边地政策的消极产物。长城的无休止建造、修缮,充分说明,此时以西北地区为代表的西北边地武备文化,已丧失汉唐时咄咄逼人的锐气。与整个明代昏庸、保守的政治社会环境一样,驻防在宁夏地区的明军、道道长城、座座城堡,并不能阻止蒙古人袭扰边地达200余年,直至明王朝灭亡。当然不能否认,那些长城及驻守沿线的戍边士兵,仍然在很大程度上遏制了瓦剌、鞑靼部落的频频攻掠,在相当长的时间内,也给当地社会带来相对平稳、安全的外界条件。

三、经济社会生活以戍边为核心

在明代,西北地区生活以军屯经济为主,并且达到历史的最高峰,在这个背景下,我们应注意到,在军屯盛行的西北边地,土地所有制形式主要为国有土地,即国家以封建专制政权形式,将当地大片因战乱而荒弃的无主土地,收归国有,再以军田形式,由皇帝充当头号大地主,勒令世代为兵的大批士卒终身奉献他们的无偿劳动,而且没有自耕农式的人身自由,这和当时内地、江南社会明显不同,从而为边地经济社会发展埋下无穷的隐患,以致武备文化走向畸形。下面我们主要从人们的社会生活方面,来论述西北边地武备文化的表现。

首先,人口构成方面,明代本地区迁入人口以军事移民为主,因而造成当地居民人口职业构成单一,除了少数城镇平民及官吏外,军人可以说是最为流行的职业。据《中国人口·宁夏分册》统计,万华年间宁夏镇有人口129 570人,与此同时,驻军则达27 934人,这还不包括士卒的眷属在内。《嘉靖宁夏新志》记载表明,明代宁夏镇地方行政管理是总镇—卫—所—屯堡—烽堠,一套严密的军事重镇组织,与内地迥然不同。有趣的是,正是明代这种军事卫所堡塞结构,奠定了现代宁夏,尤其是北部地区居民点的分布及其名称的由来,例如在北部贺兰县有习岗、立岗集镇,实则是明代驻防于此军事长官的姓名。另外,据语言学者研究,撰于清代的《朔方道志》收录的宁夏方言词语中,有北京方言词、山西方言词、陕西方言词、湖北方言词、安徽方言词、四川方言词,根据地方方志记载,时代有"实以齐晋燕赵周盐之民"(《万历朔方新志》)的大规模人口迁入活动,由明到清,繁衍生活,世代相继,形成了宁夏方言词汇熔五方之言于一炉的特点。此类五方之民杂居的人口构成特征,又是与明代本地为边防要地的军事背景分不开的。同在明代,云南地区由于地处西南边陲,也是来自内地军队屯扎的集中地,军屯经济亦十分发达。明代中叶,云南卫所由原来的 15 卫 1 个千户所增加到 20 卫、3 御、18 个千户所,有驻军至少 15 万人,云南的城只是一些军事据点,这些旧城普遍有一个特点,即城址是选在半山坡上,城的建筑沿山而上,倚山面野,目的就是居高临下,便于攻守①。而且在云南,由于世代相继的军屯,大批汉人士卒在此安家落户,使用和传布他们带起的北方官话,到今天云贵地区还有许多含"旗、官、堡、营屯"等字的地名,方言、地名,与西北地区一样,都留下了当年军屯生活的痕迹,如云南陆良县的刘官堡、朱官堡、伏泉营、孔家营;宁夏银川地区的平吉堡、镇北堡、玉泉营。

其次,从现存明代地方史志《嘉靖宁夏新志》《万历嘉靖固原州志》所描叙的宁夏地区居民社会生活来看,几乎是完全围绕戍边这个中心来运行的,宁夏总镇设有"东造局",为当时宁夏地区仅有的手工业,主要是生产军事装备,每年制造盔、甲、腰刀、弓等。除了修缮水利设施,以维持人工灌溉农业外,本地居民经济生活中另一项重大活动,也是一项沉重的苦役,即修筑长城。秦始皇修长城,几乎耗尽天下民力,怨声载道,暴秦之名由此而来。明代在北方边地修长城,虽不致劳师天下,但对诸如宁夏的边地军民来说,也是哀怨不绝。如当时修筑贺兰山至关卡城时,"山多砂砾而少壤土",又缺水,士卒只好制作 100 辆水车,去 10 公里以外的地方运水,工程艰难可想而知。因此,今日仍屹立在贺兰山麓、黄河之滨、沙漠之中的长城残垣断壁,从另一个角度讲,也是明代宁夏边地武备文

---

① 刘小兵:《滇文化史》,云南人民出版社 1991 年版。

化走向畸形的证明，同时也表明，为了实施明王朝被动退却的边防政策，军民所付出的巨大代价。明代军屯及其管理体制控制着大多数居民的日常生活，但到嘉靖年间，由于明王朝政治日益腐败，军屯经济那种高度集中，有悖自耕农经济的管理体制弊端丛生，各级军官滥用士卒劳役，侵占耕地，逐渐蜕化为军事封建统治支持的大小地主，以致屯田士兵逃亡现象严重。据陈明猷先生统计，在《嘉靖宁夏新志》成书之时，宁夏全境有军民总人数 5.9 万多人，在此之前 40 年，据《弘治宁夏新志》则有 10.4 万多人，两相比较，嘉靖时宁夏军民总人数确实只及弘治时的 56.5%，即 40 年之内，减少了一半①，其原因就是大批屯田士卒不堪重负，逃亡外地，这显然为以军屯经济为支持的边地武备文化达到畸形变态的产物，以致到明代末期，西北边疆地区的军屯已名存实亡，而且饱受欺凌的戍边士卒则成为推翻明王朝农民大起义的率先者，如闯王李自成就曾是在陕北驻扎的明军士兵，首先追随他造反的则是戍边士兵。这可以算是明代西北边地武备文化又一次历史力量的喷发。

明代西北边地统治阶层来自中原内地的士大夫，也一改“彬彬然”的文人习气，日常行为也染上豪放之风，加之长期的边地军旅生活，他们不似内地社会中昏庸迂腐的官僚书生，而是养成了一部刚毅决断的性格，大有汉唐边地赫赫武功的风韵。我们留意了一下，在《嘉靖宁夏新志》所收录的诗词中，反映当地文武官员巡边征战，增修关隘现实生活及其心境的诗词，要占绝大数，如《宁夏阔边》《次出塞诗》，等等，尽管其中许多显然是摹仿唐代边塞诗的风格，对此，可详见《嘉靖宁夏新志·艺苑志》。同样，《万历嘉靖固原州志》收集的 29 首诗中，涉及大捷、秋防出塞这类边地官员日常举措的诗，就有 14 首。如果对此类颇能反映当时边地士大夫社会生活的边塞诗，作一番详尽剖析，并与内地，尤其是江南文人的诗作比较，想必是一个十分有趣的论题。

---

① 陈明猷：《嘉靖宁夏新志的史料价值》，见《嘉靖宁夏新志·附录》，宁夏人民出版社 1982 年版。

第四章　陕甘宁区域环境变迁与文明演进

第一节　区域环境变迁特征

气候环境、森林植被、水土环境等自然因素在历史时期西北自然环境变迁中起了重要作用。当气候冷干时期河流萎缩,湖泊数量减少、储水量也相应地减少,而同时风沙活动加剧,黄土沉积作用加强,沙漠面积扩大;暖湿时期河流水量和湖泊数量都增多,降雨量增多,森林面积增加,流沙面积缩小,黄土沉积中断。秦汉时期西北地区气候变暖,森林和耕地区域扩大,草原面积缩小,土壤与植被都处在良好的自然循环状态;魏晋南北朝时期,气温下降、草原面积增大。由于农耕民族逐渐控制西北广大区域,隋唐时期农业经营有平原地带向草原地带扩展,致使黄土高原的草原大面积减少,山地森林生态进一步被破坏;到唐宪宗(公元806—821年)后,便有“沙头牧马孤雁飞”,“茫茫沙漠广,渐远赫连城”的描述。宋元时期由于寒冷气候交替,西北地区气候变幅较大,农业经营区域持续向草原地带扩展,关中秦岭等地山林和生态林遭到严重破坏。加之战事频繁,战乱造成田地荒废,生态环境破坏严重。明清时期人口激增,人地关系紧张成为西北地区的基本国情,黄土高原是世界上水土流失最为严重的区域。但历史时期黄土高原的土壤环境在不同时期也有不同响应。基于历史时期自然环境变迁,以致西北地区在自然地理环境方面呈现出自身独有的特征,主表现在干旱少雨、水资源缺乏、植被稀疏。除少数高中山地阴坡外,西北地区大部分内陆盆地和高原地区均为干旱环境,年降水量在200—400毫米之间,自东向西递减,并在河西走廊的黑河下游等极干旱的中心;在长期干旱气候下,除关中平原和黄河上游流域外,均为内流河域,且多为季节性的河流;经过了侵蚀剥蚀、搬运、堆积的过程,地貌类型多为沙漠、戈壁、土质平地和山地荒漠类型,植被类型多为旱生灌木和沙生植被。

但在秦汉至明的漫长历史时期中,特别是当整个中国的政治文化中心仍在关中地区的时候[①]，由于其重要的战略位置，陕甘宁地区的沃土草原为农耕民族与游牧民族都有所青睐。尤其是来自中原农业发达地区大批汉族移民的持续进入，造成该地区自然环境变迁过程中人为经济扰动作用明显。汉唐时期的大规模移民实边，以及随之而来的陕甘宁地区农业经济的昌盛，在前文所划分的冲积平原地区都产生了良好的生态效应。可称为因人为经济活动而产生的正面特征。仅以宁夏北部平原地区为例，在人工灌溉农业出现以前，该地区属温带干旱草原景观，加之黄河纵贯其中，河道摇摆不定，平原中部湖泊密布，沼泽遍地。自汉武帝伊始的移民垦殖活动和大兴水利，使平原原来的草原生态系统逐渐转变为以人工灌溉农业为支柱的生态体系。首先，以黄河的黑山峡、青铜峡为起点，陆续开凿了秦、汉、汉延、唐徕、惠农、美利、七星等大型引水渠，据明嘉靖时料资，宁夏平原共有渠道 19 条，总长 757.5 公里，年灌溉面积 156.11 万亩[②]，在灌区形成了一个人工水网。其次，长期的引黄灌溉，使黄河泥沙淤积于原来的草原棕钙土壤之上，形成一层几十厘米至两米以上的淤灌熟土层，土壤中有机质含量高，是典型的良田沃土。第三，通过灌、溉、排、洗、淤这一套行之有效的改良盐碱土措施，改造了宁夏平原原来“地固泽咸卤，不生五谷”的盐化土壤，增加了适宜作物品种，如水稻的大规模种植。第四，由于人工引水量大，抵消了平原地区降水量不足的劣势，加之渠沟、水田面积的扩大，人工林网的兴建，产生了所谓“绿树效应”，在宁夏平原形成比较温和湿润的地方气候[③]。在荒漠环绕的贺兰山下，由于历代人民的开拓，出现了“川辉原润千村聚，野绿禾青一望同”的塞上江南。上述四种因人为经济活动而产生的次生环境特征，在内蒙古河套地区、甘肃河西走廊地区不同程度均有存在。它们的共性就在于：通过人工改造相对有利的原生生态环境，使源自中原关中地区的灌溉农业在陕甘宁地区长期存在，尽管间有衰退，但总的历史走向却是为农耕人口及所携文化提供了一个稳定发展的生态空间。而这个东西纵贯陕甘宁地区的农业经济生态空间，三面却为独成体系的游牧经济生态空间所包围，这种地理并存格局，事实上正是陕甘宁青地区区域文化承袭农牧文化之长成长壮大的历史舞台。

---

① 陈正祥：《中国文化地理》，三联书店 1983 年版。

② 卢德明等：《明代以来宁夏引黄灌溉演变情况》，《宁夏水利科技》1984 年第 1 期。

③ 汪一鸣：《宁夏平原自然生态系统的改造》，《中国农史》1983 年第 4 期。

第二节 区域环境变迁规律

一、截至明代中叶，宁夏及邻近地区自然环境一直保持着农牧皆宜的特点，尽管由汉到明的 1 800 余年间，适农适牧区域之比例波动起伏较大。

自从汉武帝时代大规模移民实边起，宁夏平原、内蒙古河套地区、甘肃河西走廊，以及鄂尔多斯高原、陕北高原若干地区，陆续成为农耕文化的势力范围，这在汉唐时期尤为典型。在这期间由人工灌溉农业所奠定的适农次生环境条件，尽管间有破坏，但无论是游牧民族的征服王朝或割据政权，如赫连勃勃的大夏国、党项族的西夏国、蒙古人的元朝，还是中原王朝，只要社会环境相对安定，都会尽全力恢复这种宝贵的优良次生环境条件，采取的措施也十分类似，不外乎是移民、凿渠、垦田。从历史纵向看，基本维持了人工灌溉农业及所在次生环境条件在宁夏平原的延续。以至于 20 世纪 80 年代，在世界银行优惠贷款的支持下，利用现代化电力提灌设施，将黄河水引到银川平原西侧的贺兰山洪积扇阶地，和东侧的鄂尔多斯台地上。昔日的荒漠之地已成为阡陌交错的良田，生态条件发生根本转变，千百年来，宁夏的历史就是一部移民开发史，移民开发作为一股持久的动力，推动着宁夏的历史不断发展前进。秦汉时期，军事移民的盛行有效抵御了外族的入侵；唐宋时期，党项民族的两次内迁最终成就了强大的西夏王朝；元代，大规模政策性移民迁入极大地促进了区域经济开发；清代，政治引发的强制性移民奠定了今日宁夏地区回汉民族的分布格局。1983 年以来，宁夏先后实施了吊庄移民、1236 扬黄工程移民和生态移民三大工程，截至 2020 年共移民 120 余万人，占全区总人口的 17%左右。历史和现实竟是如此惊人的相似。

宁夏及邻近地区的适牧区域，主要分布在宁夏中部、南部，甘肃陇山两侧，陕北高原及鄂尔多斯高原的大部。而以汉唐为代表的农耕文化的崛起，亦使许多汉族农民、士兵成为牧马边地的牧民。他们通过私人养马、国家牧场，如汉代的“牧师苑”，为官府提供了大量军用马匹，因此汉唐拥有中国历史上汉族政权最为庞大强大的骑兵。中原王朝统治这一地区时，大批游牧人口亦入居于此，此所谓史书上屡见不鲜的“属国”，如汉代的五属国都分布在上述的西北地区，仍保留原来的游牧习俗。事实上，这种农牧皆宜的历史恒定性，是宁夏及相邻地区促成农牧人口迁入的主要拉力之一。

二、适农适牧区域由于边地政治军事形势，和农牧民族实力之消长，而发生同步波动。这是不言而喻的，无论是强大的汉唐政府，还是懦弱的明代皇帝，都在宁夏及相邻地区维持着庞大的驻军和屯田机构，以及众多的城堡戍所。这种情形下，适农区域不只局限于冲积平原区，亦扩展到邻近的适牧草原地区，如陕北、鄂尔多斯高原。但若游牧民族统治这一地区，除元朝和西夏时期以外，大多数情形下，则是适牧区域反过来由草原扩展到冲积平原区，尤其是五代十六国时期，及元、西夏立国初期。毕竟，农牧民族立足的经济生活基础大相径庭，他们彼此之间走马灯似的进出宁夏及相邻地区，客观则给该地区的自然环境一种人为的调节恢复期，这在原本属适牧区域，后被辟为农垦区的地带，表现尤为明显。比如，鄂尔多斯地区唐代进行了大范围的农垦活动，出现了初步的沙漠化，但在元代和明代，该地区成为蒙古部落的游牧地，由于退耕还牧，植被有所恢复①。

三、农牧民族大规模人口迁入及相应的经济活动是改变宁夏及相邻地区自然环境原有特征的直接人为因素，而这类人为因素的作用程度又受中国北方农牧政权力量对比大小的支配，并与整个中国（指中原王朝统治范围）的宏观政治、经济、文化环境变化有关。

长期的人工灌溉农业，使宁夏平原成为“塞上江南”。历史时期，人工灌溉农业在宁夏平原有汉、唐、元、明四个高峰期。其中前两个高峰期正值整个中国的政治文化中心在关中地区②，宁夏及相邻地区作为屏护关中的战略要地，经济开发不能不得到中央政府的高度重视，当然，强盛的国力也使汉唐政府有能力派遣大量军队，保护来自内地的移民，在此安居乐业。正是汉唐无数农业移民的开拓，才奠定了宁夏平原、内蒙古河套地区、甘肃河西走廊地带特有的次生环境。元明在汉唐的基础上，实现了对宁夏的进一步开发，成为西北地区著名的农牧大区。元世祖忽必烈时期开始对宁夏地区进行全面治理，政府迁徙军民进行屯田，兴修水利，修筑渠、堰、陂、塘，使用了调节水量的“牌堰”，涝则关闭闸门，旱则开闸放水，即使现在坝闸节制水量的灌溉方法仍在使用。为了保护畜牧业的发展，政府也采用了相应的措施，如禁止随意破坏草地、牧场，随意宰杀牲畜，并对狩猎活动作出相关的规定。据《元史武宗纪》载，至元七年（1270 年）

① 陈育宁：《鄂尔多斯地区沙漠化的形成和发展述论》，《中国社会科学》1986 年第 2 期。
② 陈正祥：《关于中国文化中心（重心）问题》，上海三联书店 1983 年版。

六月,“敕西夏中兴兴马五百”。延祐七年时,“朝廷还以甘肃等地的官牧羊、马、牛、驼给朔方民户”。明朝在北部边疆设立九个军事重镇,史称“九边”防御北元,其中延绥镇、宁夏镇、固原镇、甘肃镇分布在西北地区,下设卫所等;军士戍守边地还有屯田任务,早在明朝建国前朱元璋就“寓兵于民”实行军屯之后推行世袭的军户制军屯大规模地展开。宁夏立卫后明朝政府就“徙五方之人以实之”,永乐年间有“天下屯田,以宁夏最多”的美誉。

第三节　农牧互补经济结构在陕甘宁出现与发展

在谈到农牧互补经济结构,因陕甘宁地区农牧皆宜的自然环境而在该地区立足之前,有必要回溯陕甘宁地区居住人口民族构成的变迁。商周时期,土方、鬼方和狰狁等游牧部落就在鄂尔多斯、陕西北部逐水草而居;战国时期,则又有义渠戎、楼烦、林胡等游牧部落在宁夏南北、陕西北部、甘肃东部牧羊驭马;在秦统一天下以前,河套、鄂尔多斯、河西走廊就被日渐强盛的匈奴人所占据;我们可以肯定在汉武帝北去匈奴以前,陕甘宁地区居民是以游牧人口为主,并处在单一游牧经济与草原生态环境协调发展。

西汉武帝时,以中原、关中为出发地的农耕文化的北移西进,特别是在远征军庇护下的移民实边,从根本上改变了陕甘宁地区单一的游牧人口构成。现就陕甘宁地区范围内的重大移民事件,结合人所共知的史实作一概述。第一,经济移民,以来自中原、关中农业发达地区的汉族农业人口为主,迁入地主要集中于河西走廊、宁夏北部平原,由此开始了这些地区人工灌溉农业的历史进程,如据《汉书·武帝纪》,公元前127年汉武帝在今内蒙古河套一带设朔方、五原郡,招募贫民10万口迁移到朔方;公元前119年,徙关东贫民72.5万口到陇西、北地、西河、上郡、会稽,对照《中国历史地图集》,我们即一目了然,上述除会稽以外的四个郡都位于本文所指的西北地区范围内。第二,军事移民[①],以来自中原关中地区的汉族军事人口为主,迁入地除了上述适合发展灌溉农业的地区外,还包括这些地区以北以西的区域,如西汉时的居延地区,费典例就是公元前119年,在卫青、霍去病取得对匈奴的决定性军事胜利后,西汉政府在朔方以西至令居(内蒙古河套至甘肃永登县西北)的广大区域,开凿渠道,驻扎屯田官及吏卒

① 《古代西北地区军事活动与人口迁移的历史透视》,《宁夏社会科学通讯》1990年第4期。

五六万人①;公元前 111 年,又在张掖、酒泉郡、上郡、朔方、西河、驻扎屯田官及士卒 60 万人②;据《旧唐书》38 卷记载,公元 733 年朔方节度使(治所灵州,今宁夏灵武)辖有士兵 6.47 万人,在唐代兵农合一的府兵制下,这是一支庞大的军事移民队伍;明代陕甘宁地区的军事移民达到顶峰,与之相对的军屯经济更是驰名天下,据《大明会典》卷 129 资料统计,永乐年间仅宁夏镇就有驻军 71 693 人,按明制"军三屯七"计算,实有屯田兵十六万众。

结合汉唐历代陕甘宁地区的行政划分,不难看出,中原王朝势力扩展所掀起的农耕移民北上西进的浪潮,冲击的核心地区正是本文所划定的陕甘宁地区。在此将该地区称为,中国北方农牧民族交替往来政治地理态势下的"边塞文化带",而这个"边塞文化带"成立的必要前提就是陕甘宁地区农牧皆宜的自然环境立足其中的农牧经济互补结构。这种农牧经济互补结构在陕甘宁地区出现的标志。

一、农牧人口共同居住于本地区"属国"建立

前文已述,当整个中国的政治中心仍在西北地区时,出于拱卫关中的战略考虑,以汉唐两朝为典型的对西北边疆地区的大规模移民实边,从根本上改变了这一地区人口的民族构成,这实际上是中原、关中农业发达地区日渐沉重的人口压力向周边地区扩散的结果。纵观汉唐两朝对西北地区的人口迁移政策,我们可以发现,借助于"文景之治"和"贞观之治"而奠定的强大经济军事实力,汉唐统治者采取的是急功近利,兼有统筹边疆安全战略的双向人口迁移政策,即一方面借助封建中央集权制的权威,驱使数十万失业农民、士卒,离乡别土,在西北地区的荒野僻地安家落户;另一方面又凭借武力或军事威慑,迫使原本离开西北地区的游牧民族,又按照中央政府人为规定的迁入地,集中居住,这就是史书上屡见不鲜的"属国"。从空间分布上看,这些"属国"与来自中原的汉族农业人口迁入地紧邻相连,形成农牧人口混居格局。如公元 121 年,原驻牧河西的匈奴浑邪五部 4 万余人降汉,汉朝政府将他们分别安置到北地、陇西、朔方等缘边五郡为汉"属国"③。这五"属国"的治所分别是:陇西治狄道(元鼎后期属天水,今甘肃榆中北)、北地治三水(元鼎后期属安定,今宁夏同心东)、上郡治龟

---

① 《史记・匈奴列传》。
② 《汉书・食货志》。
③ 《汉书・武帝纪》。

兹(今陕西榆林北)、西河治美稷(今内蒙古准格尔旗西北)、五原治蒲泽(约在今内蒙古达拉特旗、准格尔旗一带)。以后,这五"属国"基本上成为西汉历代皇帝安置内附匈奴人的主要地区。及至东汉,由于漠北大旱,大批匈奴人纷纷主动内迁到西北地区,如公元 50 年南迁匈奴 3 万多人迁到北地、朔方、五原、云中、定襄、雁门等八郡①。

据《旧唐书》记载,公元 630 年,唐军大破东突厥,俘获人口 10 余万,唐太宗采纳大臣温彦博的建议"全其部落,顺其土俗,以实空虚之地",将突厥降户内迁到河套以南的河曲六州,据《新唐书·突厥传》,这六州之地是:丰州(治所今内蒙古五原南)、胜州(治所今内蒙古准格尔旗东北)、灵州(治所今宁夏吴忠东北)、夏州(治所今陕西靖边白城子)、朔州(治所今山西朔县)、代州(治所今山西代县)公元 636 年突厥首领阿史那杜尔率其众万余人降唐,被安置到灵州、夏州境内,调露元年(公元 679 年)唐政府在这一地区又设置六胡州,以利辖制②。直到公元 722 年,唐政府将这些突厥移民强制迁往今河南、安徽一带为止,其共在西北地区生活了 92 年之久。公元 692 年,有党项羌内附者 30 万口,唐政府设朝、吴、浮、归等十三州以处之,其地在灵、夏之间,即在今宁夏、内蒙古、陕西交界地区。值得注意的是,历代政府对内附游牧民族的安抚政策共同之处就是,"全其部落,顺其土俗",即让内迁各游牧部落仍维持其原来的经济生活方式,事实上,西汉五"属国"以及唐"河曲六州"所在地区仍属草原生态环境。

二、迁入农业人口从事畜牧业——"牧师苑"建立

基于西北地区优良的草场条件,加之秦汉时期骑兵在战场上的广泛使用和牛耕技术在农业生产中的大力推广,内地对马匹、牛羊需求量激增,来自中原农业区的戍边农民,由于官府的统一规划或个人谋利的需要,大兴畜牧业。西汉文、景时期,曾在西北地区草木茂盛之地先后设立六个"牧师苑",即国有马城。北地郡灵州(今宁夏吴忠一带)有河奇苑、号非苑;北地郡归德(今甘肃庆阳东北)有堵苑、白马苑;北地郡有郅(今甘肃庆阳县)亦有一牧师苑,但名称不得而知;西河郡鸿门(今陕西神木西南)有天封苑。每苑又分若干牧场,称之为"所",六牧师苑共计 36 所,养马 30 余万匹,放牧守护士卒约 3 万人。武帝以后,各代

① 《后汉书·南匈奴传》。
② 周佛洲:《唐代六胡州与"康待宾之乱"》,《民族研究》1988 年第 3 期。

马苑虽有增减,苑所仍多分布在河西六郡,即西河、上郡、北地、安定、天水、陇西郡。另外,汉政府还鼓励上述各郡汉族移民民间养马,如《史记·货殖列传》记载:"天水、陇西、北地、上郡与关中同俗,畜牧为天下饶。"上述地区民间先后出现一些以畜牧扬名天下的人物,汉初有个叫桥桃的人,经营农牧"以致马千匹、田倍之,羊万头,粟以万钟计"①。由此可见西北地区已出现农牧并重的经济结构。唐代陕甘宁地区畜牧业达到鼎盛时期。唐代前期,今宁夏南部地区为全国养马中心,设有牧使,下有65个监(军马场),其中原州境内就有34个,放养官马10多万匹,民间养马也极兴盛②。

三、人工灌溉农业的兴起——"塞上江南"出现

汉唐汉族移民之所以能在陕甘宁地区长期立足,除有强大的边防军庇护和享有较长的和平时期外,更为更重要的原因就是人工灌溉农业的兴起,从而为数目庞大的移民和驻军提供必需的口粮,免去从内地调运粮食的长途转运之苦。由于陕甘宁地区适宜发展农业的区域,如河套平原、河西走廊,均处在干旱、半干旱地区,蒸发量大于降水量,所以发展农业必须依赖人工灌溉,而河套平原的黄河水,河西走廊祁连山的雪水,为之提供了用之不竭的水源。所以当西汉元鼎四年(公元前113年)汉匈战争告捷之时,据《史记·匈奴列传》,汉政府就在自朔方以西至令居(恰好横跨河套一线)广大地区,通渠、置田官、吏卒五六万人,另外《史记·河渠书》记:"朔方、西河、河西、酒泉皆引河及川谷以溉田。"西汉时,经过元朔二年(公元前127年)、元狩四年(公元前119年)、元鼎四年(公元前113年)、元鼎六年(公元前111年)等有据可查的四次大规模移民(详见下表),共计有146万余人迁入今陕甘宁及周边相邻地区,由下表我们可知,这些移民的身份是:招募的农民、贫民、屯田兵。他们主要在迁入地从事农业生产,当然,这也并不排除其中一些人专事畜牧业或者兼行农牧。经过这些汉族移民的不懈努力,在河西四郡建立了大型引水工程,如《汉书·地理志》记载,张掖郡,千金渠,引羌谷水,干渠全长二百余里。在宁夏北部平原地区,筑有汉渠等大型渠道,由于农业的发达,该地区连同临近的内蒙古河套地区曾被誉为汉代的"新秦中","沃野千里,谷稼殷积"。及至唐代,由于宁夏北部平原地区阡陌纵横、渠网密织、稻香麦壮,有诗人韦瞻赋诗曰:"塞上江南旧有名。"

---

① 《汉书·食货志》。
② 《西北农牧史》。

表 1　西汉初期陕甘宁地区移民情况

移民嵌入年代	数量	身份	迁入目的	迁入地
元朔二年	10 万口	招募之民	从事垦种	朔方
元狩四年	70 余万口	山东贫民	从事屯田	平关以西，及充朔方以南新秦中
元鼎四年	五六万人	田官吏卒	开渠屯田	自朔方以西，以至另居
元鼎六年	60 万人	塞卒	戍田	上郡、朔方、西河、河西

资料来源：《史记 · 匈奴列传》《汉书 · 武帝纪》《汉书 · 匈奴传》《史记 · 平准书》。

综上所述，历史时期，特别是汉唐时期，由于农耕文化的全面扩张，得益于农牧皆宜的自然环境，加之农牧人口的和平共处，形成了陕甘宁地区的农牧互补经济结构。事实上，即使内乱纷起之时，这种经济结构在西北边疆局部地区仍维持了很长时间，如五凉时河西地区经济的勃兴，正为典例；甚至在明代，尽管蒙古人入据河套，明军退守陕北、宁夏一线，农牧互助的经济结构仍为当地文化发展的基础，只是此时由于自然环境因人为活动干预，而更有利于农业生产，所以，农业经济的比重更大一些。顺便提及，由汉到明，西北地区的农牧互补经济结构，由于所在自然环境的二元构成（郡适农区域与适牧区域的比例构成），受不同历史阶段中原五朝的盛衰及其边疆开发战略、游牧民族人口数量与汉族人口数量优劣对比等因素的影响，而时常发生正向或反向变化，这两种变化又引起农牧互补经济结构本身二元构成的相应变化。

第四节　陕甘宁区域边塞文化发展

历史时期，陕甘宁地区既是中原王朝经略西北的前进基地，也是安置内附游牧人口的主要地区。西汉时期，著名的“缘边六郡”：金城、天水、安定、北地、上郡、西河六郡。西汉武帝为切断匈奴与西域诸国的联系，于公元前 111 年和前 121 年在河西走廊一带分设著名的“河西四郡”：武威、酒泉、张掖、敦煌四郡。如果我们对照移民地图，则不难看出，上述的“缘边六郡”再加上朔方郡、五原郡，以及“河西四郡”恰好在关中平原的以西、以北形成了一个环形军事防卫带。因农牧民族在中国西北地区对峙而产生的这种战略态势，即使到国势衰微的明代仍得以维持，当时为防范蒙古人侵扰而设立的九边重镇，其中的延绥、宁夏、固原、甘肃四镇就位于陕甘宁地区，构成一道相对于汉唐时大为萎缩的环形防卫带。前文提及的陕甘宁地区"边塞文化带"即与上述环形军事防卫带地理范围完全吻合。不能忽视的是,西汉时安置匈奴人的"五属国",唐代安置突厥人的"六胡州"也都在这个"边塞文化带"内。这里的边塞文化应定义为:以农牧互补经济结构为基础,受特定的陕甘宁地区自然环境影响的农牧人口的社会行为、民俗诸特征。

一、边地趋同效应:农牧文化融合与边塞文化兴起

所谓"边地趋同效应"就是指:在诸如汉唐这种统一王朝时期,农牧人口共同居住于西北地区那种农牧皆宜的自然环境之中,来自中原关中农业区的汉族移民逐渐适应此类自然环境,其经济生活方式转向农牧并重,特别是在与周围游牧民族的经济文化交往中,相对于其原迁出地,这些汉族移民的生活方式,由于牧业生活的比重加大,尤其是马匹的广泛应用,而被注入浓重的游牧文化的特质,这种以西北地区农牧互补经济结构为前提的农牧人口社会生活方式趋同的现象,可称为"边地趋同效应"。下面笔者借鉴文化人类学的文化变迁理论,以西汉时期陕甘宁地区农牧文化融合过程为个案,对边塞文化的产生机制予以阐释。

武帝时期,当以汉族移民为携带者的中原农耕文化涌入西北地区时,首要问题是如何适应当地宜牧、宜农的异质自然环境,以及与游牧人口和平共处或兵戎相见的边地社会环境。面对这种挑战,新来的移民只能大胆创新,发展人工灌溉农业,聚落而居,武装自卫(即如晁错所规划的:使五家为伍,伍有长;十长一里,里有假士;四里一连,连有假五百;十连一邑,邑有邑侯,邑择其邑之贤才获习地形知民心者,居则习民于射法,出则教民于应敌),以便在较为恶劣的社会自然环境中安身立命;同时他们又大胆借用周边游牧部落适应性较强的畜牧经济生活方式,由此改变了自己在迁出地那种单一的农耕生活模式。可以想象,早期那些移民必须具有冒险家的胆大妄为,和军人一般的严密组织性。对于一种身处异境的文化而言,经济生活层次的创新与借用(后者是前者的变种)必然导致该文化的社会行为层次原有内涵的变迁。对于欲植根于西北地区的汉代朝气蓬勃的中原农耕文化来说,这种变迁的结果就是边郡居民的社会行为相对中原文化而言,已发生"叛逆",因此,若以元朔二年第一次大规模移民为起点,元始二年为终点(该年为班固撰《汉书》的时间),当武帝时期的移民及其后代在西北地区居住了约 129 年后,班固在《汉书・地理志》中这样描述道:"天水、陇西、安定、北地外势迫近羌胡,民俗修习战备,高上勇力,鞍马骑射,……其风声气俗自古而然,今之歌谣慷慨,风流犹存耳。”同样是《汉书·地理志》对这些“鞍马骑射者”的移民先辈的故乡,如关中平原则是这样说:“其民有先王遗风,好稼穑,务本业。”关东即中原地区如鲁地“其民好学,上礼仪,重廉耻”。因此,上述迁入地和迁出地民俗对比之强烈,可以看出,陕甘宁地区边地环境对中原农耕文化的变迁作用。

正如澳大利亚土著在接受了西方殖民者传入的钢斧后,从而引起其部落社会经济结构、社会关系等方面的变迁一样,我们也用马匹大规模进入西北地区汉族移民社会,改变移民的社会行为这个侧面,来说明西汉时期“缘边六郡”“河西四郡”边塞文化的产生。我们知道,自赵武灵王胡服骑射起,骑兵已逐渐成为中国古代北方军队的精锐,至西汉,迫于强大匈奴骑兵的压力,汉朝政府不得不扩充自己的骑兵队伍,所需大量的军马,主要由上述区域提供。这样,国家的实际军事需求和边郡水草丰美的自然环境,使大批汉族移民摇身一变,由锄禾日当午的农民成为驱牛赶马的牧民。他们的畜牧生产经验、骑射技术应当说主要来自周边匈奴人的传授。我们可以想象,流动性极大的畜牧生活已从根本上改变了那些中原农民封闭拘谨,甚至于崇尚礼仪的自耕农社会行为。尤其在西北地区,由于时常面临着匈奴人潜在或现实的军事威胁、险恶的社会环境迫使这些移民,其中相当部分又是军人,自然要以弓马骑射为己长,高上勇力为爱好。由此,我们可以看出,西汉时期,西北地区居民社会行为特征之一“鞍马骑射”是与该地区拥有全国最多的“牧师苑”及民间日盛的养马之风相对应的,当然,另外一个原因则是“迫近戎狄”的社会环境。而西北地区居民的善骑射的社会行为又与当时所谓“关西出将”现象呈因果关系的。正是从西汉开始,西北地区六郡良家小弟因其豪爽耿直、勇武善战而被汉廷特定为御林军的必备人选,作为移民的后代,他们能跻身于一个武功赫赫的军队精锐之列,甚至于执掌军权,屡立战功,其中许多人,如李陵(天水成犯人)成为著名的骑兵将领,不能不说应归功于六郡边塞文化环境的陶冶。正是由于西北地区移民社会养马、驯马、骑射之风炽烈,才有汉唐军队的强大和赫赫战功,因为正是汉唐两朝拥有历代最强大的骑兵,其兵员马匹主要来自西北边郡地区。有些学者又将这种边塞文化带称为关陇文化带,因为及至东汉,以关陇地区(按班固的说法,主要指天水、陇西、安定、北地、上郡、西河这缘边六郡)为根据地的军阀集团,以其强悍的军队,凶残的本性，左右中国政局甚久，东汉的灭亡，唐王朝的兴起都与关陇军事集团的兴衰有密切联系，如东汉末年董卓的凉州军团即为典型例。而安史之乱后的唐王朝中兴，又恰恰依靠的是朔方节度使的精锐之师。事实上，唐以及唐以前的中国北方政治、军事形势的变化，很大程度上取决于本文所指的西北地区各边郡形势的发展。

二、农牧互补经济结构与边塞文化稳定发展

从汉至明，其间既有游牧民族大规模内迁的魏晋时期，又有农耕民族大规模外迁的汉唐时期，由此形成陕甘宁地区农牧人口混居的格局。与之对应的本地区自然环境的适农适牧区域比例，尽管有正向或负向的变化，例如，魏晋时期及明代，鄂尔多斯地区为纯牧业区，而在汉代该地大部分为农业区。但作为陕甘宁地区的基本经济生活类型——农牧互补经济结构却始终没有改变。其原因是：(1)尽管自汉以后本地区脆弱的生态环境持续遭到人为破坏，沙漠化面积扩大，但仍维持着广大的适牧区域；(2)人工灌溉农业在本区的发展已使河套平原、河西走廊这类适农区域出现众多有利于农业生产的次生生态条件，从汉代开始，历代统治者莫不重视利用这些次生的生态条件，重复前朝经济开发的老路：移民、兴修水利、开荒拓田。甚至于游牧民族当政时期也如此，如据《魏书·刁雍传》，北魏时薄骨律镇(今宁夏灵武西南)镇将刁雍在宁夏平原重修渠道，灌溉4万余顷农田。正是由于农牧互补经济结构的长期延续，才为陕甘宁地区边塞文化的发展提供了牢固的经济基础。从汉至明，陕甘宁地区边塞文化发展的共性是：

一是居民由农牧人口汇融而成，尚武好战，尤善骑射，且其中戍边士卒占相当比例，社会风气可以说是集农耕之勤勉朴实、游牧之豪放勇猛、军人之果敢坚强于一体。

二是强兵精将层出不穷，边地社会武备色彩浓厚。从汉代的“关西出将”到唐代的“天下劲兵在朔方”，再到明代的“四卫居人二万户，衣铁操戈御骄虏”，说明本地区始终是中原王朝重兵驻扎之地，军人在当地社会组织中占主导。

三是农业区居民的社会行为具有严密的组织性。因为宁夏平原、河套这些须引水灌溉的地区，农业生产完全维系于完善的水利设施，任何对本地这种次生生态条件的破坏，只会导致社会生活的灾难。而疏浚渠道非个人或一家一户所能完成，必须由官府统一指挥，以严格的条例加以管理。从现存的明代《嘉靖宁夏新志》水利卷中《春浚规条十二则》看，其内容可与现代工程管理细则相媲美。

四是本区由于农牧人口大进大出过于频繁，加之战乱不断，所以区域文化纵向发展多有“断层”存在，尤其在传统文化心理积淀方面，以移民为主体的本区社会对传统既无血缘上的亲近感，亦无心理上的沉重感，而是表现出轻松开放的心态。但在典籍文化层、精神文化创造方面，本区除“五凉文化”略显光辉以外，其余历史时期，对比中原内地，这两种文化活动仍处于不发达状态。

本书对处于中国北方干旱半干旱生态环境过渡带的陕甘宁地区自然环境与区域文化变迁的关系，作一初步分析。事实上，如果我们进一步利用大量考古资料和实地考察的材料，结合古生态学的研究成果，将使我们能以更科学的方法来阐明西北地区文化与地理环境相互关系的发展规律。今日的西北地区仍然是当代中国欠发达地区的密集区，反观历史，我们可以看到其今日之落后现状仍是与历史时期该地区生态环境遭到不合理开发有直接关系。

在农牧民族交流交往交融的社会背景下，农牧互补的经济结构对于西北地区经济结构的调整和农牧可持续发展具有较强的借鉴意义。西北地区是中原王朝的边疆，现存的边塞遗迹，如长城、烽火台、古道等，均见证了农耕文明于游牧文明的交汇过程。新常态背景下，深刻领会习近平生态文明思想的内涵及实质，在西北地区深入践行和发展这一思想，构建人与自然和谐发展的现代化新格局，可为实现西北地区生态建设跨越式发展提供新发展机遇。

第二编　明清时期西北区域自然灾害与人地关系

尽管儒道两家崇尚“天人合一”思想，但在传统社会中以国家层面实践这一哲学理念却总是举步维艰。封建统治者自视为“天子”，把人与自然互动看成自己与“上天”的对话，把统治阶级利益演变成为社会利益。“普天之下莫非王土，率土之滨莫非王臣”，统治阶级凌驾于自然与社会之上，歪曲了“天人合一”哲学理念与实践。古今社会，政府无一例外是人与自然关系的最主要调整者。统治者一方面通过不当统治行为制造灾害，具体表现为：残酷统治→饥荒→战争→人祸，战争→饥荒→瘟疫，过度开发→环境破坏→天灾→人祸等因果链；另一方面减灾救灾乏力，灾难后果几乎由整个社会承担。当社会无法抵御大规模灾害时，天灾人祸则被统治者解释为“天意难违”以麻痹民众。中国历史一次次上演着人祸引发天灾的悲剧。经济史学家傅筑夫曾感叹，“一部二十四史，几乎无异于一部灾荒史”。人祸与天灾密切相关，早在3 000多年前，中国就有了灾疫的记录，部分记录阐述了灾害的原因，但始终没有上升到哲学高度对人与自然关系进行科学总结。比如班固所写的《汉书》，又称《前汉书》，作为史书较为完整记录了关中地区的一些灾害事件，而论及灾害原因却乏善可陈。到了近现代，暨南大学教授陈高佣第一次较全面统计了自秦始皇元年到清朝宣统三年的天灾人祸。1949年后，学界把自然界引发的大规模灾难定义到疫情的范围内。据统计，历代疫病流行有三个高峰：第一个高峰是3—6世纪，以东汉末年的三国战乱时期为主；第二个高峰是12—15世纪的南宋、元代、明代；第三个高峰为16世纪之后，相当于明代后期至清代。通过回顾抗灾史，以梳理在传统社会中人与自然的各种关系。

(1) 两汉时期(前202—220年)。据《汉书》《后汉书》统计，两汉时期流行的疫病有18次，其中西汉发生1次，东汉发生17次。陈高佣(1939)所编写的《中国历代天灾人祸表》记录了较稳定的西汉时期共发生疫病2次，而战争连连的东汉发生了11次疫病。高帝二年更是出现了“六月大，米斛万钱，人相食”的人间惨剧。由于社会生产力水平较低导致抗灾乏力，因此历次疫情都会引发严重的社会后果。

(2) 魏晋南北朝(220—582年)。赫治清《中国古代灾害史研究》中收录了《三国志》《宋书》《资治通鉴》等古籍中与病疫相关的资料，魏晋南北朝362年中共有76年发生过疫灾，疫灾频度为21.0%，高于先秦两汉时期的任何一个朝代。

(3) 隋朝(582—618年)。影响隋代国运的主要战争，展现出人祸→天灾，天灾→人祸的恶性循环链。根据《中国历代天灾人祸表》隋朝部分记载，“594年，关内诸州5月旱，八月大旱人饥”。590年，婺州、越州、苏州、温州、泉州、杭州、胶州、滇南、广州等多地爆发战争。612—614年，隋炀帝三征高丽，直接引发隋末农民战争，百姓民不聊生。

(4) 唐宋时期(618—1279年)。包括唐代到宋代之间的五代十国乱战阶段(907—960年)。唐代史料中有关瘟疫的记载始于贞观十年，终于大顺二年，225年间共发生灾疫21次，平均12年一次，年均发生率8.3%。五代时期(907—960年)，十国战乱为期十年，除了人祸，最主要的天灾是蝗灾。公元943年九月陕西奏，“州郡二十七(奏)蝗，饿死者数十万”。宋代(960—1279年)太祖到仁宗时期，103年间共发生灾疫10次，平均10.3年一次，年均发生率9.7%。从英宗到北宋灭亡，64年间共发生5次瘟疫，平均12.8年一次，年均发生率7.8%。北宋时期，黄患频发成历史之最，北宋把治黄与边疆防御相结合，投入巨大。

(5) 元代(1271—1368年)。元代的灾况，较以前任何朝代都要严重。邓拓(1986年)在《邓拓文集》中感叹：“元代一百余年间，受灾总共达五百十三次。其频度之多，实在惊人！”元代在灾害认定、勘察，减免税赋、徭役、田租、民租的标准、程序、制度等方面逐渐完善起来。

(6) 明清两代(1368—1912年)。根据杨俭、潘凤英(1994年)统计，明朝(1368—1644年)发生较大规模的疫情62次，年均发生率22.5%。清朝(1644—1912年)，在清朝统治的近300年内，爆发大规模的灾害98次，年均发生率34.2%。战争的人祸，明清两代发生大小地震、瘟疫、蝗灾、旱灾、水灾等共计1 200多次。明清之际西北地区自然灾害数量和严重性呈上升态势，对农业文明产生一定的冲击，因而有必要用实证科学的方法进行研究和梳理。

第一章　明清时期西北自然灾害研究方法

第一节　成果概述与统计方法

明清时期自然灾害研究已取得了非常丰硕的成果。如全国层面上，据邓云特统计，明清全国发生各类自然灾害 1 010 次，包括水灾 196 次、旱灾 174 次、地震 165 次、雹灾 112 次、风灾 97 次，蝗灾 94 次、疫病 64 次、霜雪 64 次，以及 93 次歉饥；①据陈高佣统计，明清全国发生各类自然灾害 3 942 次，包括水灾 1 422 次、旱灾 1 450 次、其他灾害 1 070 次；②据李向军统计，清代全国发生各类自然灾害 28 938 次，包括水灾 16 384 次、旱灾 9 185 次，以及雹灾、虫害、霜雪、疾病、风灾、地震等其他灾害 3 369 次；③据闵宗殿统计，明清全国发生各类自然灾害 10 449 次，其中清代发生 5 344 次，包括水灾 2 573 次、旱灾 1 140 次、雹灾 618 次、霜灾 70 次、海潮 11 次、风灾 174 次、地震 89 次、蝗灾 137 次、虫害 132 次、鼠灾 4 次、疫病 10 次、饥荒 386 次；④据邱云飞和孙良玉统计，明代发生各类自然灾害 3 952 次，包括水灾 1 034 次、旱灾 197 次、地震 1 159 次、瘟疫 187 次、沙尘 171 次、风灾 82 次、雹灾 243 次、雷击 87 次、霜灾 34 次、雪灾 28 次、冻害 2 次；⑤据朱凤祥统计，清代发生各类自然灾害 5 097 次，包括水灾 1 772 次、旱灾 828 次、风灾 436 次、霜冻 205 次、虫害 344 次、雹灾 369 次、地震 690 次、疫病 222 次、火灾 231 次。⑥

就西北地区而言，据李向军统计，清代西北地区发生各类自然灾害 3 347

---

① 邓云特：《中国救荒史》，商务印书馆 2011 年版，第 31 页。

② 陈高佣：《中国历代天灾人祸表》(全二册)，上海书店 1986 年版，下册明清时期附表。

③ 李向军：《清代荒政研究》，中国农业出版社 1995 年版，第 16 页。

④ 闵宗殿：《关于清代农业自然灾害的一些统计——以〈清实录〉记载为根据》，《古今农业》2001 年第 1 期。

⑤ 邱云飞、孙良玉：《中国灾害通史》(明代卷)，郑州大学出版社 2009 年版，第 24 页。

⑥ 朱凤祥：《中国灾害通史》(清代卷)，郑州大学出版社 2009 年版，第 232—233 页。

次,包括水灾 823 次、旱灾 1 569 次。其中,陕西省发生各类自然灾害 1 142 次,包括水灾 235 次、旱灾 585 次;甘肃省发生各类自然灾害 2 205 次,包括水灾 588 次、旱灾 984 次。[①]据邱云飞和孙良玉统计,明代西北地区发生各类自然灾害 553 次,包括水灾 37 次、旱灾 131 次、虫害 12 次、地震 298 次、瘟疫 12 次、沙尘 4 次、风灾 6 次、雹灾 41 次、霜灾 9 次、雪灾 3 次。其中,陕西省发生各类自然灾害 230 次,包括水灾 24 次、旱灾 85 次、虫害 8 次、地震 79 次、瘟疫 10 次、沙尘 1 次、风灾 2 次、雹灾 15 次、霜灾 4 次、雪灾 2 次;甘肃省发生各类自然灾害 323 次,包括水灾 13 次、旱灾 46 次、虫害 4 次、地震 219 次、瘟疫 2 次、沙尘 3 次、风灾 4 次、雹灾 26 次、霜灾 5 次、雪灾 1 次;[②]据朱凤祥统计,清代西北地区发生各类自然灾害 401 次,包括水灾 86 次、旱灾 66 次、风灾 25 次、霜冻 29 次、虫害 19 次、雹灾 50 次、地震 95 次、疫病 23 次、火灾 8 次。其中,陕西省发生各类自然灾害 191 次,包括水灾 50 次、旱灾 28 次、风灾 10 次、霜冻 15 次、虫害 11 次、雹灾 28 次、地震 36 次、疫病 9 次、火灾 4 次;甘肃省发生各类自然灾害 210 次,包括水灾 36 次、旱灾 38 次、风灾 15 次、霜冻 14 次、虫害 8 次、雹灾 22 次、地震 59 次、疫病 14 次、火灾 4 次。[③]

通过比较以上现有明清自然灾害统计成果可以发现,不同学者的统计结果存在比较大的差异。如邓云特和陈高佣的统计结果较其他学者低很多,与李向军、闵殿宗、邱云飞和孙良玉、朱凤祥等学者的统计结果相差十余倍,两批学者内部间的统计结果也有 2—3 倍的差异。这种巨大差异与统计方法有直接关系。目前,涉及灾害次数的统计方法主要是年次法、地次法、月次法等三种——年次法是指一种灾害不管年内发生多地、多次均按 1 次计算的统计方法;地次法是指有明确记载的地区,发生某种灾害的次数依不同地域,年内 n 地按 n 次计算的统计方法;月次法是为了对年内灾害的月份分布状况进行考察,一般来说,发生于一个月之内的某种灾害,不论涉及多少地方,按月次均记为 1 次。

地次法在明清自然灾害统计分析中的使用较多,并产生了丰硕的成果。根据"地"的空间范围,地次法又可分为县次法和区次法。县次法,如陈高佣和李

---

① 李向军:《清代荒政研究》,中国农业出版社 1995 年版,第 16 页。

② 邱云飞、孙良玉:《中国灾害通史》(明代卷),郑州大学出版社 2009 年版,第 28—31 页。

③ 朱凤祥:《中国灾害通史》(清代卷),郑州大学出版社 2009 年版,第 232—233 页。

向军的研究,以州县行政区域为单位进行统计;区次法,如朱凤祥的研究,以"自然区域相近"的区域为标准进行统计。然而,从统计学角度看,这两种目前使用较多的方法均存在不同程度的局限。其一,县次法,采用这一方法必须以系统、完整的史料记录为基础,但现存方志文献、明清实录、正史等常用文献均不能满足这一条件,相关州县史料记录数量差异较大,由此带来的样本不平衡可能导致县次分析法的结果产生统计偏误。进言之,方志文献,受成书时间所限各州县的相关史料记录数量存在明显差异;明清实录,相关记录主要是政府灾赈举措,而灾后次年灾赈、多灾一赈、一灾多赈等情况会导致统计结果的时空范围错位;《明史》和《清史稿》等正史,涉及小区域的州县一级的记录数量相对于方志和实录文献有明显差异。其二,区次法,这一方法可在一定程度上弥补县次法在记录样本不均衡方面的局限,但现有以"自然区域相近"为标准区域划分方式存在较大的主观性。

此处需要特别说明的是,以往重建自然灾害序列过程中,较少关注历史文献记录的缺失问题。历史文献记录缺失主要由两方面因素造成:其一,未记录。受技术水平和记录方式等因素影响,历史文献中有关自然灾害的记录往往会因主观因素而出现"漏记"的情形。以地震记录为例,较小范围内的临近州县应会同时发生。但根据吴媛媛统计的清代徽州各县地震记录,歙县和休宁县的地震记录一致的只有 1 次。[①]歙县和休宁县相邻,治所直线距离约 27 千米,且地貌特征基本相同,若有地震两地均应有感。该差异应是由于记录者的标准不同所致——未记者可能认为影响不大故未记录。其二,无记录。该因素在方志资料中的体现最为显著。以西安府三原县和同官县方志文献为例,直接涉及三原县的方志现存 3 部,最晚一部成书于光绪六年(1880 年);直接涉及清代同官县的方志现存 2 部,最晚一部成书于民国三十三年(1944 年)。[②]单就成书时间而言,

---

① 作者通过对相关地方志、正史、实录、档案、官箴书资料、笔记小说、碑刻、文集、日记、契约文书和宗族谱牒的多种历史文献资料的整理,共提取 5 条地震记录:1650 年歙县和休宁县均有地震记录,1665 年和 1668 年休宁县有、歙县无,1757 年歙县有、休宁县无。详见吴媛媛:《明清徽州灾害与社会应对》,安徽大学出版社 2013 年版,第 18—25 页,第 290—353 页。

② 笔者搜集到的直接涉及清代三原县的方志有:乾隆《三原县志》(乾隆四十八年(1783 年)刻本)、光绪《三原县志》(光绪三年(1877 年)抄本)和光绪《三原县新志》(民国二十六年(1937 年)增刻本);直接涉及清代同官县的方志有:乾隆《同官县志》(民国二十一年(1932 年)增刻本)和民国《同官县志》(民国三十三年(1944 年)铅印本)。

三原县1880年以后发生之事便无记录。无论是以上何种原因造成的记录缺失,均有可能影响重建自然灾害序列的有效性和代表性。故而,就文献学角度而言,在重建历史自然灾害序列时,府级空间样本单位序列较县级空间样本单位有更加可靠和客观。

本部分以清代西安府方志文献为例,运用量化和统计分析的方法,论证重建府级各类自然灾害序列的可行性。

第二节 重建府级自然灾害序列可行性

清代的方志文献中有大量涉及自然灾害事件的记录,为重建清代府级自然灾害事件序列提供了坚实的史料基础。就数量而言,以国家图书馆"数字方志"资料库和《中国地方志丛书》等已出版丛书等为基础,我们搜集到直接涉及清代西安府的方志文献67种。如表1所示,包括陕西省志4种、西安府志1种、县志62种,其中设有专门章节记录自然灾害事件的方志文献52种,涵盖了西安府内所有18个县级行政单位。

表1 清代西安府方志文献数量统计

	方志总数量	设有专门章节方志数量		方志总数量	设有专门章节方志数量
陕西省	4	3	高陵县	3	2
西安府	1	0	鄠　县	4	3
咸宁县*	5	5	蓝田县	5	5
耀　州	1	1	泾阳县	6	5
孝义厅	1	1	三原县	3	2
宁陕厅	1	1	盩厔县	5	4
长安县*	3	3	渭南县	4	4
咸阳县	4	2	富平县	4	3
兴平县	4	1	醴泉县	4	3
临潼县	4	3	同官县	2	2

说明:*咸宁县志和长安县志的数量中均统计了民国《咸宁长安两县续志》。

此外,值得注意的是,《西安府志》只有 1 种,成书时间为乾隆四十四年(1779 年),而且志内未有专门章节记载自然灾害事件,对于重建清代西安府自然灾害事件序列的助益不大。因此,西安府的府级自然灾害事件序列的重建,主要凭借相关县级方志文献记录。

对于方志文献的统计方式,有两方面事项需要特别说明。其一,统计对象选择。方志文献中涉及自然灾害事件的记录主要集中于"灾异""祥异"或"纪事"等章节,"建置""河渠""恩泽""人物志"等其他章节亦会有少数相关的记录。由于重建序列的目的在于进行量化和统计分析,而量化和统计分析对样本的选择有比较严格的要求,所以在选择统计对象时应以设有"灾异"、"祥异"或"纪事"等专门章节的方志文献为主,此类记录在样本结构和分布方面相对更宜于进行统计分析。其二,单位样本确定。宜于采用年度地域尺度进行统计、建立单位样本。一方面,方志文献中的自然灾害事件记录具有比较明确的地域指向,所记之事通常为本属域内发生之事,若非本属之事则会特别说明,且多为上级行政单位之事。如康熙《长安县志》所载"(顺治)十一年,五月初八日夜,西安各郡地大震。"[①]另一方面,方志文献中自然灾害事件的记录形式通常为"某年+灾异",若是某朝第 1 条记录,则会在句首增加皇帝名称。如民国《咸宁长安两县续志》第 1 条为"乾隆十年,秋霪雨",第 2 条为"十三年,三月陨霜杀麦"。而第 17 条因为是嘉庆朝的第 1 条记录,句首再增加皇帝名称,"嘉庆五年,夏四月雨雹"。[②]

通过对设有专门章节记录自然灾害事件的 52 种方志的量化统计,共提取 833 条涉及各类自然灾害事件的记录样本。如表 2 所示,就记录样本的空间特征而言,除 10 条直接涉及西安府的样本外,其他 823 条均为县级样本,记录样本整体比较丰富,平均每县有 46 条记录样本。但部分县的记录样本也存在比较显著的差异:耀州、孝义厅、宁陕厅、兴平县、高陵县、鄠县和三原县的样本数量较少,均未超过 30 条;宁陕厅、耀州和临潼县的样本记录时间范围较小,分别为 96 年、164 年和 125 年。

---

① 康熙《长安县志》卷八,《杂记·灾祥》。

② 民国《咸宁长安两县续志》卷六,《田赋考·祥异》。

表2 清代西安府自然灾害事件记录样本空间特征统计

区域范围	记录时间		纪录样本	
	最　早	最　晚	样本数量（条）	样本频率（条/百年）
西安府	顺治四年(1647)	宣统二年(1910)	10	4
咸宁县	顺治二年(1645)	光绪二十六年(1900)	85	33
耀　州	顺治十七年(1660)	乾隆十七年(1752)	8	9
孝义厅	顺治十年(1653)	光绪九年(1883)	26	11
宁陕厅	顺治四年(1647)	嘉庆十五年(1810)	10	6
长安县	顺治十年(1653)	光绪二十六年(1900)	45	18
咸阳县	顺治二年(1645)	光绪二十九年(1903)	46	18
兴平县	康熙三十年(1691)	光绪三十三年(1907)	8	4
临潼县	顺治四年(1647)	乾隆三十六年(1771)	39	31
高陵县	顺治四年(1647)	光绪七年(1881)	17	7
鄠　县	顺治九年(1652)	光绪二十六年(1900)	26	10
蓝田县	顺治四年(1647)	光绪二十七年(1901)	37	15
泾阳县	顺治五年(1648)	宣统三年(1911)	87	33
三原县	顺治五年(1648)	光绪五年(1879)	22	9
盩厔县	顺治四年(1647)	宣统三年(1911)	120	45
渭南县	顺治十一年(1654)	光绪十五年(1889)	58	25
富平县	顺治二年(1645)	光绪二十八年(1902)	50	19
醴泉县	顺治十年(1653)	宣统三年(1911)	65	25
同官县	顺治三年(1646)	宣统二年(1910)	74	28

就记录样本的时间特征而言，如图1所示，以10年的年代际为尺度的统计结果显示，①只有18世纪中期到19世纪初(乾隆朝中期到嘉庆朝)的样本数量相对较少，不存在严重的样本缺失，可用以重建自然灾害事件序列。

① 此处1640s的时间范围是1664—1669年，共计6年；1900s的时间范围是1900—1911年，共计11年。

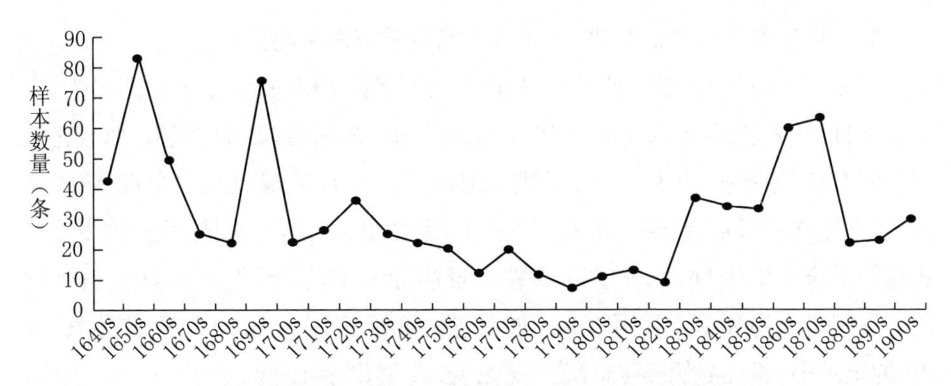

图 1　清代西安府自然灾害事件记录样本时间特征统计

就记录样本所涉的自然灾害事件种类而言，清代西安府发生的自然灾害事件主要有干旱、洪涝、低温、风雹、风霾、虫害、病疫、地震、荒歉和其他等十类自然灾害事件。①如表 3 所述，各类灾害记录样本中以干旱和洪涝为主，风雹、地震、低温和荒歉次之。

表 3　清代西安府自然灾害事件的主要类型与记录样本数量

	主要表述形式	样本数量(条)
干旱	旱、连月不雨、河涸	210
洪涝	大雨、霪雨、河决、河溢	169
低温	陨霜、寒、大雪、河冻	100
风雹	大风、雨雹、风雹	121
风霾	天雨黄土、霾、大风昼晦	30
虫害	蝗、蝻、鼠兔食禾	75
病疫	瘟、疫、病	54
地震	地震	114
荒歉	饥、荒、禾不登、大歉	96
其他	雨荞、雨豆	24

① 由于史料中对部分灾害类型的描述较为模糊，所以此处的分类方式与灾害名称与气象学和灾害学学科专业的分类有一定差异。此外，方志文献中还有 1 条涉及高温事件的史料，康熙四十二年(1703)咸阳县："冬十一月，銮舆西幸，暖如二三月，人谓有脚阳春。"(乾隆《咸阳县志》卷二十一《祥异》)，而且，查阅此时前后西安府内各州县文献记录，均未发现相似情形，疑为附会，故未单列，归为"其他"之类。

对于自然灾害事件的分类,还有以下四点需特别说明:

第一,“大雨”的记录。此类记录通常与洪涝事件相关,主要表述形式为“大雨数十日(旬)”、“某月(季)大雨”等,或后有类似“水深数尺”的文字。如雍正元年(1662年)高陵县“五月大雨,平地水深数尺。八月又霖雨四十余日,诸水皆溢,渭水冲崩南岸数村,绝渡半月。”[①]然而,需要注意的是:“某日大雨”的表述形式往往对应干旱事件,而非洪涝事件。表述形式多为“无收+某日大雨+秋成”,在逻辑上为久旱逢甘雨之意。如在有关康熙三十一年(1692年)临潼县“大雨”的记录中,康熙《临潼县志》为“夏无麦,斗粟价至七钱。六月十一日大雨。是年秋成。”而乾隆《临潼县志》为“夏无麦,六月乃雨。是年秋成。”[②]直接印证了“某日大雨”记录与干旱事件的关联性。

第二,“雪”的记录。此类记录通常与低温事件相关,主要表述形式为“大雪”,且后常有类似“深数尺”或“冰冻”的文字。如光绪十九年(1893年)咸阳县“九月十四日大雪,深盈尺,冬菜皆冻死。”[③]此外,需要注意的是对“冬无雪”记录的判断。“冬无雪”在历史气候研究中常被用作气候温暖的证据,[④]但亦有可能与干旱事件相关,需要根据其他邻近地域的情形综合判断。如对于康熙五十九年(1720年)咸阳县“冬无雪”的判断,同年的相关记录有:醴泉县“秋冬无雨雪,米价腾贵”,同官县“自春徂冬不雨”,临潼县“秋旱”,高陵县“秋大旱,民饥”,盩厔县“春至六十年夏大旱,麦禾俱不登”;次年的相关记录有:醴泉县“春夏大旱,斗米银七钱,流离载道,盗贼满乡”、同官县“大旱,斗米八钱,六月丁未十七日始雨”,临潼县“春无雨,麦每斗价七钱,六月乃雨”、高陵县“春夏旱甚,无麦,斗米五钱,逃徙无算”、盩厔县“春大旱,麦禾无收,斗米价至七八钱,至六月乃雨”。[⑤]由此可以判断,康熙五十九年咸阳县的“冬无雪”记录应为“冬旱”之意,实为干旱事件。

第三,迷信附会的记录。此类源于中国古代的“咎征”思想,表述形式多为

---

① 雍正《高陵县志》卷四,《祥异》。

② 康熙《临潼县志》卷六,《祥异志》;乾隆《临潼县志》卷九,《志余·祥异》。

③ 民国《重修咸阳县志》卷八,《杂记志·祥异》。

④ 朱士光、王元林、呼林贵:《历史时期关中地区气候变化的初步研究》,《第四纪研究》1998年第1期。

⑤ 乾隆《咸阳县志》卷二十一,《祥异》;乾隆《醴泉县续志》卷下,《杂志·灾异》;乾隆《同官县志》卷一,《舆地·祥异》;乾隆《临潼县志》卷九,《志余·祥异》;雍正《高陵县志》卷四,《祥异》;乾隆《重修盩厔县志》卷十三,《祥异》。

"天雨荞麦、豌豆"等。如顺治十二年(1655年)咸阳县"雨荞麦、豌豆,煮之皆成红水",同治九年(1870年)临潼县"二月,雨荞麦、黑豆、粟谷,颗粒甚小,不类常种"。[①]此类记录可能与风雹或风霾事件有关,但是否可以作为其证据还有待商榷,统计时归为"其他"之类。

第四,荒歉的记录。部分记录仅有反应灾害事件影响的信息,未表明灾害事件的种类。此类记录的主要表述方式有"饥"、"荒"、"人相食"、"无禾"或"粮价奇昂"等。如康熙三十一年(1692年)耀州"饥",道光二十七年(1847年)富平县"无麦,大饥",光绪四年(1878年)醴泉县"粮价奇昂,饿殍盈路,人相食"。[②]因此类记录与自然灾害事件直接相关,统计时归为"荒歉"之类。

通过对以上从52种清代西安府方志文献中提取的833条记录样本在时间、空间和涉及灾种三方面特征的统计分析可知,虽然直接涉及西安府的府级记录样本较少,县级样本却十分丰富,可以为重建清代西安府灾害事件序列提供充实的文献资料支撑。

第三节　重建府级自然灾害事件序列方法

为实现对重建清代府级自然灾害事件序列方法的有效探讨,我们通过两个步骤展开:首先根据记录内容对方志文献样本进行再处理,然后通过一致性比对探讨重建清代西安府自然灾害事件序列的方法。

一、自然灾害事件记录样本处理

根据记录内容对方志文献样本的处理具体包括以下两个方面:第一,合并处理。整理自然灾害事件记录样本时可以发现,存在多条样本记录同一自然灾害事件信息的现象,即"多样本对一信息"。如对于顺治八年(1651年)泾阳县发生的风雹事件,除乾隆《泾阳县后志》外,其他4种《泾阳县志》中均有记载。[③]从内容层面讲,顺治八年泾阳县的该4条样本,实际只是1条有效记录样本。因此,需要对"多样本对一信息"的记录样本进行合并处理。如表4所示,清代西安府域内方志自然灾害事件总记录样本中,重复样本232条、有效样本559条。

① 乾隆《咸阳县志》卷二十一,《祥异》;光绪《蓝田县志》卷三,《纪事沿革表》。

② 乾隆《耀州志》卷八,《纪事志》;光绪《新续渭南县志》卷十一,《杂志·祲祥》;民国《续修醴泉县志稿》卷十四,《杂记志·祥异》。

③ 康熙《泾阳县志》卷一,《地理志·祥异》;乾隆《泾阳县后志》卷一,《地理志·祥异》;乾隆《泾阳县志》卷一,《地理志·祥异》;道光《泾阳县志》卷十,《大事考》;宣统《重修泾阳县志》卷二,《地理下·祥异》。

表4 清代西安府自然灾害事件有效记录样本统计

	1对1	2对1	3对1	4对1	重复样本	有效样本
数量(条)	435	115	30	20	235	600
占 比	73%	19%	5%	3%	—	—

第二,拆分处理。与“多样本对一信息”相反,同样存在“一样本对多信息”的记录样本。如光绪三年(1877年)咸宁长安县“至四年春三月乃雨”。[①]实际有2条有效记录样本,需要做拆分处理。另外,拆分处理时还要注意比较其他记录样本,避免形成新的重复样本。如同治十年(1871年)蓝田县“十年、十一年,大疫”,此记录样本虽根据内容可拆为2条,但已有同治十一年蓝田县“大疫”的记录样本,如若再拆分将形成重复样本。[②]此时不宜进行拆分处理。如表5所示,共有11条需要拆分的样本,除1条需拆分为3条外,其余10条均拆分为2条,即拆分后将新增12条有效记录样本。

表5 清代西安府自然灾害事件记录拆分样本概览

时 间	地 域	记录信息	文献来源
康熙十六年(1677年)	鄠 县	十六年、七年、八年,秋大雨。	康熙《鄠县志》卷八,《灾异志》
道光十二年(1832年)	咸宁县	疫行自辛卯(道光十一年)冬始,至是年秋止。	同治《咸宁县志》卷十五,《杂志·灾祥》
光绪二十六年(1846年)	三原县	明年,又无麦,饿殍满路。	光绪《三原县新志》卷九,《祥异》
咸丰三年(1853年)	三原县	夏秋至明年,鼠兔食禾田苗几尽。	光绪《三原县新志》卷九,《祥异》
同治三年(1864年)	渭南县	三年、四年,鼠食禾且尽。	光绪《新续渭南县志》卷十一,《杂志·祲祥》
同治十年(1871年)	渭南县	至十一年牛大疫。	光绪《新续渭南县志》卷十一,《杂志·祲祥》
光绪三年(1877年)	咸宁县	至四年春三月乃雨。	民国《咸宁长安两县续志》卷六,《田赋考·祥异》

① 民国《咸宁长安两县续志》卷六,《田赋考·祥异》。

② 前条样本记录见光绪《新续渭南县志》卷三,《纪事沿革表》;民国《咸宁长安两县续志》卷三,《纪事表》。后条样本记录见宣统《蓝田县乡土志》下册,《纪事》。

（续表）

时　　间	地　域	记录信息	文献来源
光绪三年（1878 年）	长安县	至四年春三月乃雨。	民国《咸宁长安两县续志》卷六,《田赋考·祥异》
光绪三年（1877 年）	高陵县	自七月不雨,至明年六月。	光绪《高陵县志》卷八,《缀录》
光绪三年（1877 年）	渭南县	三年、四年大旱。	光绪《新续渭南县志》卷十一,《杂志·祲祥》
光绪十三年（1887 年）	渭南县	十三年、十四年牛大疫。	光绪《新续渭南县志》卷十一,《杂志·祲祥》

通过上述合并和拆分处理,可以得到清代西安府域内方志自然灾害事件有效记录样本 833 条。如表 6 所示,清代西安府方志文献有效记录样本仅有 8 条,单以西安府的记录重建清代西安府自然灾害事件序列不具有可行性。西安府域内各县的有效记录样本相对丰富,数量共计 602 条。因此,从样本数量层面讲,通过县记录建立清代西安府自然灾害事件序列事件序列具有较高可行性。

表 6　清代西安府自然灾害事件有效记录样本统计

地　域	数量（条）	频率（条/百年）	地　域	数量（条）	频率（条/百年）
西安府	8	3	鄠　县	28	11
咸宁县	81	32	蓝田县	21	8
耀　州	8	9	泾阳县	34	13
孝义厅	26	11	三原县	22	9
宁陕厅	10	6	盩厔县	61	23
长安县	46	19	渭南县	44	19
咸阳县	32	12	富平县	33	13
兴平县	8	4	醴泉县	55	21
临潼县	28	22	同官县	47	18
高陵县	18	8			

二、县级自然灾害事件记录比对分析

信息的一致性是通过县级记录建立府级自然灾害事件序列的基础。通常而言,各县级区域的共性越多,重建的府级序列的代表性越高,县级区域的一致性是重建府级序列的前提。因此,我们通过县记录建立清代西安府灾害事件序列时,需要比对各县记录的一致性。

第一步,自然灾害事件发生频次统计。在有效记录样本的基础上,以县为空间尺度、年为时间尺度,统计清代西安府各类自然灾害事件的发生频次。如表7所示,清代西安府内各县共发生各类自然灾害事件709次,其中以干旱和洪涝事件发生频次最高,分别为163次和121次,约占灾害事件总量的40%。

表7 清代西安府内各县自然灾害事件发生频次

	干旱	洪涝	低温	风雹	风霾	虫害	病疫	地震	荒歉	其他
咸宁县	30	17	13	9	4	6	3	8	4	3
耀　州	2	1	0	1	0	0	0	2	2	0
孝义厅	5	11	1	4	0	3	4	4	2	1
宁陕厅	1	2	1	0	1	1	0	3	1	0
长安县	19	7	7	6	2	4	0	4	3	2
咸阳县	8	9	7	0	1	4	2	4	1	3
兴平县	2	3	0	0	0	0	0	0	3	0
临潼县	9	4	7	2	1	0	0	4	3	3
高陵县	9	5	3	0	1	1	1	1	1	0
鄠县	7	6	2	3	1	4	1	4	5	1
蓝田县	1	2	1	1	0	4	7	2	6	0
泾阳县	10	5	7	7	3	2	0	5	2	0
三原县	3	2	6	2	3	4	2	3	1	0
盩厔县	18	16	3	6	1	5	6	6	8	0
渭南县	3	10	7	7	3	8	7	6	3	3
富平县	6	5	3	10	0	2	2	3	6	0
醴泉县	16	11	6	5	1	5	4	4	10	1
同官县	14	5	2	13	0	3	4	7	5	0
小　计	163	121	76	76	22	55	43	70	66	17

第二步,自然灾害事件发生频次一致性比对。我们设置了相似率和标准值等两个指标进行清代西安府内各县灾害事件发生频次一致性的比对分析。其中,相似率指标是指,在同一年度有两个或以上县发生自然灾害事件记录(多重记录频次)中,信息一致记录的占比,其数值越大表明一致性越高;标准值指标是指,以地震事件的相似率指标为基准值对其他灾害事件记录进行标准化处理后的数值,其数值越大表明一致性越高。将地震事件作为基准进行标准化处理,主要是因其可以为校正统计偏误提供有效的参考:考虑到西安府的地域范围和面积,地震事件的发生应具有显著的共性,若某一县地震,府内其他县亦会有地震,即地震事件的相似率指标在理论上应为1。但是,受当时科技水平和记录形式的限制,方志文献中的自然灾害事件记录存在信息缺失的可能性较高,而地震事件的一致性指标在可以大致反映这种记录信息缺失的程度。

表8　清代西安府内各县自然灾害事件发生频次一致性比对

	总记录频次	多重记录频次	相似率	标准值
干旱	163	155	85%	1.13
洪涝	121	106	71%	0.94
低温	76	73	84%	1.11
风雹	76	67	52%	0.69
风霾	22	19	—	—
虫害	55	54	72%	0.96
病疫	43	37	49%	0.65
地震	70	65	75%	1.00
荒歉	66	63	87%	1.16
其他	17	15	—	—

说明:"—"表示因观测值(记录频次)数量不足,不进行统计分析。

如表8所示,整体而言,清代西安府内各县各类自然灾害事件的发生存在比较显著的一致性。具体言之,干旱、洪涝、低温、风霾、虫害和荒歉等自然灾害事件的发生通常是全府性的,即若某县发生该五类灾害事件时,西安府内其他地方同时发生的概率亦非常高;而对于风雹和病疫事件,类似情况发生的概率则相对较低,存在一定的区域性倾向。①

为进一步验证以上一致性比对结果的稳健性,我们调整对象范围,设置关中平原地区和西咸地区分别进行统计分析。其中,关中平原地区包括除地处高原或山区的耀州、同官县、宁陕厅和孝义厅外的其他 14 个县,目的在于考察地形因素可能造成的偏误;西咸地区包括今西安市和咸阳市范围内的咸宁县、长安县、咸阳县、兴平县、临潼县、高陵县、鄠县、蓝田县、泾阳县、三原县、盩厔县、醴泉县等 12 个县,目的在于考察经济社会等因素坑能造成的偏误。②

如表 9 所示,关中平原地区和西咸地区的比对结果,同样支持了前述清代西安府内各县自然灾害事件存在显著一致性的结论。此处值得注意的是,通过结合表 11 和表 12,可以发现,干旱、洪涝、低温虫害和荒歉等事件的一致性并未因范围的缩小而提高,而风雹和病疫事件的一致性因此有所提高。即进一步佐证了干旱、洪涝、低温、虫害和荒歉等自然灾害事件的全府性,而风雹和病疫事件则倾向于区域性。③

表 9 清代西安府关中平原地区和西咸地区自然灾害事件发生频次一致性比对

		总记录频次	多重记录频次	相似性	标准值
干旱	关中平原	141	133	85%	1.07
	西咸	132	122	86%	1.05
洪涝	关中平原	102	89	71%	0.89
	西咸	87	70	74%	0.91
低温	关中平原	72	70	84%	1.06
	西咸	62	59	88%	1.08

① 全府性风雹事件较少的原因与冰雹灾害单次影响空间范围较小的特点有关。全府性病疫事件较少可能与古代交通条件和人员流动有关,传播速度在空间范围内传播较慢。

② 此处设置西咸地区而非西安市地区进行考察,主要基于两方面的考虑:第一,西安市范围内的咸宁、长安、临潼县、高陵县、鄠县、蓝田县和盩厔县等 7 县除干旱和洪涝事件外,其他观测值(记录频次)较少,难以有效进行统计分析。第二,西安府地域范围内的西咸地区在政治、经济、社会、文化等方面的联系相对密切。

③ 从理论上讲,若一致性因比对范围缩小而提高,表明该事件为区域性事件的概率较大;反之,缩小比对范围后,一致性不变或降低(降低主要是调整比对范围引起样本结构变化而造成),则表明该事件为全局性事件的概率较大。

（续表）

		总记录频次	多重记录频次	相似性	标准值
风雹	关中平原	58	51	57%	0.71
	西咸	35	21	—	—
风霾	关中平原	21	18	—	—
	西咸	15	10	—	—
虫害	关中平原	48	47	66%	0.83
	西咸	38	38	61%	0.74
病疫	关中平原	35	29	55%	0.69
	西咸	26	23	—	—
地震	关中平原	54	49	80%	—
	西咸	45	38	82%	—
荒歉	关中平原	56	53	91%	1.14
	西咸	47	43	86%	1.05
其他	关中平原	16	14	—	—
	西咸	13	11	—	—

说明:“—”表示因观测值(记录频次)数量不足,不进行统计分析。

通过以上对进一步处理后的602条有效记录样本的比对分析可知,清代西安府内各县的自然灾害事件存在比较显著的一致性。因此,通过综合县级空间样本单位记录即可有效重建府级空间样本单位记录的灾害事件序列。而且,如果考虑到方志文献记录的缺失问题,相较于县级样本序列,府级样本序列受记录缺失的影响较小,且更加可靠和客观。

第二章　明清时期西北地区的自然灾害

第一节　明清时期西北自然灾害总论

一、明清西北自然灾害统计概述

通过前节介绍的“由县至府”方法，我们以对《中国方志丛书》《中国地方志集成》(陕西府县志辑、省志辑 · 陕西)、《西北稀见方志文献》等方志丛书，国家图书馆、第一历史档案馆、爱如生、书同文等机构提供的网络文献资源，以及《中国三千年气象记录总集》(增订本)等资料汇编资料为基础，重建了明清时期西北地区旱灾、水灾、风雹、冷害和虫害等 5 类对农业生产有直接影响的自然灾害序列。①

以年为时间尺度，对西北地区二十五个府的自然灾害记录进行整理，共得到 3 669 条自然灾害记录，其中同时记有两种及以上自然灾害记录 687 条，同时记有两府及以上自然灾害记录 354 条。就自然灾害种类而言，如图 2 所示，涉及干旱记录 1 440 条、约占记录总数的 39.3%，洪涝记录 1 079 条、约占记录总数的 29.4%，风雹记录 673 条、约占记录总数的 18.4%，冷害记录 366 条、约占记录总数的 10.0%，虫害记录 3 177 条、约占记录总数的 13.4%。

就自然灾害记录的时间分布情况而言，光绪三年(1877 年)记录数量最多、为 66 条，嘉靖七年(1528 年)、崇祯十三年(1640 年)、康熙元年(1662 年)、康熙三十年(1691 年)和光绪二十六年(1691 年)五年记录数量超过 30 条，另有 90 年间无灾害记录。

---

① 由于史料中对部分灾害类型的描述较为模糊，所以此处的分类方式与灾害名称与气象学和灾害学学科专业的分类有一定差异。其中，旱灾，主要表述形式为旱、不雨、无雪等；水灾，包括暴雨和洪涝，主要表述形式有霖雨、水、涝等；风雹，包括风灾和雹灾(将二者合为一类主要是考虑到文献记录中二者通常是同时出现)，其中风灾包括大风、沙尘，主要表述形式有大风、风沙、风霾；雹灾的主要表述形式有雨雹、风雹等；冷害，包括霜灾、冷害、冻害、雪灾，主要表述形式有陨霜、大雪、雨木冰等；虫害，包括各类虫害，主要表述形式有虫、蝗、螨、螟等。

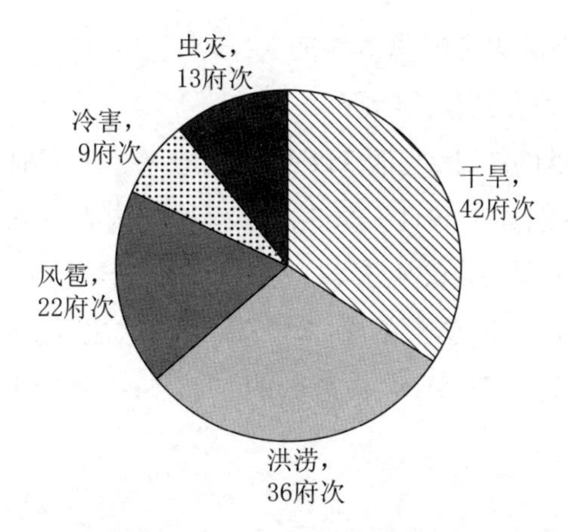

图 2 明清西北二十五府自然灾害记录数量情况

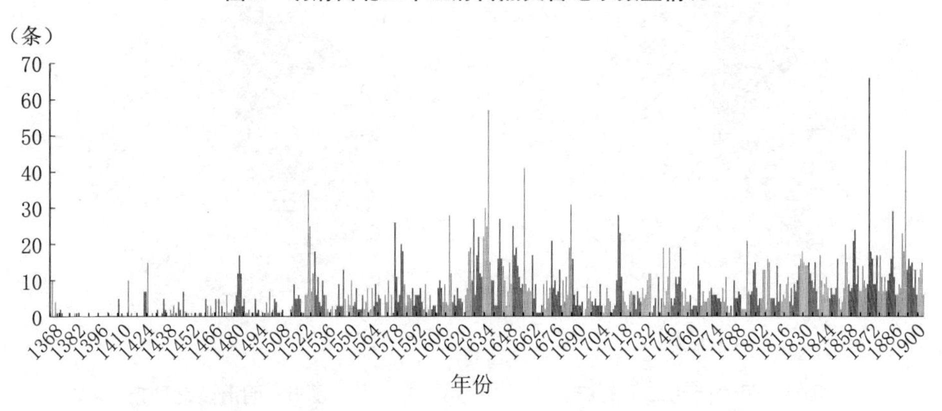

图 3 明清西北二十五府自然灾害记录时间分布情况

就自然灾害记录的空间分布情况而言，如表 10 所示，整体而言，关中自然灾害的记录数量最多、府均记录 377.6 条，陕南次之、府均记录 297.3 条，陕北再次之、府均记录 196.8 条，河东再次之、府均记录 148.6 条，宁夏再次之、府均记录 62.0 条，河西最少、府均记录 34.5 条。

表 10 明清西北二十五府自然灾害记录空间分布情况（府均）

单位：条

	总量	干旱	洪涝	风雹	冷害	虫害
陕北	196.8	101.5	38.8	35.0	20.0	28.8
关中	377.6	142.8	83.4	44.8	31.6	47.0
陕南	297.3	111.3	122.0	39.0	15.7	42.3
河西	34.5	16.8	5.0	9.0	3.3	5.8
河东	148.6	76.0	30.1	31.9	15.7	15.1
宁夏	62.0	22.5	19.0	11.5	6.5	7.5

二、明清西北自然灾害的总体特征

(一) 自然灾害的类别构成特征

通过对方志文献的统计,明清 544 年西北地区二十五府,干旱、洪涝、风雹、冷害、虫害等五类自然灾害共计 3 553 次。就种类构成而言,如图 4 所示,干旱是明清西北地区最主要的自然灾害,共发生 1 332 府次,占灾害总数的 37.5%;洪涝次之,为 859 府次,占总数的 24.2%;风雹再次之,为 622 府次,占总数的 17.5%;虫害再次之,为 419 府次,占总数的 11.8%;冷害最少,为 321 府次,占总数的 9.0%。

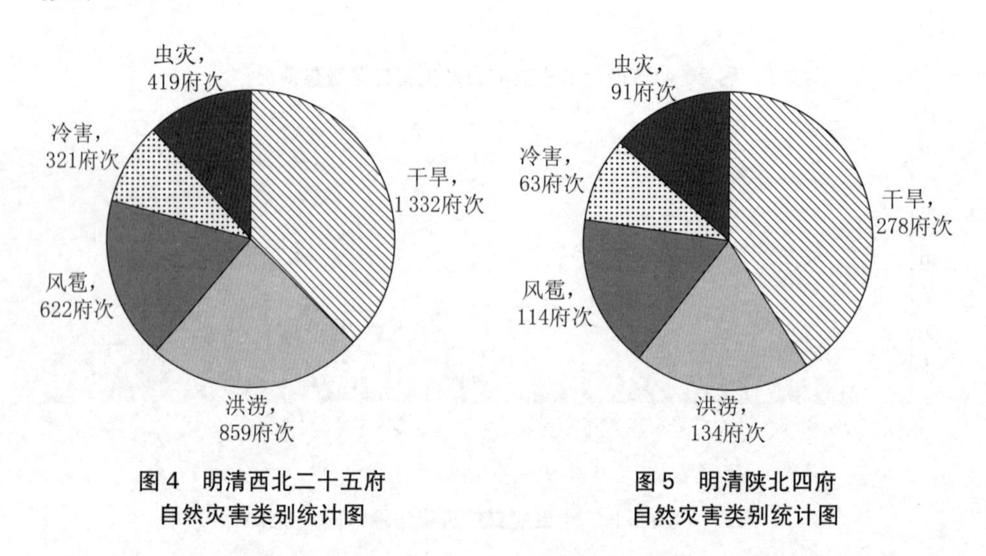

图 4　明清西北二十五府自然灾害类别统计图

图 5　明清陕北四府自然灾害类别统计图

陕北四府,如图 5 所示,干旱是明清该地区最主要的自然灾害,共发生 278 府次,占灾害总数的 40.9%;洪涝次之,为 134 府次,占总数的 19.7%;风雹再次之,为 114 府次,占总数的 16.8%;虫害再次之,为 91 府次,占总数的 13.4%;冷害最少,为 63 府次,占总数的 9.3%。

关中五府,如图 6 所示,干旱是明清该地区最主要的自然灾害,共发生 380 府次,占灾害总数的 34.8%;洪涝次之,为 283 府次,占总数的 25.9%;风雹再次之,为 183 府次,占总数的 16.7%;虫害再次之,为 137 府次,占总数的 12.5%;冷害最少,为 110 府次,占总数的 10.1%。

陕南三府,如图 7 所示,洪涝是明清该地区最主要的自然灾害,共发生 217 府次,占灾害总数的 34.8%;干旱次之,为 202 府次,占总数的 32.4%;风雹和虫害再次之,均为 86 府次,占总数的 13.8%;冷害最少,为 33 府次,占总数的 5.3%。

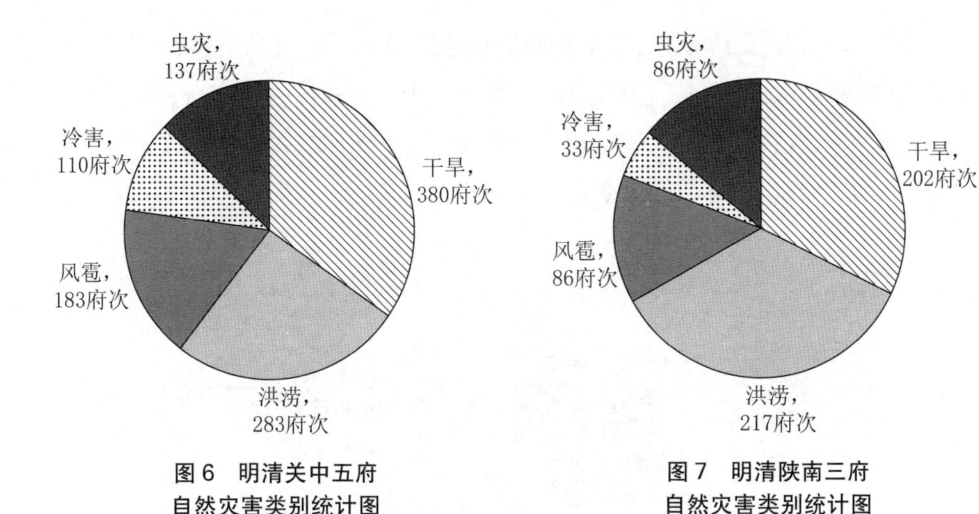

图6　明清关中五府自然灾害类别统计图　　**图7　明清陕南三府自然灾害类别统计图**

河西四府，如图8所示，干旱是明清该地区最主要的自然灾害，共发生64府次，占灾害总数的44.1%；风雹次之，为31府次，占总数的21.4%；洪涝和虫害再次之，分别为19府次和18府次，占总数的13.1%和12.4%；冷害最少，为13府次，占总数的10.5%。

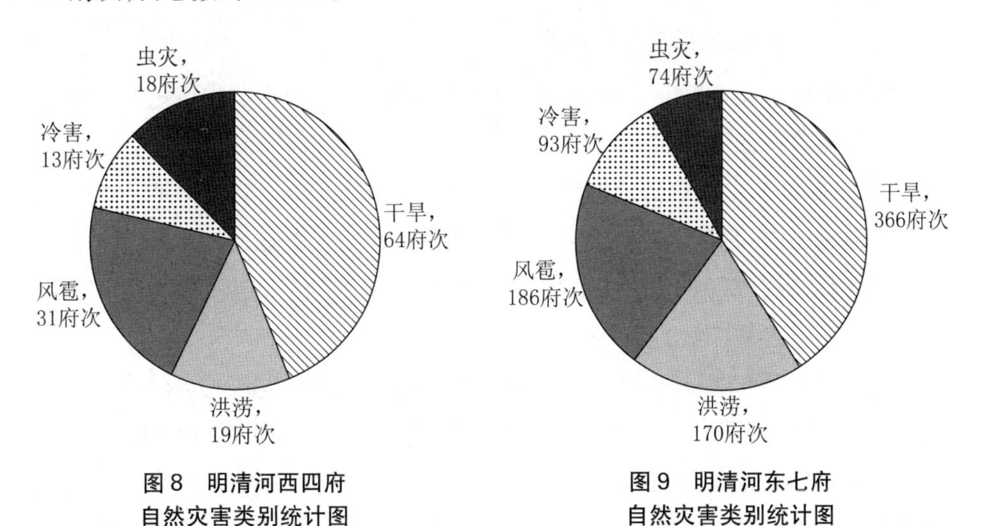

图8　明清河西四府自然灾害类别统计图　　**图9　明清河东七府自然灾害类别统计图**

河东七府，如图9所示，干旱是明清该地区最主要的自然灾害，共发生366府次，占灾害总数的41.2%；风雹次之，为186府次，占总数的20.9%；洪涝再次之，为170府次，占总数的19.1%；冷害再次之，为93府次，占总数的10.5%；虫害最少，为74府次，占总数的8.3%。

宁夏二府，如图 10 所示，干旱是明清该地区最主要的自然灾害，共发生 42 府次，占灾害总数的 34.4%；洪涝次之，为 36 府次，占总数的 29.5%；风雹再次之，为 22 府次，占总数的 18.0%；虫灾再次之，为 13 府次，占总数的 10.7%；冷害最少，为 9 府次，占总数的 7.4%。

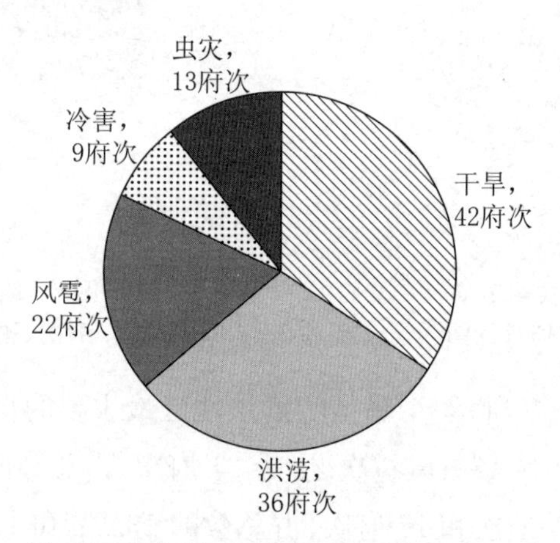

图 10 明清宁夏二府自然灾害类别统计图

（二）自然灾害的时间变化特征

时间维度层面，如图 11 所示，就 30 年尺度而言，明清西北地区的自然灾害存在两个显著特征。

第一，整体呈增长趋势。30 年尺度和君王的统计结果均显示：明清两代的五个半世纪里，西北地区自然灾害发生的频率存在比较明显的增长趋势。具体言之，从明初每百年 139 府次的发生频率水平逐渐增长至清末每百年 1 136 府次的发生频率水平，增加了 7 倍多。

第二，王朝周期特征显著。具体表现有二：其一，朝代更迭与自然灾害的高发相伴。明清之交的 17 世纪中期，自然灾害发生频率远超过其他时期，发生频次超过了每百年 1 233 府次的水平。其二，王朝兴衰与自然灾害发生频次的变化基本相符。对于明代，洪武之治、永乐盛世和弘治中兴对应的都是自然灾害的低发期。对于清代，这一特征在清代更加突出，立国初期，自然灾害发生频率从 17 世纪中期每百年 1 200 府次的水平大幅降至 17 世纪晚期的每百年 600 府次的水平，并保持至 18 世纪初，是康乾盛世的低发灾害背景；此后从 18 世纪晚期（嘉庆朝）开始，自然灾害的发生频率出现了长期增长趋势，直至清亡。此

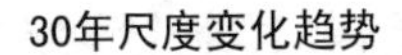

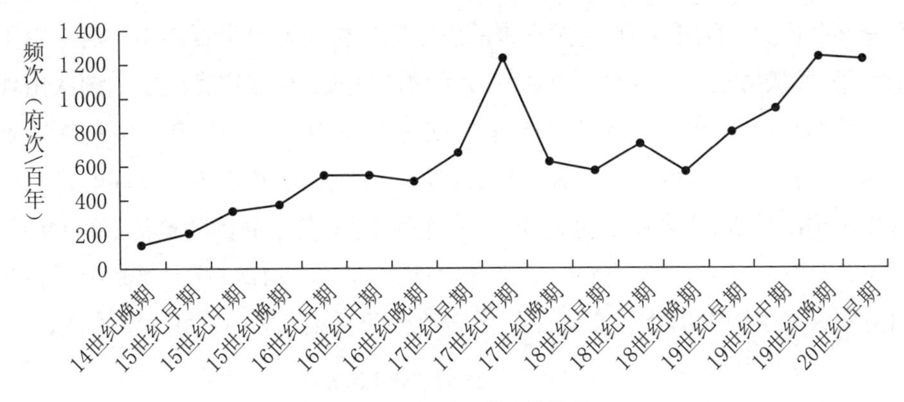

君王尺度变化趋势

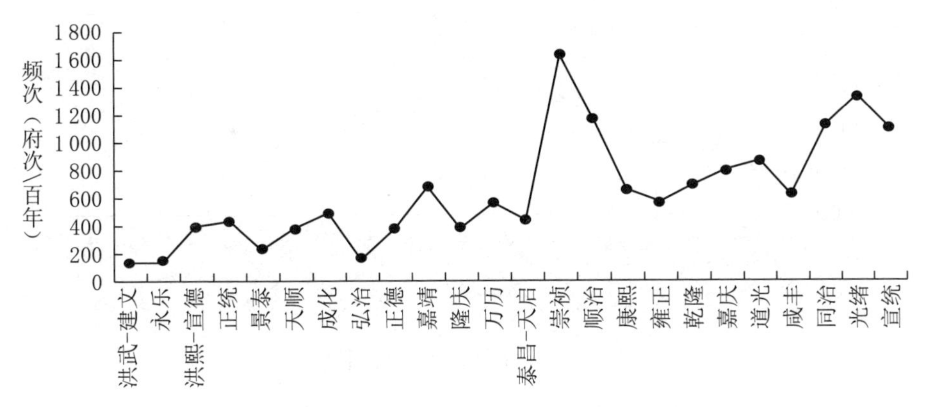

图 11　明清西北二十五府自然灾害时间变化趋势图

处呈现的明清时期自然灾害的这种显著王朝周期特征，也进一步从省级空间尺度上印证了近年来学术界有关自然灾害与王朝兴衰关系的讨论。①

陕北四府，如图 12 所示，就 30 年尺度而言，14 世纪晚期到 16 世纪晚期，经历了长期增长趋势，自然灾害发生频次从每百年 40 府次的水平持续增长至 130

---

① 详见 Chu CYC, Lee RD, "Famine, Revolt, and the Dynastic Cycle", Journal of Population Economics, 1994, 7(4); Bai Y., Kung J., "Climate Shocks and Sino-nomadic Conflict", *Review of Economics & Statistics*, 2011, 93(3)；陈强：《气候冲击、政府能力与中国北方农民起义（公元 25—1911 年）》，《经济学（季刊）》2015 年第 4 期；梁若冰：《气候冲击与晚清教案》，《经济学（季刊）》2014 年第 4 期；孙程九、张勤勤：《气候变迁、政府能力与王朝兴衰——基于中国两千年来历史经验的实证研究》，《经济学（季刊）》2019 年第 1 期；俞炜华、董新兴、雷鸣：《气候变迁与战争、王朝兴衰更迭——基于中国数据的统计与计量文献述评》，《东岳论丛》2015 年第 9 期；赵红军：《中国历史气候变化的政治经济学——基于计量经济史的理论与经验证据》，格致出版社 2019 年版。

府次的水平；17 世纪初开始，经过半个世纪的快速增长，至 17 世纪中期达到每百年 260 次；17 世纪晚期，自然灾害的发生频次快速降至每百年 100 府次以下的水平，并保持至 18 世纪晚期；从 19 世纪前期开始，自然灾害的发生频次出现显著的增长趋势，虽然 20 世纪前期有所回落，但也达到了每百年 150 府次以上的水平。就王朝尺度而言，洪武、建文、永乐、天顺、弘治和正德等 6 朝的自然灾害发生频次较低，均未超过每百年 50 府次的水平，其中弘治朝最低、每百年 11 府次；崇祯朝自然灾害发生频次最高，达到每百年 419 府次；顺治和光绪两朝的自然灾害发生频次也处于较高的水平，分别为每百年 222 府次和 212 府次。

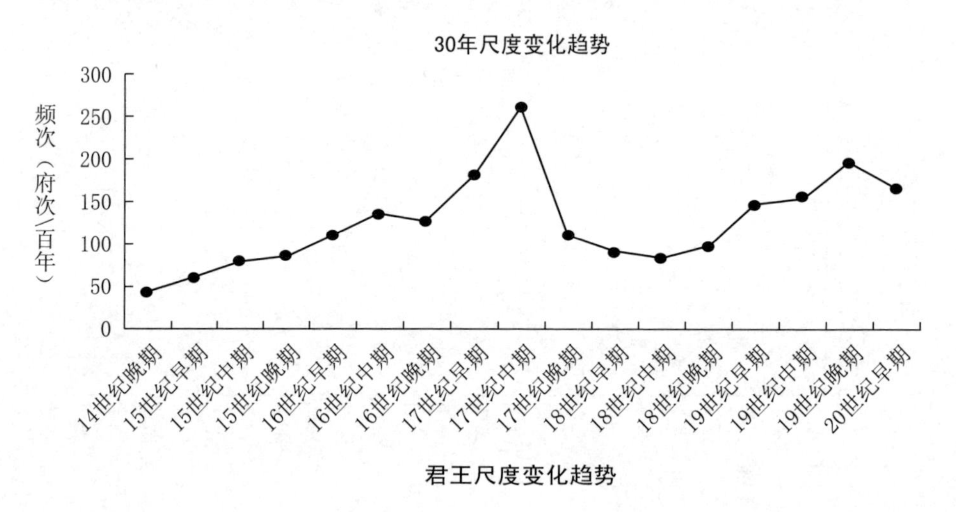

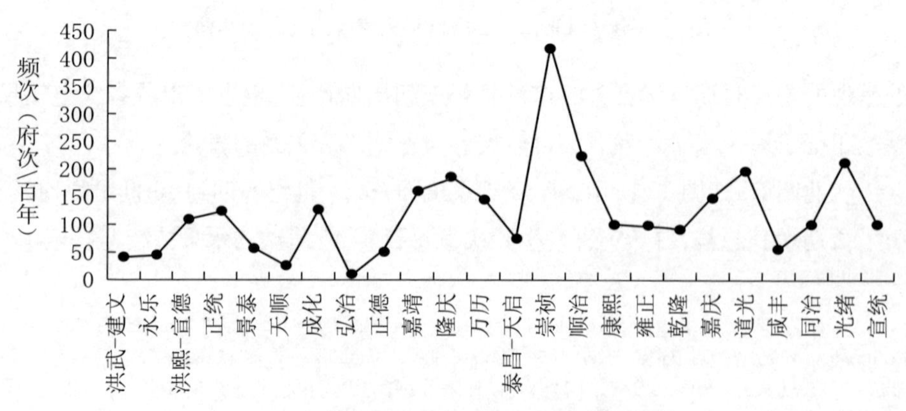

图 12　明清陕北四府自然灾害时间变化趋势图

关中五府，如图 13 所示，就 30 年尺度而言，14 世纪晚期到 16 世纪晚期，经历了长期增长趋势，自然灾害发生频次从每百年 50 府次的水平持续增长至 180

府次的水平;17 世纪初开始,经过半个世纪的快速增长,至 17 世纪中期达到每百年 477 次;17 世纪晚期,自然灾害的发生频次快速降至每百年 200 府次以下的水平,并保持至 18 世纪晚期;从 19 世纪前期开始,自然灾害的发生频次出现显著的增长趋势,虽然 20 世纪前期有所回落,但也达到了每百年 300 府次以上的水平。就王朝尺度而言,洪武、建文、天顺和弘治等 4 朝的自然灾害发生频次较低,均未超过每百年 50 府次的水平,天顺朝甚至没有自然灾害的记录;崇祯和顺治两朝自然灾害发生频次最高,分别达到每百年 494 府次和 522 府次,同治、光绪和宣统 3 朝的自然灾害发生频次也处于较高的水平,分别为每百年 392 府次、359 府次和 367 府次。

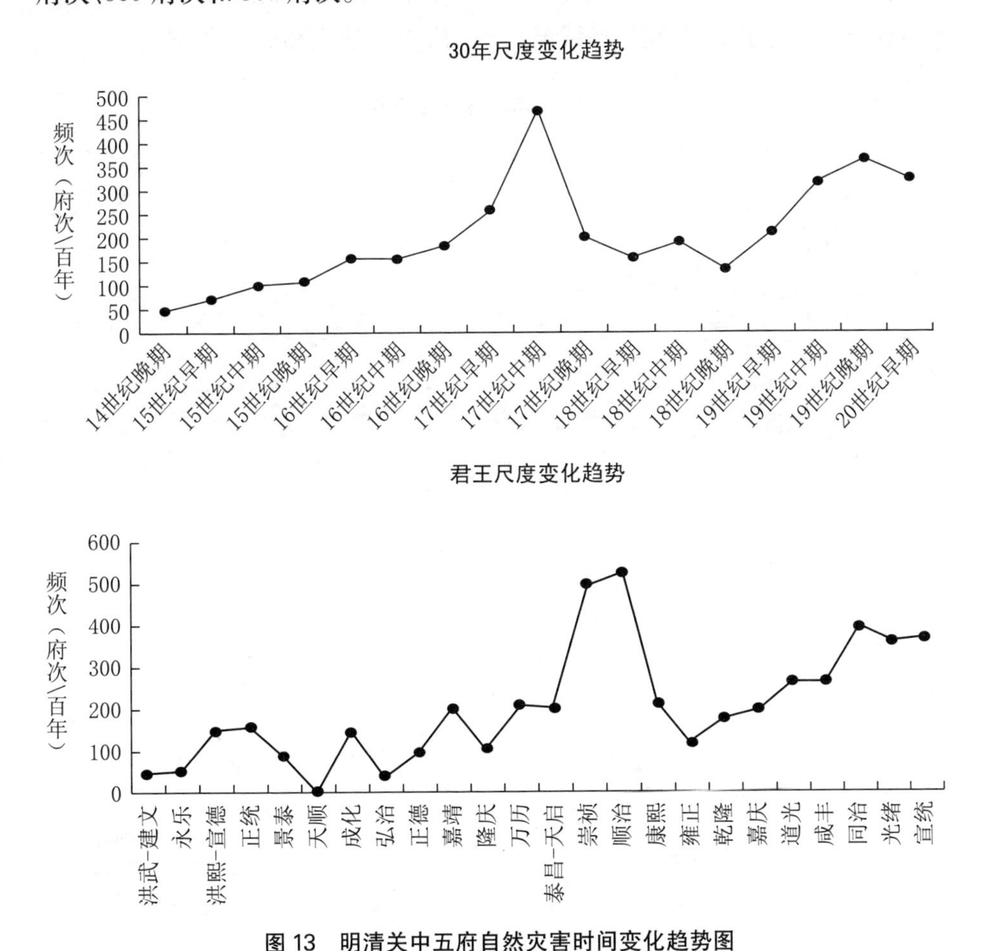

图 13 明清关中五府自然灾害时间变化趋势图

陕南三府,如图 14 所示,就 30 年尺度而言,14 世纪晚期到 16 世纪中期,经历了长期增长趋势，自然灾害发生频次从每百年30府次的水平持续增长至120府次的水平；16世纪晚期下降至每百年70府次后，从17世纪初开始，经过半个世纪的快速增长，至17世纪中期达到每百年220次；17世纪晚期至18世纪晚期，自然灾害发生频次出现快速下降趋势，至18世纪晚期降至每百年50府次的水平；19世纪早期至晚期再次经历了一个快速增长期，自然灾害发生频次至19世纪末增长至每百年227府次；20世纪早期，再次降至每百年142府次。就王朝尺度而言，洪武、建文和天顺等3朝的自然灾害发生频次较低，均未超过每百年50府次的水平，天顺朝没有自然灾害的记录；崇祯朝自然灾害发生频次最高，达到每百年294府次和522府次；同治、光绪和宣统3朝的自然灾害发生频次也处于较高的水平，分别为每百年215府次、215府次和200府次。

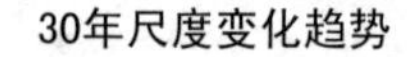

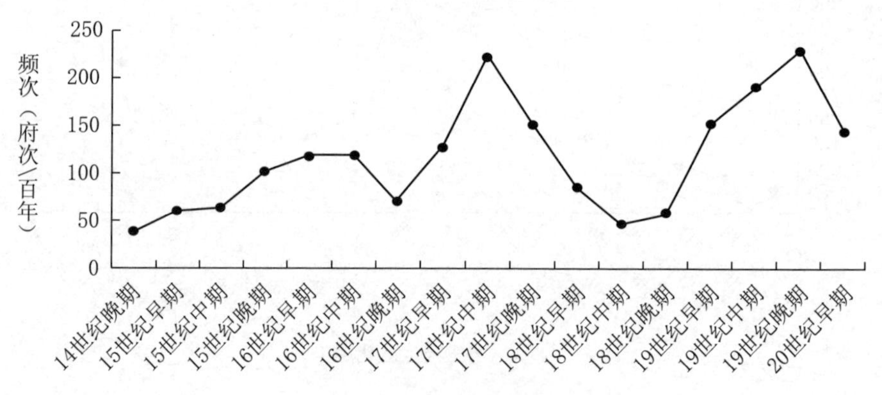

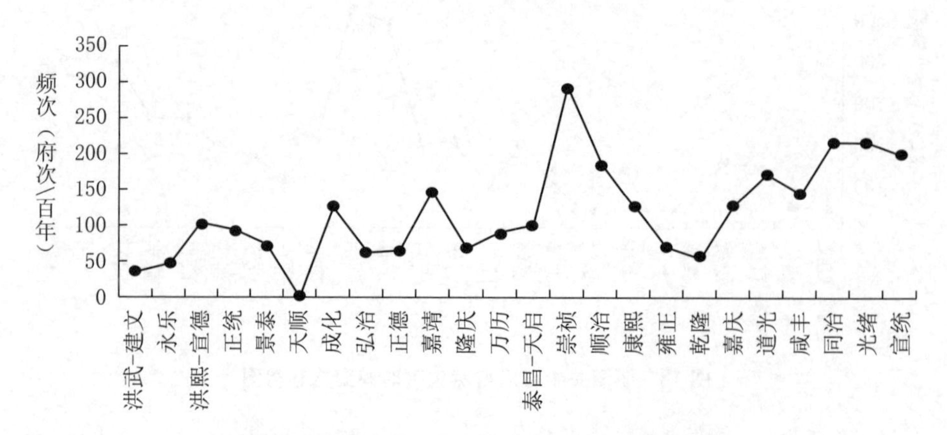

图14　明清陕南三府自然灾害时间变化趋势图

河西四府,如图 15 所示,就 30 年尺度而言,在 17 世纪晚期之前自然灾害的发生频次均处于较低的水平,均未超过每百年 50 府次的水平;18 世纪早期至 19 世纪早期,自然灾害的发生频次经历了先增后降的变化过程,最高曾达到每百年 85 府次;19 世纪晚期至 20 世纪早期出现大幅增长,达到每百年 108 府次。就王朝尺度而言,洪武、建文、永乐、洪熙、宣德、正统、隆庆、泰昌、天启九朝没有自然灾害记录;宣统朝自然灾害发生频次最高,达到每百年 133 府次。

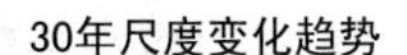

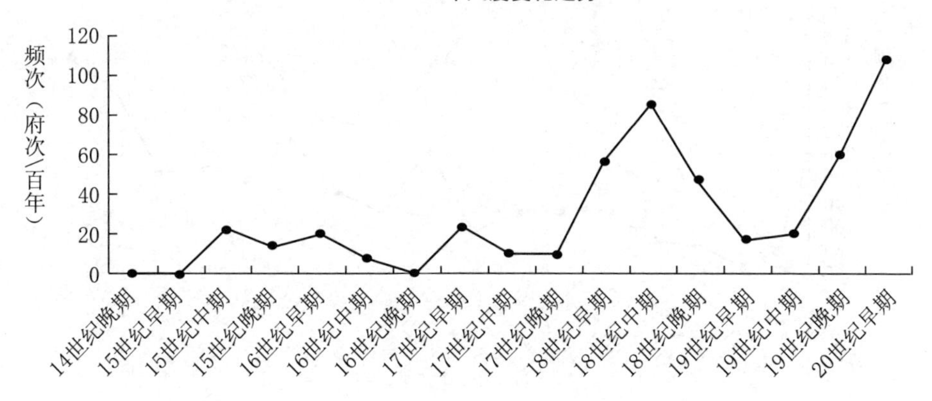

君王尺度变化趋势

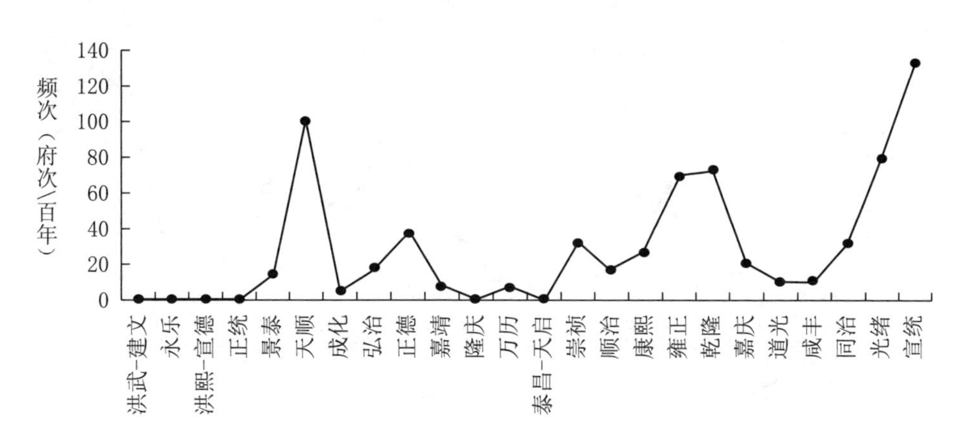

图 15　明清河西四府自然灾害时间变化趋势图

河东七府,如图 16 所示,就 30 年尺度而言,整体呈增长趋势,从 14 世纪晚期的每百年 13 府次增长至 19 世纪早期的每百年 450 府次。其中,16 世纪中期至 17 世纪早期基本保持在每百年 130 府次的水平;17 世纪中期和 18 时期中期分别出现两次发生高潮,分别达到每百年 258 府次和 275 府次。就王朝尺度而言,洪武、建文、永乐、洪熙、宣德、正统、景泰、弘治、隆庆、泰昌和天启十一朝的自然灾害发生频次较低,均未超过每百年 50 府次的水平,景泰朝没有自然灾害的记录;光绪朝自然灾害发生频次最高,达到每百年 421 府次;崇祯、同治和宣统三朝的自然灾害发生频次也处于较高的水平,分别为每百年 356 府次、369 府次和 300 府次。

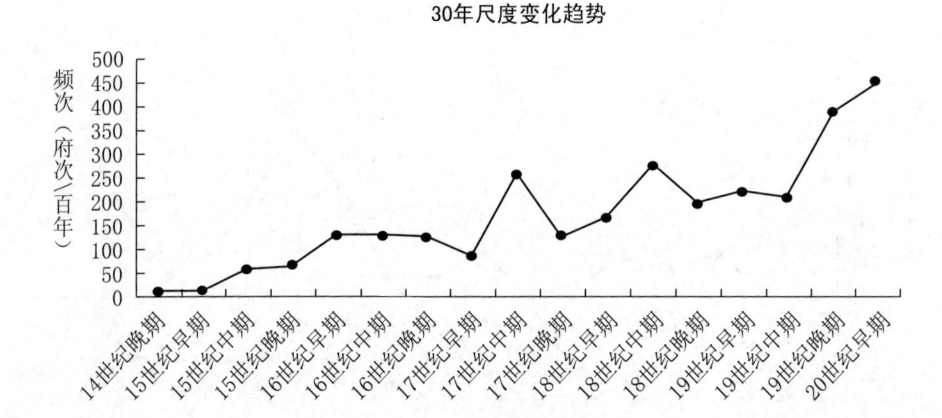

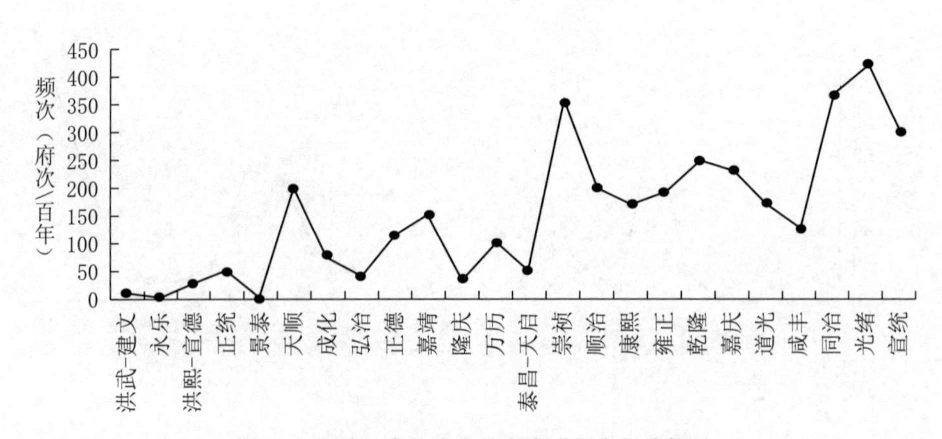

图 16 明清河东七府自然灾害时间变化趋势图

宁夏二府,如图 17 所示,就 30 年尺度而言,大致经历了三个阶段,第一阶段,14 世纪晚期至 17 世纪早期,自然灾害在每百年 10 府次的水平上下波动;第二阶段,17 世纪中期至 18 世纪早期,经历了缓慢的增长过程,增长至每百年 20

府次；第三阶段，18 世纪中期至 20 世纪早期，在每百年 30 府次和 60 府次之间波动。就王朝尺度而言，除乾隆和嘉庆两朝外，其他时期均未超过每百年 50 府次，其中永乐、景泰、隆庆和宣统四朝没有自然灾害记录。

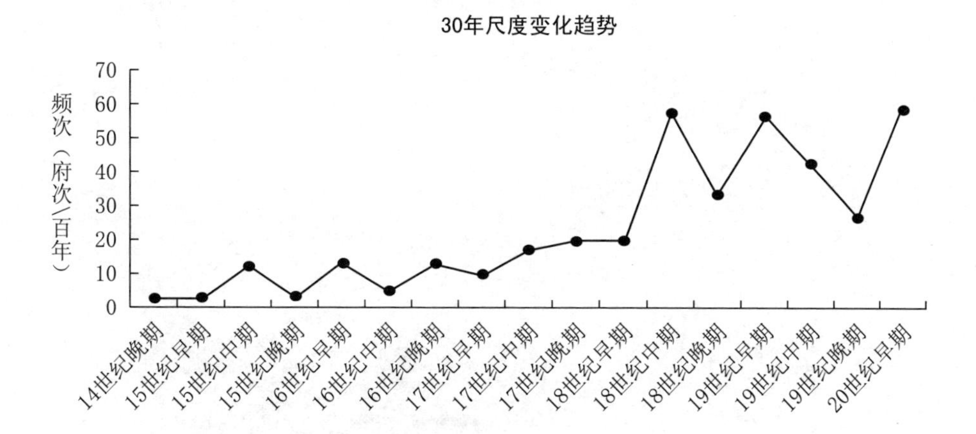

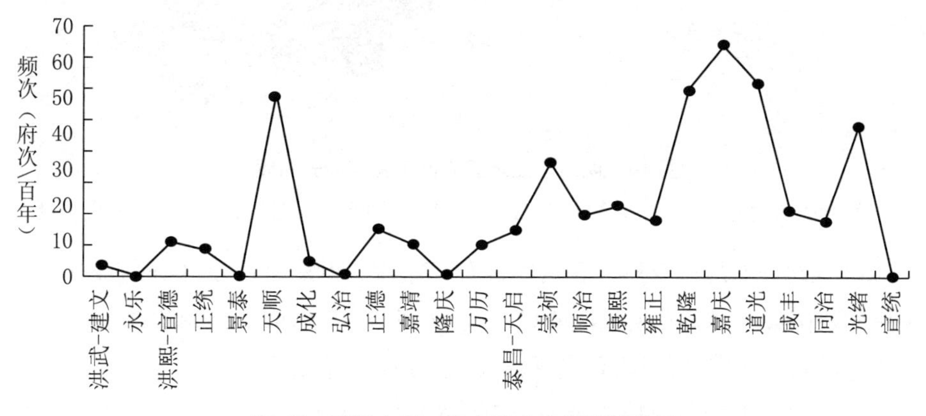

图 17　明清宁夏二府自然灾害类别统计图

此外，值得注意的是，就区域而言，与其他地区不同，甘肃省河西地区和宁夏地区自然灾害的时间变化趋势并未体现出明显的王朝周期特征。这在很大程度上反映了区域社会经济对全国的影响力——对于明清王朝而言，河西和宁夏地区有着巨大的军事和政治意义，但在社会经济发展方面对国家的影响却相对有限。

(三) 自然灾害的空间区域特征

空间维度层面，明清西北地区自然灾害的发生具有比较显著的空间差异。

如图 18 所示,关中和河东在明清 544 年时间里的自然灾害发生频次最高,分别达到 1 093 府次和 889 府次;陕北和陕南次之,分别为 680 府次和 624 府次;河西和宁夏最低,分别为 145 府次和 122 府次。

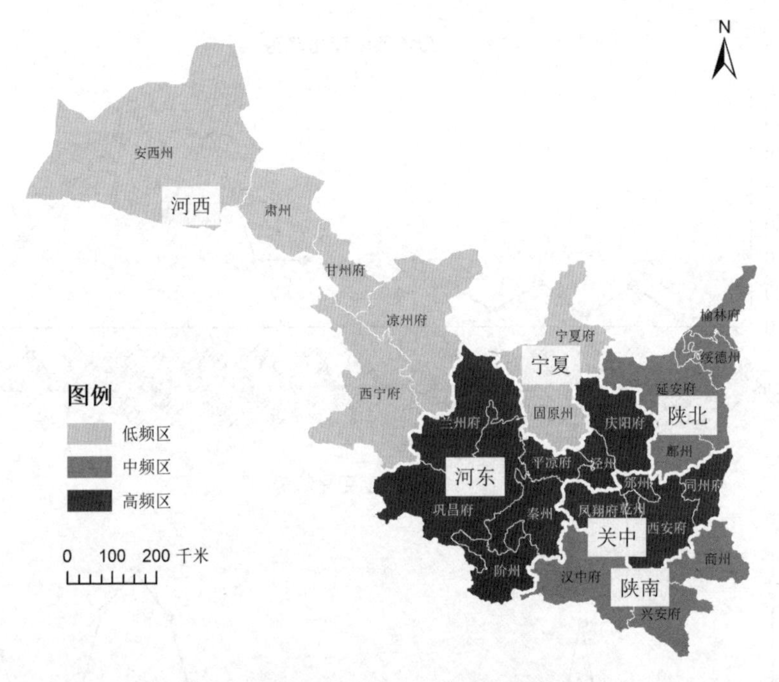

图 18 明清西北地区自然灾害空间分布图

说明:底图数据引自 CHGIS V6 1911。运用自然间断点分级法(Jenks)进行三级分级。

15 世纪西北地区自然灾害的空间分布情况,如图 19 所示,陕西省的陕北、关中和陕南自然灾害发生频次最高,分别达到 76 府次、92 府次和 73 府次;河东次之,分别为 49 府次;河西和宁夏最低,分别为 13 府次和 7 府次。

16 世纪西北地区自然灾害的空间分布情况,如图 20 所示,关中自然灾害发生频次最高,达到 163 府次;陕北和陕南自然灾害发生的相对频次有所降低,且低于河西,三者分别为 125 府次、103 府次和 129 府次;河西和宁夏最低,分别为 9 府次和 10 府次。

17 世纪西北地区自然灾害的空间分布情况,如图 21 所示,各区域自然灾害发生的相对频次与 15 世纪一致,关中最高,为 323 府次;陕北、陕南和河东次之,分别为 191 府次、171 府次和 168 府次;;河西和宁夏最低,分别为 14 府次和 16 府次。

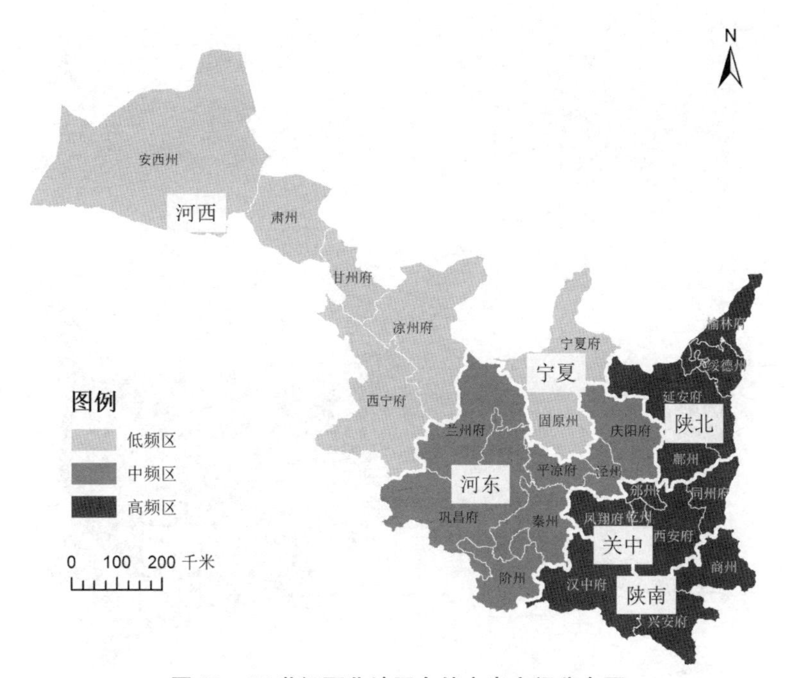

图 19　15 世纪西北地区自然灾害空间分布图

说明:底图数据引自 CHGIS V6 1911。运用自然间断点分级法(Jenks)进行三级分级。

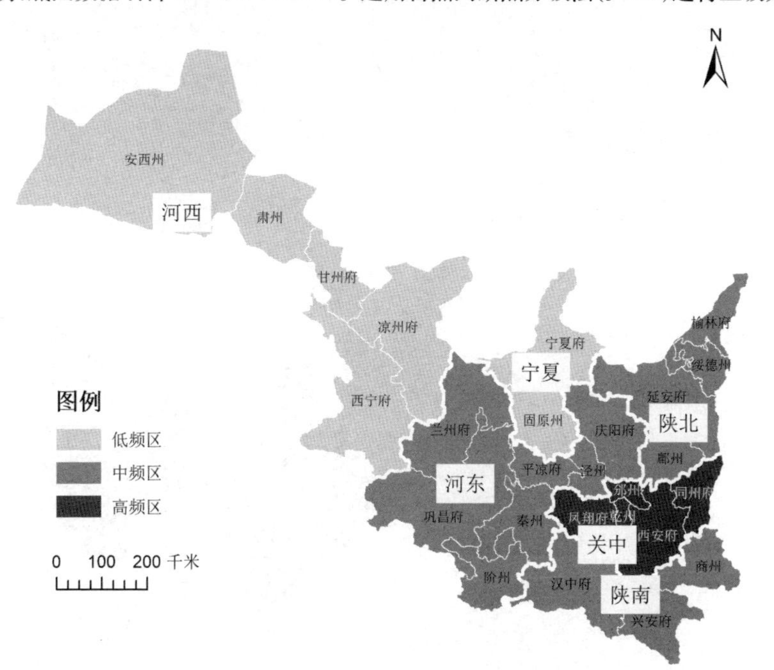

图 20　16 世纪西北地区自然灾害空间分布图

说明:底图数据引自 CHGIS V6 1911。运用自然间断点分级法(Jenks)进行三级分级。

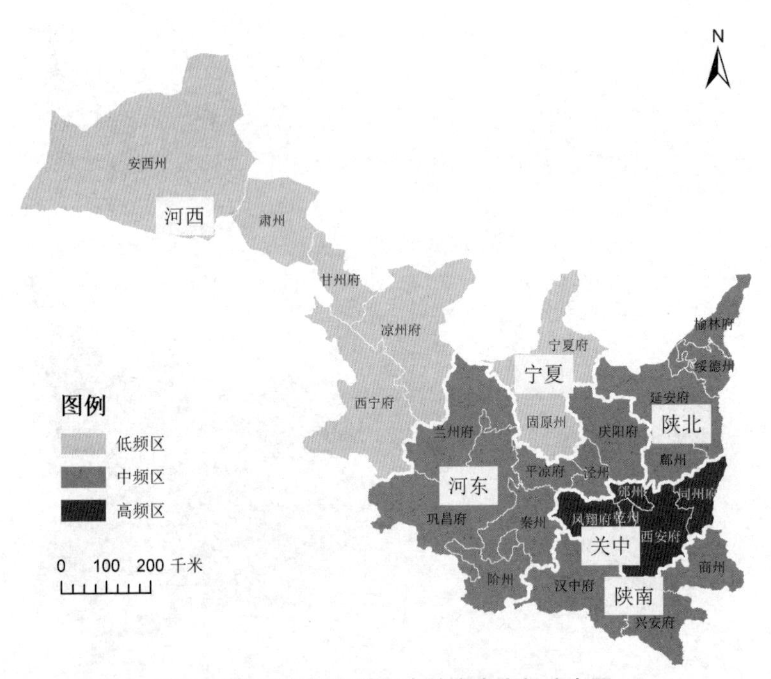

图 21　17 世纪西北地区自然灾害空间分布图

说明:底图数据引自 CHGIS V6 1911。运用自然间断点分级法(Jenks)进行三级分级。

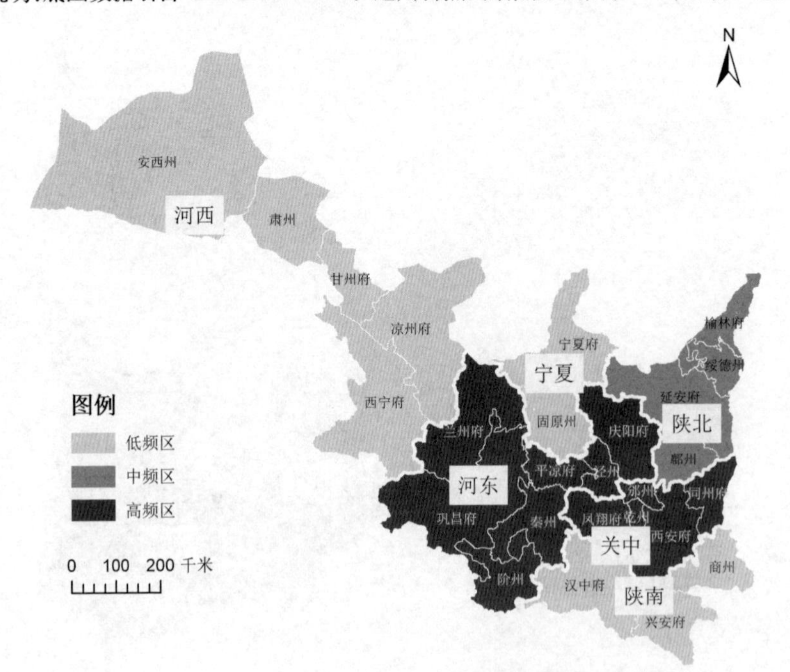

图 22　18 世纪西北地区自然灾害空间分布图

说明:底图数据引自 CHGIS V6 1911。运用自然间断点分级法(Jenks)进行三级分级。

18 世纪西北地区自然灾害的空间分布情况，如图 22 所示，河东自然灾害发生的相对频次大幅增加，达到 219 府次，超过关中的 165 府次；陕北次之，为 93 府次；陕南自然灾害发生的相对频次有所下降，为 62 府次，低于河西的 65 府次，高于宁夏的 41 府次。

19 世纪西北地区自然灾害的空间分布情况，如图 23 所示，关中自然灾害发生频次再次超过河东，二者分别达到 299 府次和 266 府次；陕南自然灾害发生的相对频次有所增加，为 188 府次，超过陕北的 165 府次；河西自然灾害发生的相对频次有所降低，为 31 府次，低于宁夏的 42 府次。

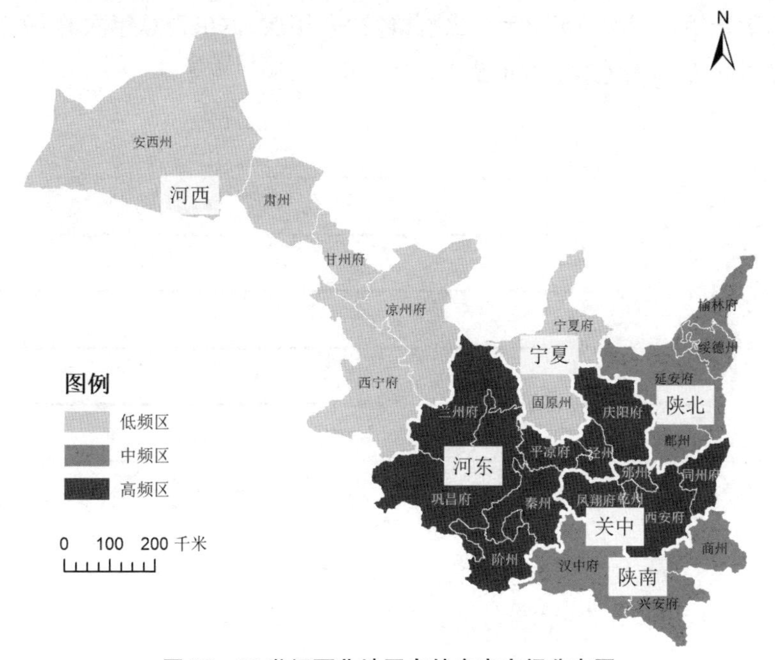

图 23　19 世纪西北地区自然灾害空间分布图

说明：底图数据引自 CHGIS V6 1911。运用自然间断点分级法(Jenks)进行三级分级。

(四) 自然灾害的群发特征

明清西北地区自然灾害的群发现象非常显著。所谓灾害群发，是指在一定时期内单类或多类灾害相对集中发生的一种灾害现象，包括单种灾害的群发，即特定自然灾害种类的连发现象，以及多种灾害的群发，即多种自然灾害的连发现象。①

① 此处关于“灾害群发”的界定主要参考了袁祖亮主编的《中国灾害通史》明代卷和清代卷。详见邱云飞、孙良玉：《中国灾害通史》(明代卷)，郑州大学出版社 2009 年版，第 33 页；朱凤祥：《中国灾害通史》(清代卷)，郑州大学出版社 2009 年版，第 221 页。

1. 单种灾害的群发

明清西北地区,如图 24 所示,所有干旱、洪涝、风雹、冷害和虫害 5 类自然灾害都存在单灾群发现象。其中,旱灾群发 282 年次,占旱灾总年次的 73.6%,最高连发时间为 18 年(康熙十六年至三十三年,1677—1694 年);洪涝群发 285 年次,占洪涝总年次的 87.4%,最高连发时间为 35 年(光绪三年至宣统三年,1877—1911 年);风雹群发 226 年次,占风雹总年次的 81.9%,最高连发时间为 28 年(光绪五年至三十二年,1879—1906 年);冷害群发 118 年次,占冷害总年次的 69.8%,最高连发时间为 6 年(同治二年至十年,1863—1871 年;光绪十六年至二十一年,1890—1895 年);虫害群发 98 年次,占虫害总年次的 67.1%,最高连发时间为 11 年(崇祯六年至十六年,1633—1643 年)。

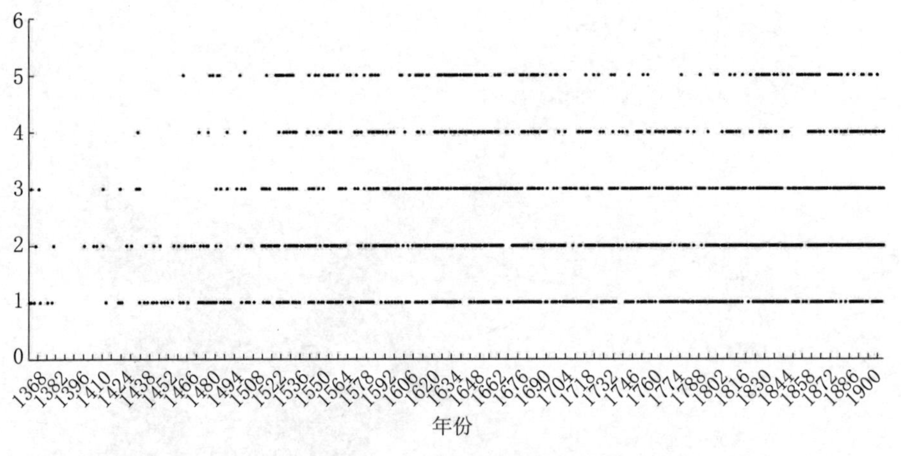

图 24 明清西北二十五府单灾群发情况示意图

说明:1 表示干旱,2 表示洪涝,3 表示风雹,4 表示冷害,5 表示虫害。

陕北四府,如图 25 所示,所有干旱、洪涝、风雹、冷害和虫害 5 类自然灾害都存在单灾群发现象。其中,旱灾群发 83 年次,占旱灾总年次的 64.8%,最高连发时间为 9 年(崇祯元年至九年,1628—1636 年);洪涝群发 37 年次,占洪涝总年次的 39.4%,最高连发时间为 4 年(嘉靖四十一年至四十四年,1562—1565 年,嘉庆二十四年至道光二年,1819—1822 年;光绪十九年至二十二年,1893—1896 年);风雹群发 43 年次,占风雹总年次的 53.8%,最高连发时间为 14 年(道光十一年至二十四年,1831—1844 年);冷害群发 11 年次,占冷害总年次的 28.2%,最高连发时间为 3 年(康熙三十四年至三十六年,1695—1697 年);虫害群发 27 年次,占虫害总年次的 60.0%,最高连发时间为 6 年(顺治二年至七年,1645—1650 年)。

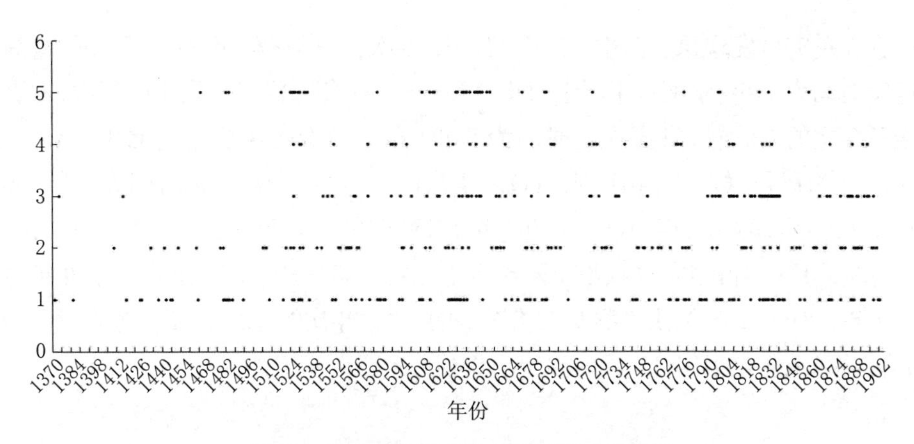

图 25　明清陕北四府单灾群发情况示意图

说明:1 表示干旱,2 表示洪涝,3 表示风雹,4 表示冷害,5 表示虫害。

关中五府,如图 26 所示,所有干旱、洪涝、风雹、冷害和虫害 5 类自然灾害都存在单灾群发现象。其中,旱灾群发 123 年次,占旱灾总年次的 73.2%,最高连发时间为 10 年(天启六年至崇祯八年,1626—1635 年);洪涝群发 134 年次,占洪涝总年次的 71.7%,最高连发时间为 9 年(嘉庆十八年至道光元年,1813—1821 年);风雹群发 78 年次,占风雹总年次的 58.6%,最高连发时间为 8 年(崇祯十五年至顺治六年,1642—1649 年);冷害群发 48 年次,占冷害总年次的65.8%,最高连发时间为 6 年(光绪十六年至二十一年,1890—1895 年);虫害群发 40 年次,占虫害总年次的 58.0%,最高连发时间为 8 年(崇祯七年至十四年,1634—1641 年)。

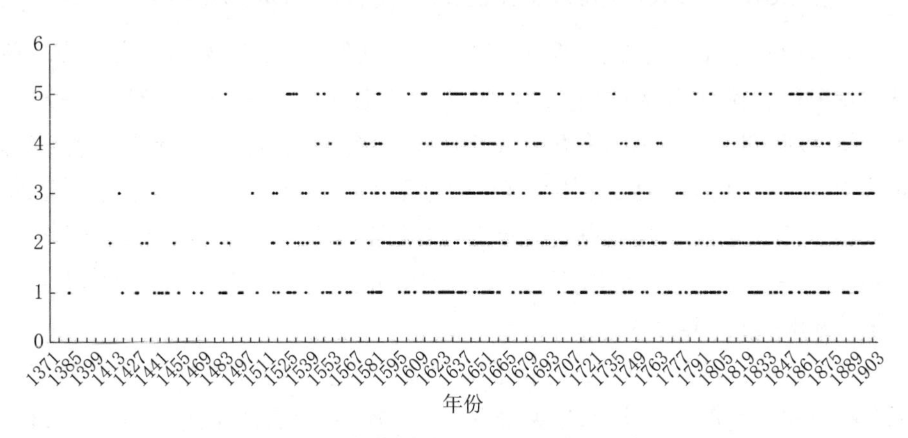

图 26　明清关中五府单灾群发情况示意图

说明:1 表示干旱,2 表示洪涝,3 表示风雹,4 表示冷害,5 表示虫害。

陕南三府,如图 27 所示,所有干旱、洪涝、风雹、冷害和虫害 5 类自然灾害都存在单灾群发现象。其中,旱灾群发 67 年次,占旱灾总年次的 56.3%,最高连发时间为 7 年(崇祯八年至十四年,1635—1641 年);洪涝群发 101 年次,占洪涝总年次的 63.9%,最高连发时间为 9 年(嘉庆二十四年至道光七年,1819—1827 年);风雹群发 21 年次,占风雹总年次的 29.2%,最高连发时间为 4 年(顺治十八年至康熙三年,1661—1664 年);冷害群发 4 年次,占冷害总年次的 13.8%,均为 2 年的群发(顺治十四年至十五年,1657—1658 年;道光二十九年至三十年,1849—1850);虫害群发 36 年次,占虫害总年次的 60.0%,最高连发时间为 6 年(嘉靖五年至十年,1526—1531 年;崇祯七年至十二年,1634—1639 年)。

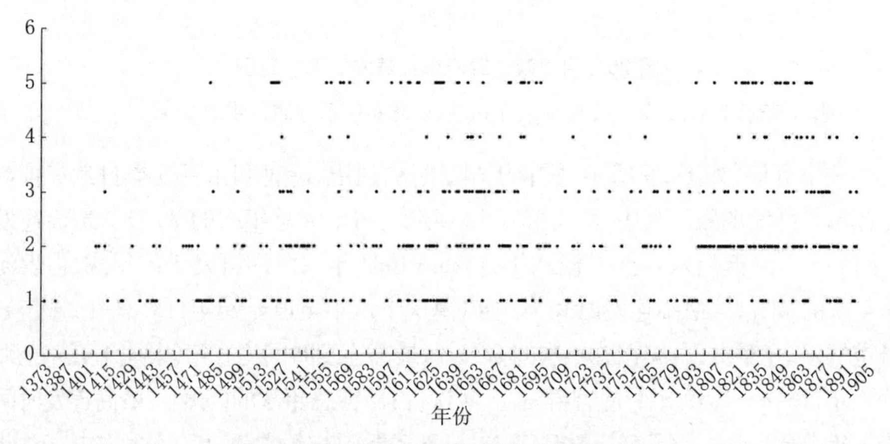

图 27　明清陕南三府单灾群发情况示意图

说明:1 表示干旱,2 表示洪涝,3 表示风雹,4 表示冷害,5 表示虫害。

河西四府,如图 28 所示,所有干旱、洪涝、风雹和虫害 4 类自然灾害存在单灾群发现象。其中,旱灾群发 13 年次,占旱灾总年次的 34.2%,最高连发时间为 5 年(乾隆四十一年至四十五年,1776—1780 年);洪涝群发 4 年次,占洪涝总年次的 22.2%,均为 2 年的群发(雍正十年至十一年,1732—1733 年;光绪五年至六年,1879—1880);风雹群发 3 年次,占风雹总年次的 13.6%,为雍正六年至八年(1728—1730 年);虫害群发 2 年次,占虫害总年次的 15.4%,为弘治二年至三年(1488—1489 年)。

河东七府,如图 29 所示,所有干旱、洪涝、风雹、冷害和虫害 5 类自然灾害都存在单灾群发现象。其中,旱灾群发 139 年次,占旱灾总年次的 77.7%,最高连发时间为 7 年(万历九年至十五年,1581—1587 年;嘉庆十八年至二十四年,1813—1819 年);洪涝群发 79 年次,占洪涝总年次的 64.5%,最高连发时间为 5 年(光绪九年至十三年,1883—1887 年);风雹群发 81 年次,占风雹总年次的

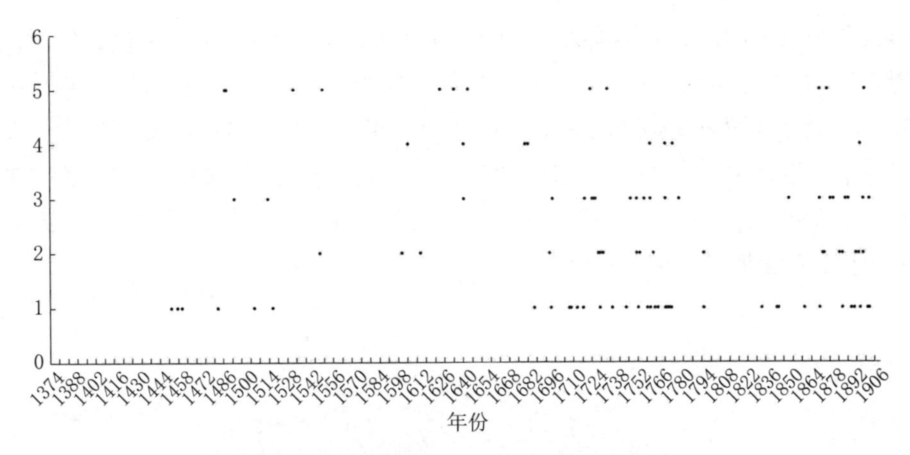

图 28　明清河西四府单灾群发情况示意图

说明:1 表示干旱,2 表示洪涝,3 表示风雹,4 表示冷害,5 表示虫害。

60.4%,最高连发时间为 11 年(光绪二十二年至三十二年,1896—1906 年);冷害群发 27 年次,占冷害总年次的 37.5%,最高连发时间为 3 年(万历十八年至二十年,1590—1592 年);虫害群发 22 年次,占虫害总年次的 48.9%,最高连发时间为 6 年(崇祯十年至十五年,1637—1642 年)。

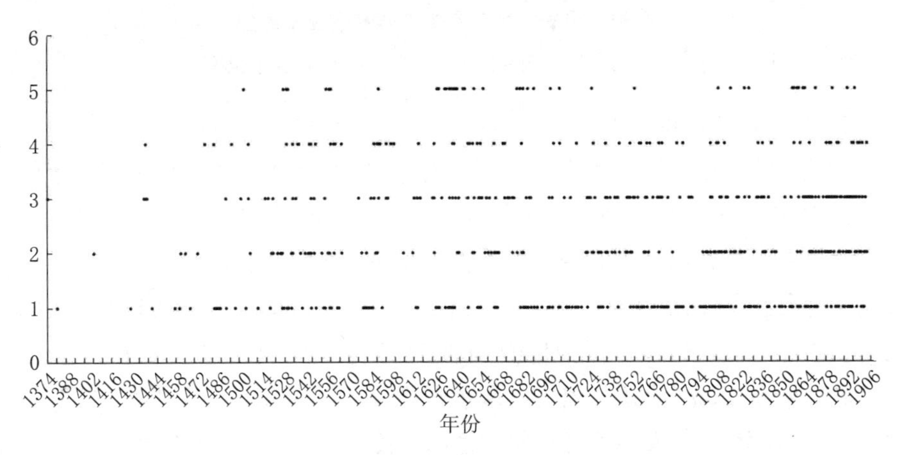

图 29　明清河东七府单灾群发情况示意图

说明:1 表示干旱,2 表示洪涝,3 表示风雹,4 表示冷害,5 表示虫害。

宁夏二府,如图 30 所示,所有干旱、洪涝、风雹、冷害和虫害 5 类自然灾害都存在单灾群发现象。其中,旱灾群发 8 年次,占旱灾总年次的 24.2%,均为 2 年的群发(康熙二十七年至二十八年,1688—1689 年;乾隆二十三年至二十四年,1758—1759 年;光绪三年至四年,1877—1878 年;光绪二十六年至二十七年,1900—1901年);洪涝群发14年次,占洪涝总年次的38.9%,最高连发时间为4年(嘉庆七年至十年,1802—1805年);风雹群发4年次,占风雹总年次的30.0%,均为2年的群发(道光十二年至十三年,1832—1833年;光绪三十一年至三十二年,1905—1906年);冷害群发2年次,占冷害总年次的25.0%,为乾隆四十年至四十一年(1775—1776年);虫害群发2年次,占虫害总年次的16.7%,为顺治三年至四年(1646—1647年)。

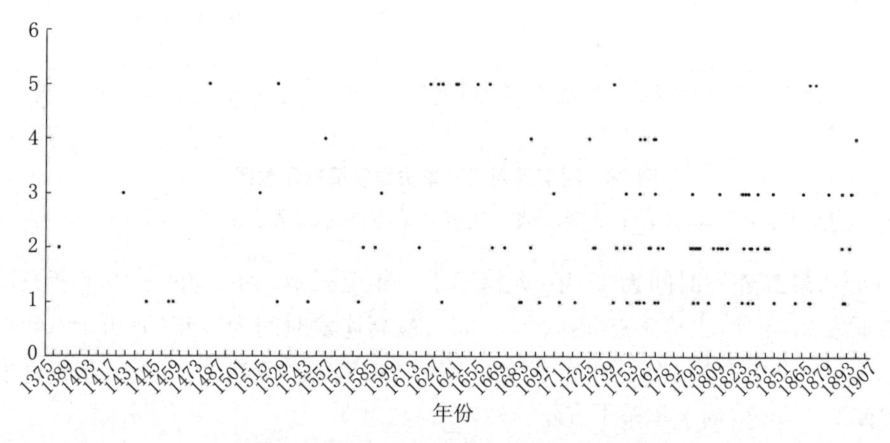

图30 明清宁夏二府单灾群发情况示意图

说明:1表示干旱,2表示洪涝,3表示风雹,4表示冷害,5表示虫害。

2. 多种灾害的群发

明清544年西北地区发生旱、洪涝、风雹、冷害、虫害5类自然灾害的年份有454年,其中,一年发生多种自然灾害的年份有373年、占自然灾害发生总年份的82.2%,包括一年同时发生两种自然灾害的年份有120年、占比26.4%,一年同时发生三种自然灾害的年份有130年、占比28.6%,一年同时发生四种自然灾害的年份有91年、占比20.0%,一年同时发生五种自然灾害的年份有32年、占比7.0%。

就区域而言,陕北四府发生旱、洪涝、风雹、冷害、虫害等五类自然灾害的年份有263年,其中,一年发生多种自然灾害的年份有91年、占自然灾害发生总年份的34.6%,包括一年同时发生两种自然灾害的年份有64年、占比24.3%,一年同时发生三种自然灾害的年份有23年、占比8.7%,一年同时发生四种自然灾害的年份有3年、占比1.1%,一年同时发生五种自然灾害的年份有1年、占比0.3%。

关中五府发生旱、洪涝、风雹、冷害、虫害5类自然灾害的年份有338年,其中,一年发生多种自然灾害的年份有189年、占自然灾害发生总年份的55.9%,包括一年同时发生两种自然灾害的年份有116年、占比34.3%,一年同时发生三种自然灾害的年份有 47 年、占比 13.9%，一年同时发生四种自然灾害的年份有 22 年、占比 6.5%，一年同时发生五种自然灾害的年份有 4 年、占比 1.1%。

陕南三府发生旱、洪涝、风雹、冷害、虫害 5 类自然灾害的年份有 294 年，其中，一年发生多种自然灾害的年份有 108 年、占自然灾害发生总年份的 36.7%，包括一年同时发生两种自然灾害的年份有 77 年、占比 26.2%，一年同时发生三种自然灾害的年份有 27 年、占比 9.2%，一年同时发生四种自然灾害的年份有 3 年、占比 1.0%，一年同时发生五种自然灾害的年份有 1 年、占比 0.3%。

河西四府发生旱、洪涝、风雹、冷害、虫害 5 类自然灾害的年份有 84 年，其中，一年发生多种自然灾害的年份有 12 年、占自然灾害发生总年份的 14.3%，包括一年同时发生两种自然灾害的年份有 8 年、占比 9.5%，一年同时发生三种自然灾害的年份有 4 年、占比 4.8%，没有一年同时发生四种和五种自然灾害的年份。

河东七府发生旱、洪涝、风雹、冷害、虫害 5 类自然灾害的年份有 321 年，其中，一年发生多种自然灾害的年份有 162 年、占自然灾害发生总年份的 50.5%，包括一年同时发生两种自然灾害的年份有 105 年、占比 32.7%，一年同时发生三种自然灾害的年份有 46 年、占比 14.3%，一年同时发生四种自然灾害的年份有 11 年、占比 3.4%，没有一年同时发生五种自然灾害的年份。

宁夏二府发生旱、洪涝、风雹、冷害、虫害 5 类自然灾害的年份有 91 年，其中，一年发生多种自然灾害的年份有 16 年、占自然灾害发生总年份的 17.6%，包括一年同时发生两种自然灾害的年份有 14 年、占比 15.4%，一年同时发生三种自然灾害的年份有 2 年、占比 2.2%，没有一年同时发生四种和五种自然灾害的年份。

第二节　明清西北自然灾害类型

一、干旱

干旱是明清西北地区最主要的自然灾害。干旱是一种特殊的气象水文现象。它在气候上泛指蒸发量大于降水量。年蒸发量与降水量之比值称为干燥度，干燥度常用作划分气候干湿的一个重要标志。干旱的形成不仅与气候条件有关，还与区域地理地貌、水资源条件及人类活动等因素有关。干旱的定量特征表现为缺水。缺水的形式多样，如降水短缺、河道径流短缺、土壤水及地下水短缺等。由于缺水的影响范围和涉及的对象不同，干旱的类型也不同，如农业干旱、城市干旱及人畜生活缺水等。干旱是否成灾，不仅决定于形成干旱的水文气象条件，还与社会的发展水平等因素有关。不同的社会发展阶段、不同的工农业生产水平及不同的管理措施，在同一旱情下，所形成的旱灾程度则不同。

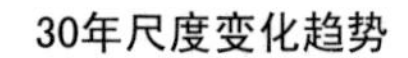

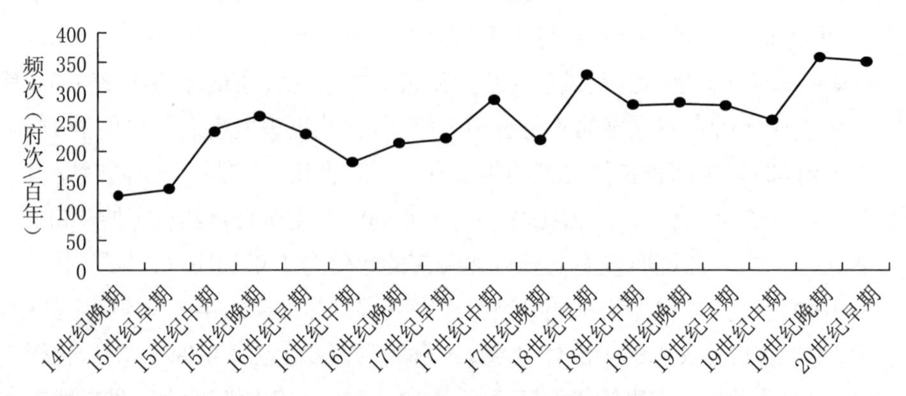

君王尺度变化趋势

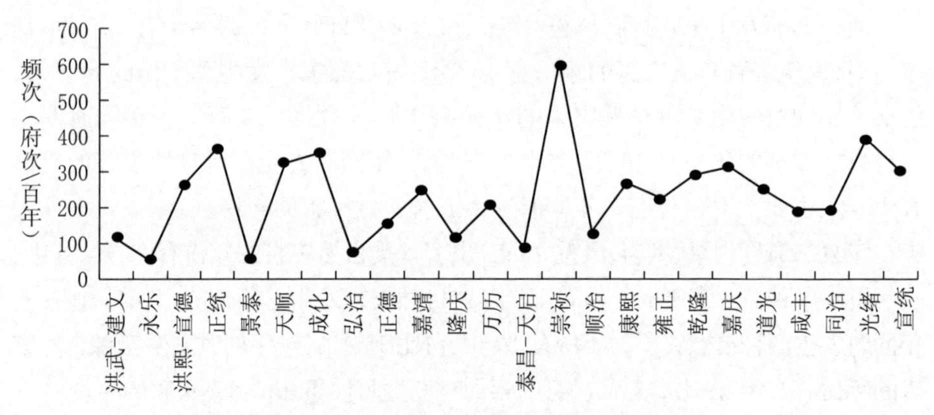

图 31　明清西北地区干旱时间变化趋势图

明清西北地区发生干旱 1 332 府次，受灾年份为 323 年，发生频次为每百年 245 府次。从时间维度看，如图 31 所示，在 30 年时间尺度上，明清西北地区发生干旱的时间变化存在显著的趋势性特征。544 年间，干旱的发生频次整体呈增长趋势，从 14 世纪晚期的每百年 128 府次逐步增长至 20 世纪早期的每百年 350 府次，涨幅约 173.4%；此外，15 世纪中期至 16 世纪早期、17 世纪中期、18 世纪早期和 19 世纪早期，干旱发生频次均出现了比较显著的增长；18 世纪中期至 19 世纪中期，干旱的发生频次经历了一段平稳期，甚至有所下降。在君王尺度上，干旱的发生频次呈现非常显著的波动性特征，其中崇祯朝的干旱发生频次最高达到每百年 600 府次，正统、天顺、成化、光绪和宣统五朝的干旱发生频次也处于超过每百年 300 府次的较高水平；永乐、景泰、弘治、泰昌、天启五朝的干旱发生频次相对较低,均未超过每百年100府次的水平。

从空间维度看,明清西北地区旱灾的发生具有比较显著的空间差异。如图32所示,关中和河东在明清544年时间里的干旱发生频次最高,分别达到380府次和366府次;陕北和陕南次之,分别为278府次和202府次;河西和宁夏最低,分别为64府次和42府次。

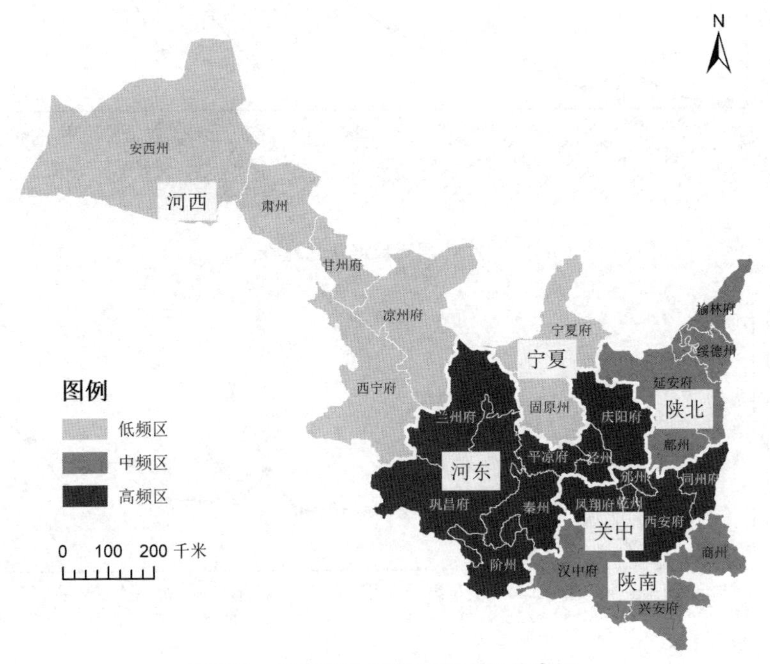

图32　明清西北地区干旱空间分布图

说明:底图数据引自CHGIS V6 1911。运用自然间断点分级法(Jenks)进行三级分级。

二、洪涝

洪涝是明清西北地区发生频次仅次于干旱。具体包括暴雨和洪水两大类。暴雨是降水强度较大的雨。我国气象上规定:24小时降水量为50毫米或以上的雨称为暴雨。按其降水强度大小可分为三个等级——暴雨,24小时降水量为50—99.9毫米;大暴雨,100—199.9毫米;特大暴雨,200毫米及以上。由于各地降水和地形特点不同,各地暴雨、洪涝的标准也有所不同。由于暴雨而造成的山洪暴发,江河泛滥,大面积积水,称为暴雨洪水。它是洪涝的一种。由于暴雨洪水常常冲毁堤坝、房屋、道路、桥梁,淹没农田,冲刷土壤,还可引起泥石流和山体滑坡等,危害国计民生。洪水是由于暴雨或急骤的融冰化雪和河堤垮坝等引起江河水量迅猛增加及水位急剧上涨的现象。

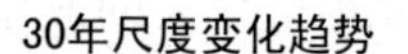

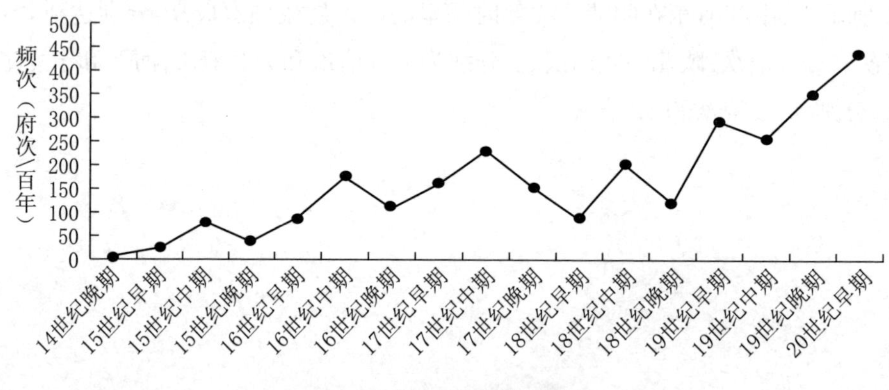

君王尺度变化趋势

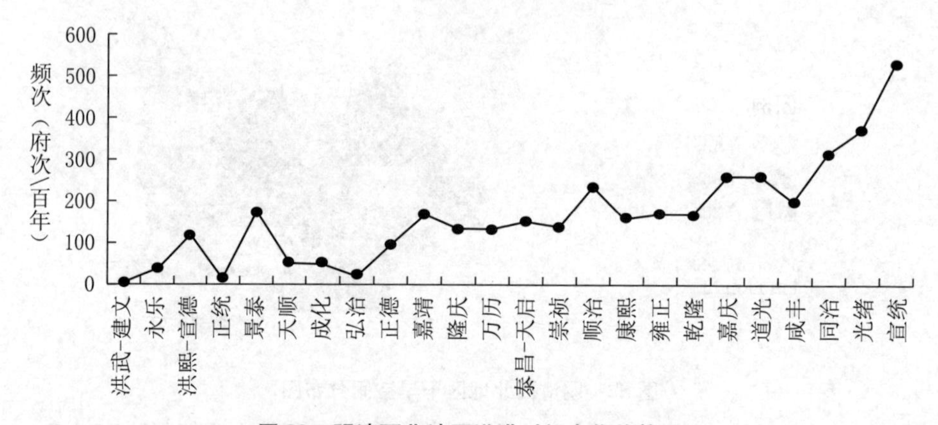

图 33　明清西北地区洪涝时间变化趋势图

明清西北地区发生洪涝 859 府次，受灾年份为 326 年，发生频次为每百年 158 府次。从时间维度看，如图 33 所示，在 30 年时间尺度上，明清西北地区发生洪涝的时间变化存在显著的趋势性特征。544 年间，洪涝的发生频次整体呈波动性增长趋势，从 14 世纪晚期的每百年 6 府次逐步增长至 20 世纪早期的每百年 433 府次，涨幅约 173.4%；此外，15 世纪晚期、16 世纪晚期、17 世纪晚期至 18 世纪早期、18 世纪晚期和 19 世纪中期，洪涝的发生频次出现了比较显著的下降。在君王尺度上，与 30 年尺度相似，洪涝的发生频次呈现非常显著的波动性增长特征，其中宣统朝的洪涝发生频次最高达到每百年 533 府次，同治和光绪两朝的洪涝发生频次也处于超过每百年 300 府次的较高水平；洪武、建文、永乐、正统、天顺、成化、弘治、正德八朝的洪涝发生频次相对较低，均未超过每百年 100 府次的水平。

从空间维度看，明清西北地区洪涝的发生具有比较显著的空间差异。如图 34 所示，关中和陕南在明清 544 年时间里的干旱发生频次最高，分别达到 283 府次和 217 府次；陕北和河东次之，分别为 134 府次和 170 府次；河西和宁夏最低，分别为 19 府次和 36 府次。

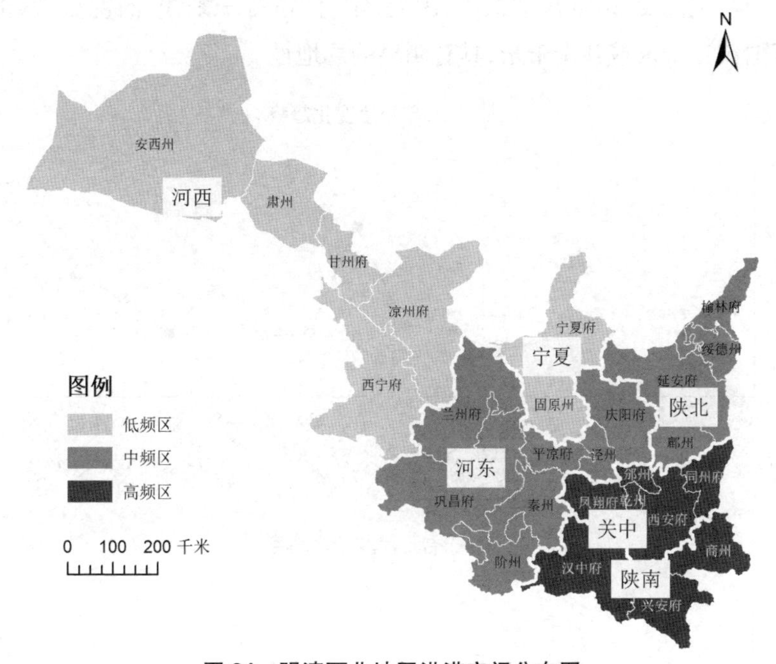

图 34　明清西北地区洪涝空间分布图

说明：底图数据引自 CHGIS V6 1911。运用自然间断点分级法（Jenks）进行三级分级。

三、风雹

大风所造成的灾害是明清西北地区主要自然灾害之一。按气象观测定义，大风是指瞬间风速达到或超过 17.0 米/秒的风。大风在陆地上可造成庄稼倒伏，果实吹落，大树折断，飞沙走石，毁坏电杆、房屋及各类建筑或构筑物，造成严重的经济损失。大风形成的天气背景有雷暴、飑线、龙卷风、台风、寒潮等。明清时期西北地区风灾多由雷雨大风、寒潮大风引起。冬春季节多寒潮大风，夏季和初秋则多雷雨大风。大风的分布又与地势、地形密切相关。西北地区地形复杂，地势陡峻，山隘谷口常多大风。风速较大而又造成灾害的多数为夏半年出现的由雷暴、飑线等引起的雷雨大风,这类风灾占大风灾害总数的 70%,而且灾情较重。

冰雹是明清西北地区重要灾害性天气之一。冰雹常伴随着大风、暴雨同时发生,来势凶猛,破坏力大,造成严重的灾害损失。西北地区地处中纬度大陆内部,由于下垫面的性质和复杂的地形,气温差异较大,局部地区易形成强烈的上升气流,产生强的不稳定层结,在具备适中的水汽含量,适宜的 0 ℃—20 ℃大气层高度,有触发机制和强的垂直风切变等条件下即可形成冰雹。冰雹降自强对流单体的特定位置,范围常常很小,因此,常有“雹打一条线”的说法,冰雹过程以及范围仅几千米或几十千米,具有明显的局地性。

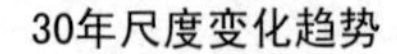

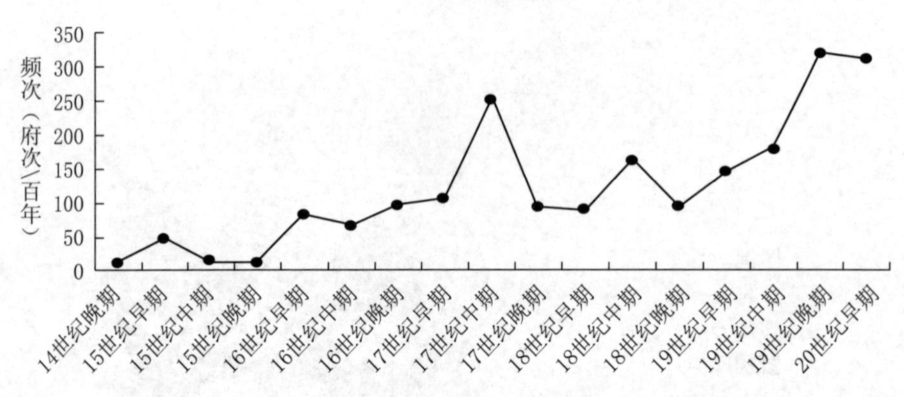

君王尺度变化趋势

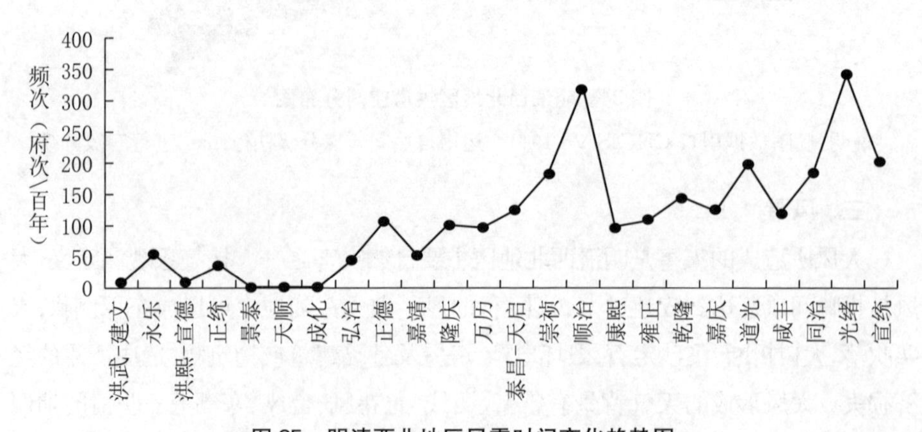

图 35 明清西北地区风雹时间变化趋势图

明清西北地区发生风雹 622 府次,受灾年份为 271 年,发生频次为每百年 114 府次。从时间维度看,如图 35 所示,在 30 年时间尺度上,明清西北地区发生风雹的时间变化存在显著的阶段性特征。544 年间,风雹的发生频次可大致分为三个阶段。第一阶段,14 世纪晚期至 15 世纪晚期,处于较低的发生水平,均未超过每百年 50 府次的水平。第二阶段,16 世纪早期,风雹的发生频次大幅增至每百年 80 府次,此后直至 18 世纪晚期,基本保持在每百年 100 府次的水平,其中 17 世纪中期和 18 世纪中期又出现了两次大幅增长,分别达到每百年 250 府次和每百年 160 府次。第三阶段,19 世纪早期至 20 世纪早期,风雹的发生频次出现长期而快速增长,到 19 世纪晚期和 20 世纪早期均超过每百年 300 府次。在君王尺度上,与 30 年尺度相似,风雹的发生频次呈现非常显著的阶段性特征,弘治朝以前风雹的发生频次保持在较低的水平,此后,风雹的发生频次整体呈增长趋势,其中,顺治朝最高一度达到每百年 317 府次,光绪朝的发生频次也达到每百年 338 府次。

从空间维度看,明清西北地区风雹的发生具有比较显著的空间差异。如图 36所示,关中和河东在明清 544 年时间里的风雹发生频次最高,分别达到 183 府次和 186 府次;陕北和陕南次之,分别为 114 府次和 86 府次;河西和宁夏最低,分别为 31 府次和 22 府次。

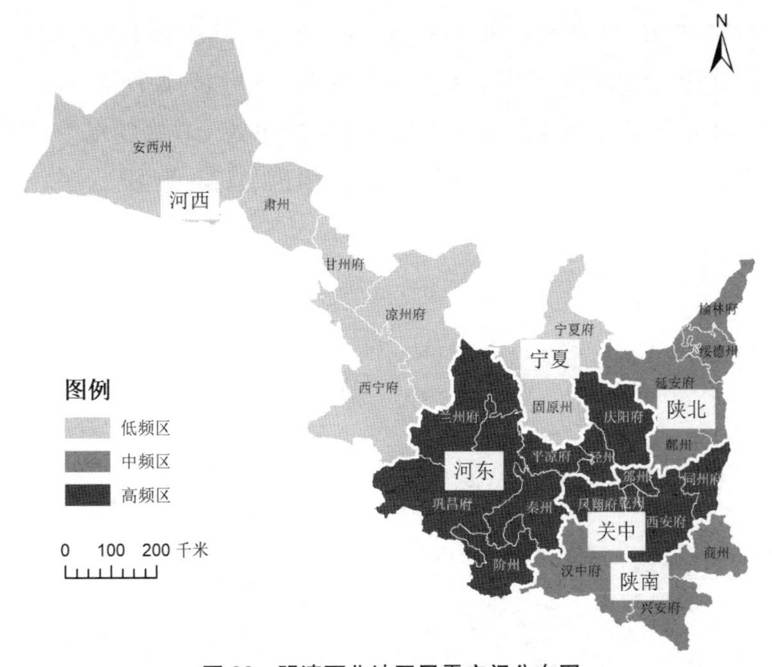

图 36　明清西北地区风雹空间分布图

说明:底图数据引自 CHGIS V6 1911。运用自然间断点分级法(Jenks)进行三级分级。

四、冷害

明清西北地区的冷害主要是秋季初(早)霜冻和春季终(晚)霜冻。冷害气温降至影响作物正常生长发育的程度,造成作物减产甚至绝收,或因气温较低造成结冰凝冻,造成交通中断等影响正常生产生活的灾害。方志文献中的主要表述形式是“陨霜”“冰冻”“大寒”等。此外,考虑到历史文献资料的表述特点,我们将通常伴有“木介”“河冻”“甚寒”等表述的雪灾与低温冷冻灾害合二为一,归为冷害之类。

明清西北地区发生冷害 321 府次,受灾年份为 169 年,发生频次为每百年 59 府次。从时间维度看,如图 37 所示,在 30 年时间尺度上,明清西北地区发生冷害的时间变化存在显著的阶段性增长特征。544 年间,冷害的发生频次可大致分为四个阶段。第一阶段,14 世纪晚期至 16 世纪早期,冷害的发生频次处于较低的发生水平,未超过每百年 20 府次的水平。第二阶段,16 世纪中期至 17 世纪中期,冷害的发生频次出现大幅增,17 世纪中期一度达到每百年 137 府次。第三阶段,17 世纪晚期至 19 世纪早期,冷害的发生频次在每百年 60 府次的水平波动。第四阶段,19 世纪中期至 20 世纪早期,冷害的发生频次在此大幅增加,19 世纪晚期和 20 世纪早期分别达到每百年 143 府次和 133 府次。在君王尺度上,崇祯和顺治两朝,冷害的发生频次最高,分别达到每百年 163 府次和每百年 178 府次;同治朝和光绪朝的冷害发生频次也处于较高的水平,分别为每百年 146 府次和 144 府次;洪武、建文、永乐、洪熙、宣德、景泰、天顺、咸丰八朝没有冷害记录。

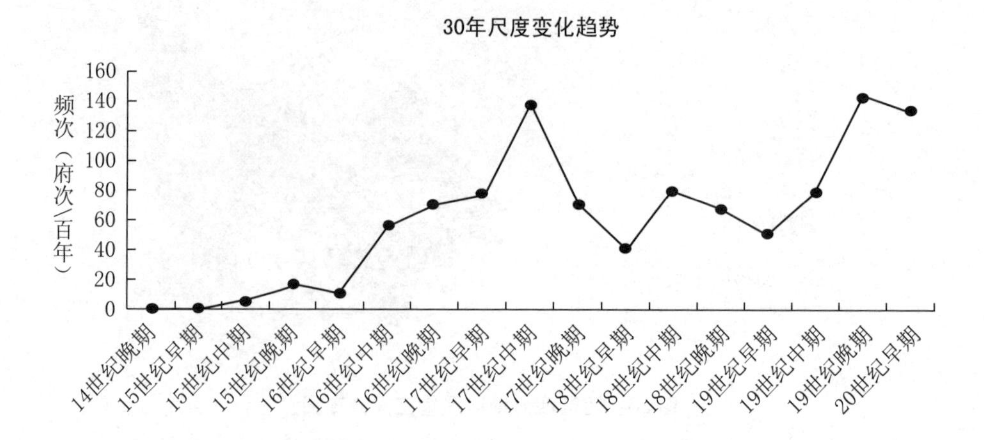

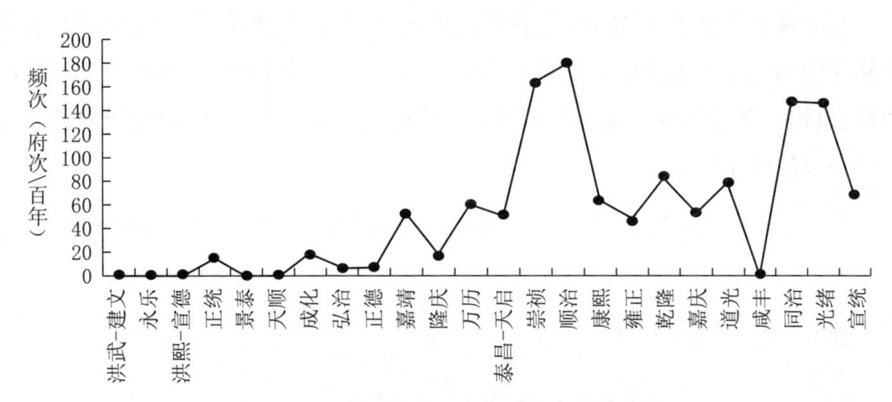

图 37　明清西北地区冷害时间变化趋势图

从空间维度看，明清西北地区冷害的发生具有比较显著的空间差异。如图38所示，关中和河东在明清544年时间里的冷害发生频次最高，分别达到110府次和93府次；陕北次之，为63府次；陕南、河西和宁夏冷害的发生频次相对较低，分别为33府次、13府次和9府次。

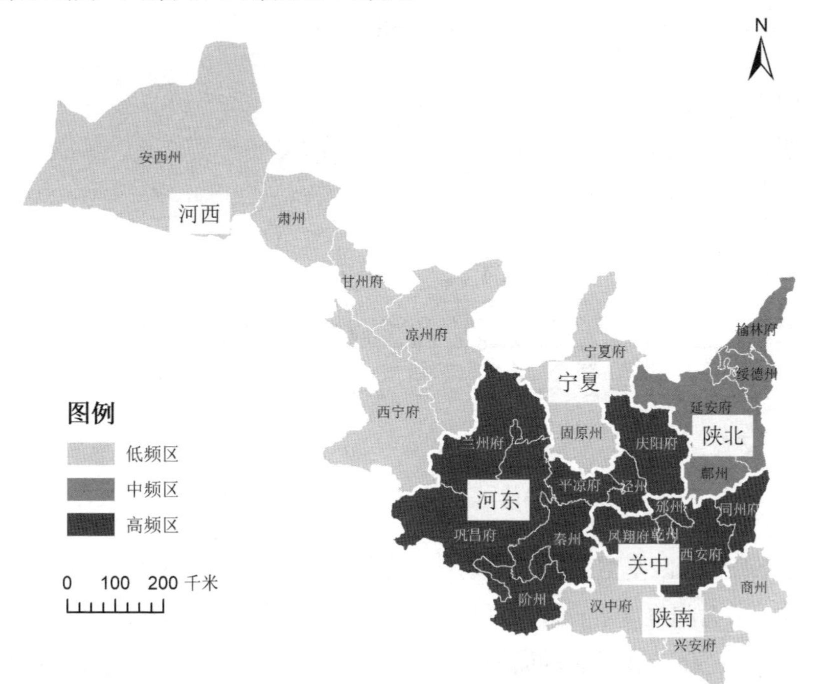

图 38　明清西北地区冷害空间分布图

说明：底图数据引自 CHGIS V6 1911。运用自然间断点分级法(Jenks)进行三级分级。

五、虫害

西北地区气候相对复杂，尤其是陕西南北狭长，气候复杂，跨越温带、暖温带和亚热带三个气候带，又有黏土、壤土、沙土等多种土壤，种植着粮食、棉花、油料、果树和蔬菜等种类繁多的作物，易于发生各种生物灾害，明清时期的文献记录中以蝗蝻虫害为主。

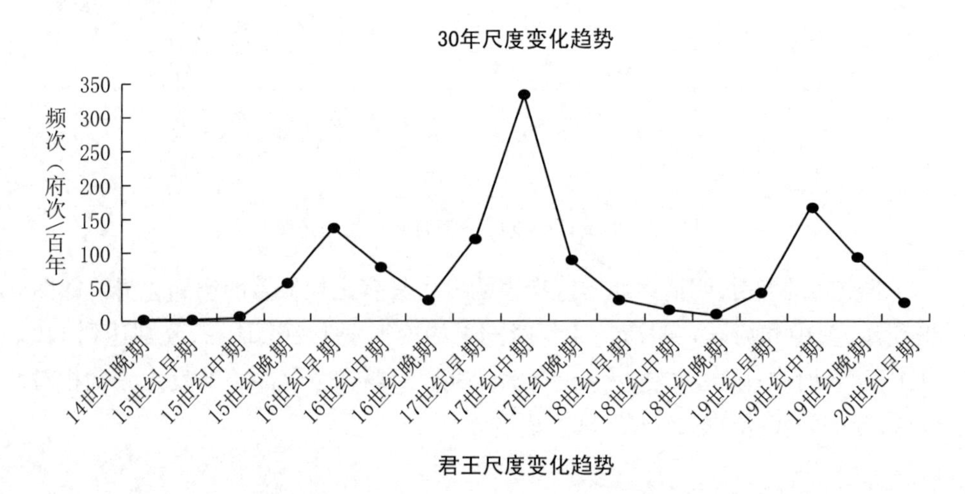

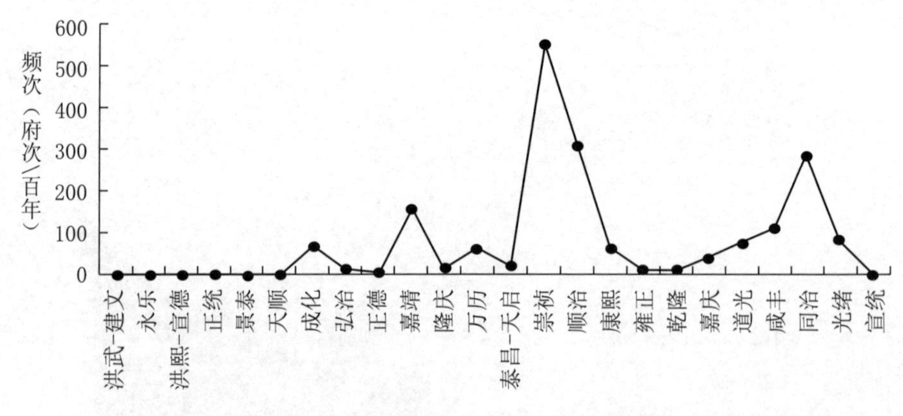

图 39　明清西北地区虫害时间变化趋势图

明清西北地区发生虫害 419 府次，受灾年份为 146 年，发生频次为每百年 77 府次。从时间维度看，如图 39 所示，在 30 年时间尺度上，明清西北地区发生虫害的时间变化存在显著的阶段性特征。544 年间，西北地区虫害的发生出现了三次显著的高峰，分别是 16 世纪早期的每百年 137 府次、17 世纪中期的每百年 330 府次和 19 世纪中期的每百年 168 府次；14 世纪晚期至 15 世纪早期，没有虫害的记录；15 世纪中期、18 世纪早期至 19 世纪早期、20 世纪早期，虫害的发生频次处于较低水平，均未超过每百年 50 府次。在君王尺度上，与 30 年尺度相似，崇祯、顺治和同治三朝的虫害发生频次最高，分别达到每百年 544 府次、307 府次和 285 府次；嘉庆和咸丰两朝的虫害发生频次也处于较高水平，分别为每百年 156 府次和 109 府次；明前期洪武朝至天顺朝及清宣统朝，均未有虫害的记录。

从空间维度看，明清西北地区虫害的发生具有比较显著的空间差异。如图 40 所示，关中在明清 544 年时间里的虫害发生频次最高，达到 137 府次；陕北、陕南和河东次之，分别为 91 府次、86 府次和 74 府次；河西和宁夏最低，分别为 18 府次和 13 府次。

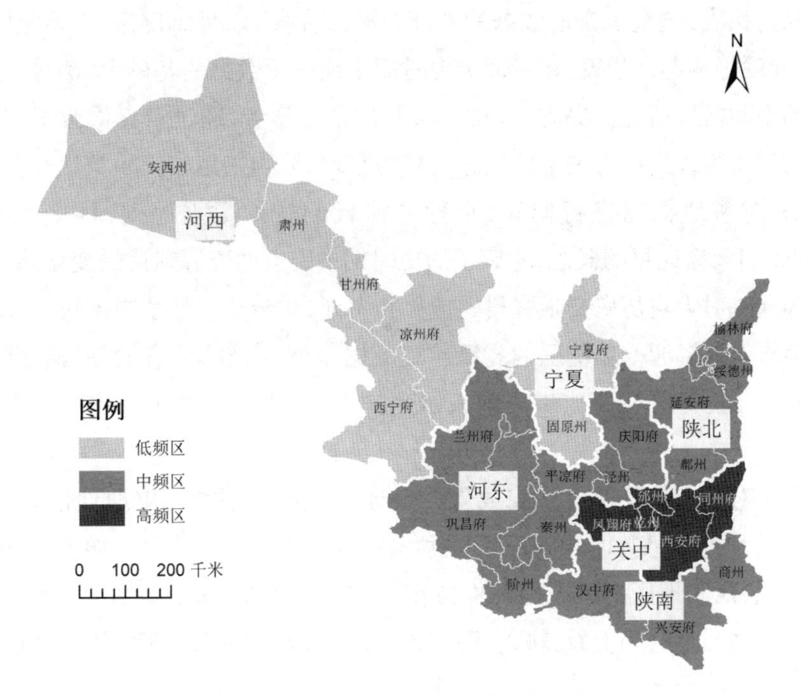

图 40　明清西北地区虫害空间分布图

说明：底图数据引自 CHGIS V6 1911。运用自然间断点分级法(Jenks)进行三级分级。

第三章　明清西北地区自然灾害与农业生产

第一节　耕地资源与开发

目前,涉及明清耕地资源情况的研究主要集中于清代,大致经历了两个阶段。第一阶段,20 世纪 80—90 年代,以史念海、章有义、史志宏等老一辈历史地理学家为代表,侧重于耕地数据的考证。第二阶段,21 世纪以来,以葛全胜、何凡能、叶瑜等学者为代表,在考证历史时期土地资源数据的基础上,侧重于耕地资源的空间格局研究。史志宏、章有义和周荣等学者,通过对官修政书和地方志等历史文献资料中有关土地信息记载的整理,分别采用校正系数法和升降百分比法,对耕地数据进行修正,重建了清代的耕地数据序列;Houghton 和 Hackler 引入碳通量的概念,考察了历史时期中国土地资源利用的变化情况;葛全胜等通过对大量历史文献资料的搜集和考证,初步建立起了中国过去 300 年部分地区耕地资源变化情况的省级年度数据序列。[①]值得注意的是,葛全胜、戴君虎和何凡能等的研究成果集前人研究之大成,建立了清代耕地的省级数据序列。[②]

通过对葛全胜等学者研究成果的整理,并结合“中国历史地理信息系统”(CHGIS)地理信息数据,可以得到陕西省耕地资源的基本情况。如表 11 所示,有清一代,西北地区的耕地面积保持在 7—11 万平方公里的水平,土地垦殖率约为 12.3%。从时间上看,耕地面积经历了比较显著的波动性,其中雍正二年

---

① 史志宏:《清代前期的耕地面积及粮食产量估计》,《中国经济史研究》1989 年第 2 期,第 47—62 页;章有义:《近代中国人口和耕地的再估计》,《中国经济史研究》1991 年第 1 期,第 20—30 页;葛全胜、戴君虎、何凡能等:《过去 300 年中国部分省区耕地资源数量变化及驱动因素分析》,《自然科学进展》2003 年第 8 期,第 825—832 页;周荣:《清代前期耕地面积的综合考察和重新估算》,《江汉论坛》2001 年第 9 期,第 57—61 页;Houghton, R. A., Hackler, J. L., “Sources and Sinks of Carbon from Land-Use Changein China”, *Global Biogeochemical Cycles*, 2003, 12(2)。

② 葛全胜、戴君虎、何凡能等:《过去三百年中国土地利用变化与陆地碳收支》,科学出版社 2008 年版。

(1724年)、嘉庆二十五年(1820年)、同治十二年(1873年)和光绪十九年(1893年)均达到10万平方公里的水平,最高嘉庆二十五年为11.0万平方公里、垦殖率为15.0%;乾隆四十九年(1784年)和光绪十三年(1887年)出现了显著下降,分别为6.9万平方公里和8.9万平方公里,垦殖率分别为9.4%和12.2%。此外,值得注意的是,陕西省和甘肃省的差异也非常显著,陕西省的耕地面积虽然与甘肃省相当,但垦殖率却高于甘肃省,约为甘肃省的2.5倍。

表11 清代西北地区耕地面积与垦殖率概况

	陕西省		甘肃省	
	耕地面积(平方公里)	垦殖率	耕地面积(平方公里)	垦殖率
1661年	35 395.6	18.8%	35 304.3	6.5%
1685年	43 178.0	23.0%	27 036.1	5.0%
1724年	45 461.3	24.2%	57 150.3	10.6%
1784年	38 609.9	20.5%	30 056.6	5.6%
1820年	45 365.6	24.1%	64 679.5	12.0%
1873年	38 321.6	20.4%	61 727.7	11.4%
1887年	45 370.0	24.1%	43 995.0	8.1%
1893年	37 555.1	20.0%	71 604.2	13.3%

雍正《陕西通志》中记录了清初陕西各州县原额民田和屯田资料,据此可以大致了解明清西北地区的陕西各府州的耕地基本情况。[①]如表12所示,整体而言,原额田地30 865.09平方公里,较葛全胜等学者的估算数值低。[②]就分府情况而言,西安府耕地面积最多,为9 028.08平方公里,占全省总耕地面积的29.25%;同州府和凤翔府次之,分别为5 521.14和5 482.31平方公里,占全省总耕地面积的17.89%和17.76%;西安府、同州府、凤翔府三府占全省总耕地面积的64.90%。绥德州、榆林府和商州耕地面积相对较少,分别为418.17、503.47和515.27平方公里,占全省总耕地面积的1.35%、1.63%和1.67%。就区域分

① 雍正《陕西通志》卷24、25《贡赋》,卷37《屯运》,雍正十三年刻本。

② 原文献面积单位是亩,此处按照1亩=0.000 666 7平方公里标准换算。另外,原额田地面积较葛全胜等学者估算耕地面积低可能是与原额田地面积实际反映的是明末耕地情况。

布而言,陕西省的耕地主要集中于关中地区,西安府、同州府、凤翔府、乾州和邠州共计23 223.90平方公里,约占全省总耕地面积的75.24%;陕北地区的延安府、榆林府和鄜州耕地面积为4 637.44平方公里,约占全省耕地面积的15.02%;陕南地区的汉中府、兴安府和商州耕地面积为3 003.75平方公里,约占全省耕地面积的9.73%。此外,从土地开发程度上看,关中地区土地开发水平非常高,各府州垦殖率均在40%以上,乾州甚至达到69.68%;陕北地区和陕南地区的土地开发水平较低,垦殖率分别为6.87%和4.45%,各府州的垦殖率也均未超过10%。值得注意的是,虽然,高垦殖率表明具有较高的农业经济发展水平,但同时也意味着对环境的破坏程度越大。明清关中地区在人口压力的冲击下,自然环境也受到了严重的破坏。

表12　清代陕西省各府州耕地面积概况

	原额田地(平方公里)	全省占比	垦殖率
西安府	9 028.08	29.25%	41.20%
同州府	5 521.14	17.89%	48.83%
凤翔府	5 482.31	17.76%	40.19%
汉中府	1 220.05	3.95%	3.92%
兴安府	1 268.44	4.11%	6.64%
延安府	2 642.57	8.56%	7.79%
榆林府	503.47	1.63%	3.85%
商　州	515.27	1.67%	2.99%
乾　州	1 597.33	5.18%	69.68%
邠　州	1 595.03	5.17%	41.30%
鄜　州	1 073.23	3.48%	9.18%
绥德州	418.17	1.35%	4.73%
总　计	30 865.09	100.00%	16.42%

结合表11和表12的数据资料,可以大致推算出清代各时期陕西分府耕地面积情况。如表13所示,与全省情况一致,清代陕西各府耕地面积整体呈波动趋势,1724年、1820年和1887年的耕地面积水平较高,1661年、1784年、1873年和1893年的耕地面积则有所下降。

表 13　清代陕西分府耕地面积概况

单位:平方千米

	1661 年	1685 年	1724 年	1784 年	1820 年	1873 年	1887 年	1893 年
西安府	10 353.26	12 629.62	13 297.49	11 293.45	13 269.50	11 209.12	13 270.78	10 984.91
同州府	6 331.56	7 723.67	8 132.11	6 906.53	8 114.99	6 854.96	8 115.78	6 717.85
凤翔府	6 287.03	7 669.35	8 074.91	6 857.96	8 057.91	6 806.75	8 058.70	6 670.60
汉中府	1 399.13	1 706.76	1 797.01	1 526.19	1 793.23	1 514.79	1 793.40	1 484.49
兴安府	1 454.63	1 774.46	1 868.29	1 586.72	1 864.36	1 574.88	1 864.54	1 543.38
延安府	3 030.46	3 696.76	3 892.25	3 305.65	3 884.05	3 280.97	3 884.43	3 215.34
榆林府	577.37	704.31	741.56	629.80	740.00	625.10	740.07	612.59
商　州	590.90	720.82	758.94	644.56	757.34	639.75	757.41	626.95
乾　州	1 831.80	2 234.55	2 352.72	1 998.14	2 347.77	1 983.22	2 347.99	1 943.56
邠　州	1 829.16	2 231.34	2 349.33	1 995.27	2 344.39	1 980.37	2 344.61	1 940.76
鄜　州	1 230.76	1 501.37	1 580.76	1 342.53	1 577.43	1 332.50	1 577.59	1 305.85
绥德州	479.55	584.99	615.93	523.10	614.63	519.20	614.69	508.81
全　省	35 395.60	43 178.00	45 461.30	38 609.90	45 365.60	38 321.60	45 370.00	37 555.10

结合前文人口数据,可以进一步估算清代陕西分府人均耕地面积的基本情况。根据1820年和1893年的人口和耕地数据(1893年的耕地面积数据取1887年和1893年耕地数据的算术均值),可以估算出该两年的人均耕地面积情况。如表14所示,1820—1893年期间,陕西人均耕地面积各府州的变化情况不尽相同,其中,西安府、同州府、凤翔府、汉中府、乾州、鄜州、绥德州等七府州人均耕地面积有所增加,乾州增幅最大、为133.18%,西安府次之、为57.18%,同州府和凤翔府再次之、分别为47.29%和41.17%,汉中府、鄜州和绥德州增幅最小,但也都达到了23%的水平;兴安府、延安府、榆林府、商州和邠州等四府州人均耕地面积有所降低,榆林府降幅最大、为22.15%,兴安府次之、为10.68%,延安府和邠州最低、在3%水平上下。就区域而言,关中地区人均耕地面积的变化最大,由人均0.49公顷增至0.69公顷,涨幅为41.44%;陕南地区次之,由人均0.18公顷增至0.19公顷,涨幅为2.58%;陕北地区变化最小,由人均0.254公顷降至0.252公顷,降幅为0.85%。对比同时期耕地面积约17.22的降幅可知,人口数量的大幅减少是人均耕地面积显著增加的主要原因,而人口流失与这一时期政局动荡(同治回民叛乱)关系紧密。

表14 清代陕西分府人均耕地面积概况

单位:公顷/人

	1820年	1893年
西安府	0.45	0.71
同州府	0.45	0.66
凤翔府	2.96	4.18
汉中府	0.15	0.18
兴安府	0.25	0.22
延安府	0.22	0.21
榆林府	0.26	0.20
商州	0.16	0.14
乾州	0.37	0.86
邠州	0.17	0.17
鄜州	0.61	0.75
绥德州	0.18	0.22
全省	0.37	0.45

第二节　农业种植结构与种植制度

一、传统粮食作物的种植情况

明清陕西民食以小麦为主。陕西巡抚秦承恩在乾隆六十年九月二十日的奏折中说道:“该省民仓以麦为重,其大米只系殷实之家出价籴食,并非民习常食用所需。”①其反映了小麦在陕西农业种植中的重要地位。另据姚伟钧和刘朴兵考察,明清时期陕西以小麦为原材料的饼馍面食非常丰富,如有西安地区的托托馍,渭北地区的石子馍,蒲城县的椽头蒸馍,兴平县的云云馍、罐罐馍,郃阳县的面花,乾州的锅盔,泾阳县的天然饼、马鞍桥油糕,富平县的太后饼,临潼县的黄桂柿子饼,宁羌州的核桃烧饼,肤施县的火烧,三原县的泡泡油糕、黄米糕、甑糕,定边县的糖馓子,等等。②这些面食直至今日仍是陕西的特色食品。

至于粮食作物的种植情况,根据陕西巡抚张楷奏报的乾隆三年的夏粮和秋粮收成情况,可以从侧面了解到小麦、大麦、粟谷、水稻等主要粮食作物的种植分布情况。③如图 41 所示,小麦在全省所有州县均有种植,大麦除延安府和榆林府外其他州县均有种植,粟谷除绥德州及兴安府的石泉县外其他州县均有种植,稻谷的种植则主要分布于陕南、关中南部和榆林县等地。

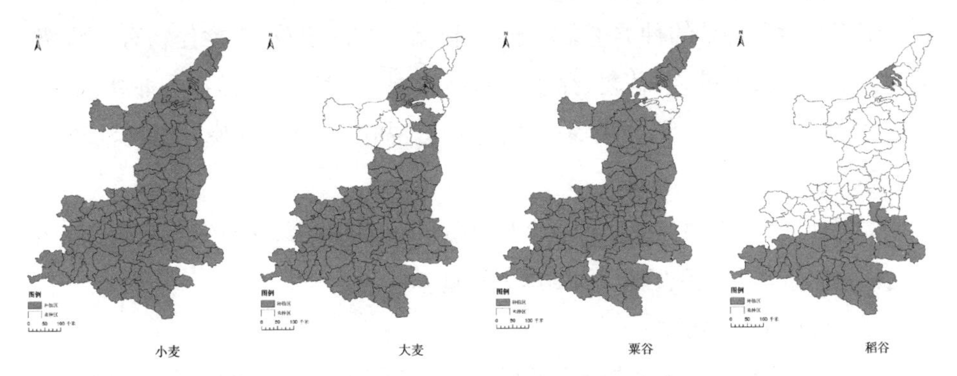

图 41　乾隆三年陕西夏粮和秋粮种植分布情况示意图

说明:底图数据引自 CHGIS V6 1911。

虽然小麦、大麦、稻谷、粟谷等粮食作物在陕西大部分地区具有种植,其重

---

① 中国第一历史档案馆,档案号:03-0855-042。

② 姚伟钧、刘朴兵:《中国饮食文化史黄河中游地区卷》,中国轻工业出版社 2013 年版,第 303 页。

③ 中国第一历史档案馆,档案号:02-01-04-13090-016,02-01-04-13091-014。

要性却不尽相同，粮食年产量的构成方面有非常大的差异。这一差异从署理陕西巡抚崔纪在乾隆二年七月和九月的两份关于夏粮和秋粮收成奏折中可窥一斑：

西安、凤翔、通州、邠州、乾州、商州、鄜州以夏禾小麦为主，各项杂粮不过十之二、三；延安、榆林、绥德以秋田糜谷、荞麦为主，所种夏禾无几；汉中、兴安以稻田为主，所种夏禾亦属无几。①

查陕省地方，西安、同州、凤翔三府，邠、乾、商、鄜四州，民间终岁之需全赖小麦，种夏田者居十分之七，所种秋禾不过十分之三。惟延安、榆林二府，绥德一州，民食以糜谷、荞麦为主，汉中一府民食大半以稻田为主，所种秋禾皆居十分之七、八。秋成有关于陕省者大略如此。②

受自然地理环境因素限制，陕西粮食作物的种植结构具有明显的时间和空间差异。陕北地区，粮食作物以糜谷、荞麦等杂粮为主（十分之九以上），夏粮很少，秋粮地位非常重要；关中地区，粮食作物以小麦为主（十分之七），夏粮地位重要，秋粮较少；陕南地区，粮食作物以水稻为主（十分之七八），夏粮较少，秋粮地位重要。此外，值得注意的是，鄜州直隶州虽在区域划分上属于陕北地区，但其粮食作物种植结构与关中地区相同。

明清甘肃省种植的种类也非常丰富，根据地方志记载，粮食作物有：黍、稷、稻、粟、小麦、大麦、荞麦、莜麦、燕麦、秈麦、青稞、玉麦、豌豆、胡豆、蚕豆、扁豆、红豆、黑豆、黄豆、绿豆和沙米等；油料作物有：胡麻、芝麻、苴麻、大麻、油菜籽、荏子等。③

宁夏地区，由于中卫地区种有水稻，民间“食多稻、稷，间有家贫者啖粟。中人之家恒以一釜并炊稻、稷。稻奉尊老稷食卑贱”。④

二、美洲作物的引进

玉米、番薯和马铃薯等美洲作物的引入是明清西北地区农业发展的重要特点之一。这些美洲作物的引进，丰富了粮食作物的品种，改变了传统粮食作物结构，对人口迅速增长带来的巨大的粮食供给压力也起到了缓冲作用。

---

① 中国第一历史档案馆，档案号：02-01-04-12988-015。

② 中国第一历史档案馆，档案号：04-01-00-0003-061。

③ 徐日辉：《中国饮食文化史西北地区卷》，中国轻工业出版社 2013 年版，第 227—228 页。

④ 杨芳灿：《灵州志》，兰州古籍书店 1990 年版，第 338 页。

玉米，又称苞谷、玉蜀黍、玉茭等，原产地是墨西哥和秘鲁，1492 年哥伦布发现美洲后开始在欧洲、亚洲等地传播。明嘉靖年间，玉米沿海路和陆路，分别从东南、西南和西北三个方向传入中国。陕西省有关玉米种植的最早记录出现在明嘉靖到清康熙时期的山阳县和安定县，雍正朝以后开始大面积种植。据统计，至道光朝陕西约有三分之一的州县种植了玉米，其中陕南山区种植最多。①而陕南地区玉米的种植又带动了关中和陕北地区的玉米种植。如关中地区，嘉庆二十三年(1818 年)成书的《扶风县志》记载："近者瘠山皆种苞谷，盖南山客民皆植之，近更浸及平原矣。"陕北地区，延安府延长县向无玉米，乾隆二十七年(1762 年)县令王崇礼专门出示，列举玉米"十便五利"，要求百姓效仿"近来南方种山原"的做法，进行"深耕试种"②

番薯，又称甘薯、红薯、白薯、金薯、红芋、红苕、地瓜等，原产于墨西哥和哥伦比亚，明万历年间分两条路线传入中国：沿海路自吕宋传入福建，沿陆路通过印度、缅甸传入云南。陕西番薯主要分布于关中平原，其种植始于乾隆初年，时任陕西巡抚陈宏谋曾令有司印刷番薯种植法 2 000 张，分发各府州县。据民国《周至县志》卷三记载："陈榕门先生抚关中日，从闽中得此种，散给州县分种。"州县地方官遵照陈宏谋的饬令在当地劝民种植，如咸阳县"奉发甘薯一种……利源已开，种类不绝，旧时土产之外，又增一利生之物矣。"鄠县"红薯亦宜，此抚军桂林陈公遗者"。③

马铃薯，又称土豆，原产于南美洲。18 世纪引入中国，但传播和推广远比较为慢，明清时期在陕西的种植较少，一般作为蔬菜种植在园圃中。

三、农业种植制度

明清时期西北地区陕西省的陕北、关中和甘肃省形成了以小麦为核心的种植制度，在陕南形成了以稻谷为核心的种植制度。具体言之，陕北、河西、河东和宁夏地区为春麦秋杂一年一熟，陕南为稻麦春花一年两熟。至于关中地区，明清是否已经由一年一熟制发展为两年三熟还存在一定分歧，但李令福等学者的研究表明至少到明中期以后，关中地区的两年三熟制度已经逐渐固定下来。④

① 姚伟钧、刘朴兵：《中国饮食文化史黄河中游地区卷》，中国轻工业出版社 2013 年版，第 292 页。

② 乾隆《延长县志》卷十艺文志。

③ 乾隆《咸阳县志》卷一地理，乾隆《鄠县新志》卷三风俗。

④ 李令福：《论华北平原二年三熟轮作制的形成时间及其作物组合》，《陕西师大学报(哲学社会科学版)》1995 年第 4 期；《再论华北平原二年三熟轮作复种制形成的时间》，《中国经济史研究》2005 年第 3 期。

王业键、谢美娥和黄翔瑜对18世纪中国种植制度进行了系统的考察，其中有关陕西的“农作物生长季节与轮作制度表”，反映了明清陕西农业种植制度的基本情况。①

陕北地区。如表15所示，陕北地区的延安府、榆林府、鄜州直隶州和绥德直隶州的种植制度均为一年一熟制，春麦、大麦、豌豆、旱谷、粟谷、糜子和黄豆均在每年春末农历三月份播种，春麦、大豆和豌豆夏末六月收获，旱谷、粟谷秋初农历七月收获，糜子秋季农历八月收获，黄豆秋末农历九月收获。受气候因素影响，秋收之后不再耕种。此外，如前文所述，分府而言，陕北的春麦主要分布在南部的鄜州直隶州，延安府、榆林府和绥德直隶州以秋获杂粮为主。

表15　18世纪陕北地区农作物生长季节与种植制度表

<table>
<tr><th colspan="3">春</th><th colspan="3">夏</th><th colspan="3">秋</th><th colspan="3">冬</th></tr>
<tr><th>1月</th><th>2月</th><th>3月</th><th>4月</th><th>5月</th><th>6月</th><th>7月</th><th>8月</th><th>9月</th><th>10月</th><th>11月</th><th>12月</th></tr>
<tr><td></td><td></td><td colspan="4">春麦</td><td></td><td></td><td></td><td></td><td></td><td></td></tr>
<tr><td></td><td></td><td colspan="4">大麦</td><td></td><td></td><td></td><td></td><td></td><td></td></tr>
<tr><td></td><td></td><td colspan="4">豌豆</td><td></td><td></td><td></td><td></td><td></td><td></td></tr>
<tr><td></td><td></td><td colspan="5">旱谷</td><td></td><td></td><td></td><td></td><td></td></tr>
<tr><td></td><td></td><td colspan="5">粟谷</td><td></td><td></td><td></td><td></td><td></td></tr>
<tr><td></td><td></td><td colspan="6">糜子</td><td></td><td></td><td></td><td></td></tr>
<tr><td></td><td></td><td colspan="7">黄豆</td><td></td><td></td><td></td></tr>
</table>

注：表中月份为农历月。

关中地区。如前所述明代中期以后，麦豆秋杂的两年三熟种植制度已在关中地区定型。如表16所示，在这一农业种植制度下，田地被析分为麦地和秋地两种。麦地于前一年秋末农历九月播种，本年夏季农历五月成熟收获后，再种短期可熟的豆类、荞麦、粟谷等晚秋杂粮，至秋末农历九月成熟收获；之后土地冬闲，留至次年春季还耕，成为秋地。秋地于每年春季二三月间种植高粱、粟谷、糜子、黄豆、黑豆、棉花、大麦等早秋杂粮，秋季农历八月成熟收获后，改种麦和早秋杂粮复种（先种麦，麦收后种早秋杂粮），或麦和晚秋杂粮复种（先种麦，

① 王业键、谢美娥、黄翔瑜：《十八世纪中国的轮作制度》，《中国史学》1998年第12期。感谢台湾成功大学谢美娥教授提供的该文附录资料“十八世纪陕西省农作物生长季节与轮作制度表”。

表 16　18 世纪关中地区农作物生长季节与种植制度表

季	春			夏			秋			冬			春			夏			秋			冬		
月	1	2	3	4	5	6	7	8	9	10	11	12	1	2	3	4	5	6	7	8	9	10	11	12
麦地					麦地							冬闲						秋地					麦地	
		麦			/		秋粮										高粱				/		麦	
								荞麦										粟谷糜子						
																		黄豆黑豆						
																		棉花						
																豌豆菜籽大麦								
秋地					秋地								麦地										冬闲	
					高粱				/				麦					/	秋粮					
					粟谷糜子															荞麦				
					黄豆黑豆																			
					棉花																			
				豌豆菜籽大麦																				

说明：表中月份为农历月。

麦收后种晚秋杂粮)成为麦地。如此周而复始,麦地和秋地交换使用,禾豆轮作,既保地力,又赠收成。

陕南地区。明清陕南地区的稻麦春花一年两熟制主要是水旱轮作,指晚稻与二麦、油菜、豆类等作物的轮作。具体言之,如表17所示,夏季农历五月种植晚稻,在秋季八月晚稻成熟收获后,不单种麦作,而是麦类、菜类和豆类等作物兼种,来年夏初四月收获。晚稻收获之后再种的麦、豆、菜等作物,名为“春花”。此外,明清陕南地区也存在其他形式耕作体系,如早稻一年一熟制,以及以小麦为中心的旱地一年两熟制。但如前文所述,以小麦为中心的旱地一年两熟制在明清陕南地区的占比并不大,在美洲作物玉米引入的背景下亦是如此,且主要分布于山地地区。稻谷在明清时期的陕南地区的农业系统中始终占据核心地位。

表17 18世纪陕南地区农作物生长季节与种植制度表

春			夏			秋			冬		
1月	2月	3月	4月	5月	6月	7月	8月	9月	10月	11月	12月
二麦	菜籽	豌豆	春荞	/	稻		/	二麦	菜籽	豌豆	春荞
		麦		+	玉米			/		麦	
		麦		/		粟豆高粱穇子		/		麦	
					稻						

注:表中月份为农历月。

甘肃省。甘肃省地处遍地,耕作制度为一年一熟制,种夏禾者不能种秋禾,种秋禾者不能种夏禾。一般而言,甘肃省河西地区的一年一熟制以夏禾为主,河东地区以秋禾为主。虽然河东地区的部分府州地气稍暖,秦州、阶州、巩昌府的陇西县和伏羌县、平凉府的静宁州等地间有冬小麦,一年多收,但数量很少。具体言之,如表18所示,夏季农历四月种植粟谷、糜谷、黍谷、黄豆等作物,宁夏府可种水稻,九月收获,后进行休耕直至次年夏三月。稗、荞麦、燕麦的种植时间稍晚,分别为农历五月和四月,秋九月收获;青稞、春麦、胡麻、大麦的种植时间和收获时间稍早,农历夏三月播种,秋七月收获;豌豆则是农历夏四月收获,六月收获。

表 18　18 世纪甘肃农作物生长季节与种植制度表

<table>
<tr><th colspan="3">春</th><th colspan="3">夏</th><th colspan="3">秋</th><th colspan="3">冬</th></tr>
<tr><th>1 月</th><th>2 月</th><th>3 月</th><th>4 月</th><th>5 月</th><th>6 月</th><th>7 月</th><th>8 月</th><th>9 月</th><th>10 月</th><th>11 月</th><th>12 月</th></tr>
<tr><td></td><td></td><td></td><td colspan="6">粟谷</td><td></td><td></td><td></td></tr>
<tr><td></td><td></td><td></td><td colspan="6">糜谷</td><td></td><td></td><td></td></tr>
<tr><td></td><td></td><td></td><td colspan="6">黍谷</td><td></td><td></td><td></td></tr>
<tr><td></td><td></td><td></td><td colspan="6">黄豆</td><td></td><td></td><td></td></tr>
<tr><td></td><td></td><td></td><td colspan="6">水稻(宁夏府)</td><td></td><td></td><td></td></tr>
<tr><td></td><td></td><td></td><td></td><td colspan="5">稗</td><td></td><td></td><td></td></tr>
<tr><td></td><td></td><td></td><td></td><td colspan="5">荞麦</td><td></td><td></td><td></td></tr>
<tr><td></td><td></td><td></td><td></td><td></td><td colspan="4">燕麦</td><td></td><td></td><td></td></tr>
<tr><td></td><td></td><td colspan="5">青稞</td><td></td><td></td><td></td><td></td><td></td></tr>
<tr><td></td><td></td><td colspan="5">春麦</td><td></td><td></td><td></td><td></td><td></td></tr>
<tr><td></td><td></td><td colspan="5">胡麻</td><td></td><td></td><td></td><td></td><td></td></tr>
<tr><td></td><td></td><td colspan="5">大麦</td><td></td><td></td><td></td><td></td><td></td></tr>
<tr><td></td><td></td><td></td><td colspan="3">豌豆</td><td></td><td></td><td></td><td></td><td></td><td></td></tr>
</table>

注:表中月份为农历月。

第三节　农业荒歉情况概述

一、农业荒歉记录概述

由于明清时期粮食产量的记录比较分散,目前尚未形成系统连续的丰歉统计序列。在有关明清粮食产量的文献资料中,以收成分数和灾歉分数档案资料最为详细,逐年记录了全国各州县的夏粮和秋粮收成情况,以及灾歉年份的成灾分数情况。然而,收成分数和灾歉分数奏报制度创制于乾隆朝,相关档案记录在时间上也限于 18 世纪中期以后,对于重建明清时期粮食丰歉序列的作用有限。方志文献的记录虽然比较分散,但在时间上较档案有较大的优势,覆盖了明清 544 年的全部时期。本部分以方志文献为基础,对明清陕西荒歉情况开展分析。

通过对《中国方志丛书》《中国地方志集成》(陕西府县志辑、省志辑 · 陕西)、《西北稀见方志文献》等方志丛书,国家图书馆、第一历史档案馆、爱如生、书同文等机构提供的网络文献资源,以及《中国三千年气象记录总集》(增订本)等资料汇编资料,共整理出 3 011 条涉及西北地区农业荒歉的记录。如图 42 所示,就农业荒歉记录的时间分布情况而言,崇祯十三年(1640 年)记录数量最多、为 76 条,成化二十一年(1485 年)、嘉靖七年(1528 年)、万历十年(1582 年)、崇祯七年(1634 年)、崇祯十三年(1640 年)、崇祯十四年(1641 年)、康熙三十年(1691 年)、康熙六十年(1721 年)、同治七年(1868 年)、光绪三年(1877 年)和光绪二十六年(1900 年)等 11 年的记录数量超过 30 条,另有 106 年间无农业荒歉记录。

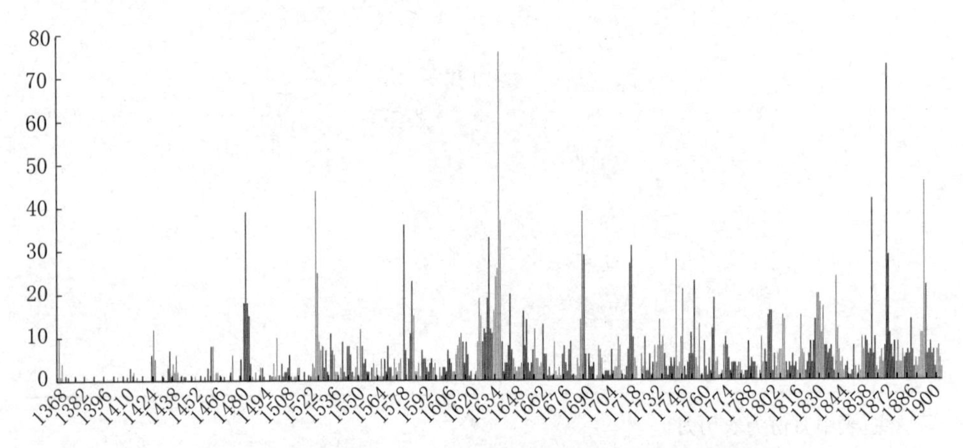

图 42　明清西北二十五府农业荒歉记录时间分布情况

二、农业荒歉的时间变化特征

时间维度层面,如图 43 所示,就 30 年尺度而言,明清西北地区的农业荒歉的时间变化特征与农业荒歉相似,也存在两个显著特征。

第一,整体呈增长趋势。30 年尺度和君王的统计结果均显示:明清两代的五个半世纪里,西北地区农业荒歉的发生频次存在比较明显的增长趋势。具体言之,从明初每百年 97 府次的发生频率水平逐渐增长至清末每百年 808 府次的发生频率水平,也增加了七倍多。

第二,王朝周期特征显著。具体表现有二:其一,朝代更迭与农业荒歉的高发相伴。明清之交的 17 世纪中期,农业荒歉发生频率远超过其他时期,发生频次超过了每百年 695 府次。其二,王朝兴衰与农业荒歉发生频次的变化基本相符。明清两代的建立之初,农业荒歉均处于较低的水平,后逐渐增长,至王朝末年达到最高峰。

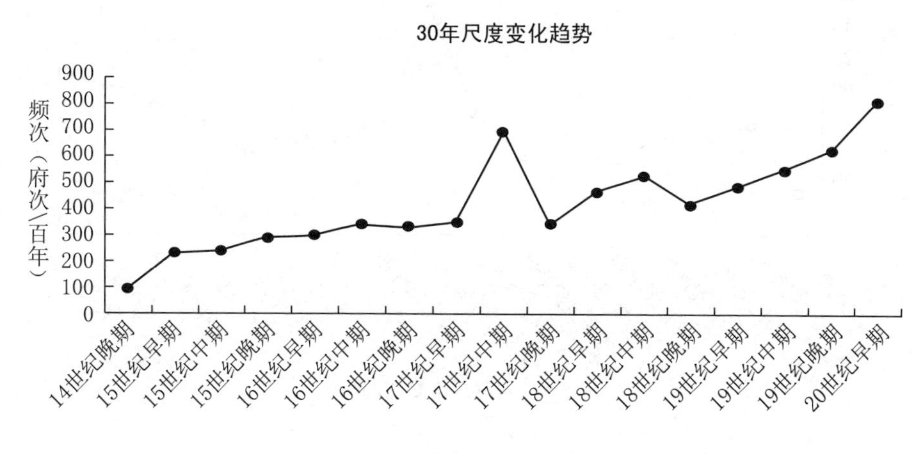

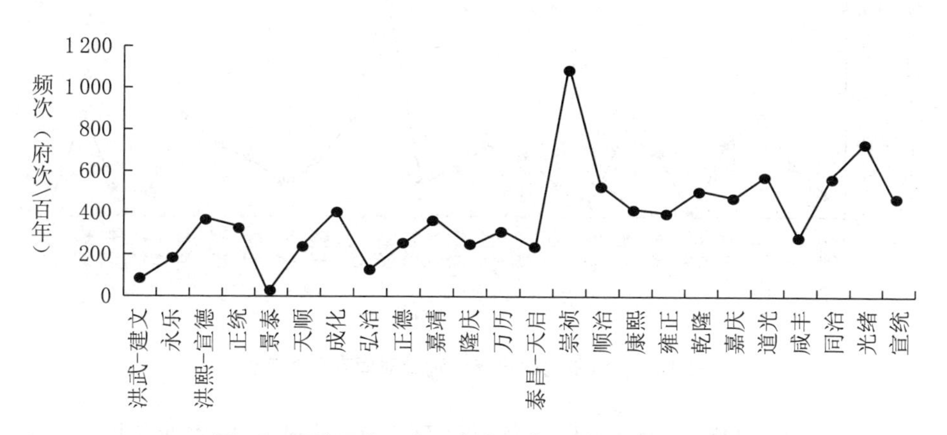

图 43　明清西北二十五府农业荒歉时间变化趋势图

陕北四府，如图 44 所示，就 30 年尺度而言，18 世纪晚期以前，除 14 世纪晚期只有每百年 28 府次和 17 世纪中期一度大幅增长至每百年 153 府次外，农业荒歉的发生频次基本在每百年 60 府次水平上下波动；从 19 世纪早期开始，农业荒歉的发生频次呈逐渐增长趋势，至 20 世纪早期达到每百年 108 府次。就王朝尺度而言，农业荒歉的发生频次呈比较显著的波动趋势。其中，崇祯朝农业荒歉的发生频次最高达到每百年 269 府次，洪熙、宣德、成化、道光和光绪五朝农业荒歉的发生频次也处于每百年 100 府次水平以上的较高水平，景泰和宣统朝则没有农业荒歉的记录。

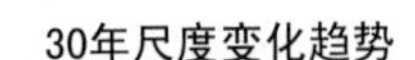

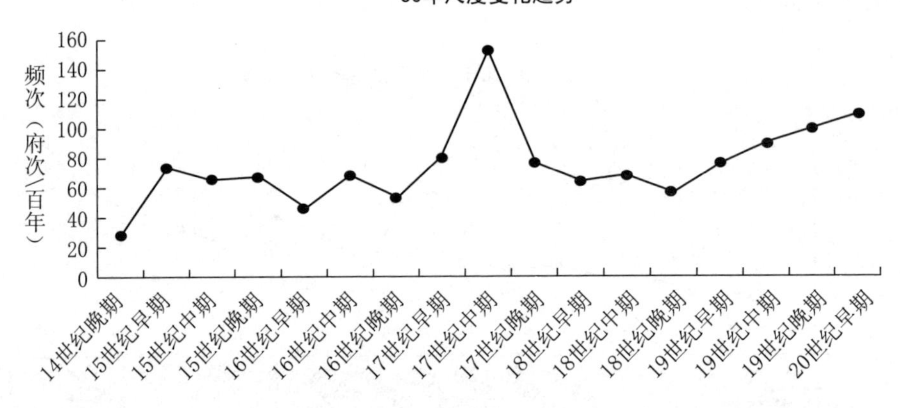

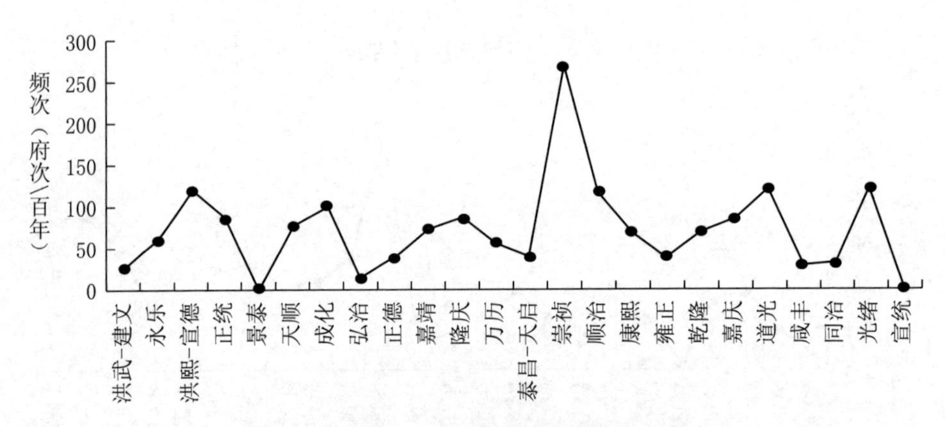

图 44　明清陕北四府农业荒歉时间变化趋势图

关中五府，如图 45 所示，就 30 年尺度而言，14 世纪晚期，农业荒歉的发生频次相对较低，为每百年 34 府次；此后，至 17 世纪早期，农业荒歉的发生频次基本在每百年 100 府次的水平上下；17 世纪中期，农业荒歉的发生频次大幅增长至每百年 695 府次；17 世纪晚期，农业荒歉的发生频次回复至每百年 100 府次的水平，此后，除 18 世纪晚期有所下降外，整体呈增长趋势，至 20 世纪早期增长至每百年 233 府次。就王朝尺度而言，除崇祯朝高达每百年 300 府次外，明代各朝农业荒歉的发生频次在较大的幅度范围内波动，最高正统朝达到每百年 150 府次，最低景泰朝只有每百年 29 府次；清初顺治和康熙两朝，农业荒歉发生频次大幅回落至每百年 150 府次的水平，并持续至咸丰朝；同治朝至光绪朝，农业荒歉的发生频次呈显著的增长快速趋势，从每百年 127 府次增长至每百年 267 府次。

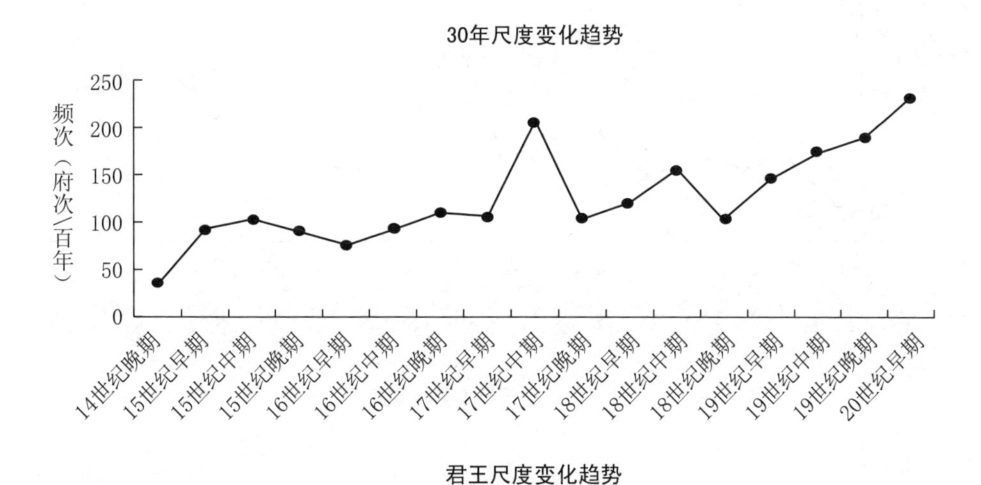

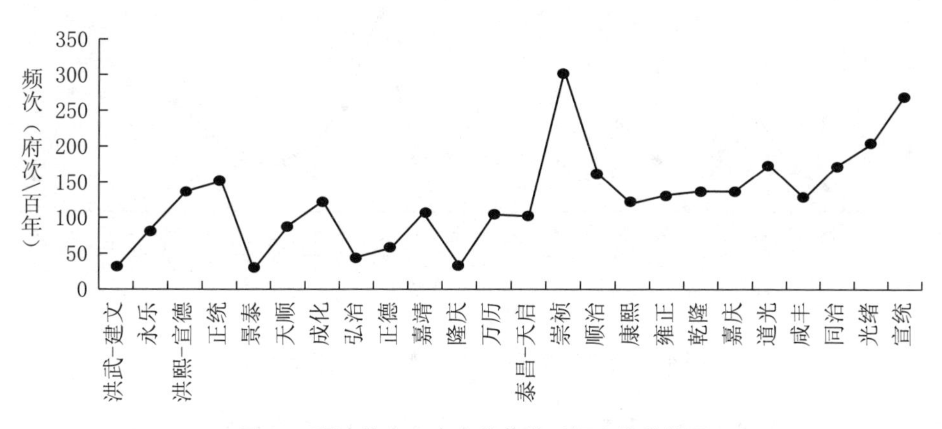

图 45　明清关中五府农业荒歉时间变化趋势图

陕南三府，如图 46 所示，就 30 年尺度而言，14 世纪晚期到 18 世纪晚期的四个多世纪里，除 17 世纪中期的发生频次一度达到每百年 143 府次外，农业荒歉的发生频次基本保持在每百年 50 府次的水平上下小幅波动；19 世纪早期和中期出现大幅增长，农业荒歉的发生频次达到每百年 115 府次，但随后 19 世纪晚期和 20 世纪早期又有所回落，至每百年 83 府次。就王朝尺度而言，明清两代农业荒歉的发生频次具有显著的波动性特征，除崇祯朝一度达到每百年 269 府次外，其他时间在每百年 20 府次至 120 府次水平间波动；此外，景泰朝没有农业荒歉的记录。

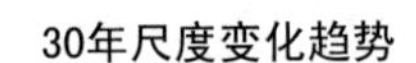

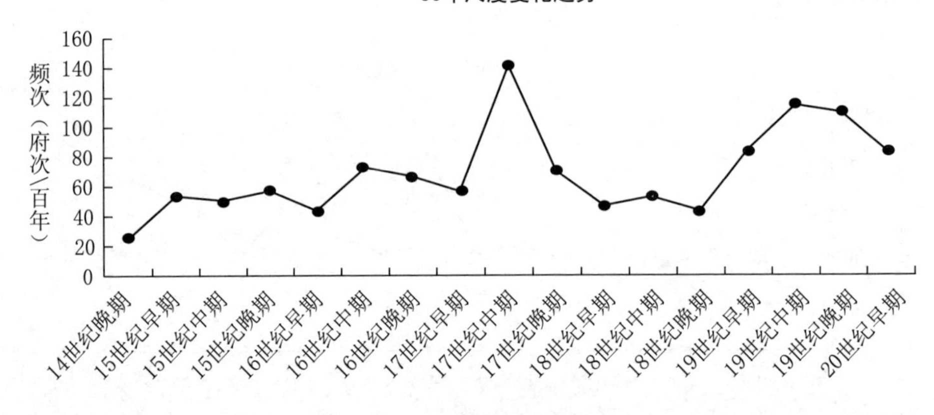

君王尺度变化趋势

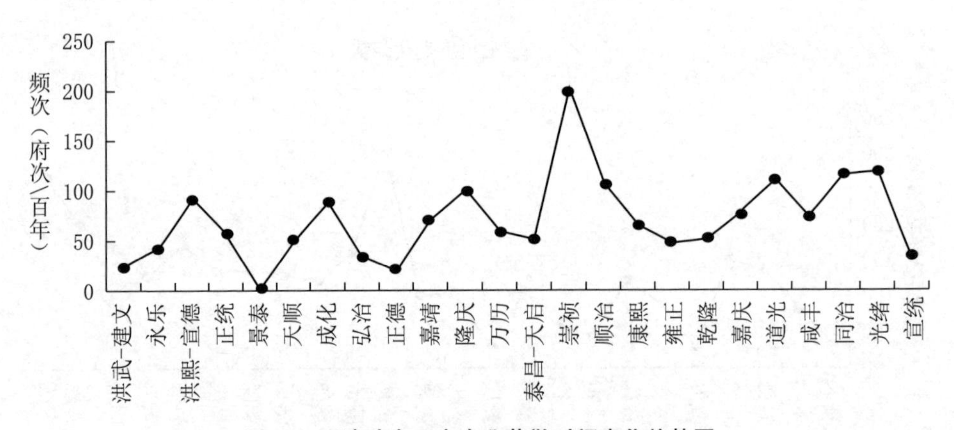

图 46　明清陕南三府农业荒歉时间变化趋势图

河西四府，如图 47 所示，就 30 年尺度而言，在 17 世纪晚期之前农业荒歉的发生频次均处于较低的水平，只有 16 世纪早期和 17 世纪早期每百年的发生频次分别为 17 府次和 13 府次，其他时期的发生频次均未超过每百年 10 府次的水平，14 世纪晚期、15 世纪早期和 16 世纪晚期均未有农业荒歉的记录；18 世纪早期，农业荒歉发生频次出现大幅增长，达到每百年 60 府次，18 世纪中期和晚期有所下降，但也分别有每百年 48 府次和 47 府次；19 世纪早期，农业荒歉发生频次大幅回落至每百年 7 府次，后又出现大幅增长，至 20 世纪早期达到每百年 83 府次。就王朝尺度而言，明清两代农业荒歉的发生频次具有显著的波动性特征。洪武到天顺朝、弘治朝、隆庆至天启朝、顺治朝没有农业荒歉的记录；正德朝、崇祯朝、康熙至乾隆朝、同治至宣统朝分别出现了农业荒歉发生频次的四次高峰期。

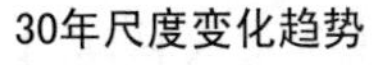

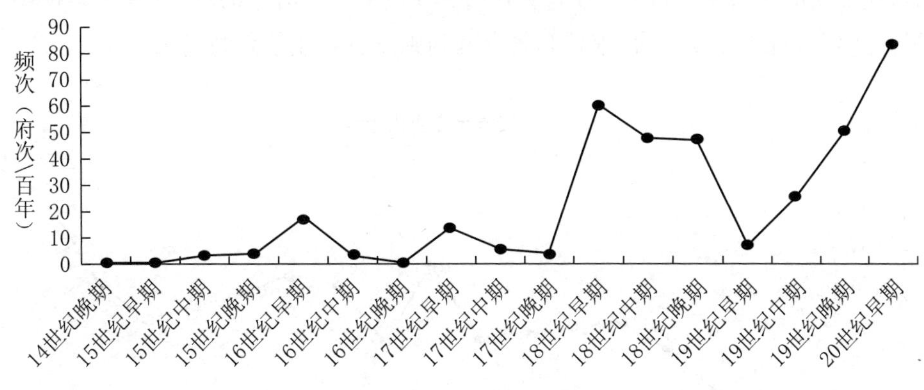

君王尺度变化趋势

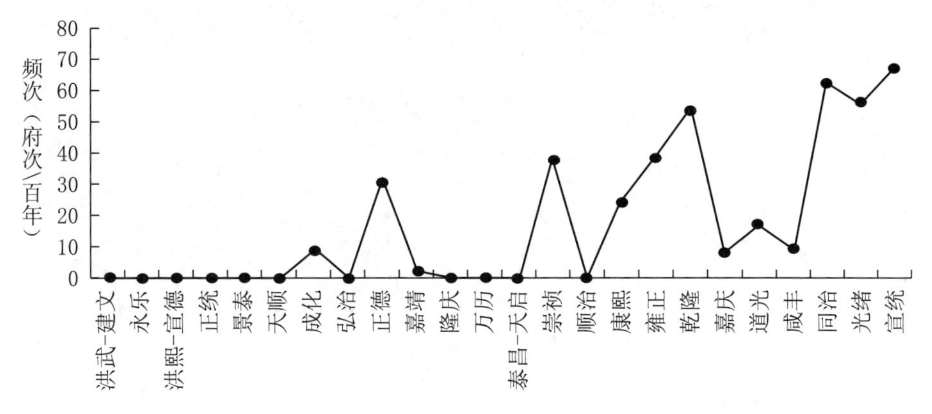

图 47　明清河西四府农业荒歉时间变化趋势图

河东七府，如图 48 所示，就 30 年尺度而言，农业荒歉的发生频次呈显著的阶段性特征。第一阶段，14 世纪晚期至 15 世纪中，农业荒歉的发生频次处于较低的水平，在每百年 10 府次的水平。第二阶段，15 世纪晚期至 17 世纪早期，农业荒歉的发生频次首先经历了大幅增长，到 16 世纪早期达到每百年 107 府次，后至 17 世纪早逐步缓慢回落至每百年 87 府次。第三阶段，17 世纪中期，农业荒歉的发生频次大幅增长至每百年 178 府次，17 世纪晚期回落至每百年 80 府次，但 18 世纪早期和中期又增长至每百年 153 府次和 165 府次。第四阶段，18 世纪晚期至 19 世纪中期，农业荒歉的发生频次持续下降至每百年 110 府次。

第五阶段，19 世纪晚期至 20 世纪早期，农业荒歉的发生频次出现大幅增长，达到每百年 250 府次。就王朝尺度而言，农业荒歉发生频次整体呈波动性增长趋势，从最初的每百年 10 府次的水平增长至每百年 150 府次的水平，其中崇祯朝最高达到每百年 250 府次，永乐和景泰两朝则没有农业荒歉的记录。

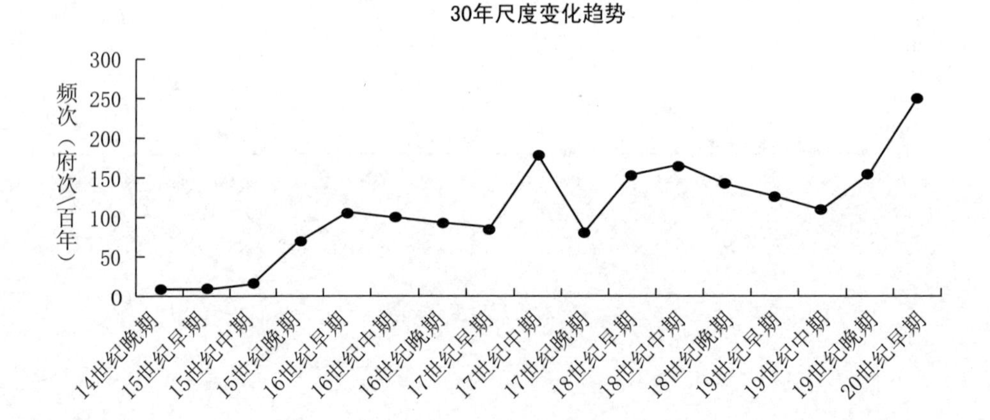

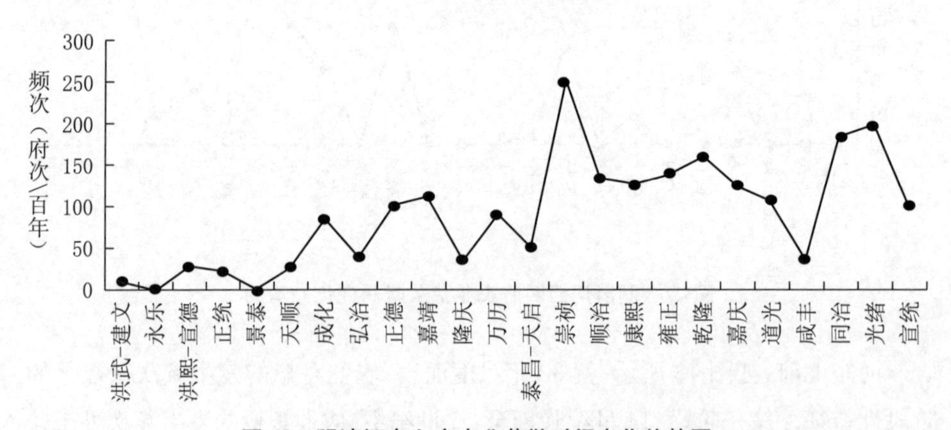

图 48　明清河东七府农业荒歉时间变化趋势图

宁夏二府，如图 49 所示，就 30 年尺度而言，整体呈增长趋势，农业荒歉的发生频次从最初的每百年不到 10 府次的水平增长至 20 世纪早期的每百年 50 府次。其中，18 世纪早期和中期、19 世纪中期都经历了大幅增长的过程，但随后又有所回落；明初的 14 世纪晚期和 15 世纪早期，均没有农业荒歉的记录。就王朝尺度而言，农业荒歉的发生频次呈现出比较显著的波动性特征，洪武、建文、永乐、洪熙、宣德、景泰、天顺、弘治、隆庆、泰昌、天启和宣统十二朝均未有农业荒歉的记录。

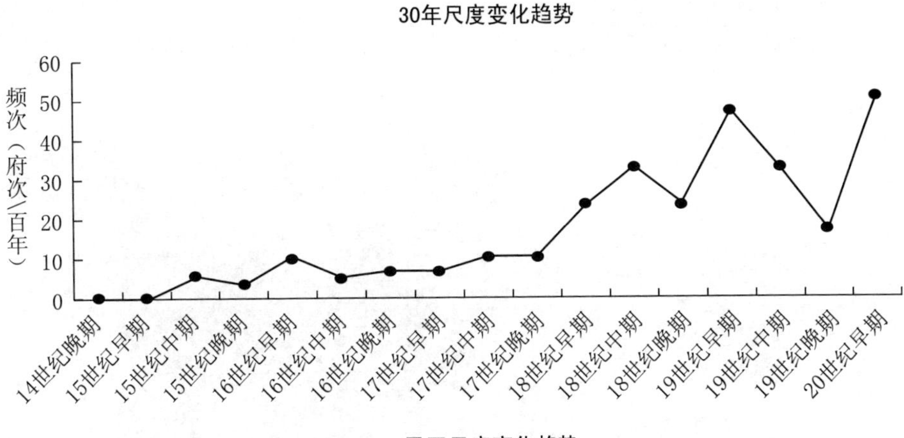

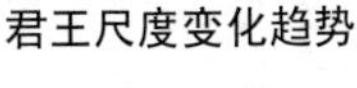

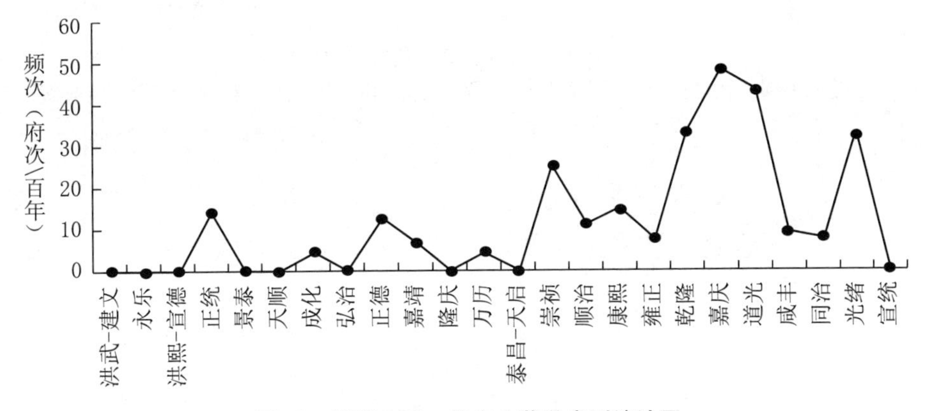

图 49　明清宁夏二府农业荒歉类别统计图

三、农业荒歉的空间区域特征

空间维度层面，明清西北地区农业荒歉的发生具有比较显著的空间差异。如图 50 所示，关中和河东在明清 544 年时间里的农业荒歉发生频次最高，分别达到 673 府次和 567 府次；陕北和陕南次之，分别为 407 府次和 380 府次；河西和宁夏最低，分别为 103 府次和 84 府次。

15 世纪西北地区农业荒歉的空间分布情况，如图 51 所示，陕北和关中农业荒歉发生频次最高，分别为 68 府次和 96 府次；陕南和河东次之，分别为 53 府次和 30 府次；河西和宁夏最低，分别为 2 府次和 3 府次。

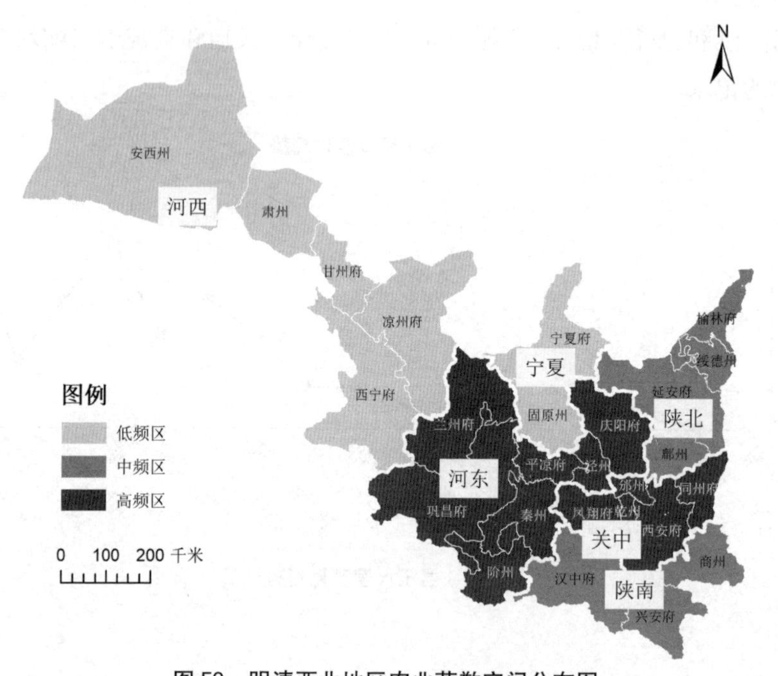

图 50 明清西北地区农业荒歉空间分布图

说明:底图数据引自 CHGIS V6 1911。运用自然间断点分级法(Jenks)进行三级分级。

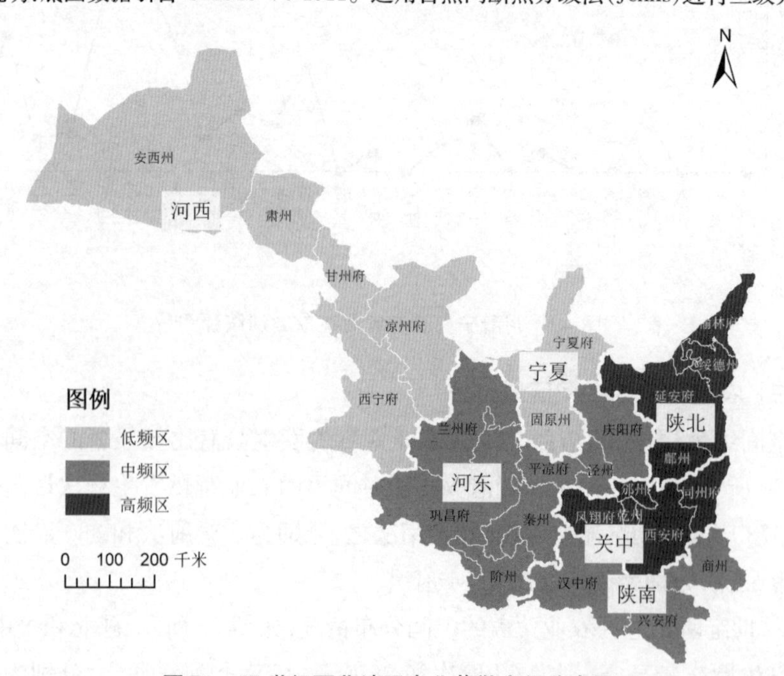

图 51 15 世纪西北地区农业荒歉空间分布图

说明:底图数据引自 CHGIS V6 1911。运用自然间断点分级法(Jenks)进行三级分级。

16世纪西北地区农业荒歉的空间分布情况，如图52所示，河东农业荒歉发生的相对频次有所增加，达到每百年100府次，超过关中的93府次；陕北农业荒歉发生的相对频次有所降低，为57府次，低于陕南的62府次；河西和宁夏最低，分别为6府次和7府次。

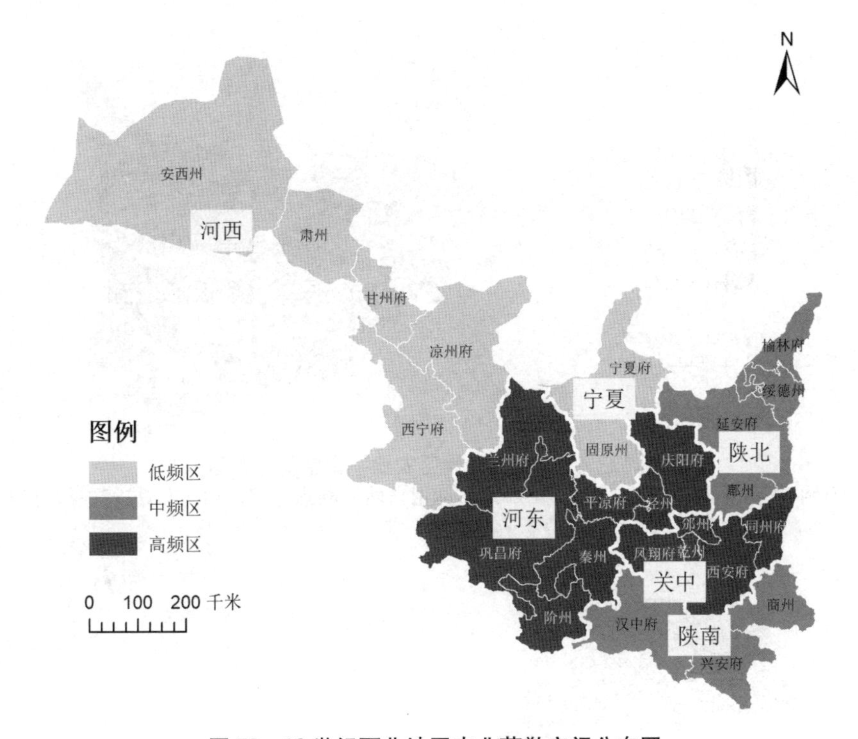

图52　16世纪西北地区农业荒歉空间分布图

说明：底图数据引自CHGIS V6 1911。运用自然间断点分级法(Jenks)进行三级分级。

17世纪西北地区农业荒歉的空间分布情况，如图53所示，各区域农业荒歉发生的相对频次与15世纪一致，关中和河东最高，分别为146府次和121府次；陕北和陕南次之，分别为108府次和95府次；河西和宁夏最低，分别为7府次和9府次。

18世纪西北地区农业荒歉的空间分布情况，如图54所示，河东农业荒歉发生的相对频次有所增加，达到155府次，超过关中的131府次；河西农业荒歉的发生频次有所增加，为51府次，低于陕北的64府次，高于陕南的49府次；宁夏最低，为28府次。

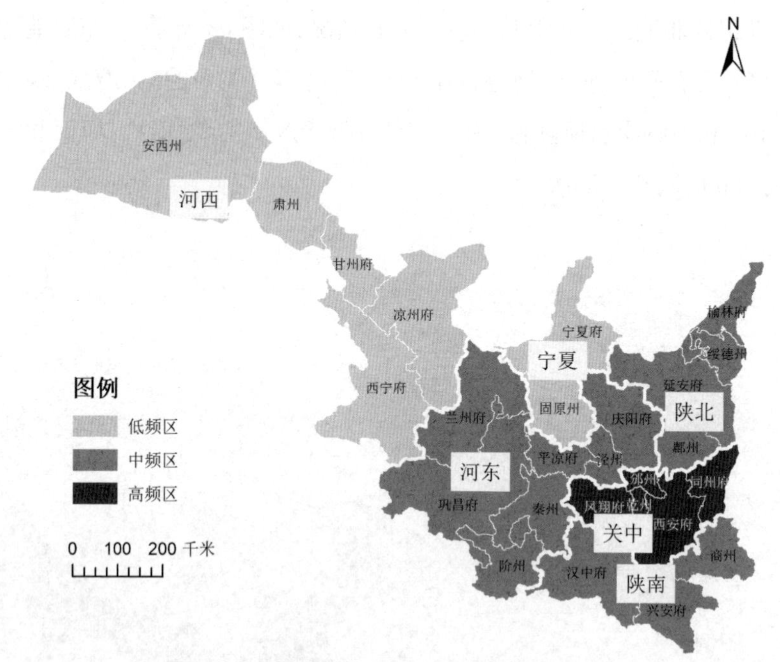

图 53 17 世纪西北地区农业荒歉空间分布图

说明:底图数据引自 CHGIS V6 1911。运用自然间断点分级法(Jenks)进行三级分级。

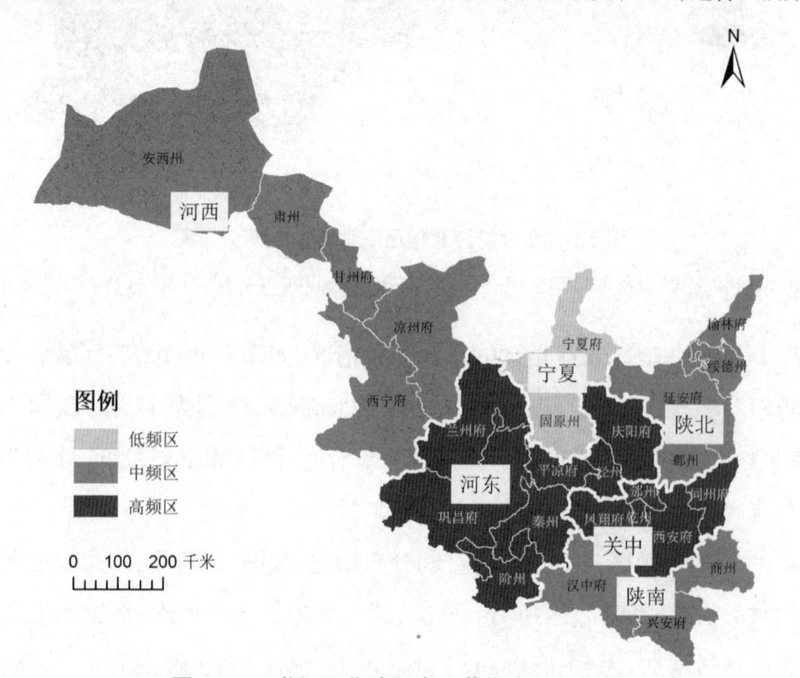

图 54 18 世纪西北地区农业荒歉空间分布图

说明:底图数据引自 CHGIS V6 1911。运用自然间断点分级法(Jenks)进行三级分级。

19 世纪西北地区农业荒歉的空间分布情况，如图 55 所示，关中农业荒歉的发生频次最高，为 170 府次；河东农业荒歉发生的相对频次有所降低，为 128 府次，但仍高于陕北的 89 府次和陕南 104 府次；河西和宁夏农业荒歉的发生频次最低，为 27 府次和 32 府次。

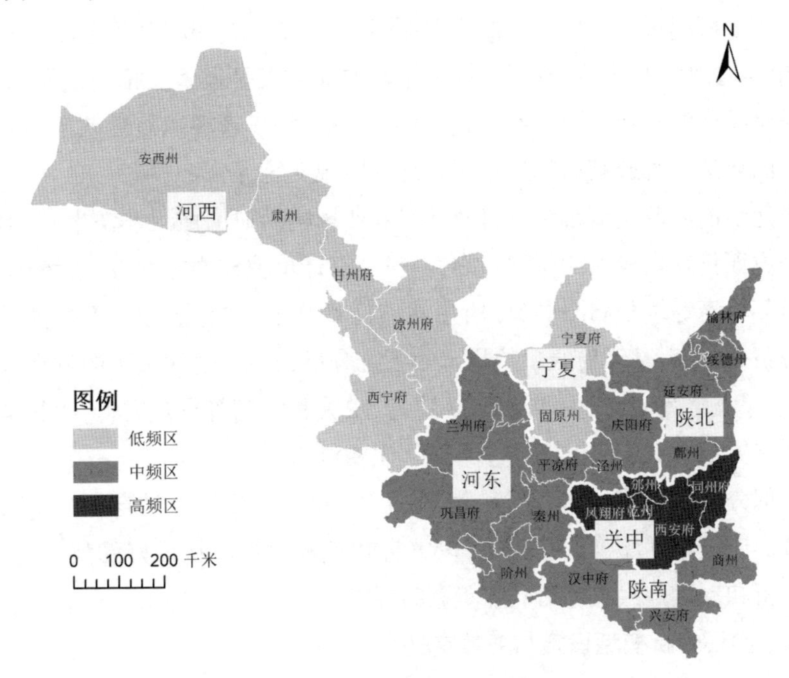

图 55　19 世纪西北地区农业荒歉空间分布图

说明：底图数据引自 CHGIS V6 1911。运用自然间断点分级法(Jenks)进行三级分级。

第四节　自然灾害对农业荒歉影响的实证分析

自然灾害及其对农业的影响是中国灾荒史研究的重要主题。灾害史领域中，自然灾害及其对农业影响的研究始于 20 世纪 20 年代。竺可桢最早以世纪为时间尺度、省级行政单位为空间尺度，通过重建水旱灾害频次序列分析了历史时期水旱灾害的基本规律；邓云特通过对历代灾荒次数的统计，对其变化规律发生原因和政府应对进行了系统总结，并奠定了此后中国灾荒史研究的基本范式。[①]涉及明清时期的代表性成果主要有：陈家其通过对明清气候变化导致的

① 竺可桢：《中国历史上气候之变迁》，《东方杂志》1925 年第 3 期；邓云特：《中国救荒史》，商务印书馆 2011 年版。

自然灾害对太湖流域农业经济影响的分析，认为自然灾害是导致粮食减产的主要因素；王业键和王莹珏通过对清代前期气候变迁、自然灾害、粮食生产和粮价变动关系的考察，发现粮价高峰期往往出现于自然灾害的高发期；李伯重通过对19世纪初期江南地区的考察，气候剧变引发的水灾恶化了农业生产条件，是导致中国经济出现“道光萧条”的主要原因之一；萧凌波和闫军辉通过对1736—1911年华北地区的分析，发现气候干湿与农业收成呈显著负相关，极端旱灾是造成粮食减产的重要原因。此外，袁林和白虎志等学者还以包括陕西在内的西北地区的自然灾害或其影响进行了系统的区域性统计分析。①

虽然当前涉及明清自然灾害及其对农业影响的研究成果非常丰硕，但在以下两个方面仍存在较大的拓展空间。其一，统计单位样本方面，以省级和《中国近五百年旱涝等级分布图图集》所用站点样本为主，亦有部分基于州县样本的量化分析，尚未有基于府级单位样本的系统分析；其二，自然灾害的种类分析方面，以水旱灾害为主，较少涉及风雹、冷害、虫灾和疫病等自然灾害，尤其是有关不同自然灾害对农业生产影响差异的认识相对模糊。

本部分将在前文干旱、洪涝、风雹、冷害、虫害和疫病6种自然灾害以及农业荒歉的府级年度序列的基础上，以灾害和荒歉数据质量较好的陕西省为例，量化分析和探讨自然灾害对农业荒歉的影响。

一、实证分析模型设定与变量定义

实证考察自然灾害对明清农业荒歉的影响，本文将通过以下两个步骤展开。第一步，采用OLS模型对明清陕西自然灾害和农业荒歉进行回归分析，明确二者的发生概率关系，如式(1)所示。

$$Har = \beta + \beta_1 Dro + \beta_2 Flo + \beta_3 Hai + \beta_4 Col + \beta_5 Acr + \beta_6 Pes + T + \mu \quad (1)$$

式中，Har 为农业荒歉发生频次；Dro 为干旱发生频次，Flo 为洪涝发生频

① 陈家其：《明清时期气候变化对太湖流域农业经济的影响》，《中国农史》1991年第3期；王业键、黄莹珏：《清代中国气候变迁、自然灾害与粮价的初步考察》，《中国经济史研究》1999年第1期；李伯重：《“道光萧条”与“癸未大水”——经济衰退、气候剧变及19世纪的危机在松江》，《社会科学》2007年第6期；萧凌波、闫军辉：《基于地方志的1736—1911年华北秋粮丰歉指数序列重建及其与气候变化的关系》，《地理学报》2019年第9期；袁林：《西北灾荒史》，甘肃人民出版社1994年版；白虎志等：《中国西北地区近500年旱涝分布图集(1470—2008)》，气象出版社2010年版。其他重要研究成果可参见葛全胜等：《中国历朝气候变化》，科学出版社2011年版；卜风贤：《历史灾害研究中的若干前沿问题》，《中国史研究动态》2017年第6期；朱浒：《中国灾害史研究的历程、取向及走向》，《清史研究》2018年第6期；方修琦等：《历史气候变化对中国社会经济的影响》，科学出版社2019年版。

次，Hai 为风雹发生频次，Col 为冷害发生频次，Acr 为虫害发生频次，Pes 为病疫发生频次；T 为时间趋势变量；μ 为随机扰动项。研究中，我们关注的是系数 β_1、β_2、β_3、β_4、β_5 和 β_6，如果得到估值大于 0，则表明该类自然灾害会引起农业荒歉，对农业生产具消极影响。

第二步，构建面板数据，通过时点个体固定效应模型，探讨明清陕西各类自然灾害与农业荒歉之间的具体关系，如式(2)所示。

$$Har_{it} = \alpha + \theta_i + \gamma_t + \beta_1 Dro_{it} + \beta_2 Flo_{it} + \beta_3 Hai_{it} + \beta_4 Col_{it} + \beta_5 Acr_{it} + \beta_6 Pes_{it} + \mu_{it} \tag{2}$$

式中，Har_{it} 为 i 府(州)在 t 时期发生农业荒歉的虚拟变量。α 是截距项。θ_i 代表个体固定效应，γ_t 代表年度固定效应。Dro_{it}、Flo_{it}、Hai_{it}、Col_{it}、Acr_{it} 和 Pes_{it} 分别为 i 府(州)在 t 时期发生洪涝、风雹、冷害、虫害和病疫的虚拟变量。μ_{it} 为随机扰动项。研究中，我们关注的是系数 β_1、β_2、β_3、β_4、β_5 和 β_6，相应数值为自然灾害与农业荒歉的关系，其绝对值越大表明自然灾害的影响程度越高。

二、变量描述性统计

表 19 和表 20 给出了主要变量的描述性统计特征。数据显示，其一，从主要变量的统计描述看，本部分考察的 1368—1911 年期间，农业荒歉和各类自然灾害变量显示出较大的变化，这为考察自然灾害对农业荒歉的影响提供了可能。其二，从主要变量的 Pearson 相关系数矩阵看，荒歉在 1% 显著水平上和各类自然灾害正相关。这些结果初步表明自然灾害对农业荒歉产生了影响。

表 19　主要变量统计描述

	均值	最大值	最小值	标准差
荒歉	1.94	10	0	2.68
干旱	1.12	10	0	2.50
洪涝	0.72	10	0	1.19
风雹	0.42	10	0	0.94
冷害	0.24	10	0	0.86
虫害	0.37	10	0	1.29
病疫	0.27	10	0	1.31

表 20　主要变量 Pearson 相关系数矩阵

	荒　歉	干旱	洪涝	风雹	冷害	虫害
干旱	0.585 7*** (0.000 0)					
洪涝	0.142 0*** (0.000 9)	−0.093 8** (0.028 7)				
风雹	0.312 8*** (0.000 0)	0.036 4 (0.396 6)	0.206 3*** (0.000 0)			
冷害	0.275 3*** (0.000 0)	0.196 1*** (0.000 0)	0.077 1* (0.072 2)	0.235 6*** (0.000 0)		
虫害	0.415 6*** (0.000 0)	0.229 0*** (0.000 0)	0.033 5 (0.435 5)	0.249 1*** (0.000 0)	0.118 3*** (0.005 7)	
病疫	0.129 4*** (0.002 5)	0.143 7*** (0.000 8)	−0.064 8 (0.131 0)	−0.004 3 (0.920 4)	0.033 6 (0.434 6)	0.023 6 (0.582 5)

说明:括号内为 P 值;*、**、*** 分别表示在 10%、5%和 1%的水平上显著。

我们采用 ADF 检验法(Augment Dickey-Fuller)确定主要变量是否存在单位根,判断待分析序列的平稳性。表 21 给出了主要变量的平稳性检验结果,数据显示,主要变量均为平稳序列,在进行相关计量分析时无需进行特殊处理。

表 21　主要变量平稳性检验

	仅有差分滞后项		带截距项		带趋势项	
	滞后阶数	ADF 统计量	滞后阶数	ADF 统计量	滞后阶数	ADF 统计量
荒歉	13	−2.077 6***	1	−12.932 3***	1	−13.232 5***
干旱	9	−4.440 5***	0	−18.596 0***	0	−18.578 7***
洪涝	17	−0.328 4	17	−2.091 3	0	−21.024 3***
风雹	10	−2.712 7***	9	−4.196 1***	9	−4.758 1***
冷害	14	−3.157 6***	3	−8.831 7***	3	−9.362 2***
虫害	6	−5.356 4***	6	−6.038 3***	6	−6.039 4***
病疫	9	−5.823 1***	9	−6.849 9***	10	−7.110 9***

三、实证结果与分析

1. 明清陕西自然灾害与农业荒歉的概率关系

表 22 给出了步骤一有关明清陕西自然灾害和农业荒歉发生概率关系的回

归结果。就全省情况而言，干旱、洪涝、风雹、冷害和虫害等自然灾害与农业荒歉在1%显著水平上显著正相关，病疫与农业荒歉在10%显著水平上正相关，时间趋势变量并不显著。就地区而言，与全省情况相似，除冷害与陕北农业荒歉在5%显著水平正相关、病疫与关中农业荒歉在5%显著水平上正相关外，其他变量的显著性一致。由此，可以得出以下结论：

表22　自然灾害对明清陕西农业荒歉的影响

	农业荒歉			
	全省	陕北	关中	陕南
干旱	0.550 2*** (0.034 4)	0.529 4*** (0.036 6)	0.538 2*** (0.037 5)	0.508 2*** (0.038 6)
洪涝	0.299 3*** (0.072 4)	0.243 8*** (0.070 1)	0.261 4*** (0.063 1)	0.282 8*** (0.058 1)
风雹	0.515 7*** (0.094 9)	0.507 7*** (0.072 2)	0.485 0*** (0.079 8)	0.317 2*** (0.098 5)
冷害	0.270 3*** (0.100 5)	0.232 7** (0.095 1)	0.250 1*** (0.085 6)	0.341 1*** (0.130 1)
虫害	0.490 6*** (0.066 8)	0.447 3*** (0.069 8)	0.405 1*** (0.067 5)	0.597 3*** (0.073 0)
病疫	0.120 3* (0.063 0)	0.098 3 (0.070 9)	0.168 2** (0.068 4)	0.076 6 (0.074 0)
时间变量	0.000 6 (0.000 6)	0.000 1 (0.000 1)	0.000 6* (0.000 3)	0.000 0 (0.000 2)
常数项	0.456 0*** (0.169 1)	0.072 4* (0.040 2)	0.263 6*** (0.101 6)	0.161 8*** (0.059 2)
观察值	544	544	544	544
Adjusted-R^2	0.50	0.44	0.47	0.42

说明：括号内为标准误差；*、**、*** 分别表示在10%、5%和1%的水平上显著。

第一，干旱、洪涝、风雹、冷害、虫害等自然灾害对明清农业生产具有显著的影响，病疫的影响则相对有限。各类自然灾害变量估计系数符号为正，表明自然灾害会导致农业荒歉，即各类自然灾害对明清农业生产具有显著的消极影响。

第二,各类自然灾害对农业生产的影响程度不尽相同。就明清陕西全省情况而言,干旱和风雹的影响程度最高,其发生频次每上升 1 次,农业荒歉发生频次会分别上升约 0.55 次和 0.50 次;虫害的影响程度次之,其发生频次每上升 1 次,农业荒歉的发生频次会上升约 0.49 次;洪涝的影响程度再次之,其发生频次每上升 1 次,农业的荒歉发生频次会上升约 0.30 次;冷害的影响程度再次之,其发生频次每上升 1 次,农业荒歉的发生频次会上升约 0.27 次;病疫的影响程度最低,其发生频次每上升 1 次,荒歉的发生频次会上升约 0.12 次。

第三,各类自然灾害在陕北、关中和陕南地区的具体影响存在一定差异。具体言之,陕北地区,对农业荒歉的影响由大到小依次为干旱、风雹、虫害、洪涝,冷害在 5%显著水平上显著,病疫的影响并不显著。关中地区,各类自然灾害均具有显著的影响,影响程度由大到小依次为干旱、风雹、虫害、洪涝、冷害,病疫在 5%的水平上显著,且影响低于其他自然灾害。陕南地区,对农业荒歉的影响由大到小依次为虫害、干旱、冷害、风雹、洪涝,病疫的影响并不显著。

第四,自然灾害对农业生产的影响在明清两代没有发生实质性改变。通过时间变量系数的归回结果可知,明清自然灾害与农业荒歉的发生概率关系并未随时间变化有显著变化。

2. 明清陕西各类自然灾害对农业荒歉的影响

如表 23 所示,时点个体固定效应模型回归结果显示:第一,与步骤一的回归结果基本一致,自然灾害对明清陕西农业生产均具有显著的消极影响。第二,各类自然灾害对明清陕西农业生产的影响有所不同。具体言之,干旱和虫害对农业荒歉的影响程度最高,其发生频次每上升 1 次,农业荒歉发生频次会分别上升约 0.39 次和 0.35 次;风雹、洪涝和冷害的影响程度次之,其发生频次每上升 1 次,农业荒歉的发生频次会分别上升约 0.29 次、0.28 次和 0.26 次;病疫的影响程度最低,其发生频次每上升 1 次,荒歉的发生频次会上升约 0.15 次。

此外,有关明清陕西自然灾害和农业荒歉发生概率关系的分析中还有两处值得注意。一是各类自然灾害与农业荒歉发生的概率关系在空间层面呈现出一定差异——干旱和洪涝在陕北、关中和陕南的影响相似,但风雹对陕北的影响较关中和陕南都大,冷害和虫害对陕南的影响明显超过陕北和陕南,其中冷害在陕南的影响较高可能与稻麦春花一年两熟的耕作制度有关。二是分析结果显示时间变量并不显著,表明自然灾害对农业荒歉的影响在明清近五个半世

表23　时点个体固定效应模型回归结果

	干旱	洪涝	风雹	冷害	虫害
农业荒歉	0.394 8*** (0.018 8)	0.284 1*** (0.015 6)	0.294 6*** (0.020 1)	0.261 1*** (0.028 1)	0.352 9*** (0.025 9)

	疫病	常数项	观测值	Adjusted-R^2
农业荒歉	0.147 0*** (0.036 4)	0.093 6*** (0.004 4)	5 440	0.57

说明：括号内为标准误差；*、**、*** 分别表示在10%、5%和1%的水平上显著。

纪里未发生实质性变化，表明清农业防灾、减灾技术并未出现显著发展，佐证了明清农业的“局限性”。①

回顾古代灾疫史不难发现，除了气候、地质等因素引发的自然灾害以外，人与人关系不和谐会导致人与自然关系变异，通常以天灾与人祸的形式表现出来。由于抗灾乏力，统治者往往从道德与哲学意义上把灾害解释为“天意难违”，把灾难阐释为上天对人类错误行为的惩罚。这一时期对人与自然关系表现出以下几个特点：(1)统治阶级主流文化把人与自然的关系分解为“人”“天”“地”三个独立的子系统，人为分隔了人与自然的联系。尽管部分著作记录了人与灾害、自然与病疫之间的具体现象，但是没有从人祸→环境破坏→天灾→人祸恶性循环链的高度进行哲学层面的科学探讨；(2)统治者为了推脱抗灾救灾责任，往往借助主流文化把种灾难解释为“天意难违”以麻痹民众。(3)政治无视灾难，甚至“借灾牟利”导致灾民承受天灾、人祸双重苦难深重。《后主纪》记载了天嘉六年河南遭大水，“是时频岁多大水，州郡多遇沉溺。物价腾涌，朝廷遣使开仓，从贵价以粜之，而百姓无益，饥馑尤甚，重以疾疫相乘，死者十四五焉”。灾害年政府不以拯救苍生为己任，反而用紧缺物资逐利，百姓承受的苦难将更加深重。(4)人类改造自然不当行为也导致的大量灾疫。比如，在清代出于开荒戍边、移民实边等政治需要，过度开垦导致草原退化、土地沙化、广种薄收，旱、涝、蝗、瘟等灾害频发。(5)古朴的人—社会—自然的辩证思想开始形

① 史志宏(2017)通过对清代农业的量化分析，认为清代农业虽然在一系列总量指标上达到了中国传统农业发展的最高峰，但在生产效率上却不是历史上最高的，具有其局限的一面。

成。而实践则需要良好的国家政策环境。《贞观政要》(1卷)记录了唐太宗古朴的人—社会—自然的辩证思想:“夫市无可观则人怨,人怨则神怒,神怒则天灾必生,灾害既生,则祸乱比作,祸乱既作,而能以身名全者鲜矣。”可见,如果执政者廉洁自律,体恤百姓,使得百姓在面对霜灾、旱灾等自然灾害时受害程度大为降低。总体上看,传统社会中人们还不能厘清人与自然关系,当遇到铺天盖地的灾疫而抗灾乏力之时,人们往往用宿命论来解释自然带给人类社会的惩罚——天意难违。时光转瞬而逝,进入现代社会以来,和平发展成为历史主流,人们逐渐意识到:社会建设需要以生态哲学指导,政策环境是形成人与自然和谐发展的首要因素,而公众参与决定和谐社会的建成。

第三编　新时期西北区域人口与资源环境协调发展

中国西北地区在行政区划上包括甘肃省、宁夏回族自治区、青海省、新疆维吾尔自治区和陕西省五个省区，土地面积304万平方公里，约占全国土地总面积的32%。从自然生态环境条件看，这一地区大部分处于干旱、半干旱气候条件下，生态环境总体较为恶劣，荒漠广布，降水稀少，土地贫瘠，生态脆弱，地貌复杂。同时这一区域人口增长率较高，分布不均衡，对资源环境的压力很大。受到历史、地理、人口素质、资源环境等条件的影响，西北地区自古以来经济社会发展水平较中东部地区有较大差距。随着西部大开发战略的实施，国家在人财物及政策上给予西北地区很多优惠，其经济社会也有了明显发展，但与我国中东部地区的发展速度、发展水平却呈现出逐步扩大的趋势，而这与人口压力大、资源环境脆弱、经济社会发展滞后有密切关系。深刻认识、了解西北地区人口、资源环境发展的历史进程、现状，查找西北地区人口与资源环境之间协调发展过程中存在的问题，探寻这些问题出现、存在的原因，并有针对性地提出相应的建议措施，对于推动西北地区实现区域可持续发展、促进经济、社会全面发展并与全国同步建成小康社会有着重大意义。

第一章　概念与研究综述

第一节　概念阐释

一、人口

人口是一定地域、一定时点的个体的总数或者集合。对这一概念可以这样理解:人口是指具有一定数量和质量的人在特定时间和空间里作为自然界最高等生物所组成的社会群体,这一群体在一定时间、一定地域,除了有生物学意义上的关联之外,还在日常生活中形成错综复杂的社会关系并共同拥有一定的社会生产方式,实现生命活动并构成社会生活主体。这一概念首先强调的是,人口是人的集合体。其次,人口是在不断地变化和发展的,包括人的数量、质量、构成、分布等因素及其变化发展状况。人口的变动包括规模及其他所有要素,如总人口、净增人口、男女人口、城乡人口、迁移人口、各年龄段人口以及出生率、死亡率、自然增长率等各类元素的变动。人口系统是一个具有影响经济、社会、资源与环境的有机整体。作为协调发展系统中最活跃、最积极的要素,人口是协调发展系统的主体和核心要素。而人或者人类又是非常抽象的概念,强调的是与一般动物的区别,没有数量的含义在内,更没有数量变动的含义在内。

在人口学的视野中,人口包含两种属性。其一是自然属性,人口作为有生命活动的个人的总和,有其出生、发育、成长、衰老以及死亡的生命全过程,也有作为生物学规律所支配的自身遗传变异以及全部生理机能。这些个人的自然属性影响和决定着人口的数量和质量,是人口存在和发展的生物基础。其二是社会属性,人是社会生活的主体,每个人都处于一定的社会关系互动过程之中,如生产关系、政治关系、文化关系、民族关系、家庭关系、宗教关系以及由这些关系派生出来的其他社会关系。人口的社会属性是人口区别于生物群体的根本标志。

人口具有质和量两个方面的规定性。人口的数量和质量是不断发展变化的,其变化受生产力和生产关系的影响和制约。人口的数量和质量对社会的发展起促进或延缓的作用,但不是决定社会制度性质和社会变革的主要力量。人口理论认为,人口现象是社会现象,人口过程是社会过程,人口规律是社会规律。

二、资源环境

资源、环境在学术界尚无公认的概念和定论,在不同学科、研究背景下,学者、专家给资源、环境及其之间的关系下了表述不同但内涵相近的概念和定义。环境是指某一特定生物体或生物群体以外的空间,以及直接或间接影响该生物体或生物群体生存的一切事物的总和,环境是针对某一特定主体或中心而言的,是一个相对的概念。环境科学研究认为,人类的环境,包括自然环境和社会经济环境,是围绕着人类的生存与发展,充满各种物质的空间,是人类赖以生存且对人类生产、生活和发展产生直接或间接影响的各种外界事物和力量的总和。在研究人口、资源环境问题时,一般指自然环境,本书亦是如此。自然环境包括气候、空气、阳光、地貌、土壤、水、岩石、动植物、温度等自然因素的总和,是人类目前赖以生存、生产和生活所必需的自然条件、资源的总称。

资源,广义上来讲,是在人类社会经济发展过程中可以用来创造财富的一切有用要素。它既包括天然地存在于自然界的自然资源,如土地、矿产、森林、水资源、海洋资源等,也包括后天通过人类劳动创造而形成的人造资源(即社会资源),如人力资源、技术资源、物质资产、货币资本、人造的与自然资源种类和形态形同或相近的资源等。狭义上来讲,资源一般是指自然资源。由此看出,我们在谈到自然资源和环境的时候,二者在概念和内涵上有相互重叠和包容。一种是资源包括环境,将环境视为一种稀缺的资源,环境也可以叫做环境资源。从资源的角度来看,自然环境可以被作为一种稀缺资源,如自然环境,如森林、草原、矿藏、土地、水资源均是资源。一种是广义的环境概念,认为环境涵盖资源,从环境的角度来说,自然资源,如矿藏、水资源、动植物等为人类的生产和生活提供了基本的条件和基础,自然资源是人类生存和发展的最重要的环境条件。还有一种认知是将环境、资源同等对待,认为二者共同组成完整的自然生态系统,同等重要,缺一不可。鉴于以上理解,本书在此取第三种定义,并列处理资源与环境两个概念,认为资源为人类生产生活提供原料,环境主要受纳各种经济活动的排放物,并且在技术的支持与环保意识的增强基础上,对人类社会做出反馈。

三、协调发展

"协调"一词被广泛运用于实际生活与科学研究之中,是指在尊重客观规律,科学把握各系统及其要素间关系原理的基础上,以实现系统整体演进为目标,依靠有效的运行机制和科学的组织与管理,综合运用各种方法,使具有关联性的多个系统或系统内要素间相互协作、共同进步的一种良性的循环态势和控制过程。

Norgaard于20世纪90年代初首次提出协调发展理论,认为社会与生态系统共同发展起到决定性作用是"反馈环"。杨士弘[①](1992)认为协调发展是"协调"与"发展"两个概念的交集,是系统、系统内部要素之间在和协调、有序、循环的基础上,由简到繁、由低到高、由混乱到和谐的演化过程。王维国[②](1998)认为协调是不同系统之间或不同系统要素之间能够达到相互配合、相互协作、相互促进的状态,是一种良性循环的关系。廖重斌[③](1999)认为协调发展强调的是一种整体性和系统性的发展,是自然界与人类社会之间动态的相对平衡,是生物(包括人、动物、植物)与环境相互适应、不断发展的过程,是生物与环境内在的发展、聚合,是一种在一定约束下的综合发展。王泽兵[④](2005)认为科学的协调发展观实质上包括人与自然、经济、社会的彼此能够协调、和谐的发展。陈秀山(2013)[⑤]认为协调发展是指基于客观规律,以实现人的全面发展为总目标,通过各系统间及系统内部的各组成要素间的协调磨合,使系统及其内部各要素间关系朝着理想状态不断演进的过程。

综合国内外专家、学者关于协调发展的定义,可以对协调发展进行总结、概括,即协调是指不同系统或系统内部不同要素之间合理、有序、循环、发展的关系,是系统之间或要素之间全面可持续发展的保证。发展是不同系统、要素之

---

① 杨士弘:《海南岛旅游气候资源及其开发利用》,《华南师范大学学报(自然科学版)》1992年第1期,第33—40页。

② 王维国:《协调发展的理论与方法研究》,东北财经大学1998年博士论文。

③ 廖重斌:《环境与经济协调发展的定量评判及其分类体系——以珠江三角洲城市群为例》,《热带地理》1999年第2期,第171—178页。

④ 王泽兵:《论构建和谐社会中的协调发展观》,《四川师范大学学报(社会科学版)》2005年第5期,第10—15页。

⑤ 董继红、陈秀山:《西部地区经济增长的效率、动力与协调性分析》,《西南民族大学学报(人文社会科学版)》2013年第1期,第152—156页。

间实现协调的一种演化、进步的过程,是系统或系统内部要素由简到繁、由低到高、由混乱到和谐的动态变化过程。这种协调发展是多元化的发展,是通过相关措施进行约束和调节,达到相互协调、发展的目的,并最终实现目标。

协调发展是一种全面的交互式的发展。在事物协调发展过程中,协调对事物发展方向和进程起到有力的指向性和约束性,发展则对协调产生强有力的推动作用,由此可见,社会这一庞杂系统的协调发展是系统与系统之间、系统内部各要素之间关系复杂、多变的综合发展过程,包括政治、经济、文化、人口、资源、环境等。协调发展同样是可持续发展的前提,人类的可持续发展需要整个人类社会系统中的社会、生态子系统之间的协调发展,所以可持续发展首先要求协调发展。

可持续发展所要求的协调发展是区域、时间、空间、功能、系统要素之间的协调发展,时间上的协调发展是指各个系统或系统要素之间在同一区域的不同发展阶段之间的有着前后延续、传承的发展过程,前一阶段的发展对后一阶段的发展有着助推作用;空间上的协调发展是社会各系统之间在一定区域内相互作用、有序发展,同时不同区域之间也要相互关联、相互促进;功能上的协调发展则是指一定区域、一定时间阶段内,不同系统、要素的功能要在总体发展上有一致的趋向,相互间是一种有序、循环、促进的关系,从而使得不同系统的功能在发展程度上相适应。

四、可持续发展

人类社会始终处于不断发展、进步的过程中,在这个发展过程中,随着人口的增加、科学技术的进步,人类对地球上各种资源过度的开采、消费,对资源、环境的肆意破坏,以及缺乏必要的保护资源、环境的意识与措施,从而造成生态环境急剧恶化,各种资源几近枯竭,最终威胁到了人类自身的生存与发展。解决人类社会面临的生态环境问题,缓解人类社会发展发展与资源环境过度消费、破坏之间的矛盾,已经成为当今世界各国乃至整个人类社会必须面对并解决的问题。在这种背景下,各国开始探索、寻找新的发展战略,已经认识到人类社会的发展是一个长远的发展,不能只顾眼前经济而忽视子孙后代的生存,不能为了发展经济而大肆破坏人类赖以生存的自然生态环境,人类所有的经济、社会活动要在地球生态系统的承载范围之内,以此实现人类经济社会的健康发展。在这个过程中,作为社会主体的人,要在经济、社会的发展中节约资源,杜绝浪费,在生产过程中要提高生产资料的利用效率,提高生产效益,转变经济增长模式,走集约化发展的道路,在保持当代经济、社会不断发展、提升的同时,改善生态环境,降低资源消耗,为子孙后代的发展留下充足的资源。在这转变种经济、社会发展模式的前提下,诞生了可持续发展的理念。

1987 年,由联合国授权成立的联合国世界环境和发展委员会在《我们共同的未来》一书中首次提出“可持续发展”的科学定义:“即可持续发展是一种既要满足当代人的需要,又不对后代人满足其需要构成危害的发展。”该定义具有高度的概括性,表达精炼、简捷、通俗,易于理解、便于引用,同时具有较深厚的感情色彩。这一经典定义很快被各国所接受,并在 1992 年的联合国环境与发展大会上达成最广泛和最高级别的政治承诺。我国对可持续发展的定义进行了有益补充:可持续发展是“不断提高人群生活质量和环境承载能力的、满足当代人需求又不损害子孙后代满足其需求能力的、满足一个地区或一个国家需求又未损害别的地区或国家人群满足其需求能力的发展。”

可持续发展是要求自然资源环境及经济社会的发展具有持续性,其定义的基本要点大致有以下两个方面:一是可持续发展是人类发展的总目标,人们所从事的经济活动和资源环境保护,归根结底是为了满足人类日益增长的各种合理的生产、生活需求,其强调的不仅仅是当代人的需求,还包括子孙后代的需求,从而使得社会不断取得良性发展。因此,发展始终是可持续发展的关键和核心,发展的根本目标是要建立物质文明和精神文明高度发展的社会,离开了发展,可持续无从谈起。二是可持续发展强调社会、经济、资源、环境多因素间的协调性。可持续发展理念认为发展要具有可持续性,其实质是人和自然关系在合理、规范的范围内协调发展,是人口、经济与资源、环境各系统相互协调的持续性发展。从系统论的观点出发,可持续发展是要协调好特定区域内自然经济社会复合系统的组成要素子系统之间的关系与行为,使区域保持和谐、高效、有序、长期的发展能力。

经济、社会、人口、资源、环境等多种要素的协调、促进是可持续发展的关键。经济与社会之间的协调、经济与人口之间的协调、经济与资源环境之间的协调等等都是可持续发展的重要内容。可持续发展作为一个综合的动态发展的系统,它包括经济、社会、人口、资源、环境等等,其目标是经济、社会、人口、资源、环境之间的健康、稳定、持续的发展,而且它不仅是指经济、社会、人口、资源、环境等单一的系统或要素的发展状态，而是指在内部有着统一的、整体的内在联系的运行状态，是要各个系统、要素间的全面协调发展。在发展进程中，可持续发展理论的过程是漫长的，并不是短时间内能够实现的，其不仅要满足当代人的生存、发展的需要，还要满足后代人生存、发展的需要。从可持续发展的区域范围看，可持续发展要求社会经济发展与资源利用和环境保护有整体的、协调的关系，它涉及的不是个别的、局部的问题，而是整体的全局的问题，因此，协调发展已经逐渐被世界各国政府、相关研究机构、专家、学者公认为是处理资源环境和经济社会发展之间关系的唯一选择，是实现人类社会永续发展重要路径，尤其是对于发展中国家，经济社会与资源环境的协调发展是在当今时代实现发展中国家不断发展的必要选择。

各国政府及相关专家、学者们已经对可持续发展、协调发展及相互间的关系有了充分的认识，经济社会与资源环境的协调发展是实现可持续发展重中之重，对实现可持续发展有深远影响。可持续发展的重点是协调各种系统、要素之间的关系，使引人类社会与资源环境之间无序、混乱的发展状态向有序、和谐状态转变。因此，可以说人口、经济、社会与资源、环境的协调发展与人类社会的可持续发展的最终目标是完全一致的。

可持续发展与协调发展既有共同点又相互区别。首先，可持续发展与协调发展在目标上是一致的，都是为了实现经济、社会、人口、资源、环境等与人类生存、发展密切相关的系统、要素之间的有序、和谐、可持续。其次，两种理论的重点又相互区别，可持续发展理论从理论高度的层面着重对更广泛区域、更长时间内人类社会的综合进步、发展进行研究，强调的是在较长的发展时间内实现区域协调、有序发展，而协调发展注重对某一区域内具体的人口、资源、环境等相互间的关系、影响进行研究，所提出的对策建议更有地域特性、时间特性。在运用可持续发展理论与协调发展理论时，要根据研究角度、范围、时间限定的不同而加以区分。

第二节 全面深化研究

可持续发展观的广泛传播与认可，使生态文明，人口与资源、环境，人口与经济、社会发展之间的关系及重要性被世人逐渐深入、理性地认识，从而使得可持续发展成为人口与资源环境关系的重要研究方面。其中既有宏观的、综合性的、理论性的研究,也有针对某一方面的微观研究、以数据为基础的定量研究、方法、技术研究。

从中国古代关于人与自然关系的文献记载来看,我国关于人口、资源环境、协调发展等等的研究其实早在春秋战国时期就已开始,并有代表性很强的人地关系观点。但是,现代意义上的人口与资源、环境协调发展的相关研究则是从20世纪70年代以后开始,研究起步相对较晚。1973年召开了第一次全国环境保护工作会议,可以看作是我国关于生态资源环境保护与研究的开始。早期我国的环保工作主要集中于对自然环境污染的治理,主要研究以技术手段对末端污染进行控制,尚处于治理环境污染的初级技术层面,对人口、经济、社会、资源、环境等之间协调发展的研究较少。在理论上,国内学界提出了环境资源论,人为环境是一种资源,转变了对环境资源认识的"三无"理论,即环境资源是无限的、无价的,因此可以无偿使用,开始认识到资源的有限性及其经济价值、社会价值以及对社会整体发展的推动作用。

从相关研究发展进程上看,我国学者对人口、资源、环境协调发展及相互间关系的研究多在国外相关研究的基础上开展的,开始以定性研究为主,随着我国经济、社会的发展及对生态环境的重视程度日益提高,相关研究已经从我国实际情况出发,逐渐开展理论构建、综合分析与定量研究。综合现阶段国内的研究成果,主要是研究人口与资源环境,人口与经济社会,资源环境与经济社会之间的协调发展关系及人口、资源、环境、经济、社会相互间协调发展的情况等,此外还有大量的对可持续发展、协调发展、生态文明建设的研究,同样与人口、资源、环境密切相关。

综合梳理近几十年来国内相关研究,大体可分为理论研究和实证研究两类。

一、理论研究

首先,是将人口和资源环境分别作为可持续发展系统的两个组成部分分别进行研究。例如,蒋正华①(1999)认为人口过度增长会过度消耗资源,破坏生态环境,影响经济发展。曲格平②(1999)认为,强调改变以往以开发自然资源为导

① 蒋正华:《可持续发展与世界的未来》,《中国软科学》1999年第1期,第3—7页。

② 曲格平:《重视水资源价值研究推动我国水资源保护——简评〈水资源价值论〉》,《中国人口·资源与环境》1999年第2期,第108页。

向的做法，要把重点转向对人力的开发。田雪原[①](2001)认为，适当的人口数量、合理的人口结构、逐步提升的人口质量在特定的历史条件下能够促进人口与资源、环境和经济的协调发展。吴绍礼[②](2002)认为人口、资源、环境及相互间的关系是一个处于不断变化、发展过程中的、开放的自然经济社会系统。

其次，对人口与资环境某个方面的研究。例如，封志明[③](2007)主要研究人口与环境污染、人口活动与资源减少、人口与土地利用、耕地面积变动及粮食生产安全内容，并提出了相应的对策建议。于清涛(2009)探究了人口与资源、环境的相互作用机制。谢武贵[④](2011)利用耦合度函数对湖南人口结构与经济构建耦合度函数进行测度，结合对湖南省人口结构状况的分析，得出湖南总体人口结构与经济发展耦合度良好的结论。潘艳辉(2013)对民勤绿洲边缘区内人口和资源环境协调发展进行了实证研究，提出应调整产业结构、建立生态补偿模式和生态治理机制来实现人口增长和环境资源的协调发展。

第三，对人口与资源环境协调发展评价体系的研究。此方面的研究较多，但不成熟，主因是人口与资源环境系统涉及内容较多，单一指标难以全面反映；而合成指标在不同学者的分析研究下产生不同的研究结果，可信度较低。大部分相关专家、学者通过构建协调发展模型，测度、分析人口、资源、环境、经济、社会的协调发展程度。例如，刘小林[⑤](2007)设计、建立了人口、资源、环境、经济系统的指标体系，以主成分分析法对区域人口、资源、环境、经济的协调发展进行定量评价。齐晓娟(2008)通过构建人口、经济及资源环境协调发展的模型，用多指标综合评价的方法对西北五省人口、资源、环境和经济、社会协调发展的情况进行定量分析。王松全[⑥](2008)将人口、环境、资源、经济、社会纳入协调发展指标体系，以主成分分析法对宁夏的人口、经济、社会、环境、资源的协调发展

---

① 田雪原：《人口、资源、环境可持续发展宏观与决策选择》，《人口研究》2001年第4期，第1—11页。

② 吴绍礼：《21世纪中国可持续发展的对策》，《生态经济》2002年第4期，第28—29页。

③ 封志明：《中国未来人口发展的粮食安全与耕地保障》，《人口研究》2007年第2期，第15—29页。

④ 谢武贵：《湖南人口结构均衡度与经济发展的耦合协调度研究》，湖南大学2011年硕士论文。

⑤ 刘小林：《区域人口、资源、环境与经济系统协调发展的定量评价》，《统计与决策》2007年第1期，第64—65页。

⑥ 王松全：《区域人口、资源、环境、经济与社会可持续发展的评价研究》，首都经济贸易大学2008年硕士论文。

进行了评价、研究。李强谊(2013)扩展人口、资源环境与经济两两之间的协调模型为三者协调发展模型,对新疆人口、资源、环境、经济之间的协调发展现状和趋势进行了评价,并有针对性地提出了相应的对策与建议。胡春春[①](2013)运用因子分析法和回归分析法,建立人口、资源环境与经济价指标体系与相应的协调发展模型,分析、研究了广东省人口、资源环境、经济、社会之间协调发展程度的问题等等。

二、实证研究

张国平、刘纪远(2006)运用 GIS 地理数据信息系统及遥感技术从方法、技术层面分析了人口对森林资源破坏的原因及建设、保护的作用。吴文恒、牛叔文[②](2006)等人通过建立协调发展度模型,结合主成分分析法,全面、系统研究、分析了我国 1985 年到 2004 年近 20 年的人口与资源、环境的演进态势。刘月兰、吴文娟[③](2013)采用主成分分析法,用模糊隶属函数对人口自身系统、资源环境系统和社会经济系统各指标赋值,对新疆人口、经济社会和资源环境进行定量分析。陈婷怡[④](2013)的《成都市构建人口均衡型社会的实证分析》通过实证研究论述了成都、北京两市人口与资源环境在协调发展过程中的相互制约与促进的内在作用机制。王莹莹[⑤](2014)通过分析 2000 年到 2010 年北京市人口和资源环境的协调程度构建了人口和资源环境评估指标体系,认为北京市人口和资源环境之间的协调程度逐渐好转。

---

① 胡春春:《人口、资源环境与经济系统协调性的测度研究》,《商业时代》2013 年第 20 期,第 8—11 页。

② 吴文恒、牛叔文:《中国人口与资源环境耦合的演进分析》,《自然资源学报》2006 年第 6 期,第 853—861 页。

③ 刘月兰、吴文娟:《新疆人口与资源环境以及社会经济耦合协调状况评价》,《资源与产业》2013 年第 3 期,第 139—144 页。

④ 陈婷怡:《成都市构建人口均衡型社会的实证分析》,西南财经大学 2013 年硕士论文。

⑤ 童玉芬、王莹莹:《中国城市人口与雾霾:相互作用机制路径分析》,《北京社会科学》2014 年第 5 期,第 4—10 页。

第二章　西北区域人口与资源环境协调发展状况及特征

第一节　人口状况及特征

一、人口基本状况

1. 陕西省人口基本状况

如表1所示,陕西省年年末总人口从20世纪70年代末到2019年呈现逐步增长的趋势,增长率为28.30%。按性别分类的视角分析,其中,从1978—2019年期间,男性人口的平均占比为51.85%,女性人口的平均占比为48.15%,且在此期间男性人口占比持续性高于女性人口。值得关注的是,男性人口数在2000年之前的增长率要高于2000年以后的增长率。女性人口数在2000年以前的数量呈现出持续增加的趋势,1999年达到最大值,2000年女性人口数出现断崖式下降,之后又逐渐上升,到2019年女性人口数达到最大,和1997年的水平相当。但从城乡分类视角来看,从1978—1999年期间,城镇人口数呈现逐步增加的趋势,但值得关注的是,到1999年后,城镇人口呈现断崖式下降,且从2000年开始一直到2019年,城镇人口又从一个比较低的数值开始逐步增长,到2019年,城镇人口数又增加到1997年至1998年之间的数量。1978年至1983年间,乡村人口数基本保持一个稳定的水平,但到1984年,农村人口数急剧下降,保持一个较低的数值,至2000年开始,又逐渐增加。人口数量的动态变化不仅与国家计划生育政策紧密相关,可能还与社会经济的发展存在多种联系,需要进一步的研究。陕西省人口增长率在此期间基本呈现持续下降的趋势。

从20世纪90年代到2019年,陕西省15—64岁阶段人口较0—14岁阶段和65岁以上阶段所占比重有较大的差异,是陕西省各年龄段人口的重点人群,需重点关注。在此期间,0—14岁人口所占比重平均为21.12%, 15—64岁人口

表1 陕西省人口基本情况

单位:万人;%

年份	年末总人口	按性别分				按城乡分				人口自然增长率
		男		女		城镇		乡村		
		人口数	比重	人口数	比重	人口数	比重	人口数	比重	
1978	2 779	1 444	51.96	1 335	48.04	454	—	2 325	—	—
1979	2 807	1 456	51.87	1 351	48.13	469	—	2 339	—	—
1980	2 831	1 468	51.85	1 363	48.15	522	—	2 309	—	—
1981	2 865	1 486	51.87	1 379	48.13	535	—	2 329	—	—
1982	2 904	1 507	51.89	1 397	48.11	548	—	2 356	—	—
1983	2 931	1 525	52.03	1 406	47.97	577	—	2 354	—	—
1984	2 966	1 546	52.12	1 420	47.88	1 111	—	1 865	—	—
1985	3 002	1 566	52.17	1 436	47.83	1 167	—	1 834	—	—
1986	3 042	1 588	52.20	1 454	47.80	1 203	—	1 839	—	—
1987	3 088	1 613	52.23	1 476	47.80	1 244	—	1 844	—	—
1988	3 140	1 640	52.23	1 500	47.77	1 405	—	1 735	—	—
1989	3 198	1 671	52.25	1 527	47.75	1 438	—	1 759	—	—
1990	3 316	1 727	52.08	1 589	47.92	1 501	—	1 815	—	16.96
1991	3 363	1 754	52.16	1 609	47.84	1 539	—	1 824	—	13.31
1992	3 405	1 777	52.19	1 628	47.81	1 576	—	1 829	—	12.28
1993	3 443	1 799	52.25	1 644	47.75	1 654	—	1 789	—	11.08
1994	3 481	1 819	52.26	1 662	47.74	1 668	—	1 813	—	10.99
1995	3 513	1 836	52.26	1 677	47.74	1 738	—	1 775	—	9.36
1996	3 543	1 842	51.99	1 701	48.01	1 939	—	1 604	—	8.48
1997	3 570	1 866	52.27	1 704	47.73	2 279	—	1 291	—	7.62
1998	3 596	1 879	52.25	1 717	47.75	2 547	—	1 049	—	7.13
1999	3 618	1 892	52.29	1 726	47.71	2 593	—	1 025	—	6.13
2000	3 644	1 896	52.03	1 748	47.97	1 176	32.27	2 468	67.73	6.14
2001	3 653	1 879	51.44	1 774	48.56	1 228	33.62	2 425	66.38	4.16
2002	3 662	1 882	51.39	1 780	48.61	1 268	34.63	2 394	65.37	4.12

（续表）

年份	年末总人口	按性别分				按城乡分				人口自然增长率
		男		女		城镇		乡村		
		人口数	比重	人口数	比重	人口数	比重	人口数	比重	
2003	3 672	1 883	51.28	1 789	48.72	1 305	35.54	2 367	64.46	4.29
2004	3 681	1 893	51.43	1 788	48.57	1 338	36.35	2 343	63.65	4.26
2005	3 690	1 899	51.46	1 791	48.54	1 374	37.24	2 316	62.76	4.01
2006	3 699	1 902	51.42	1 797	48.58	1 447	39.12	2 252	60.88	4.04
2007	3 708	1 906	51.40	1 802	48.60	1 506	40.62	2 202	59.38	4.05
2008	3 718	1 911	51.40	1 807	48.60	1 565	42.10	2 153	57.90	4.08
2009	3 727	1 916	51.41	1 811	48.59	1 621	43.50	2 106	56.50	4.00
2010	3 735	1 930	51.67	1 805	48.33	1 707	45.70	2 028	54.30	3.72
2011	3 743	1 931	51.58	1 812	48.42	1 770	47.30	1 973	52.70	3.69
2012	3 753	1 938	51.65	1 815	48.35	1 877	50.02	1 876	49.98	3.88
2013	3 764	1 944	51.64	1 820	48.36	1 931	51.31	1 833	48.69	3.86
2014	3 775	1 949	51.62	1 826	48.38	1 985	52.57	1 790	47.43	3.87
2015	3 793	1 958	51.63	1 835	48.37	2 045	53.92	1 748	46.08	3.82
2016	3 813	1 969	51.65	1 844	48.35	2 110	55.34	1 703	44.66	4.41
2017	3 835	1 980	51.63	1 855	48.37	2 178	56.79	1 657	43.21	4.87
2018	3 864	1994	51.60	1 870	48.40	2 246	58.13	1 618	41.87	4.43
2019	3 876	2 000	51.60	1 876	48.40	2 304	59.43	1 572	40.57	4.27

说明：2001—2009 年数据根据 2010 年人口普查进行了修正。
来源：陕西省统计年鉴(2020 年)。

所占比重平均为 70.92%，65 岁人口所占比重平均为 7.97%。值得关注的是，0—14 岁人口所占比重在此期间呈现逐渐下降的趋势，15—64 岁人口所占比重呈现逐渐增加的趋势，65 岁以上人口所占比重也呈现逐渐上升的趋势，一定程度上反映出人口老龄化逐渐加剧的态势，将会导致一系列的社会问题。1990 年至 2019 年，陕西人口总抚养比总体呈现逐渐下降的趋势，平均总抚养比为 41.21%，抚养比从 1990 年到 2019 年降低 30.11%。在此期间，少年儿童抚养比呈现持续下降的趋势,总体下降比率明显;老年人口抚养比呈现逐步上升的趋势,但上升比率保持在一个比较低的幅度。结合各年龄段人口比重的分析,陕西省在此期间人口老龄化趋势明显,在社会管理政策中需要关注老龄化人群的社会保险、养老院建设等一系列配套设施的发展问题。人口问题始终是我国社会经济发展高度关注的问题,人口结构和分布的动态变化的精准把握和识别是至关重要的。

表 2 陕西省人口年龄结构和抚养比

年份	各年龄段人口比重(%)			总抚养比	少年儿童抚养比	老年人口抚养比
	0—14 岁	15—64 岁	65 岁以上			
1953	36.71	59.25	4.04	68.78	61.96	6.82
1964	41.26	55.23	3.51	81.06	74.71	6.35
1982	33.06	62.40	4.57	60.30	52.98	7.32
1990	28.88	65.98	5.15	51.57	43.77	7.80
1991	30.21	64.07	5.72	56.08	47.15	8.93
1992	30.15	64.19	5.66	55.78	46.96	8.82
1993	29.30	65.09	5.61	53.64	45.02	8.62
1994	28.31	66.43	5.26	50.53	42.62	7.91
1995	28.88	65.40	5.72	52.90	44.16	8.74
1996	28.90	65.11	6.00	53.59	44.38	9.21
1997	27.63	66.52	5.85	50.33	41.54	8.79
1998	27.15	66.15	6.70	51.16	41.04	10.12
1999	26.28	66.58	7.14	50.21	39.48	10.73
2000	25.02	69.04	5.94	44.84	36.24	8.60
2001	24.49	68.78	6.73	45.39	35.61	9.78
2002	22.35	69.64	8.01	43.60	32.09	11.51
2003	20.90	71.35	7.75	40.15	29.29	10.86
2004	19.81	72.54	7.65	37.86	27.31	10.55
2005	19.76	71.66	8.58	39.55	27.57	11.97
2006	18.70	72.70	8.60	37.55	25.72	11.83
2007	18.13	72.91	8.96	37.16	24.87	12.29

（续表）

年份	各年龄段人口比重(%)			总抚养比	少年儿童抚养比	老年人口抚养比
	0—14 岁	15—64 岁	65 岁以上			
2008	17.75	73.28	8.97	36.46	24.22	12.24
2009	17.05	73.84	9.11	35.43	23.09	12.34
2010	14.71	76.76	8.53	30.27	19.16	11.11
2011	14.55	76.74	8.71	30.31	18.96	11.35
2012	14.42	76.61	8.97	30.53	18.82	11.71
2013	14.30	76.27	9.43	31.11	18.75	12.36
2014	14.10	75.93	9.97	31.70	18.57	13.13
2015	14.11	75.78	10.11	31.96	18.62	13.34
2016	14.13	75.51	10.36	32.43	18.71	13.72
2017	14.34	74.86	10.80	33.58	19.16	14.43
2018	14.50	74.12	11.38	34.92	19.56	15.35
2019	14.65	73.51	11.84	36.04	19.93	16.11

2. 甘肃省人口基本状况

如表 3 所示，甘肃省 1978—2019 年间年末总人口总体呈现逐渐增加的趋势，在此期间年末总人口平均数为 2 372.55 人，从 1978 年到 2019 年间期间年末总人口增长率为 30.49%。从按性别分类的视角出发可以看出，男生和女生人数在此期间基本保持一个稳定的比重，但男生人口比重始终高于女生人口数的比重。从按城乡分类的视角来看，城镇人口数在此期间持续呈现增加的趋势，从 1978 年至 2019 年，城镇人口数增长率为 79.04%，在此期间伴随医疗、教育、卫生等资源在城市的日渐集中，我国城镇化的步伐逐渐加快，大批量的乡村人口开始转向城市，造成城镇人口急剧上升。乡村人口在 2009 年之前呈现逐渐增加的趋势，但增长幅度不大，但可以看出 2010 年以后乡村人口数又呈现逐渐下降的趋势，到 2019 年又减少到 2000 年之前的人口数量水平；乡村人口数所占比重持续性的高于城镇人口所占比重。在此期间，甘肃省人口自然增长率呈现持续的下降趋势，一是计划生育效果明显，二是伴随我国社会经济的快速发展，网络的快速发展，大量的年轻人逐渐不再接受传统观念的束缚，独生子女比重逐渐升高。

表3　甘肃省人口构成及自然增长率

单位:万人;%

年份	年末总人口	按性别分				按城乡分				人口自然增长率
		男		女		城镇		乡村		
		人口数	比重	人口数	比重	人口数	比重	人口数	比重	
1978	1 870.05	965.88	51.65	904.17	48.35	269.44	14.41	1 600.61	85.59	11.90
1979	1 893.79	977.39	51.61	916.40	48.39	279.89	14.78	1 613.90	85.22	
1980	1 918.43	989.72	51.59	928.71	48.41	290.65	15.15	1 627.78	84.85	11.38
1981	1 941.40	1 004.29	51.73	937.11	48.27	304.72	15.70	1 636.68	84.30	
1982	1 974.88	1 021.41	51.72	953.47	48.28	305.83	15.49	1 669.05	84.51	
1983	1 999.84	1 034.52	51.73	965.32	48.27	324.91	16.25	1 674.93	83.75	
1984	2 025.88	1 047.58	51.71	978.30	48.29	345.18	17.04	1 680.70	82.96	
1985	2 052.89	1 063.19	51.79	989.70	48.21	366.71	17.86	1 686.18	82.14	12.85
1986	2 085.39	1 078.36	51.71	1 007.03	48.29	389.58	18.68	1 695.81	81.32	15.23
1987	2 115.73	1 093.41	51.68	1 022.32	48.32	413.88	19.56	1 701.85	80.44	14.84
1988	2 148.15	1 110.38	51.69	1 037.77	48.31	439.69	20.47	1 708.46	79.53	15.35
1989	2 184.86	1 128.92	51.67	1 055.94	48.33	467.12	21.38	1 717.74	78.62	16.97
1990	2 254.67	1 151.95	51.09	1 102.72	48.91	496.25	22.01	1 758.42	77.99	14.60
1991	2 284.92	1 180.85	51.68	1 104.07	48.32	508.76	22.27	1 776.16	77.73	13.33
1992	2 314.19	1 197.59	51.75	1 116.60	48.25	521.59	22.54	1 792.60	77.46	12.73
1993	2 345.23	1 194.25	50.92	1 150.98	49.08	534.75	22.80	1 810.48	77.20	13.32
1994	2 387.25	1 222.27	51.20	1 164.98	48.80	548.23	22.96	1 839.02	77.04	13.98
1995	2 437.95	1 256.49	51.54	1 181.46	48.46	562.06	23.05	1 875.89	76.95	14.16
1996	2 466.86	1 276.67	51.75	1 190.19	48.25	572.07	23.19	1 894.79	76.81	11.79
1997	2 494.20	1 278.57	51.26	1 215.63	48.74	582.26	23.34	1 911.94	76.66	11.02
1998	2 519.37	1 289.16	51.17	1 230.21	48.83	592.63	23.52	1 926.74	76.48	10.04
1999	2 542.58	1 292.05	50.82	1 250.53	49.18	603.18	23.72	1 939.40	76.28	9.17
2000	2 515.31	1 303.69	51.83	1 211.62	48.17	603.93	24.01	1 911.38	75.99	7.97
2001	2 523.35	1 307.85	51.83	1 215.50	48.17	618.47	24.51	1 904.88	75.49	7.15
2002	2 530.76	1 311.95	51.84	1 218.81	48.16	656.99	25.96	1 873.77	74.04	6.71

（续表）

年份	年末总人口	按性别分				按城乡分				人口自然增长率
		男		女		城镇		乡村		
		人口数	比重	人口数	比重	人口数	比重	人口数	比重	
2003	2 537.19	1 313.00	51.75	1 224.19	48.25	694.68	27.38	1 842.51	72.62	6.12
2004	2 541.48	1 314.45	51.72	1 227.03	48.28	727.12	28.61	1 814.36	71.39	5.91
2005	2 545.10	1 309.20	51.44	1 235.90	48.56	764.04	30.02	1 781.06	69.98	6.02
2006	2 546.79	1 308.54	51.38	1 238.25	48.62	791.80	31.09	1 754.99	68.91	6.24
2007	2 548.19	1 308.50	51.35	1 239.69	48.65	804.97	31.59	1 743.22	68.41	6.49
2008	2 550.88	1 309.11	51.32	1 241.77	48.68	820.11	32.15	1 730.77	67.85	6.54
2009	2 554.91	1 310.16	51.28	1 244.75	48.72	834.18	32.65	1 720.73	67.35	6.61
2010	2 559.98	1 307.64	51.08	1 252.34	48.92	924.66	36.12	1 635.32	63.88	6.03
2011	2 564.19	1 309.02	51.05	1 255.17	48.95	952.60	37.15	1 611.59	62.85	6.05
2012	2 577.55	1 316.87	51.09	1 260.68	48.91	998.80	38.75	1 578.75	61.25	6.06
2013	2 582.18	1 318.72	51.07	1 263.46	48.93	1 036.23	40.13	1 545.95	59.87	6.08
2014	2 590.78	1 322.85	51.06	1 267.93	48.94	1 079.84	41.68	1 510.94	58.32	6.10
2015	2 599.55	1 326.81	51.04	1 272.74	48.96	1 122.75	43.19	1 476.80	56.81	6.21
2016	2 609.95	1 331.86	51.03	1 278.09	48.97	1 166.39	44.69	1 443.56	55.31	6.00
2017	2 625.71	1 339.64	51.02	1 286.07	48.98	1 218.07	46.39	1 407.64	53.61	6.02
2018	2 637.26	1 345.27	51.01	1 291.99	48.99	1 257.71	47.69	1 379.55	52.31	4.42
2019	2 647.43	1 350.19	51.00	1 297.24	49.00	1 283.74	48.49	1 363.69	51.51	3.85

说明：1. 1981年及以前数据为户籍统计数；1982、1990、2000、2010年数据为当年人口普查数据推算数，其余年份数据为年度人口抽样调查推算数据（下表同）。

2. 2000年及以后数据为常住人口口径。

来源：甘肃省统计年鉴（2020年）。

3. 宁夏回族自治区人口基本状况

如表4所示，宁夏回族自治区年末总户数和总人口数从20世纪50年代初到2019年呈现逐步增长的趋势，增长率分别为92.69%和45.15%；其中，从1950—2019年期间，男性人口的平均占比为51.49%，女性人口的平均占比为48.51%，且在此期间男性人口占比持续性的高于女性人口；总户数也是呈现逐

表 4　宁夏回族自治区人口结构及自然增长率

单位:万人;%

年份	总户数	总人口数(人)					平均每户人数:人/户	性别比(女=100)	自然增长率
		合计	男		女				
			人数	比重	人数	比重			
1950	224 904	1 259 619	663 298	52.66	596 321	47.34	5.60	111.23	19.74
1953	279 719	1 510 483	802 139	53.10	708 344	46.90	5.40	113.24	20.63
1958	334 349	1 935 163	1 034 493	53.46	900 670	46.54	5.90	114.86	24.34
1960	399 445	2 130 316	1 153 050	54.13	977 266	45.87	5.33	117.99	2.68
1 965	441 086	2 267 851	1 191 628	52.54	1 076 223	47.46	5.14	110.72	38.79
1970	519 067	2 773 480	1 442 033	51.99	1 331 447	48.01	5.34	108.31	33.94
1975	613 969	3 279 228	1 703 021	51.93	1 576 207	48.07	5.34	108.05	28.73
1978	667 996	3 555 828	1 841 668	51.79	1 714 160	48.21	5.32	107.44	23.02
1980	699 614	3 737 169	1 930 280	51.65	1 806 889	48.35	5.33	106.83	20.24
1985	808 315	4 146 215	2 137 278	51.55	2 008 937	48.45	5.13	106.39	13.30
1990	1 009 078	4 656 774	2 396 934	51.47	2 259 840	48.53	4.61	106.07	18.82
1995	1 195 094	5 123 845	2 632 599	51.38	2 491 246	48.62	4.29	105.67	13.79
1996	1 235 188	5 212 099	2 679 993	51.42	2 532 106	48.58	4.22	105.84	13.78
1997	1 271 075	5 289 401	2 717 756	51.38	2 571 645	48.62	4.16	105.68	13.47
1998	1 320 085	5 365 666	2 754 769	51.34	2 610 897	48.66	4.06	105.51	13.08
1999	1 354 786	5 432 891	2 784 706	51.26	2 648 185	48.74	4.01	105.16	12.32
2000	1 406 024	5 543 214	2 839 607	51.23	2 703 607	48.77	3.94	105.10	11.92
2001	1 442 585	5 632 211	2 889 481	51.30	2 742 730	48.70	3.90	105.35	11.71

（续表）

年份	总户数	总人口数(人)					平均每户人数：人/户	性别比（女=100）	自然增长率
		合计	男		女				
			人数	比重	人数	比重			
2002	1 474 654	5 715 376	2 928 132	51.23	2 787 244	48.77	3.88	105.05	11.56
2003	1 521 845	5 801 912	2 976 411	51.30	2 825 501	48.70	3.81	105.34	10.95
2004	1 571 951	5 877 142	3 018 099	51.35	2 859 043	48.65	3.74	105.56	11.18
2005	1 672 299	5 962 029	3 056 766	51.27	2 905 263	48.73	3.57	105.21	10.98
2006	1 661 191	6 037 305	3 090 722	51.19	2 946 583	48.81	3.63	104.89	10.69
2007	1 784 141	6 102 518	3 117 717	51.09	2 984 801	48.91	3.42	104.45	9.76
2008	1 828 332	6 176 939	3 153 651	51.06	3 023 288	48.94	3.38	104.31	9.69
2009	1 881 371	6 252 023	3 186 039	50.96	3 065 984	49.04	3.32	103.92	9.68
2010	1 954 859	6 329 550	3 243 333	51.24	3 086 217	48.76	3.24	105.09	9.04
2011	1 974 083	6 394 549	3 268 409	51.11	3 126 140	48.89	3.24	104.55	8.97
2012	1 967 107	6 471 908	3 285 843	50.77	3 186 065	49.23	3.29	103.13	8.93
2013	2 020 910	6 541 938	3 345 073	51.13	3 196 865	48.87	3.24	104.64	8.62
2014	2 098 986	6 615 376	3 380 740	51.10	3 234 636	48.90	3.15	104.52	8.57
2015	2 104 841	6 678 778	3 403 742	50.96	3 275 036	49.04	3.17	103.93	8.04
2016	2 117 674	6 748 957	3 432 634	50.86	3 316 323	49.14	3.19	103.51	8.97
2017	2 187 675	6 817 873	3 440 793	50.47	3 377 080	49.53	3.12	101.89	8.69
2018	2 219 867	6 881 123	3 469 530	50.42	3 411 593	49.58	3.10	101.70	7.78
2019	2 309 650	6 946 601	3 501 887	50.41	3 444 714	49.59	3.01	101.66	8.03

来源：宁夏回族自治区统计年鉴。

步增加的趋势,平均每户为 4.1 人。但值得关注的是,到 1985 年后,平均每户人数出现下降,从 2000 年开始平均每户人数出现断崖式下降,且从这以后年平均每户人数均低于总的平均每户人数;从 1950—2019 年期间,随着社会的进步,国家政策的引导,人们的思想也愈发开放,不再受限于传统观念(男孩传宗接代)的束缚,男孩女孩一样的观念深入人心,虽然男性人口均仍多于女性人口,但性别比表现出持续下降的趋势。人口自然增长率从 1980 年之后表现出持续下降的趋势,到 2018 年降到最低数值,即为 7.78%,人口自然增长率的平均值为 14.01%。人口数量的动态变化不仅与国家计划生育政策紧密相关,可能还与社会经济的发展存在多种联系,需要进一步的研究。

4. 青海省人口基本状况

如表 5 所示,青海省年末常住人口从上世纪 80 年代初到 2019 年呈现逐步增长的趋势,增长率为 54.74%;其中,从 1982—2019 年期间,男性人口的平均占比为 51.04%,女性人口的平均占比为 48.96%,且在此期间男性人口占比持续性的高于女性人口。从城乡分类视角来看,从 1982—2019 年期间,城镇人口数呈现逐步增加的趋势,城镇人口平均占比为 40.36%,乡村人口平均占比为 59.64%;但值得关注的是,从 1982—2014 年,城镇人口数均是小于乡村人口数的,到 2014 年后市镇人口数量超过了乡村人口数量。1982 至 2019 年间,人口自然增长率呈现逐步减少的趋势,平均值为 11.05%。人口数量的动态变化不仅与国家计划生育政策紧密相关,可能还与社会经济的发展存在多种联系。

表 5　青海省人口结构及自然增长率

单位:万人;%

年份	年末常住人口	按性别分		按城乡分		人口自然增长率
		男	女	市镇	乡村	
1982	392.79	201.92	190.87	79.82	312.97	—
1990	447.66	229.36	218.30	153.22	294.44	16.87
1991	454.43	232.80	221.63	155.11	299.32	15.02
1992	461.02	235.95	225.07	157.34	303.68	14.40
1993	466.70	238.95	227.75	158.04	308.66	12.24
1994	474.00	242.74	231.26	160.90	313.10	15.24
1995	481.20	246.37	234.83	163.13	318.07	15.12

（续表）

年份	年末常住人口	按性别分		按城乡分		人口自然增长率
		男	女	市镇	乡村	
1996	488.30	250.01	238.29	166.93	321.37	14.69
1997	495.60	252.76	242.84	171.94	323.66	14.85
1998	502.80	252.13	250.67	174.18	328.62	14.48
1999	509.80	259.29	250.51	176.33	333.47	13.90
2000	516.50	267.03	249.47	179.54	336.96	13.10
2001	523.10	266.09	257.01	190.00	333.10	12.62
2002	528.60	271.12	257.48	199.16	329.44	11.70
2003	533.80	272.33	261.47	203.80	330.00	10.85
2004	538.60	276.43	262.17	207.51	331.09	9.87
2005	543.20	277.58	265.62	213.21	329.99	9.49
2006	547.70	278.52	269.18	215.02	332.68	8.97
2007	551.60	279.50	272.10	221.02	330.58	8.80
2008	554.30	279.33	274.97	226.49	327.81	8.35
2009	557.30	280.26	277.04	233.51	323.79	8.32
2010	563.47	291.79	271.68	251.98	311.49	8.63
2011	568.17	287.55	280.62	262.62	305.55	8.31
2012	573.17	294.94	278.23	271.92	301.25	8.24
2013	577.79	292.65	285.14	280.30	297.49	8.03
2014	583.42	297.19	286.23	290.40	293.02	8.49
2015	588.43	300.28	288.15	295.98	292.45	8.55
2016	593.46	302.43	291.03	306.40	287.06	8.52
2017	598.38	303.62	294.76	317.54	280.84	8.25
2018	603.23	309.46	293.77	328.57	274.66	8.06
2019	607.82	311.81	296.01	337.48	270.34	7.58

来源：青海省统计年鉴。

如表 6 所示,青海省人口总数从 20 世纪 90 年代初到 2019 年呈现逐步增长的趋势,增长率为 35.78%;年龄组分中,从 1990—2019 年期间,0—14 岁人口数的平均比重为 22.58%, 15—64 岁人口数的平均比重为 71.07%, 65 岁及以上人口数的平均比重为 6.35%;新生人口比重呈现一个降低的趋势,老龄人口呈现一个增加的趋势。从 1990—2019 年期间,总抚养比的平均值为 40.81%,少儿抚养比的平均值为 31.91%,老年抚养比的平均值为 8.90%;其中,总抚养比和少儿抚养比呈现一个减小的趋势,老年抚养比呈现一个增长的趋势。

表 6 青海省人口年龄结构和抚养比概况

单位:万人;%

年份	总人口	按年龄组分						总抚养比	少儿抚养比	老年抚养比
		0—14 岁		15—64 岁		65 岁及以上				
		人口数	比重	人口数	比重	人口数	比重			
1990	447.66	137.66	30.75	296.26	66.18	13.74	3.07	51.10	46.47	4.64
2000	516.50	138.69	26.85	354.25	68.59	23.56	4.56	45.80	39.15	6.65
2001	523.10	141.18	26.99	356.23	68.10	25.68	4.91	46.84	39.63	7.21
2002	528.60	136.38	25.80	363.36	68.74	28.86	5.46	45.48	37.53	7.94
2003	533.80	131.53	24.64	370.88	69.48	31.39	5.88	43.93	35.46	8.46
2004	538.60	125.60	23.32	381.27	70.79	31.72	5.89	41.26	32.94	8.32
2005	543.20	130.75	24.07	379.64	69.89	32.81	6.04	43.08	34.44	8.64
2006	547.70	128.93	23.55	386.18	70.51	32.59	5.95	41.83	33.39	8.44
2007	551.60	125.88	22.82	391.64	71.00	34.09	6.18	40.85	32.14	8.70
2008	554.30	123.50	22.28	395.66	71.38	35.14	6.34	40.10	31.21	8.88
2009	557.30	121.60	21.82	399.40	71.67	36.30	6.51	39.53	30.45	9.09
2010	563.47	117.88	20.92	410.09	72.78	35.50	6.30	37.40	28.74	8.66
2011	568.17	119.09	20.96	412.72	72.64	36.36	6.40	37.67	28.85	8.81
2012	573.17	116.75	20.37	418.13	72.95	38.29	6.68	37.08	27.92	9.16
2013	577.79	116.19	20.11	421.79	73.00	39.81	6.89	36.99	27.55	9.44
2014	583.42	117.03	20.06	424.79	72.81	41.60	7.13	37.34	27.55	9.79

（续表）

年份	总人口	按年龄组分						总抚养比	少儿抚养比	老年抚养比
		0—14 岁		15—64 岁		65 岁及以上				
		人口数	比重	人口数	比重	人口数	比重			
2015	588.43	117.10	19.90	427.97	72.73	43.37	7.37	37.49	27.36	10.13
2016	593.46	117.51	19.80	431.21	72.66	44.75	7.54	37.63	27.25	10.38
2017	598.38	118.30	19.77	433.35	72.42	46.73	7.81	38.08	27.30	10.78
2018	603.23	119.20	19.76	435.53	72.20	48.50	8.04	38.50	27.37	11.14
2019	607.82	119.80	19.71	437.51	71.98	50.51	8.31	38.93	27.38	11.54

5. 新疆维吾尔自治区人口基本状况

如表 7 所示，新疆维吾尔自治区年末总人口从 20 世纪 70 年代末到 2019 年呈现逐步增长的趋势，增长率为 10.46％；其中，从 1978—2019 年期间，男性人口的平均占比为 51.00％，女性人口的平均占比为 49.00％，1978—2017 年期间男性人口占比持续性的高于女性人口，2018 年和 2019 年女性人口占比高于男性人口占比。从城乡分类视角来看，从 1978—2019 年期间，城镇人口数呈现逐步增加的趋势，但值得关注的是，从 1985—1995 年城镇人口表现出一个较大的增长波动。1978 年至 2019 年间，乡村人口数呈现一个逐步降低的趋势，在 1985—1995 年乡村人口表现出一个较大的降低波动。乡村人口比重平均值为 58.98％，城镇人口比重平均值为 41.02％，乡村人口比重大于城镇人口比重。人口自然增长率的平均值为 10.48％，其中，2018 年开始人口自然增长率出现了断崖式的下降，均小于人口自然增长率的平均值。

二、人口现状特征

1. 人口增长率居全国第一，总人口比重不断上升

新中国成立之初，西北地区总人口只有 2 986 万人，经过六十余年的发展，2016 年总人口已经达到 10 089 万人，增长 3.38 倍，年平均增长速度达到 2.02％。1949 年以来，西北地区的人口增长可以划分为三个阶段：1949—1980 年人口年均增长率高达 2.68％，高出全国同期水平 0.73 个百分点；1981—1991 年人口快速增长势头得到一定程度的遏制，年均增长率下降到 1.69％，仍高于全国同期水平 0.22 个百分点；1992—2016 年人口增长速度进一步下降，年平均

表 7　新疆维吾尔自治区人口结构

单位：万人；%

年份	年末总人口	按性别分				按城乡分				人口自然增长率
		男		女		城镇人口		乡村人口		
		人口数	比重	人口数	比重	人口数	比重	人口数	比重	
1978	1 233.01	630.18	51.11	602.83	48.89	321.40	26.07	911.61	73.93	
1980	1 283.24	654.90	51.03	628.34	48.97	372.74	29.05	910.50	70.95	
1985	1 361.14	696.81	51.19	664.33	48.81	582.24	42.78	778.90	57.22	
1990	1 529.16	785.06	51.34	744.10	48.66	685.96	44.86	843.20	55.14	
1995	1 661.35	848.12	51.05	813.23	48.95	822.53	49.51	838.82	50.49	
2000	1 849.41	957.07	51.75	892.34	48.25	624.18	33.75	1 225.20	66.25	12.17
2001	1 876.19	954.23	50.86	921.96	49.14	633.21	33.75	1 243	66.25	11.13
2002	1 905.19	975.46	51.20	929.73	48.80	644.72	33.84	1 260.50	66.16	10.87
2003	1 933.95	994.24	51.41	939.71	48.59	665.11	34.39	1 268.80	65.61	10.78
2004	1 963.11	1 008.02	51.30	955.09	48.70	690.11	35.15	1 273	64.85	10.91
2005	2 010.35	1 029.70	51.22	980.65	48.78	746.85	37.15	1 263.50	62.85	11.38
2006	2 050	1 050.01	51.22	999.99	48.78	777.77	37.94	1 272.20	62.06	10.94
2007	2 095.19	1 072.53	51.19	1 022.66	48.81	820.27	39.15	1 274.90	60.85	11.78

（续表）

年份	年末总人口	按性别分				按城乡分				人口自然增长率
		男		女		城镇人口		乡村人口		
		人口数	比重	人口数	比重	人口数	比重	人口数	比重	
2008	2 130.81	1 083.94	50.87	1 046.87	49.13	844.65	39.64	1 286.20	60.36	11.17
2009	2 158.63	1 098.31	50.88	1 060.32	49.12	860.21	39.85	1 298.40	60.15	10.56
2010	2 181.58	1 127.01	51.66	1 054.57	48.34	933.58	42.79	1 248	57.21	10.71
2011	2 208.71	1 128.75	51.10	1 079.96	48.90	961.67	43.54	1 247	56.46	10.57
2012	2 232.78	1 145.21	51.29	1 087.57	48.71	981.98	44	1 250.80	56	10.84
2013	2 264.30	1 151.77	50.87	1 112.53	49.13	1 006.93	44.47	1 257.40	55.53	10.92
2014	2 298.47	1 164.38	50.66	1 134.09	49.34	1 058.91	46.07	1 239.60	53.93	11.47
2015	2 359.73	1 199.47	50.83	1 160.26	49.17	1 114.50	47.23	1 245.20	52.77	11.06
2016	2 398.08	1 225.37	51.09	1 172.71	48.91	1 159.47	48.35	1 238.60	51.65	11.08
2017	2 444.67	1 236.27	50.57	1 208.40	49.43	1 207.18	49.38	1 237.50	50.62	11.40
2018	2 486.76	1 239.83	49.86	1 246.93	50.14	1 266.01	50.91	1 220.80	49.09	6.13
2019	2 523.22	1 250	49.54	1 273.22	50.46	1 308.79	51.87	1 214.40	48.13	3.69

增长率为1.03%,高于全国同期水平个0.18百分点。值得注意的是,尽管西北地区人口自然增长率逐步下降,但仍高于全国水平。2016年,西北五省中的甘肃、宁夏、青海、新疆四省区的人口自然增长率均高于全国水平(5.86‰)。目前西北地区仍是全国人口增长较快的地区,人口占全国的比重也不断上升,1949年西北人口占全国的5.51%,到2016年,该比重已达7.29%,六十余年来一直保持上升势头。

2. 少数民族人口逐年增多

西北地区是我国主要的少数民族聚居区,第六次人口普查显示:"2010年西北地区少数民族人口比重较高,其中甘肃省常住人口中,汉族人口为23 164 756人,占90.57%;各少数民族人口为2 410 498人,占9.43%,同2000年第五次全国人口普查相比,各少数民族人口的比重上升了0.74个百分点;宁夏常住人口中,各少数民族人口为2 231 938人,占35.42%,其中回族人口为2 190 979人,占34.77%,汉族人口为4 069 412人,占64.58%;同第五次全国人口普查相比,各少数民族人口增加336 108人,增长17.73%,其中回族人口增加328 505人,增长17.64%;汉族人口增加478 849人,增长13.34%;青海省常住人口中,汉族人口为2 983 516人,占53.02%,各少数民族人口为2 643 206人,占46.98%,其中,藏族1 375 062人,占24.44%,回族834 298人,占14.83%;土族204 413人,占3.63%,撒拉族107 089人,占1.90%,蒙古族99 815人,占1.77%,其他少数民族22 529人,占0.40%;新疆全区人口中,汉族人口8 746 148人,占总人口的40.1%,各少数民族人口13 067 186人,占总人口的59.9%,与第五次全国人口普查相比,汉族人口增加1 256 229人,增长16.77%;少数民族人口增加2097 594人,增长19.12%。"新疆、青海和宁夏尤其突出,少数民族人口比重分别为59.9%、46.98%和35.42%。

3. 劳动力资源丰富,老龄化程度低

西北地区在多年人口发展的背景下,年龄结构已经由年轻型向成年型转变,老龄化程度较低。第六次全国人口普查显示:"甘肃全省常住人口中,0—14岁人口为4 643 822人,占18.16%,15—64岁人口为18 825 645人,占总人口比重73.61%,65岁及以上人口为2 105 787人,占总人口比重8.23%,同2000年第五次全国人口普查相比,0—14岁人口的比重下降8.84个百分点,15—64岁人口的比重上升5.61个百分点,65岁及以上人口的比重上升3.23个百分点;宁夏全区常住人口中,0—14 岁人口为 1 353 743 人,占 21.48%,15—64 岁人口为 4 543 690 人,占 72.11%,65 岁及以上人口为 403 917 人,占 6.41%,同 2000 年全国人口普查相比,0—14 岁人口的比重下降 6.89 个百分点,15—64 岁人口的比重上升 4.96 个百分点,65 岁及以上人口比重上升 1.94 个百分点;青海全省常住人口中,0—14 岁的人口为 1 177 107 人,占 20.92%,15—64 岁的人口为 4 094 933 人,占 72.78%,65 岁及以上的人口为 354 682 人,占 6.30%,与 2000 年人口普查相比,0—14 岁人口的比重下降了 5.7 个百分点,15—64 岁人口的比重上升了 3.73 个百分点,65 岁及以上人口的比重上升 1.97 个百分点;新疆全区常住人口中,0—14 岁人口为 4 530 645 人,占 20.77%,15—64 岁人口为 15 932 420 人,占 73.04%, 65 岁及以上人口为 1 350 269 人,占 6.19%,与 2000 年全国人口普查相比,0—14 岁人口的比重下降 6.50 个百分点,15—64 岁人口的比重上升 4.98 个百分点,65 岁及以上人口的比重上升 1.52 个百分点;陕西全省常住人口中,0—14 岁人口为 5 489 396 人,占 14.71%,15—64 岁人口为 28 654 142 人,占 76.76%,65 岁及以上人口为 3 183 840 人,占 8.53%,同 2000 年全国人口普查相比,0—14 岁人口的比重下降了 10.29 个百分点,15—64 岁人口的比重上升了 7.66 个百分点,65 岁及以上人口的比重上升了 2.63 个百分点。”

由以上数据可知,西北地区 15—64 岁之间劳动适龄人口比重呈上升趋势,与西北地区 65 岁以上老年人口比重较低的现状相比,说明西北地区劳动力资源较为丰富。与此同时,近几年来西北地区劳动力负担逐渐减轻,总抚养指数虽略高于全国水平,但整体上呈逐年下降趋势,西北地区人口年龄结构有明显优势。

4. 人口素质低,总体受教育程度不高

改革开放以来,西北地区人口受教育程度随着经济、文化、社会不断发展有了极大提高,人口素质也进一步提升,人口平均受教育年限从 1990 年的 6.16 年增加到 2010 年的 8.68 年,文盲率从 1990 年的 29.44%下降到 2010 年的 6.3%。2010 年第六次全国人口普查后,西部各省区受教育程度人口具体数据为:

甘肃省常住人口中,“具有大学、大专以上文化程度的人口为 1 923 250 人,具有高中、中专文化程度的人口为 3 244 607 人,具有初中文化程度的人口为 7 982 787 人,具有小学文化程度的人口为 8 313 040 人(以上各种受教育程度的人包括各类学校的毕业生、肄业生和在校生),同 2000 年第五次全国人口普查相比,每10万人中具有大学文化程度的由2 665人上升为7 520人,具有高中文化程度的由9 863人上升为12 687人,具有初中文化程度的由23 925人上升为31 213人,具有小学文化程度的由36 907人下降为32 504人,全省常住人口中,文盲人口(15岁及以上不识字的人)为2 222 734人,同2000年第五次全国人口普查相比,文盲率由14.34%下降为8.69%,下降5.65个百分点”。

宁夏自治区常住人口中,“具有大学、大专以上程度的人口为576 702人,具有高中、中专程度的人口为784 596人;具有初中程度的人口为2 120 623人,具有小学程度的人口为1 879 440人(以上各种受教育程度的人包括各类学校的毕业生、肄业生和在校生)。同第五次全国人口普查相比,每10万人中具有大学程度的由3 690人增至9 152人,具有高中程度的由10 934人增至12 451人;具有初中程度的由27 859人增至33 654人;具有小学程度的由31 845人减少为29 826人,全区常住人口中,文盲人口(15岁及以上不识字的人)为391 737人,同第五次全国人口普查相比,文盲人口减少225 924人,文盲率由11.26%下降为6.22%,下降5.04个百分点”。

青海省常住人口中,“具有大学、大专以上程度的484 794人,具有高中、中专程度的586 714人,具有初中程度的1 427 738人;具有小学程度的1 984 287人(以上各种受教育程度的人包括各类学校的毕业生、肄业生和在校生),同2000年第五次人口普查相比,每万人中具有大学程度的由330人上升为862人,具有高中程度的仍为1 043人;具有初中程度的由2 166人上升为2 537人;具有小学程度的由3 094人上升为3 527人。全省常住人口中,文盲人口(15岁及以上不识字的人)为575 773人,同2000年第五次人口普查相比,文盲人口减少358 510人,文盲率由18.03%下降为10.23%,下降了7.8个百分点”。

新疆自治区区常住人口中,“具有大学、大专以上程度的人口为2 319 950人,具有高中、中专程度的人口为2 526 385人,具有初中程度的人口为7 873 675人,具有小学程度的人口为6 560 438人(以上各种受教育程度的人包括各类学校的毕业生、肄业生和在校生),同2000年第五次全国人口普查相比,每10万人中具有大学程度的由5 127人上升为10 635人,具有高中程度的由12 178人下降为11 582人,具有初中程度的由27 552人上升为36 096人,具有小学程度的由37 909人下降为30 075人,全区常住人口中,文盲人口(15岁及以上不识字的人)为515 789人,同2000年第五次全国人口普查相比,文盲人口减少521 053

人,文盲率由5.62%下降为2.36%,下降3.26个百分点”。

陕西省常住人口中,“具有大学、大专以上程度的人口为3 940 303人,具有高中、中专程度的人口为5 887 717人,具有初中程度的人口为14 981 471人;具有小学程度的人口为8 740 956人(以上各种受教育程度的人包括各类学校的毕业生、肄业生和在校生),同2000年第五次全国人口普查相比,每10万人中具有大学程度的由4 138人上升为10 556人,具有高中程度的由12 246人上升为15 773人,具有初中程度的由33 203人上升为40 135人,具有小学程度的由34 475人下降为23 417人,全省常住人口中,文盲人口(15岁及以上不识字的人)为1 397 847人,同2000年第五次全国人口普查相比,文盲人口减少1 231 653人,文盲率由7.3%下降为3.74%,下降3.56个百分点”。

经过多年的发展,西部五省区人口的教育程度有了明显的提高,文盲率显著下降,但是与全国平均水平相比,人口素质依然很低,人口文盲率、平均受教育年限等均在全国水平以下。

5. 人口空间分布极不平衡,环境压力大

西北地区土地面积304万平方公里,约占我国国土面积的32%,大部分地区是不适宜人类生存的干旱、半干旱地区,在沙漠、戈壁、等自然调教恶劣的地区,人口较少甚至无人居住,相较于广阔的土地面积与较少的人口,2010年西北地区每平方公里平均只有32人,远远低于全国平均的人口密度136人/平方公里。尽管如此,人口对当地环境的压力依然很大。尤其是局部适宜生存的地区,人口密度很大,对资源、环境的保护与发展造成了很大的压力。其中,2010年甘肃省城市人口密度3 793人/平方公里;宁夏城市人口密度1 093人/平方公里;青海省城市人口密度2 320人/平方公里;新疆城市人口密度4 977人/平方公里;陕西省城市人口密度5 506人/平方公里,与全国2010年城市人口密度2 209人/平方公里相比,仅宁夏在全国平均水平之下,其余四省区均超过全国平均水平,新疆城市人口密度甚至超全国平均水平一倍以上。

第二节　能源资源状况及特征

一、能源资源基本状况

1. 陕西省能源资源

如表8所示,陕西省从2010年至2014年,能源生产总值逐渐呈现增长的趋势,增长率为32.22%。陕西省能源消费总量在此期间也呈现逐渐增加的趋势,在此期间增长率为35.42%,可以看出,陕西省能源消费总量增加比率明显高于能源生产增加比率。2010年至2014年间,陕西省能源生产构成主要包括原煤、原油和天然气等主要能源,其中原煤在能源构成中所占比重最大,然后依次是原油和天然气。在能源生产总值和能源消费总值中,原煤所占的比重均是最高的,原油次之,天然气位居第三为,且原煤、原油及天然气在能源生产和消费总值中所占的比重基本都是稳步增加的,天然气的增长率最大,也从侧面说明陕西省在能源结构改革中所做出的尝试和努力。

表8 陕西省能源生产、消费总量及结构

指　标	2010年	2011年	2012年	2013年	2014年
能源生产总值(万吨标准煤)	31 845.63	36 500.59	41 168.40	44 431.03	46 981.85
原煤	24 370.38	27 991.63	31 847.45	33 997.02	35 736.98
原油	4 310.49	4 607.83	5 039.48	5 268.73	5 382.69
天然气	2 885.46	3 620.42	3 998.94	4 786.41	5 454.46
水电、风电及其他能发电	279.30	280.71	282.53	378.87	407.72
能源生产构成(%)	100.00	100.00	100.00	100.00	100.00
原煤	76.53	77.10	77.36	76.52	76.07
原油	13.54	12.40	12.24	11.86	11.46
天然气	9.06	9.47	9.71	10.77	11.61
水电、风电及其他能发电	0.88	0.76	0.69	0.85	0.87
能源消费总量(万吨标准煤)	8 287.63	9 107.48	9 914.53	10 610.48	11 222.46
原煤	5 844.95	6 562.60	7 255.99	7 671.85	8 125.91
原油	1 421.13	1 444.03	1 571.34	1 652.66	1 690.24
天然气	742.26	820.15	804.67	907.10	998.58
水电、风电及其他能发电	279.30	280.71	282.53	378.87	407.72
能源消费构成(%)	100.00	100.00	100.00	100.00	100.00

（续表）

指　标	2010年	2011年	2012年	2013年	2014年
原煤	70.53	72.06	73.19	72.30	72.41
原油	17.15	15.86	15.85	15.58	15.06
天然气	8.96	9.01	8.12	8.55	8.90
水电、风电及其他能发电	3.37	3.08	2.85	3.57	3.63
能源消费总量（万吨标准煤）	48 491.24	47 078.64	51 485.48	56 467.33	56 781.90
原煤	37 088.81	36 186.58	40 347.64	44 788.77	44 675.88
原油	5 338.29	5 003.57	4 985.56	5 031.53	5 061.86
天然气	5 531.69	5 345.34	5 429.29	5 713.23	5 948.14
水电、风电及其他能发电	532.44	543.15	723.00	933.80	1 096.03
能源消费构成（%）	100.00	100.00	100.00	100.00	100.00
原煤	76.49	76.86	78.37	79.32	78.68
原油	11.01	10.63	9.68	8.91	8.91
天然气	11.41	11.35	10.55	10.12	10.48
水电、风电及其他能发电	1.10	1.15	1.40	1.65	1.93
能源消费总量（万吨标准煤）	11 745.93	12 146.47	12 548.52	12 900.38	13 478.06
煤品	8 530.00	9 105.79	9 368.33	9 518.02	9 802.13
油品	1 429.56	1 167.72	1 078.97	1 083.73	1 039.89
天然气	1 232.92	1 276.93	1 337.92	1 364.83	1 540.01
水电、风电及其他能发电	553.45	596.03	763.29	933.80	1 096.03
能源消费构成（%）	100.00	100.00	100.00	100.00	100.00
煤品	72.62	74.97	74.66	73.78	72.73
油品	12.17	9.61	8.60	8.40	7.72
天然气	10.50	10.51	10.66	10.58	11.43
水电、风电及其他能发电	4.71	4.91	6.08	7.24	8.13

2. 甘肃省能源资源

如表9所示,甘肃省2005年至2019年能源生产总量呈现逐渐增加的趋势,从2005年的3 605.12万吨增加到2019年的6 394.63万吨,增长率为75%。可以看出,甘肃省占能源生产总量的比重最大的为原煤,其次是原油,天然气位居第三;原煤占甘肃省能源生产的比重从2005年至2019年呈现逐步下降的趋势,原油占能源生产总量的比重在此期间总体呈现上升的趋势,天然气占能源生产总量的比重呈现缓慢的降低趋势,在此期间下降比率为45.61%。

表9 甘肃省能源生产、消费总量及构成

单位:万吨标准煤;%

年份	能源生产总量	占能源生产总量的比重				能源消费总量	占能源消费总量的比重			
		原煤	原油	天然气	一次电力及其他能源		原煤	原油	天然气	一次电力及其他能源
2005	3 605.12	71.72	12.07	0.57	15.64	4 300.88	67.84	16.17	2.88	13.11
2006	3 798.83	71.88	12.50	0.52	15.10	4 670.33	69.09	15.30	3.33	12.28
2007	3 985.59	70.78	12.61	0.49	16.13	5 031.35	68.78	15.09	3.35	12.78
2008	4 069.28	68.71	12.82	0.42	18.06	5 264.80	68.54	14.53	2.97	13.96
2009	4 232.34	67.10	12.15	0.46	20.29	5 398.00	66.15	14.95	2.99	15.91
2010	4 631.59	68.37	11.79	0.28	19.56	5 829.85	64.08	16.99	3.39	15.54
2011	4 884.56	64.64	14.70	0.22	20.45	6 393.69	63.35	17.18	3.85	15.62
2012	5 362.84	60.29	16.77	0.31	22.63	6 893.76	61.85	16.48	4.06	17.61
2013	5 538.21	55.48	18.32	0.25	25.95	7 286.72	60.63	16.70	3.98	18.69
2014	5 926.50	54.64	18.61	0.27	26.48	7 521.45	60.41	16.34	4.19	19.06
2015	5 816.78	52.02	20.14	0.27	27.57	7 488.50	60.21	16.15	4.45	19.19
2016	5 667.42	51.86	20.20	0.24	27.70	7 299.93	58.72	17.25	4.63	19.40
2017	5 749.10	45.20	20.55	0.39	33.86	7 503.63	55.83	17.13	4.93	22.11
2018	6 107.42	40.76	20.11	0.48	38.65	7 822.54	54.44	16.21	4.98	24.37
2019	6 394.63	39.53	20.19	0.31	39.97	7 818.02	52.40	15.50	5.27	26.83

甘肃省能源消费总量从2005年到2019年也呈现快速的增长趋势,从2005年的4 300万吨增加到2019年的7 818万吨,增长率为81.82%,高于全省能源

生产总量增长比率。原煤占能源消费总量的比重也高于原油和天然气，且在2005年至2019年期间呈现降低的趋势，下降比率为26.89%。一次电力及其他能源占能源消费总量的比重呈现逐渐增加的趋势，在此期间增长率为99.16%，增幅明显。

3. 宁夏回族自治区能源资源

如表10所示，1990年到2017年间，宁夏回族自治区能源生产总量从406万吨增长到3 280万吨，呈现快速增长的趋势，增长率为689%，也体现出宁夏回族自治区在此期间能源开采和生产的力度持续性加大。宁夏回族自治区能源生产结构也主要是原煤、原油和天然气及一次电力。其中，原煤和原油及一次电力所占比重较大，天然气所占比重较小，在此期间原煤和原油占能源生产总量比重的平均值分别为28.49%、19.99%，可以看出原煤所占能源总量的比重高于原油；但在一些年份，比如1997年，原油所占比重超过原煤。

表10　宁夏回族自治区1990—2019年一次能源生产/消费总量及构成

单位：万吨标准煤；%

年份	能源生产总量	占能源生产总量的比重				能源消费总量	占能源消费总量的比重			
		原煤	原油	天然气	一次电力		原煤	原油	天然气	一次电力
1990	606.46	32.28	19.08	1.02	47.62	504.35	51.54	12.47	1.03	32.97
1991	552.26	31.82	26.39	1.65	40.14	474.29	44.08	11.25	2.24	42.43
1992	504.85	34.32	30.00	1.25	34.43	499.29	42.53	7.80	1.85	47.82
1993	559.17	25.29	27.69	1.00	46.01	559.98	38.57	8.69	1.00	51.74
1994	619.47	26.12	26.06	1.31	46.50	625.38	40.27	8.24	1.30	50.19
1995	571.57	29.74	30.41	1.36	38.49	687.71	41.64	8.42	1.13	48.81
1996	584.71	35.34	33.32	2.49	28.85	698.25	40.75	8.57	2.07	48.61
1997	672.89	28.79	34.02	3.97	33.22	706.78	45.45	19.15	3.77	31.63
1998	771.00	24.90	32.63	4.22	38.25	738.88	39.78	17.92	4.40	37.90
1999	885.89	23.00	30.57	4.76	41.67	938.68	37.29	16.84	4.38	41.49
2000	937.90	16.79	30.46	5.06	47.69	897.23	30.18	18.96	4.83	46.03
2001	907.05	13.31	32.44	8.76	45.49	939.33	28.02	18.05	7.52	46.41

（续表）

年份	能源生产总量	占能源生产总量的比重				能源消费总量	占能源消费总量的比重			
		原煤	原油	天然气	一次电力		原煤	原油	天然气	一次电力
2002	974.46	18.31	31.38	14.34	35.97	1 018.83	26.42	15.77	13.25	44.56
2003	990.14	22.40	31.75	18.90	26.95	1 122.70	28.72	13.47	15.07	42.74
2004	1 226.30	23.92	25.86	17.76	32.46	1 364.38	27.56	14.07	15.79	42.58
2005	1 867.27	26.92	16.95	15.86	40.27	1 830.48	44.20	8.63	8.00	39.17
2006	2 113.85	25.60	15.07	14.50	44.83	2 085.84	45.18	7.75	8.46	38.61
2007	2 458.17	32.35	12.82	18.56	36.27	2 295.91	47.56	8.09	8.29	36.06
2008	2 857.42	36.66	11.02	20.32	32.00	2 497.74	43.72	8.95	12.20	35.13
2009	3 219.77	39.41	8.27	17.79	34.53	2 573.44	42.99	7.79	12.69	36.53
2010	4 005.82	41.07	6.64	18.63	33.67	2 814.57	34.14	7.61	11.21	47.04
2011	4 035.16	41.27	6.90	20.50	31.33	3 145.28	28.58	10.68	12.97	47.77
2012	4 631.37	43.59	6.32	17.34	32.75	3 475.88	31.43	9.40	14.60	44.57
2013	5 068.33	48.05	6.05	16.99	28.91	3 768.16	31.67	8.24	13.95	46.14
2014	4 099.40	33.47	7.67	21.26	37.60	3 991.70	29.77	8.21	12.86	49.16
2015（修订前）	3 298.88	18.17	9.66	24.74	47.43	4 134.11	32.53	8.52	14.28	44.67
2015（修订后）	3 248.60	17.15	9.81	25.13	47.92	4 124.97	31.60	9.11	14.75	44.54
2016	2 983.80	18.43	10.58	27.11	43.88	4 101.36	43.37	10.13	15.00	31.50
2017	3 280.08	17.80	9.93	25.96	46.32	4 193.10	37.86	11.46	15.97	34.72

说明：1. 电力折算标准煤的系数根据当年平均发电煤耗计算。
2. 生产、消费量按等价值计算，下表同。
3. 本表 2015—2018 年数据根据青海省第四次全国经济普查结果进行了修订。

从能源消费总量的视角，1990 年至 2017 年间宁夏回族自治区能源消费总量同样呈现出快速增长的趋势，增长率为 737.8%，明显的高于宁夏回族自治区能源生产的增长比率，可见能源消费量是存在一定额口的。其中，原煤和一次电力占能源消费总量的比重明显的高于原油和天然气；值得关注的是，原煤尤其在此期间的消费比重呈现降低的趋势，而一次电力和天然气所占消费总量的比重呈现出逐渐增加的趋势，反映出宁夏回族自治区在能源消费结构改革中作出的努力。

4. 青海省能源资源

如表11、表12所示，青海省原煤生产总量从2010年的1 863万吨下降到2019年的1 007万吨，降低比率为45.95%，反映出青海省原煤生产逐年降低，能源消费结构改革初见成效。水电、火电及风电等新型能源的生产逐年增加，其中水电从2010年的360亿千万小时增加到2019年的520亿千万小时，增长率为41.67%，高于风电和火电，可见水电在青海省能源产品中的重要性。青海省作为大江大河的源头之地，水资源丰富，所以在一定程度上也体现出青海省充分利用当地资源禀赋发展社会经济，促进民生福祉中作出的努力。

5. 新疆维吾尔自治区能源资源

如表13所示，新疆维吾尔自治区能源生产总量从2000年的5 419万吨增加到2018年的26 904万吨，呈现持续增加的趋势，增长率为396.48%。其中，原煤和原油占生产总量的比重较大，天然气和一次电力所占比重较小；但不同的水，在此期间原煤占能源生产总量的比重呈现逐渐增加的趋势，而原油所占比重呈现逐渐下降的趋势。新疆维吾尔自治区保存有丰富的矿产资源，但随着社会经济的需要以及一些不合理的开采，导致矿产资源利用速度加快，很多原煤被无效的开采，极大地损失了国家利益。

在此期间，新疆维吾尔自治区能源消费的总量也从2000年的3 316万吨增加到2018年的18 489万吨，增长率为457.60%，可以看出消费总量增长率明显的高于生产总量的增长率，体现出新疆维吾尔自治区能源需求还存在较大的缺口，需要采用其他新型的能源来替代，以满足地区社会经济发展的需要。2000年至2018年间，原煤的消费所占比重基本保持在一个稳定的数量，而原油所占能源消费总量的比重呈现逐渐下降的趋势。由于新疆地广人稀，大面积的天然草原可架置大量的风力发电设备，所以在此期间一次电力所占能源消费总量的比重呈现持续增长的趋势，而这也是未来社会经济发展对能源结构调整的必然要求。

表 11　青海省 2010—2019 年主要能源产品产量

产品名称	2010 年	2011 年	2012 年	2013 年	2014 年	2015 年	2016 年	2017 年	2018 年	2019 年
原煤(万吨)	1 863	1 961	2 460	3 020	1 800	805	775	716	773	1 007
洗精煤(用于炼焦)(万吨)	291	649	798	1 065	752	9	84	105	226	39
其他洗煤(万吨)									7	26
原油(万吨)	186	195	205	215	220	223	221	228	223	228
天然气(亿立方米)	56	65	64	68	69	61	61	64	64	64
液化天然气(万吨)				7	4	3	3	4	5	6
原油加工量(万吨)	127	154	143	144	141	152	147	150	140	154
汽油	41	46	42	45	49	54	52	52	46	53
柴油	57	73	67	65	62	67	63	67	61	66
燃料油	3	4	4	4	4	4	4	4	4	4
液化石油气	10	11	10	6	7	7	7	7	6	7
炼厂干气							5	6	5	5
其他石油制品							3	4	3	4
焦炭(万吨)	130	167	240	252	133	—	134	151	172	191
煤气(亿立方米)										22
发电量(亿千瓦小时)	457	437	556	566	551	537	487	561	717	791
水电	360	345	435	417	373	344	279	293	478	520
火电	97	92	116	134	130	122	121	161	123	107
风电					2	6	8	11	21	52
太阳能发电					46	65	79	96	95	112

表 12　青海省能源生产与消费总量及占比

单位:万吨标准煤;%

年份	能源生产总量	占能源生产总量的比重				能源消费总量	占能源消费总量的比重			
		原煤	原油	天然气	一次电力		原煤	原油	天然气	一次电力
1990	606.46	32.28	19.08	1.02	47.62	504.35	51.54	12.47	1.03	32.97
1991	552.26	31.82	26.39	1.65	40.14	474.29	44.08	11.25	2.24	42.43
1992	504.85	34.32	30.00	1.25	34.43	499.29	42.53	7.80	1.85	47.82
1993	559.17	25.29	27.69	1.00	46.01	559.98	38.57	8.69	1.00	51.74
1994	619.47	26.12	26.06	1.31	46.50	625.38	40.27	8.24	1.30	50.19
1995	571.57	29.74	30.41	1.36	38.49	687.71	41.64	8.42	1.13	48.81
1996	584.71	35.34	33.32	2.49	28.85	698.25	40.75	8.57	2.07	48.61
1997	672.89	28.79	34.02	3.97	33.22	706.78	45.45	19.15	3.77	31.63
1998	771.00	24.90	32.63	4.22	38.25	738.88	39.78	17.92	4.40	37.90
1999	885.89	23.00	30.57	4.76	41.67	938.68	37.29	16.84	4.38	41.49
2000	937.90	16.79	30.46	5.06	47.69	897.23	30.18	18.96	4.83	46.03
2001	907.05	13.31	32.44	8.76	45.49	939.33	28.02	18.05	7.52	46.41
2002	974.46	18.31	31.38	14.34	35.97	1 018.83	26.42	15.77	13.25	44.56
2003	990.14	22.40	31.75	18.90	26.95	1 122.70	28.72	13.47	15.07	42.74
2004	1 226.30	23.92	25.86	17.76	32.46	1 364.38	27.56	14.07	15.79	42.58
2005	1 867.27	26.92	16.95	15.86	40.27	1 830.48	44.20	8.63	8.00	39.17
2006	2 113.85	25.60	15.07	14.50	44.83	2 085.84	45.18	7.75	8.46	38.61
2007	2 458.17	32.35	12.82	18.56	36.27	2 295.91	47.56	8.09	8.29	36.06
2008	2 857.42	36.66	11.02	20.32	32.00	2 497.74	43.72	8.95	12.20	35.13
2009	3 219.77	39.41	8.27	17.79	34.53	2 573.44	42.99	7.79	12.69	36.53
2010	4 005.82	41.07	6.64	18.63	33.67	2 814.57	34.14	7.61	11.21	47.04
2011	4 035.16	41.27	6.90	20.50	31.33	3 145.28	28.58	10.68	12.97	47.77
2012	4 631.37	43.59	6.32	17.34	32.75	3 475.88	31.43	9.40	14.60	44.57
2013	5 068.33	48.05	6.05	16.99	28.91	3 768.16	31.67	8.24	13.95	46.14
2014	4 099.40	33.47	7.67	21.26	37.60	3 991.70	29.77	8.21	12.86	49.16

（续表）

年份	能源生产总量	占能源生产总量的比重				能源消费总量	占能源消费总量的比重			
		原煤	原油	天然气	一次电力		原煤	原油	天然气	一次电力
2015（修订前）	3 298.88	18.17	9.66	24.74	47.43	4 134.11	32.53	8.52	14.28	44.67
2015（修订后）	3 248.60	17.15	9.81	25.13	47.92	4 124.97	31.60	9.11	14.75	44.54
2016	2 983.80	18.43	10.58	27.11	43.88	4 101.36	43.37	10.13	15.00	31.50
2017	3 280.08	17.80	9.93	25.96	46.32	4 193.10	37.86	11.46	15.97	34.72
2018	3 916.00	14.29	8.15	21.75	55.81	4 364.22	30.09	10.29	15.93	43.69
2019	4 542.13	20.00	7.17	18.74	54.09	4 235.23	29.15	10.87	16.38	43.60

表 13　新疆维吾尔自治区 2000—2019 年能源生产与消费总量及占比

单位：万吨标准煤；%

年份	能源生产总量	占能源生产总量的比重				能源消费总量	占能源消费总量的比重			
		原煤	原油	天然气	一次电力		原煤	原油	天然气	一次电力
2000	5 419.77	40.6	48.7	7.9	2.8	3 316.03	63.6	23.3	8.6	4.5
2001	5 720.04	38.7	48.6	9.7	3.0	3 496.44	60.4	21.6	13.2	4.8
2002	6 156.05	39.5	47.3	10.5	2.7	3 622.40	62.2	20.5	12.7	4.6
2003	6 657.43	41.1	46.0	10.2	2.7	4 064.43	60.3	21.7	13.1	4.9
2004	7 112.95	41.4	45.3	10.7	2.6	4 784.83	61.0	20.1	15.0	3.9
2005	8 175.74	37.9	42.1	17.3	2.7	5 506.49	56.1	26.2	13.7	4.0
2006	9 528.72	37.3	37.1	22.9	2.7	6 047.27	56.7	24.7	14.3	4.3
2007	10 735.84	36.7	34.7	26.0	2.6	6 575.92	57.8	23.9	14.1	4.2
2008	12 669.13	41.9	30.6	24.8	2.7	7 069.39	61.7	20.3	13.1	4.9
2009	13 542.33	46.5	26.5	24.1	2.9	7 525.56	65.9	16.9	12.0	5.2
2010	14 697.00	49.3	24.9	22.6	3.2	7 915.18	65.7	15.3	13.0	6.0
2011	16 005.07	53.8	23.4	19.6	3.2	9 474.46	66.9	14.9	12.9	5.3
2012	17 561.88	55.4	21.7	19.2	3.7	11 293.68	66.8	14.9	12.5	5.8

（续表）

年份	能源生产总量	占能源生产总量的比重				能源消费总量	占能源消费总量的比重			
		原煤	原油	天然气	一次电力		原煤	原油	天然气	一次电力
2013	18 943.23	53.4	21.1	19.9	5.6	13 631.79	66.0	13.7	12.5	7.8
2014	19 473.20	53.0	21.1	20.3	5.6	14 926.08	65.1	12.4	15.2	7.3
2015（修订前）	19 645.88	53.0	20.3	19.9	6.8	15 666.14	67.1	12.7	11.6	8.6
2015（修订后）	19 900.54	54.3	18.4	19.5	7.8	16 302.19	67.5	13.0	10.0	9.5
2016	22 251.84	56.3	16.6	18.2	8.9	17 386.29	67.0	13.0	8.6	11.4
2017	24 069.39	57.8	15.7	17.3	9.2	17 694.03	67.1	12.5	7.9	12.5
2018	26 904.22	59.1	14.6	16.9	9.4	18 489.82	67.5	11.8	7.0	13.7

二、能源资源特征

1. 矿产资源、能源储量丰富，经济发展潜力大

西北地区面积广阔，土地面积巨大，耕地资源丰富，天然草场、草地类型多、面积大，远高于全国平均水平，特别是广阔的草场面积有利于建立全国重要的畜牧业发展基地，较多的人均耕地面积和大片的宜农宜牧荒地则为实现粮食丰产、建设棉花基地特色经济作物基地奠定了坚实的基础。同时，西北地区有着种类齐全、储量丰富的矿产资源，已发现矿种上百种，尤以有色金属、贵重金属和稀有金属最为突出。种类齐全，储量丰富的能源同样是西北地区经济、社会发展的优势，具有重要的战略地位。西北地区煤炭资源储量大、煤种全、质量优、煤层厚、埋藏浅、易开采，预测量高达2.9万多亿吨，保有储量达3 373亿吨，人均煤炭保有储量居全国首位。除煤炭资源外，油气资源是在西北地区同样储量巨大，具有极大地开发潜力。

2. 资源开采成本高、综合利用程度差

西北地区资源、能源成分复杂，多伴生矿与共生矿，但综合利用程度较差，加工地与储存地相距较远，导致开采成本较高。这些原因造成西北地区丰富的矿产资源难以转化为经济效益，且由于西部资源、能源深加工程度低，对矿产资源、能源的开采、加工主要是为市场提供初级产品，产业结构未能发挥矿产资

源、能源应有的效益，造成西北地区只能依靠出售低附加值的原材料来换取相应的经济收入，付出与回报不成比例。同时对资源的开采利用未能有科学、合理的规划，资源优势无法转化为经济优势，影响发展。虽然西北五省区经济发展较中东部略有缓慢，但是对煤炭、原油等能源的消耗相对于产出还是有较大差距，特别是对焦炭的消费量较大，这对西北地区环境的保护与改善有较大影响。

第三节　环境状况、治理成效及挑战

一、环境状况

1. 陕西省环境状况

陕西省水环境、大气环境和自然灾害2018年和2019年的指标，如表14所示。从水资源角度下可以看出，2018年至2019年间，陕西省水资源总量有所增加，增长率为33.42%。地下水资源在此期间有所回升，体现陕西省保护成果显著，积极为国家生态文明建设作出贡献。人均水资源量持续增加，这可能与国家二胎政策导致人口的增加有关。工业用水一年来基本保持稳定，但可以看出农业用水呈现下降的趋势，近几年来，我国大力发展农业科技，农业生产和灌溉设备持续改进，滴管、微灌和喷灌设施逐渐普及，水资源的利用率有效提升，大大减轻了水资源压力，提升农业生产效率。

从大气环境的视角来看，随着陕西省工业生产方式的改革，对中小涉污染企业低效率的生产施行严格的监管，工业、城镇等的二氧化硫排放量有所下降，生态环境持续改善，空气质量明显提升。机动车氮氧化物排放量稍有增加，这可能与陕西省整体机动车数量的增加有关，但随着陕西省新能源汽车改革的推进，这一指标将也在不远的将来很快会有所改变。在新时代生态文明及建设号角的引领下，通过飞播造林、人工造林的有效实施，陕西省森林面积逐渐扩大，生态环境持续改善。

从自然灾害视角来看，2018年至2019年间，灾害发生次数和伤亡人数大幅下降，随着陕西省灾害预警体系建设的逐步完善，基础设置建设技术的逐渐提高，这一指标将持续性降低。在此期间森林火灾数和受损面积有所增加，也给管理部门以启示，森林防火的监管不能松懈，生态环境建设的成果更加需要大力维护。城区园林绿化工程持续推进，城市绿化面积逐渐扩大，为建设生态、宜居的新时代城市作出努力,助力陕西省社会经济的全面发展。

表 14　陕西省环境保护基本状况

指　　　标	2018 年	2019 年
水环境		
水资源总量(亿立方米)	371.43	495.32
地表水资源	347.55	469.71
地下水资源	125.03	139.37
地表水与地下水资源重复	101.15	113.76
人均水资源量(立方米/人)	964.77	1 279.80
用水总量(亿立方米)	93.72	92.55
农业用水	57.07	55.13
工业用水	14.49	14.85
生活用水	17.40	18.09
生态环境补水	4.76	4.48
废水排放总量	186 801.23	202 641.32
工业废水排放量	21 722.42	23 937.45
城镇生活污水排放量	164 945.36	178 536.71
集中式治理设施污水排放量	133.45	167.16
化学需氧量(COD)排放	180 582	166 301
工业废水中 COD 排放量	9 783	9 489
农业 COD 排放量	703	761
城镇生活污水中 COD 排放量	168 885	154 898
集中式治理设施 COD 排放量	1 211	1 153
氨氮排放量	24 685	22 739
工业废水中氨氮排放	666	536
衣业氨氮排放	46	23
生活污水中氨氮排放	23 758	21 995

（续表）

指　　标	2018 年	2019 年
集中式治理设施氨氮排放量	216	184
大气环境		
二氧化硫(SO_2)排放量	222 217	203 844
工业 SO_2 排放量	115 926	107 896
城镇生活 SO_2 排放量	106 281	95 939
集中式治理设施 SO_2 排放量	10	9
氮氧化物排放量(吨)	308 682	152 899
工业氮氧化物排放	144 378	135 021
城镇生活氮氧化物排放	18 890	17 830
机动车氮氧化物排放	145 382	166 208
集中式治理设施氮氧化物排放量	32	48
烟(粉)尘排放量	195 039	155 450
工业烟(粉)尘排放量	103 097	97 100
城镇生活烟尘排放量	80 446	38 343
机动车烟尘排放量	11 488	1 851
集中式治理设施烟尘排放量	8	7
固体废物		
一般工业固体废物产生量(万吨)	11 146.49	11 637.39
一般工业固体废物综合利用量(万吨)	3 393.77	4 222.44
#综合利用往年贮存量	25.69	29.78
一般工业固体废物综合利用率(%)	30.45	36.28
一般工业固体废物处置量(万吨)	6 611.28	5 724.95
#处置往年贮存量	370.89	241.65
一般工业固体废物处置率(%)	59.31	49.19
一般工业固体废物贮存量(万吨)	1 537.97	1 961.29

（续表）

指　　标	2018 年	2019 年
危险废物产生量(吨)	1 194 318	1 480 784
危险废物综合利用量(吨)	417 846	581 551
♯综合利用往年贮存量	7 007	10 973
危险废物综合利用率(%)	34.99	39.27
危险废物处置量(吨)	607 655	872 332
危险废物处置率(%)	50.88	58.91
危险废物贮存量(吨)	214 009	88 935
生态环境		
森林面积(万公顷)	886.84	886.84
森林覆盖率(%)	43.06	43.06
累计水土流失治理面积(千公顷)	7 917.95	8 039.84
当年造林面积(公顷)	348 094	333 451
人工造林	160 912	151 419
飞播造林	27 004	45 000
当年新封山(沙)育林面积	75 220	79 427
退化林修复	84 958	57 272
人工更新		333
自然保护区数(个)	61	61
♯国家级	26	26
自然保护区面积(万公顷)	114.56	114.56
自然灾害		
地质灾害次数(次)	258	64
地质灾害伤亡人数(人)	5	6
地质灾害直接经济损失(万元)	9 874	3 558
森林火灾次数(次)	125	202

（续表）

指　　标	2018 年	2019 年
森林火灾受害森林面积(公顷)	281	444
环境污染与治理		
突发环境事件次数(次)	27	26
环境污染治理投资总额(万元)	1 911 030	2 642 713
城镇环境基础设施投资	1 398 902	1 454 205
燃气	143 291	110 189
集中供热	200 104	191 178
排水	364 405	376 329
园林绿化	590 970	640 194
市容环境卫生	100 132	136 315
工业污染防治投资	167 776	294 610
治理废水	4 719	10 700
治理废气	115 808	114 533
治理固体废物	983	1 155
治理噪声	172	252
治理其他	46 093	167 971
完成环保验收项目环保投资(万元)	344 352	893 898
环境污染治理投资占 GDP 比重	0.78	1.02
工业废气治理设施运行费用(万元)	470 764	523 838
工业废水治理设施运行费用	200 208	225 224
本年林业投资完成额(万元)	1 372 268	1 141 571
生态修复治理		847 322
林(草)产品加工制造		28 689
林业草原服务、保障和公共管理		265 560

（续表）

指　　标	2018年	2019年
城市环境		
城市供水总量(万立方米)	141 581.74	125 970.74
城市用水普及率(%)	95.45	96.84
城市污水排放量(万立方米)	118 968	126 452
城市污水处理量(万立方米)	110 906	120 815
城市污水处理厂集中处理率(%)	93.22	95.54
城市生活垃圾清运量(万吨)	644.80	633.98
城市生活垃圾无害化处理量(万吨)	638.78	632.13
城市生活垃圾无害化处理率(%)	99.07	99.71
城市燃气普及率(%)	96.74	97.80
城市集中供热面积(万平方米)	35 041	39 614
城市人均公园绿地面积(平方米)	11.73	11.62
建成区绿化覆盖率(%)	38.79	39.32

2. 甘肃省环境状况

如表15所示，甘肃省2015年至2018年间废水排放量有所增加，从2015年的67 072万吨增加到2018年的70 049万吨，增长率为4.44%。其中，出农业污水和工业污染源有所降低外，其余废水种类均表现出增加的趋势。在此期间，工业废气排放量有所降低，但降低幅度不大。化学需要氧排放量在此期间逐年降低，从2015年的36.57万吨下降到2016年的12.60万吨，下降65.55%，幅度较大。氨氮排放量也表现出逐渐降低的趋势，但幅度不大。工业、生活和农业三大模块氨氮排放量表现为农业最低，工业最高。甘肃省2015年至2018年间集中式治理设施数量级保持一个固定的数字。固体废物排放量从2015年的5 823万吨降低到2018年的4 992万吨，一般工业固体废物产生量、危险废物产生量和一般工业固体废物处置量均有所降低，其中，一般工业固体废物处置量下降幅度最大，为64.98%。

表 15　甘肃省“三废”排放、处理及综合利用情况

项　　目	2015 年	2016 年	2018 年
废水			
废水排放量(万吨)	67 072	66 325	70 049
工业废水	18 760	13 022	10 539
生活污水	48 275	53 283	59 478
化学需氧量排放量(万吨)	36.57	16.15	12.60
工业废水	8.36	1.74	0.96
生活污水	14.66	13.82	11.35
农业污染源	13.38	0.42	0.11
集中式治理设施	0.16	0.17	0.17
氨氮排放量(万吨)	3.72	2.26	1.77
工业	1.14	0.24	0.20
生活	2.04	2.00	1.55
农业	0.53		0.00
集中式治理设施	0.01	0.02	0.02
其他主要污染物排放量(吨)			
石油类	728.43	194.63	59.44
挥发酚	21.09	1.71	2.22
氰化物	0.87	0.27	0.48
铅	5.84	7.23	1.31
汞	0.11	0.02	
镉	1.16	1.57	0.04
六价铬	0.72	0.13	0.09
总铬	1.64	1.07	0.34
砷	4.70	1.70	0.53
工业废水治理设施数(套)	666	530	611

（续表）

项　目	2015年	2016年	2018年
工业废水处理量(万吨)	19 917	15 496	15 030
生活污水处理量(万吨)	32 576	42 138	51 882
废气			
工业废气排放量(亿立方米)	13 293.37	10 639.44	11 938
二氧化硫排放量(万吨)	57.06	27.20	25.25
工业	46.70	17.38	14.58
生活	10.36	9.81	10.67
氮氧化物排放量(万吨)	38.72	25.80	21.47
工业	24.65	12.29	11.13
生活	1.58	1.20	1.36
烟(粉)尘排放量(万吨)	29.54	18.03	19.50
工业	20.78	11.62	13.60
生活	7.86	5.54	5.18
工业二氧化硫去除量(万吨)	221.95	137.00	276.71
固体废物(万吨)			
一般工业固体废物产生量	5 823.87	5 091.28	4 992.70
一般工业固体废物综合利用量	3 078.71	2 628.29	2 214.95
一般工业固体废物处置量(万吨)	2 259.61	1 553.75	791.86
危险废物产生量(万吨)	54.20	120.16	167.40

注：2016年起，执行“十三五”环境统计报表制度，指标名称和统计口径均有调整。

3. 宁夏回族自治区环境状况

如表16、表17所示，宁夏回族自治区2010年至2018年间环保监测总数有所下降。其中监测人员从2010年的1 008人削减到2018年的557人，下降44.74%；监测站的数量基本保持稳定；监察人员的数量在此期间也基本保持稳定。废水排放与处理情况方面，宁夏回族自治区工业废水排放量从2010年的21 977万吨下降到2018年的13 039万吨，下降40.67%，工业生产提质增效显

表 16　宁夏回族自治区环境治理基本情况

指　　标	2010 年	2011 年	2012 年	2013 年	2014 年	2015 年	2016 年	2017 年	2018 年
环保系统建设情况									
机构总数(个)	62	65	65	65	69	62	54	37	27
监测站	15	18	18	13	17	14	19	12	15
监察机构	17	24	24	20	15	18	18	22	12
人员总数(人)	1 008	985	985	985	921	1 030	938	719	557
监测人员	306	336	336	338	329	300	305	378	315
监察人员	277	290	290	405	239	306	301	330	242
污染排放与处理情况									
废水									
工业废水排放量(万吨)	21 977	18 666	16 547	15 708	15 146	16 442	12 194	10 891	13 039
城镇生活污水排放量(万吨)	18 676	20 138	22 388	22 809	22 119	15 572	21 745	19 826	24 414
化学需氧量排放量(万吨)	24.0	23.4	22.8	22.2	22.0	21.1	12.0	10.0	10.2
工业	11.3	11.2	10.5	10.3	10.0	6.8	2.1	1.2	1.2
农业	10.6	10.3	10.2	10.1	10.1	10.2	5.0	4.6	5.2
生活及其他	2.1	1.9	2.1	1.8	1.9	4.1	4.8	4.3	3.7
氨氮排放量(万吨)	1.8	1.8	1.7	1.7	1.7	1.6	0.9	0.6	0.6
工业	1.0	0.9	0.9	0.9	0.8	0.7	0.2	0.1	0.1
农业	0.2	0.2	0.2	0.2	0.2	0.2			
生活及其他	0.6	0.6	0.7	0.6	0.7	0.7	0.7	0.5	0.5

（续表）

指　　标	2010 年	2011 年	2012 年	2013 年	2014 年	2015 年	2016 年	2017 年	2018 年
废气									
工业废气排放量(亿标立方米)	16 324	10 055	9 324	10 026	10 717	8 760	12 532	11 348	13 002
二氧化硫排放量(万吨)	38.3	41.0	40.7	39.0	37.7	35.8	23.7	20.8	18.5
工业	28.0	38.8	38.4	36.8	34.1	30.4	16.6	13.0	11.1
生活及其他	3.0	2.3	2.2	2.2	3.6	5.4	7.1	7.7	7.3
氮氧化物排放量(万吨)	41.8	45.8	45.5	43.7	40.4	36.8	19.8	16.2	14.5
工业	35.0	38.6	37.9	35.7	32.3	29.2	12.2	10.4	9.2
生活及其他	0.3	0.3	0.3	0.3	0.4	0.8	0.9	0.9	0.8
机动车	6.5	7.0	7.4	7.8	7.7	6.8	6.7	4.9	4.5
烟(粉)尘排放量(万吨)	25.7	21.6	19.8	23.1	23.9	23.0	20.1	18.8	17.6
工业	22.7	19.8	18.1	21.3	21.2	18.5	15.5	14.5	13.7
生活及其他	2.3	1.0	0.9	0.9	1.9	3.6	3.8	3.8	3.5
机动车	0.7	0.8	0.8	0.9	0.9	0.8	0.8	0.5	0.4
工业二氧化硫产生量(万吨)		119.9	127.5	147.5	140.1	121.4	158.2	155	176.3
工业氮氧化物产生量(万吨)		38.2	40.6	53.9	42.4	40.8	39.7	41.8	46.8
工业烟(粉)尘产生量(万吨)		2 325	2 114	1 910	1 864	1 524	2 249	1 555	2 248
固体废物									
一般工业固体废物产生量(万吨)	2 465	3 349	2 960	3 276	3 693	3 430	3 618	4 877	5 790
危险废物产生量(万吨)	4.1	4.9	5.6	5.1	5.3	9.8	49.7	82.7	79.0
一般工业固体废物综合利用率(%)	57.5	61.3	69.0	73.1	79.3	62.0	52.0	38.9	37.4
一般工业固体废物排放量(万吨)	0.9	1.7							

表 17　工业污染治理项目及生态环境保护情况

指　　标	2010 年	2011 年	2012 年	2013 年	2014 年	2015 年	2016 年	2017 年	2018 年
工业污染治理情况									
当年施工污染治理项目数(个)	21	112	60	69	76	87	142	80	84
污染治理项目本年完成投资额(万元)	40 896	46 091	69 160	165 486	272 967	104 318	245 199	85 551	79 088
废水治理	23 478	20 017	14 298	18 947	30 829	15 719	36 037	12 801	2 690
废气治理	5 618	23 140	43 543	138 889	219 777	83 045	181 099	71 115	49 401
固体废物治理		1 111	5 601	7 283	14 890	3 441	4 206		230
治理噪声治理		18		6			69		10
其他治理	11 800	1 823	5 717	362	7 472	2 113	23 857	1 635	26 767
生态环境保护情况									
自然保护区(个)	13	13	13	14	14	14	14	14	14
国家级	6	6	6	8	9	9	9	9	9
自然保护区面积(万公顷)	47.0	53.4	53.4	53.3	53.3	53.3	53.3	53.3	52.6

说明:1. 本数据来源于宁夏回族自治区生态环境厅,2018 年起自然保护区情况来源于宁夏回族自治区林业和草原局。
2. 根据“十三五”环境管理的规定,2016 年起对污染源统计调查范围、核算方法等进行了调整。

著。其中,农业废水排放量表现出下降的趋势,大力发展新型农业生产技术,一系列先进的技术和设备的应用,大大降低了农业废水的排放,提供农业用水的利用率。2010 年至 2018 年间,宁夏工业废气的排放也表现出下降的趋势,下降 20.35%,较工业废水排放的下降幅度较低。在此期间,当年施工污染治理项目数在 2016 年为最多,达 142 项。污染治理项目本年完成投资额也为 2016 年幅度最大。宁夏回族自治区自然保护区面积逐年稳步增加,从 2010 年的 47.0 万公顷增加到 2018 年的 52.6 万公顷。

4. 青海省环境状况

青海省水环境、生态环境和环境保护基本情况 2016—2019 年的指标,如表 18、表 19、表 20 所示。从水环境角度可以看出,2016 年至 2019 年间,青海省水资源总量有所增加,增长率为 50.05%。地表水资源量和地下水资源量在此期间均有所回升,其中,地表水与地下水资源重复量表现为先增加后减少的趋势。人均水资源量表现为先增加后减少的趋势。从 2016—2019 年期间,用水总量基本持续保持一个稳定的水平,其中,农业用水变化较小,表现出减少的趋势,这可能与人们的节水意识和灌溉设备与技术的发展的变化有关;工业用水变化范围较小,整体表现出增长的趋势,这可能与工业的逐渐发展有关;生活用水量表现出持续增加的趋势,这可能与人口的持续增加有直接的关系;生态环境补水持续增加,体现青海省生态环境保护的力度持续增加,积极为国家生态文明建设投入贡献。

表 18　2016—2019 年青海省环境保护基本情况

指　　标	2016 年	2017 年	2018 年	2019 年
水环境				
水资源总量(亿立方米)	612.70	785.74	961.89	919.33
地表水资源量	591.47	764.31	939.48	898.20
地下水资源量	282.51	355.65	424.24	412.73
地表水与地下水资源重复量	261.28	334.22	401.83	391.60
人均水资源量(立方米/人)	10 324	13 131	15 946	15 125.04
用水总量(亿立方米)	26.40	25.83	26.10	26.18
农业用水	19.95	19.20	19.30	18.87

（续表）

指　　标	2016 年	2017 年	2018 年	2019 年
工业用水	2.57	2.54	2.51	2.76
生活用水	2.78	2.85	2.98	3.15
生态环境补水	1.10	1.24	1.31	1.40
生态环境				
林地面积(万公顷)	1 096.94	1 096.94	1 096.94	1 092.89
森林覆盖率(%)	6.30	6.30	7.30	7.30
湿地面积(万公顷)	814.36	814.36	814.36	814.36

注:本表数据来源于青海省水利厅、青海省生态环境厅、青海省林业和草原局、青海省自然资源厅、青海省住房和城乡建设厅、青海省交通运输厅、青海省气象局(省气候中心)。

表 19　2016—2019 年青海省环境保护基本情况

指　　标	2016 年	2017 年	2018 年	2019 年
累计水土流失治理面积(千公顷)	1 181.38	1 322.20	1 465.44	1 640.00
当年造林面积(公顷)	202 614	198 809	205 904	220 576
自然保护区数(个)	11	11	11	11
国家级自然保护区	7	7	7	7
自然保护区面积(万公顷)	2 177	2 177	2 178	2 178
自然灾害				
地质灾害次数(次)	46	31	207	92
地质灾害直接经济损失(万元)	2 512	889	5 118	1 677
森林火灾次数(次)	11	16	21	18
森林火灾受害森林面积(公顷)	52	129	97	80
重大突发环境事件次数(次)	0	0	0	0
本年林草投资完成额(万元)			386 096	576 211
生态修复治理			291 804	350 837
林(草)产品加工制造				464
林业草原服务、保障和公共管理			94 292	224 910

注:1. 本年林草投资完成额指标因统计口径变动,2018 年是林业数据,2019 年包括林业和草原数据。

2. 累计沙土流失面积为全口径统计数据。

表 20　2016—2019 年青海省环境保护基本情况

指　　标	2016 年	2017 年	2018 年	2019 年
城区(县城)面积(平方公里)	688.2	688.2	688.2	696.0
城市现状建设用地面积(平方公里)	176.0	178.7	184.6	202.4
公共供水总量(万立方米)	16 538	17 870	17 174	18 176
供水普及率(%)	99.2	98.9	99.0	99.2
污水排放总量(万立方米)	18 484	16 496	18 288	18 449
污水处理总量(万立方米)	14 379	13 075	16 038	17 553
污水处理率(%)	77.8	79.3	87.7	95.2
生活垃圾清运量(万吨)	82.0	77.7	113.5	109.4
生活垃圾无害化处理量(万吨)	79.0	73.7	109.0	105.3
生活垃圾无害化处理率(%)	96.3	94.8	96.0	96.3
燃气普及率(%)	87.6	94.2	94.7	93.8
集中供热面积(万平方米)	462	7 845	7 924	8 015
人均公园绿地面积(平方米/人)	10.8	11.2	11.5	11.9
建成区绿化覆盖率(%)	31.1	32.4	33.9	35.2
城市公共交通车辆标准运营数(标台)	3 042	3 121	3 820	4 016

说明:2019 年数据为初步数据。

从生态环境的视角来看,青海省林地面积前三年保持不变,一直为 1 096.94 万公顷,2019 年略有所下降,降低了 0.37%。森林覆盖率保持持续增长的趋势,到 2019 年森林覆盖率较 2016 年增长了 15.87%。湿地面积在四年间均为发生变化,一直保持在 814.36 万公顷的水平。在新时代生态文明及建设号角的引领下,青海省森林覆盖率逐渐扩大。

从环境保护基本情况的视角来看,从 2016—2019 年期间,青海省累计水土流失治理面积逐步增加,可见青海省对水土流失治理力度的逐渐增强。当年造林面积保持在 20.70 万公顷的平均水平。自然保护区和国家级自然保护区个数保持不变,分别为 11 个和 7 个,但自然保护区面积有所增加,2019 年自然保护区面积较 2016 年增加了 0.05%。从 2016—2019 年期间,青海省地质灾害发生次数 2018 年和 2019 年较多,2018 年共发生了 207 次,导致直接经济损失 5 118 万元;森林火灾平均每年发生 16.5 次,平均森林火灾受害森林面积 89.5 公顷。2018 年和 2019 年林草投资完成额、生态修复治理和林业草原服务、保障和公共管理均有所增加,2019 年还投入了林(草)产品加工制造,可见青海省对林草的保护、治理与管理服务力度逐年投入与加强。

从城市环境保护基本情况的视角来看,2019 年城区面积达到了 696 平方公里,较前三年增加了 1.13%,城市现状建设用地面积保持逐年增加的趋势,增长率为 15.0%;公共供水总量表现出增长的趋势,供水普及率有较小变动,但 2016 年到 2019 年保持不变;2016—2019 年,青海省污水排放总量呈现减小的趋势,污水处理总量呈现出增长的趋势,污水处理率逐年增加,由 2016 年 77.8%增加到 2019 的 95.2%; 2016—2019 年间,生活垃圾无害化处理率基本保持不变,但生活垃圾清运量和生活垃圾无害化处理量呈现出逐年增加的趋势;燃气普及率逐年增加,集中供热面积也是逐年增加,由 2016 年的 462 万平方米增加到了 2019 年的 8 015 万平方米;建成区绿化覆盖率逐年增加,人均公园陆地面积也是逐年增加;城市公共交通车辆标准运营数呈现出逐年增加的趋势,增长率为 32.02%。从以上可以看出青海省在城市建设、城区绿化、城市环境治理和城市服务的力度逐年加强和完善。

5. 新疆维吾尔族自治区环境状况

如表 21 所示,新疆维吾尔自治区 2018 年至 2019 年间废水排放总量从 8.07 亿吨下降到 7.94 亿吨,下降 1.45%,下降幅度不大。其中,工业废水排放量是增加的,增加 6.29%。新疆维吾尔自治区机动车氮氧化物排放量持续增加,这可能与机动车进口关税的增加以及国产车的日渐普及,导致机动车的购买数量持续增加,也反映出新疆维吾尔自治区新能源机动车的改革有待加速,力争早日减少污染物排放到基准线以下,助力环境保护。2018 年至 2019 年间,森林火灾发生频率和受灾面积持续减少,随着近几年新疆维吾尔自治区森林消防预警工作的逐步完善和消防技术设备的日渐先进,这类指标将会持续性的降低。2019 年工业污染治理项目年完成投资总额较 2018 年有所增加,污染治理力度逐渐加大,体现新疆维吾尔自治区政府环境治理的决心。

表 21　新疆维吾尔自治区环境保护基本情况

项　　目	2018 年	2019 年
水环境		
废水排放总量(亿吨)	8.07	7.94
工业废水排放量	1.43	1.52
城镇生活废水排放量	6.60	6.41
集中式治理设施废水排放量	0.04	0.01
化学需氧量排放量(万吨)	10.50	9.75
工业化学需氧量排放量	1.56	1.34
城镇生活化学需氧量排放量	8.72	8.27
农业化学需氧量排放量	0.02	0.01
集中式治理设施化学需氧量排放量	0.20	0.13
氨氮排放量(万吨)	1.57	1.31
工业氨氮排放量	0.10	0.07
城镇生活氨氮排放量	1.46	1.23
农业氨氮排放量		
集中式治理设施氨氮排放量	0.01	0.01
大气环境		
工业废气排放量(亿标立方米)	16 820.06	17 938.65
二氧化硫排放量(万吨)	28.76	24.86
工业二氧化硫排放量	15.72	12.78
城镇生活二氧化硫排放量	13.04	12.08
氮氧化物排放量(万吨)	29.54	29.87
工业氮氧化物排放量	15.58	13.82
城镇生活氮氧化物排放量	2.07	2.02
机动车氮氧化物排放量	11.89	14.03
烟(粉)尘排放量(万吨)	47.04	48.84
工业烟(粉)尘排放量	36.50	39.95

（续表）

项　　目	2018 年	2019 年
城镇生活烟(粉)尘排放量	9.55	8.72
机动车烟(粉)尘排放量(总颗粒物排放量)	0.99	0.17
固体废物		
一般工业固体废物产生量(万吨)	7 907.42	8 720.87
一般工业固体废物综合利用量(万吨)	3 362.49	4 313.8
一般工业固体废物处置量(万吨)	1 491.98	1 354.84
一般工业固体废物储存量(万吨)	3 264.62	3 238.57
一般工业固体废物倾倒丢弃量(万吨)	5.07	0.06
危险废物产生量(万吨)	203.8	206.26
生态环境		
当年造林面积(万公顷)	22.84	19.36
自然灾害		
发生地质灾害起数(次)		
发生地震灾害次数(次)	4	3
5.0 级以上		
森林火灾次数(次)	42	23
森林火灾受灾面积(公顷)	13.22	11.49
森林病虫害发生面积(万公顷)	133.92	146.37
森林病虫害防治面积(万公顷)	126.53	136.64
城镇环境基础设施建设投资额	39.89	20.59
工业污染治理项目年完成投资总额	9.83	12.20
当年完成环保验收项目环保投资总额	89.84	106.15
环境污染治理投资总额相当于新疆生产总值比列(%)	1.08	1.02
当年施工工业污染治理项目数(个)	78	82
当年竣工工业污染治理项目数(个)	63	58

二、环境治理成效

新常态下，我们既要创造更多的物质财富和精神财富以满足人民日益增长的美好生活需要，也要提供更多优质生态产品以满足人民日益增长的优美环境需要。西北地区历史时期生态环境遭到不合理开发与现阶段贫困问题、转型模式等或多或少有因果关系，在新历史转折起点上，逐步加大对区域生态环境的保护力度，使西北区域环境得到了极大的改善，生态环境得到恢复和治理。

英国生态学家亚瑟乔治于 1935 年提出了系统生态保护学说，他认为世界范围内生态系统建设，具有稳定性和空间性。如陆地、海洋、农田、草地都能为定义为特殊类型的生态系统。在系统生态保护基础上，西北地区在区域环境建设理念、措施方面不断进行完善，实现了区域范围内的治理成效。

1. 生态环境建设成效斐然

“十二五”期间，西北地区紧紧依托三北防护林、退耕还林、天然林保护、三北及长江流域等国家重点工程，脆弱的生态建设区绿色资源得以部分恢复。退耕还林还草，生态扶贫效益凸显，以宁夏回族自治区为例，其林业用地面积 180.10 万公顷，较“十一五”期间增长 56.1%；森林面积 61.80 万公顷，较“十一五”期间增长 53.1%；人工林面积 14.43 万公顷，较“十一五”期间增长 47.09%；森林覆盖率 11.9%，较“十一五”期间增长 5.8 个百分点；森林蓄积量 0.07 亿立方米，较“十一五”期间增长 75%。21 世纪以来，宁夏先后实施了两轮退耕还林还草工程，取得了较为瞩目的成绩。第一轮退耕还林还草工程的十三年以来，宁夏共实现退耕还林还草面积 1 305.5 万亩，共发放专项补助近 200 亿元，惠及退耕农民 153.02 万人。2015 年宁夏启动新一轮退耕还林还草工程，此次每亩退耕地可获得近 1 500 元补助，截至 2018 年底，累计退耕面积为 45.9 万亩。近二十年的退耕还林还草工程，有效地改善了宁夏中南部地区的区域环境，其中实现沙化土地退耕面积为 10.72 万公顷，涉及宁夏的三市九县，占总退耕面积的 12.4%；严重沙化土地为 1.71 万公顷，涉及两市三县，占总退耕面的 1.98%。每年实现防风固沙 4 272.25 万吨，固土 505.85 万吨。坡耕地退耕还林还草后，土壤侵蚀模数(指单位面积土壤及土壤母质在单位时间内侵蚀量的大小，是衡量土壤侵蚀强度的指标)为 23.5 立方米公顷年，分别比没有实施退耕还林还草工程的坡耕地和宜林荒山荒地降低了 18 立方米公顷年和 11 立方米公顷年，有效地控制了水土流失，调节了水土平衡，达到了涵养水源、净化水质的目的。与此同时，所完成的退耕地每年可以吸收近 12.76 万吨的二氧化碳,1.607 万吨的污染物,并可释放 27.76 万吨的氧气,生态系统服务功能总价值达到 47.07 亿元。

近几年来,西北五省区实行全境禁牧封育,沙区草原植被恢复速度加快,生态环境有所好转,在“十二五”期间草原植被得到明显恢复。其中甘肃省草原总面积 17 904.21 千公顷,可利用草原面积 16 071.61 千公顷,累计种草保留面积 3 099.87千公顷,“十二五”期间新增种草面积 2 888.9 千公顷。“十二五”期间西北地区草原植被情况与林业情况一样逐渐好转,虽各年略有升降,但总体水平呈上升趋势,草原植被情况恢复显著。

2. 生态环境保护效果显著

据统计,全国近 35%的贫困县、近 30%的贫困人口分布在西北沙区。西北地区依托退耕还林、三北防护林、天保工程等国家重点林业工程,逐步完善不同区域的防沙治沙模式,在毛乌素沙地探索出了“五位一体”的沙区治理、发展模式,实现了由“沙逼人退”向“人逼沙退”的历史性转变,特别是宁夏成为全国首个“人进沙退”的省区,通过规模化、区域化防沙治沙,基本消除大面积流动沙丘,从根本改善了沙区生态状况。比如,用“五带一体”方式在腾格里沙漠防风固沙,用“六位一体”方式在毛乌素沙漠把防沙治沙与经济发展相结合。宁夏沙漠区生态建设经验逐渐成为吸引西方学者关注的“中国智慧”。近几年来,西北地区生态环境保护呈现出整体遏制、持续缩减、功能增强的良好态势,荒漠化和沙化程度日渐减轻。尤其“十二五”以来,西北地区先后启动实施了 146 项小流域综合治理、坡耕地整治、淤地坝除险等水保重点项目,不断强化三江源、祁连山、黄土高原、防沙带等重点生态功能区及生态敏感脆弱区的保护和生态修复;推进伊犁河、额尔齐斯河、环青海湖、湟水河、黄河等重点流域综合治理,加强水污染防治;倡导共享单车、共享汽车等新模式的低碳生活,逐步探索出建设生态文明的路子。同时,2013 年西北开始实施改革开放以来第一次大规模、系统性盐碱地治理工作。通过百万亩盐碱地治理工程,多措并举加强农田排灌、土地整治、土壤改良和农田林网建设,显著改善了西北地区农田建设标准低、工程配套差、老化失修严重等问题。

3. 环境综合治理方式创新

将生态系统划分为多个保护单元,建立各级自然保护区,以人工干预与生态系统自我恢复相结合,对保护物种多样性发挥了积极作用。区域生态治理是将宏观流域、自然因素和人为环境因素全部考虑在内，这种方式对于保障生态系统实现自我恢复和调节、维持生态系统健康有很大益处。通过实施自然保护区恢复和保护工程，西北地区相继建成总面积为 5 193.7 万公顷的自然保护区 176 个，其中国家级自然保护区 69 个，自然保护区占辖区总面积的 15.26%，基本形成了以自然保护区为主，生态公园为补充的自然保护体系。地处黄河黑山峡河段的大柳树水利枢纽工程与龙羊峡、小浪底并列的黄河干流控制性骨干的重点工程，将是西北区域生态环境治理方式的一次革新。该工程按照“建设小绿洲、保护大生态”的模式，实现大面积退化草场的保护与恢复，从根本上改变区域生态与环境脆弱的状况，构建完善西部生态屏障，并稳步实现对“民勤绿洲”的补水救护，保证国家生态安全。同时，根据水资源供需条件和国家发展需要，充分利用区域土地资源优势快速形成粮食生产能力，为未来国家粮食安全提供基础保障。与此同时，大柳树水利枢纽工程的建设和治理上牢牢树立“新绿洲”理念。一方面使这些新建绿洲成为有效抑制沙漠化的生态屏障，另一方面新建绿洲可以作为农牧民新生态移民基地，减少荒漠化生态脆弱地区的环境承载压力，并为大范围实施退耕还林、封林禁牧等生态保护、治理措施创造前提条件，更充分更全面的实施区域环境建设。切实发挥“建设一小片，保护一大片”的积极作用，让西北区域环境建设呈现出日新月异的变化。

三、环境发展挑战

西北地区气象条件千差万别，气候环境多变，特别是西北地区易出现极端天气，如干旱、低温、霜冻期、积雪期、日照等不利于生活和生产发展的气候因素，导致西北地区气候灾害多发，如干旱、沙尘暴、寒潮等。

西北地区不仅气候条件恶劣，而且而水资源匮乏，分布极不均衡，一些地区常年严重缺水。水资源分布的不均衡导致经济发展和人口分布相对集中，人均水资源占有量与全国平均占有量有较大差距。例如，宁夏南部山区因水资源贫乏而被联合国列为最不适宜人类居住的地区之一。人口与水资源的分布范围高度重合，这就进一步导致水资源的供需紧张、开发利用过度，进一步破坏了生态环境。生态环境的进一步破坏导致西北地区土地荒漠化现象日渐严重，近几年来仍有继续扩大的趋势，同时水土流失问题未得到根本解决，生态环境恶劣而造成的水土流失面积同样存在进一步扩大的趋势。当然，随着近几年来环境保护力度的逐渐加大，西北五省区生态环境得到了极大的改善，生态环境逐步好转。

1. 水资源短缺且污染较重

西北地区地处我国内陆,降水稀少,蒸发量大于降水量,是我国水资源最为缺乏的地区之一。国家统计局数据显示:“2015 年,西北五省水资源总量 2 027 亿立方米,占全国水资源总量的 7.24%,全国人均水资源量 2039.25 平方米/人。甘肃省人均水资源量为 635.03 平方米/人,仅为全国的 31.14%;宁夏人均资源量仅为 138.41 平方米/人,仅为全国的 6.79%左右。”近几年来随着经济社会的飞速发展以及全球气候变暖,西北地区大面积出现河流断流、湖泊、湿地水位下降、干涸等现象。这与在西北五省区大部分农耕地区实行大水漫灌、过度开采地下水有直接关系,同时,工业生产中的非法排污也给水资源造成了巨大的危害。

西北地区近几年来水环境、水资源污染治理很见成效,但仍然存在水资源、水环境污染问题。城镇人口稠密区、工矿集中区是水资源污染较重的区域,而且人口、工矿往往集中在水资源较多的区域,污染情况较之于中东部更为严重。原因是工业污水、废水排污量大,强度高。另外,工业废水、污水处理率低,除陕西省外,西北其余省区工业废水、污水排放达标率均低于全国平均水平,城市污水处理在规模、效率上也较为落后。

西北五省区工业结构各不相同,导致其工业废水排放量及废水中污染物排放情况也各不相同,但总体数据反映出西北五省区对废水的处理能力正在逐年提高,相应的通过环境治理,废水中污染物的含量也逐年降低,这是西北五省区自然环境改善显著特征,同时也彰显出西北地区近年来在生态环境建设、自然资源保护方面投入了巨大的人力与物力,进而使得西北地区生态环境总体向良好方向发展。

2. 土地荒漠化严重,耕地质量总体不高

土地荒漠化在西北地区尤为严重。虽然西北地区土地荒漠化程度近年来有所缓解,但个别省区土地沙化面积出现反复。同时,我国西北地区分布着大片的沙漠和戈壁,如腾格里沙漠、柴达木盆地沙漠、塔克拉玛干沙漠等,在我国沙漠总面积份额中占很大比重。此外,砍伐森林、滥垦荒地、过度放牧等行为,进一步导致水土流失和土地荒漠化。以宁夏为例,宁夏是全国水土流失最严重的省区之一,目前宁夏水土流失严重的整体状况还没有根本改变。截至

2015年底，全区仍有1.96万平方公里水土流失面积，占国土面积的37.84%。风沙危害、水土流失严重。由此引发的沙尘暴天气不仅会对当地经济、社会的发展起到阻碍作用，甚至会影响到我国中东部地区，给经济发展、人民群众生命财产安全造成重大损失。

西北地区耕地质量总体不高，水资源条件较差导致水浇地、优质耕地少。截至2015年，西北五省区主要农作物播种面积16 094.09千公顷，有效灌溉面积8 191.09千公顷，占主要农作物播种面积的50.09%。其中，甘肃省主要农作物种植面积4 229.33千公顷，有效灌溉面积1 306.72千公顷，占比30.89%；宁夏主要农作物播种面积1 264.64千公顷，有效灌溉面积506.53千公顷，占比40.53%；青海省主要农作物播种面积558.39千公顷，有效灌溉面积196.99千公顷，占比35.28%；新疆主要农作物种植面积5 757.25千公顷，有效灌溉面积4 944.92千公顷，占比85.89%；陕西省主要农作物种植面积4 284.48千公顷，有效灌溉面积1 236.77千公顷，占比28.87%。可见西北五省区除新疆外，其余四省区主要农作物种植的有效灌溉面积较低，这与当地的气候、环境及水利设施的修建有密切的关系。

3. 大气污染加剧

从西北地区工业生产的总体结构上看，污染重、耗能多的企业较多，同时污染治理投资较少，治污能力较低，导致环境污染特别是大气污染近年来逐渐加剧。西北地区工业废气和固体废弃物排放数量高于全国平均水平，甚至个别产业废弃物排放量高于全国平均水平多倍，给生态环境造成了极大的破坏，同时，西北地区的废气、废物处理能力低，废气排放达标率、废物综合利用率、生活垃圾无害化处理率远低于全国平均水平。废气排放与工业生产及废气处理有密切关系，与中东部工业发达省份相比，西北五省区工业废气排放相对较少，废气中主要污染物含量相对较少，但仔细分析发现西北五省区工业废气中污染物含量相对较高，这与西北地区废气处理能力相对较低密切相关，在工业发展中，注重环境保护及废气、废物处理已经刻不容缓。

4. 生态保护形势严峻

西北五省区草原面积每年都有增加，但是草原鼠害、虫害治理工作较为落后，大量受鼠害、虫害破坏的草原难以得到及时的治理，使得草原不同程度受到破坏。此外，西北地区草原生态系统仍十分脆弱，由于社会经济发展，还存在基本草原保护存在缺少必要的政策支持、对基本草原划定保护的认识还不到位，乱占乱用现象严重、草原权属不明，农林草矛盾突出，草原执法监理工作难度增大等问题，草原保护和持续利用形势严峻。以宁夏为例，宁夏 3 665 万亩天然草原中 90%以上存在着不同程度的退化，其中重度退化面积 1 346 万亩。在各类退化草原面积中，沙化面积大约为 1 177 万亩，是国家环保局、中科院确定的我国沙尘暴源区之一。

在西北地区，恢复脆弱生态成为地区发展的重点。三江源湿地保护及黄土高原小流域治理都是生态文明建设典型实践。具有地域特点、时代特征的生态文明建设正在各地如火如荼地进行，只为创造出一个具有良好生态环境的美丽中国。

5. 环境法制体系有待完善

现阶段关于西北地区生态建设的相关法律及制度政策数量低且种类少，在区域环境建设过程中所面临的诸多的问题并不能通过区域性的法律制度来协调与制止。暂且没有形成一套种类多样、过程严密的长效监管制度体系，影响社会可持续发展的突出环境问题坚决进行处理。

6. 协同治理程度较低

区域环境建设是个复杂的系统工程，整合包括群众在内的多方利益主体参与到建设过程中，方能形成区域协同治理模式。现阶段较为薄弱的政策导致企业、社区、学校等公共利益主体的参与度低，最终结果是西北区域环境建设事业举步维艰，很难在社会范围内形成“共同体”的治理氛围。

7. 区域环境伦理建设较薄弱

宣传途径的表象化导致价值理念与行为方式的空虚化，种类繁多的宣传条幅随处可见，但极少能内化到人民群众的价值理念与行为方式之中。如何将区域环境建设的重要性与群众生活状态联系起来，也成为西北地区区域环境建设制约因素之一。

8. 环境创新驱动力不足

实现区域环境建设目标，决不能故步自封。西北地区在生态文明建设进程中，创新驱动力仍然落后于沿海省份。区域环境建设在行为方式、制度建设以及观念意识上需要与西北地区实际相结合，照搬照抄的时代已经过去，富有创新力的区域环境建设才更具有可持续性，如何“在地”培育创新行为成为当前区域环境建设的瓶颈之一。

综上所述，我们能够清晰地看到当前西北地区人口与资源环境协调发展存在较多问题，水、土资源短缺，水土流失、土地荒漠化依然严重，草原、耕地面临诸多问题，大气污染治理困难，矿产资源开发存在较多问题等等，这些问题直接影响了人民群众正常的生产、生活，对工业、农业及第三产业的可持续发展，区域经济、社会全面发展产生严重影响。因此，急需探寻出一条能够实现西北地区全面、综合、协调、可持续发展的出路，从而实现西北地区与全国同步建成小康社会。

第三章　西北区域人口、资源和环境协调发展评价

第一节　人口、资源和环境协调发展评价指标体系构建

一、评价指标及其含义

本研究构建西北地区人口、资源和环境协调发展评价指标体系是在总结首都经济贸易大学齐晓娟和童玉芬(2008)研究成果的基础上，根据陕西、甘肃、宁夏回族自治区、青海和新疆维吾尔自治区5个省(区)人口、资源和环境协调发展现状，通过查阅相关文献，征询有关专家，本着客观性、完备性和易获得的评价指标体系构建原则，构建人口子系统、资源子系统和环境子系统3个一级指标，分别用A1、A2、A3表示。构建人口规模、人口结构、人口素质、自然资源禀赋、能源资源禀赋、环境治理7个二级指标，分别用B1、B2、B3、B4、B5、B6、B7表示。构建人口密度人口自然增长率、劳动适龄人口比重、城镇化率、人均耕地面积、人均水资源量、人均能源生产量、人均能源消费量、环境污染治理投资总额(万元)、环境污染治理投资占GDP比重10个三级指标，分别用C1、C2、C3、C4、C5、C6、C7、C8、C9、C10表示，具体如下表所示。

表22　西北地区人口、资源环境协调发展指标体系

人口子系统	人口规模	人口自然增长率
	人口结构	劳动适龄人口比重
		城镇化率
资源子系统	自然资源禀赋	人均耕地面积
		人均水资源量
	能源资源禀赋	人均能源生产量
		人均能源消费量
环境子系统	环境治理	环境污染治理投资总额(万元)
		环境污染治理投资占GDP比重

二、评价指标的构建方法

1. 数据来源说明

本研究数据来源为陕西、甘肃、宁夏回族自治区、青海和新疆维吾尔自治区5个省(区)统计年鉴,主要包括2010—2019年度人口密度人口自然增长率、劳动适龄人口比重、城镇化率、人均耕地面积、人均水资源量、人均能源生产量、人均能源消费量、环境污染治理投资总额(万元)、环境污染治理投资占GDP比重10项统计数据,个别缺失数据通过政府统计公报获取。统计年鉴为陕西、甘肃、宁夏回族自治区、青海和新疆维吾尔自治区5个省(区)统计局公布数据。

2. 评价指数测算

科学构建评价指标体系、准确测算评价指标体系指标值成为研究主体评估的关键。目前,学术界关于评价指标体系的构建和指标值测算的方法主要为定性评价、定量评价和综合评价方法三大类。关于评价指标体系协调性的方法主要为多指标综合评价法、多目标规划法和层次分析法。本研究根据研究对象性质、研究数据获得性和研究目标要求拟定采用定量评价中的熵值法测算西北地区人口、资源环境协调发展指标体系指标值,拟定采用多指标综合评价法测算西北地区人口、资源环境协调发展指标体系指标,进而评价西北地区人口、资源环境协调发展程度和协调程度。

熵值法源于物理学中的热力学概念。在物理学中熵主要反映系统的混乱程度。用熵值法确定评价指标体系指标权重,既可消除主观赋权法的主观随意因素,且能解决多指标变量间信息重叠问题,广泛应用于可持续发展评价及社会经济等研究领域(丁文强等,2015)。具体步骤如下:

(1) 数据标准化,由于调查获取的数值量纲、数量级、变化幅度不同,本研究采用极值标准化法。其公式为:

$$x'_{ij}=(x_{\max}-x_{\min})/(x_{ij}-x_{\min})$$

式中,x'_{ij}是第i个样本第j个测量指标标准化后变量数据;x_{ij}是第i个样本第j个测量指标量化值。

数据标准化主要目的是解决不同量纲数据差异问题,本研究通过极大极小值法对陕西、甘肃、宁夏回族自治区、青海和新疆维吾尔自治区5个省(区)2010—2019年度人口密度人口自然增长率,劳动适龄人口比重,城镇化率,人均耕地面积，人均水资源量，人均能源生产量，人均能源消费量，环境污染治理投资总额(万元)，环境污染治理投资占 GDP 比重 10 项评价指标原始数据运用上述数学公式进行计算，其结果如下表所示。

表 23　西北地区人口、资源环境协调发展评价标准化计算结果

人口系统			资源系统				环境系统	
人口规模	人口结构		自然资源禀赋		能源资源禀赋		环境治理	
人口自然增长率	劳动适龄人口比重	城镇化率	人均耕地面积	人均水资源量	人均能源生产量	人均能源消费量	环境污染治理投资总额(万元)	环境污染治理投资占GDP比重
0.003 9	1.000 0	0.411 0	0.002 1	0.042 4	0.363 8	0.000 0	0.566 9	0.575 1
0.000 0	0.991 1	0.479 6	0.001 4	0.059 3	0.490 6	0.019 5	0.228 5	0.142 9
0.024 4	0.988 8	0.596 3	0.000 0	0.021 5	0.617 5	0.039 1	0.563 6	0.377 3
0.021 9	0.963 5	0.651 7	0.000 0	0.014 9	0.703 7	0.055 8	0.694 5	0.424 9
0.023 1	0.938 1	0.705 7	0.000 0	0.014 4	0.771 3	0.069 8	0.868 9	0.490 8
0.016 7	0.926 9	0.763 6	0.003 5	0.011 0	0.805 6	0.081 9	0.645 5	0.337 0
0.092 5	0.906 8	0.824 5	0.000 0	0.000 0	0.760 9	0.090 2	1.000 0	0.520 1
0.151 7	0.858 3	0.886 7	0.010 5	0.030 2	0.873 2	0.097 7	0.980 4	0.439 6
0.095 1	0.803 1	0.944 2	0.007 0	0.016 5	0.995 8	0.104 2	0.596 9	0.205 1
0.074 6	0.757 6	1.000 0	0.007 0	0.037 2	1.000 0	0.090 2	0.830 5	0.293 0
0.300 8	0.703 2	0.000 0	0.685 7	0.018 0	0.331 6	0.756 3	0.205 0	0.256 4
0.303 3	0.692 8	0.044 2	0.671 6	0.022 8	0.371 1	0.840 0	0.291 3	0.168 5
0.304 6	0.715 9	0.112 8	0.787 6	0.029 7	0.450 1	0.911 6	0.394 9	0.201 5
0.307 2	0.719 6	0.172 0	0.773 6	0.030 2	0.474 0	0.966 5	0.326 9	0.164 8
0.309 8	0.705 4	0.238 5	0.766 5	0.011 6	0.533 3	0.992 6	0.205 0	0.256 4
0.323 9	0.699 5	0.303 3	0.759 5	0.003 4	0.505 2	0.977 7	0.291 3	0.168 5
0.296 9	0.694 3	0.367 7	0.748 9	0.005 8	0.469 9	0.937 7	0.394 9	0.201 5

（续表）

人口系统			资源系统				环境系统	
人口规模	人口结构		自然资源禀赋		能源资源禀赋		环境治理	
人口自然增长率	劳动适龄人口比重	城镇化率	人均耕地面积	人均水资源量	人均能源生产量	人均能源消费量	环境污染治理投资总额（万元）	环境污染治理投资占GDP比重
0.299 5	0.676 4	0.440 6	0.738 4	0.023 3	0.476 1	0.960 0	0.326 9	0.164 8
0.093 8	0.660 0	0.496 4	0.734 9	0.041 5	0.529 1	1.000 0	0.205 0	0.256 4
0.020 6	0.643 5	0.530 7	0.734 9	0.033 9	0.570 7	0.989 8	0.291 3	0.168 5
0.687 7	0.856 8	0.428 1	0.278 7	0.011 6	0.216 2	0.258 6	0.000 0	0.003 7
0.678 7	0.855 3	0.507 9	0.274 4	0.003 4	0.215 2	0.308 8	0.001 7	0.003 7
0.673 5	0.897 8	0.587 7	0.270 7	0.005 8	0.317 0	0.357 2	0.009 0	0.036 6
0.633 7	0.906 8	0.681 7	0.261 8	0.023 3	0.388 8	0.400 0	0.039 8	0.179 5
0.627 2	0.902 3	0.750 3	0.260 2	0.041 5	0.207 9	0.429 8	0.074 1	0.322 3
0.559 1	0.894 1	0.819 8	0.260 2	0.033 9	0.050 9	0.445 6	0.020 2	0.065 9
0.678 7	0.904 5	0.865 3	0.254 9	0.630 9	0.000 0	0.436 3	0.065 2	0.241 8
0.642 7	0.902 3	0.937 8	0.249 6	0.815 2	0.046 8	0.445 6	0.014 3	0.014 7
0.525 7	0.893 4	0.976 4	0.254 9	1.000 0	0.151 8	0.466 0	0.012 2	0.000 0
0.624 7	0.699 5	0.608 3	0.974 0	1.000 0	0.343 0	0.411 2	0.265 8	0.076 9
0.620 8	0.694 3	0.665 4	0.963 4	0.630 9	0.339 9	0.426 0	0.221 3	0.040 3
0.586 1	0.676 4	0.727 2	0.945 9	0.815 2	0.423 1	0.454 9	0.181 4	0.011 0
0.561 7	0.660 0	0.787 2	0.928 3	1.000 0	0.483 4	0.455 8	0.189 7	0.003 7
0.500 0	0.643 5	0.832 3	0.893 1	0.946 1	0.585 2	0.475 3	0.208 4	0.007 3
0.902 3	0.724 8	0.286 1	1.000 2	0.289 3	0.177 8	0.131 2	0.194 5	0.359 0
0.884 3	0.650 3	0.318 3	0.984 6	0.218 0	0.230 8	0.193 5	0.606 3	1.000 0
0.919 0	0.561 5	0.338 1	0.971 1	0.225 0	0.295 2	0.264 2	0.743 7	1.073 3
0.929 3	0.491 4	0.358 2	0.953 9	0.230 4	0.347 2	0.353 5	0.884 3	1.128 2

（续表）

人口系统			资源系统				环境系统	
人口规模	人口结构		自然资源禀赋		能源资源禀赋		环境治理	
人口自然增长率	劳动适龄人口比重	城镇化率	人均耕地面积	人均水资源量	人均能源生产量	人均能源消费量	环境污染治理投资总额（万元）	环境污染治理投资占GDP比重
1.000 0	0.437 7	0.426 9	0.935 7	0.158 6	0.357 6	0.397 2	1.146 6	1.348 0
0.947 3	0.429 5	0.476 6	0.904 5	0.212 0	0.343 0	0.411 2	1.659 3	0.761 9
0.949 9	0.356 5	0.524 7	0.885 7	0.252 4	0.339 9	0.426 0	0.782 9	0.871 8
0.991 0	0.349 0	0.568 9	0.863 8	0.225 2	0.423 1	0.454 9	0.628 2	0.578 8
0.313 6	0.331 8	0.634 5	0.844 6	0.181 8	0.483 4	0.455 8	0.432 4	0.322 3
0.000 0	0.000 0	0.675 7	0.828 6	0.176 9	0.585 2	0.475 3	0.430 4	0.285 7

（2）计算第 j 项指标下第 i 个待评指标的比重 p_{ij}：

$$p_{ij}=x'_{ij}\Big/\sum_{i=1}^{m}x'_{ij}$$

测算陕西、甘肃、宁夏回族自治区、青海和新疆维吾尔自治区 5 个省（区）2010—2019 年度人口密度人口自然增长率，劳动适龄人口比重，城镇化率，人均耕地面积，人均水资源量，人均能源生产量，人均能源消费量，环境污染治理投资总额（万元），环境污染治理投资占 GDP 比重 10 项评价指标每个具体指标的比重运用上述数学公式计算，计算结果如下表所示。

（3）计算第 j 项评价指标的熵值 e_j：

$$e_j=-1/\ln m\sum_{i=1}^{m}p_{ij}\ln p_{ij}$$

通过上述公式测算陕西、甘肃、宁夏回族自治区、青海和新疆维吾尔自治区 5 个省（区）2010—2019 年度人口密度人口自然增长率，劳动适龄人口比重，城镇化率，人均耕地面积，人均水资源量，人均能源生产量，人均能源消费量，环境污染治理投资总额（万元），环境污染治理投资占 GDP 比重 10 项评价指标的熵

表 24　西北地区人口、资源环境协调发展评价待评指标比重计算结果

人口系统			资源系统				环境系统	
人口规模	人口结构		自然资源禀赋		能源资源禀赋		环境治理	
人口自然增长率	劳动适龄人口比重	城镇化率	人均耕地面积	人均水资源量	人均能源生产量	人均能源消费量	环境污染治理投资总额(万元)	环境污染治理投资占GDP比重
0.003 9	1.000 0	0.411 0	0.002 1	0.042 4	0.363 8	0.000 0	0.566 9	0.575 1
0.000 0	0.991 1	0.479 6	0.001 4	0.059 3	0.490 6	0.019 5	0.228 5	0.142 9
0.024 4	0.988 8	0.596 3	0.000 0	0.021 5	0.617 5	0.039 1	0.563 6	0.377 3
0.021 9	0.963 5	0.651 7	0.000 0	0.014 9	0.703 7	0.055 8	0.694 5	0.424 9
0.023 1	0.938 1	0.705 7	0.000 0	0.014 4	0.771 3	0.069 8	0.868 9	0.490 8
0.016 7	0.926 9	0.763 6	0.003 5	0.011 0	0.805 6	0.081 9	0.645 5	0.337 0
0.092 5	0.906 8	0.824 5	0.000 0	0.000 0	0.760 9	0.090 2	1.000 0	0.520 1
0.151 7	0.858 3	0.886 7	0.010 5	0.030 2	0.873 2	0.097 7	0.980 4	0.439 6
0.095 1	0.803 1	0.944 2	0.007 0	0.016 5	0.995 8	0.104 2	0.596 9	0.205 1
0.074 6	0.757 6	1.000 0	0.007 0	0.037 2	1.000 0	0.090 2	0.830 5	0.293 0
0.300 8	0.703 2	0.000 0	0.685 7	0.018 0	0.331 6	0.756 3	0.205 0	0.256 4
0.303 3	0.692 8	0.044 2	0.671 6	0.022 8	0.371 1	0.840 0	0.291 3	0.168 5
0.304 6	0.715 9	0.112 8	0.787 6	0.029 7	0.450 1	0.911 6	0.394 9	0.201 5
0.307 2	0.719 6	0.172 0	0.773 6	0.030 2	0.474 0	0.966 5	0.326 9	0.164 8
0.309 8	0.705 4	0.238 5	0.766 5	0.011 6	0.533 3	0.992 6	0.205 0	0.256 4
0.323 9	0.699 5	0.303 3	0.759 5	0.003 4	0.505 2	0.977 7	0.291 3	0.168 5
0.296 9	0.694 3	0.367 7	0.748 9	0.005 8	0.469 9	0.937 7	0.394 9	0.201 5
0.299 5	0.676 4	0.440 6	0.738 4	0.023 3	0.476 1	0.960 0	0.326 9	0.164 8
0.093 8	0.660 0	0.496 4	0.734 9	0.041 5	0.529 1	1.000 0	0.205 0	0.256 4
0.020 6	0.643 5	0.530 7	0.734 9	0.033 9	0.570 7	0.989 8	0.291 3	0.168 5
0.687 7	0.856 8	0.428 1	0.278 7	0.011 6	0.216 2	0.258 6	0.000 0	0.003 7
0.678 7	0.855 3	0.507 9	0.274 4	0.003 4	0.215 2	0.308 8	0.001 7	0.003 7

（续表）

人口系统			资源系统				环境系统	
人口规模	人口结构		自然资源禀赋		能源资源禀赋		环境治理	
人口自然增长率	劳动适龄人口比重	城镇化率	人均耕地面积	人均水资源量	人均能源生产量	人均能源消费量	环境污染治理投资总额（万元）	环境污染治理投资占GDP比重
0.673 5	0.897 8	0.587 7	0.270 7	0.005 8	0.317 0	0.357 2	0.009 0	0.036 6
0.633 7	0.906 8	0.681 7	0.261 8	0.023 3	0.388 8	0.400 0	0.039 8	0.179 5
0.627 2	0.902 3	0.750 3	0.260 2	0.041 5	0.207 9	0.429 8	0.074 1	0.322 3
0.559 1	0.894 1	0.819 8	0.260 2	0.033 9	0.050 9	0.445 6	0.020 2	0.065 9
0.678 7	0.904 5	0.865 3	0.254 9	0.630 9	0.000 0	0.436 3	0.065 2	0.241 8
0.642 7	0.902 3	0.937 8	0.249 6	0.815 2	0.046 8	0.445 6	0.014 3	0.014 7
0.525 7	0.893 4	0.976 4	0.254 9	1.000 0	0.151 8	0.466 0	0.012 2	0.000 0
0.624 7	0.699 5	0.608 3	0.974 0	1.000 0	0.343 0	0.411 2	0.265 8	0.076 9
0.620 8	0.694 3	0.665 4	0.963 4	0.630 9	0.339 9	0.426 0	0.221 3	0.040 3
0.586 1	0.676 4	0.727 2	0.945 9	0.815 2	0.423 1	0.454 9	0.181 4	0.011 0
0.561 7	0.660 0	0.787 2	0.928 3	1.000 0	0.483 4	0.455 8	0.189 7	0.003 7
0.500 0	0.643 5	0.832 3	0.893 1	0.946 1	0.585 2	0.475 3	0.208 4	0.007 3
0.902 3	0.724 8	0.286 1	1.000 2	0.289 3	0.177 8	0.131 2	0.194 5	0.359 0
0.884 3	0.650 3	0.318 3	0.984 6	0.218 0	0.230 8	0.193 5	0.606 3	1.000 0
0.919 0	0.561 5	0.338 1	0.971 1	0.225 0	0.295 2	0.264 2	0.743 7	1.073 3
0.929 3	0.491 4	0.358 2	0.953 9	0.230 4	0.347 2	0.353 5	0.884 3	1.128 2
1.000 0	0.437 7	0.426 9	0.935 7	0.158 6	0.357 6	0.397 2	1.146 6	1.348 0
0.947 3	0.429 5	0.476 6	0.904 5	0.212 0	0.343 0	0.411 2	1.659 3	0.761 9
0.949 9	0.356 5	0.524 7	0.885 7	0.252 4	0.339 9	0.426 0	0.782 9	0.871 8
0.991 0	0.349 0	0.568 9	0.863 8	0.225 2	0.423 1	0.454 9	0.628 2	0.578 8
0.313 6	0.331 8	0.634 5	0.844 6	0.181 8	0.483 4	0.455 8	0.432 4	0.322 3
0.000 0	0.000 0	0.675 7	0.828 6	0.176 9	0.585 2	0.475 3	0.430 4	0.285 7

值,人口密度人口自然增长率,劳动适龄人口比重,城镇化率,人均耕地面积,人均水资源量,人均能源生产量,人均能源消费量,环境污染治理投资总额(万元),环境污染治理投资占 GDP 比重 10 项评价指标熵值分别为:−0.912 98、−0.985 51、−0.968 42、−0.909 86、−0.772 29、−0.961 24、−0.929 95、−0.903 82、−0.881 72。计算过程如下表所示。

(4) 计算第 j 项评价指标的权重:

$$W=(1-e_j)/\sum_{i=1}^{n}(1-e_j)$$

通过上述模型运算过程,构建西北地区人口、资源和环境协调发展评价指标体系,人口系统、资源系统和环境系统 3 个一级指标,分别用 A1、A2、A3 表示,指标值分别为 0.133 0、0.427 6、0.241 5。构建人口规模、人口结构、人口素质、自然资源禀赋、能源资源禀赋、环境治理 5 个二级指标,分别用 B1、B2、B3、B4、B5 表示,指标值分别为 0.087 0、0.046 1、0.318 7、0.108 9、0.214 5。构建人口密度人口自然增长率、劳动适龄人口比重、城镇化率、人均耕地面积、人均水资源量、人均能源生产量、人均能源消费量、环境污染治理投资总额(万元)、环境污染治理投资占 GDP 比重 10 个三级指标,分别用 C1、C2、C3、C4、C5、C6、C7、C8、C9、C10 表示,指标值分别为 0.087 0、0.014 5、0.031 6、0.090 1、0.227 7、0.038 8、0.070 1、0.096 2、0.118 3。具体如表 26 所示。

综上所述,在西北地区人口、资源和环境协调发展评价指标体系的一级评价指标中资源系统影响程度最高,指标值为 0.427 6。其次是环境系统,指标值为 0.241 5。最后为人口系统,指标值仅为 0.133 0。在二级指标系统中,自然资源禀赋指标值为 0.318 7,其影响程度远远高于其他几个指标,成为影响西北地区人口、资源和环境协调发展的关键。其次为环境治理指标,指标值为 0.214 5,成为影响西北地区人口、资源和环境协调发展的第二位的指标。在人口密度人口自然增长率、劳动适龄人口比重、城镇化率、人均耕地面积、人均水资源量、人均能源生产量、人均能源消费量、环境污染治理投资总额(万元)、环境污染治理投资占 GDP 比重 10 个三级指标中,影响程度最强为人均水资源量,指标值为 0.227 7,可见在西北地区,水资源成为影响人口、资源与环境协调发展的关键。其次为环境污染治理投资占年内国内生产总值的比重,指标值为 0.118 3,可见,在环境污染与经济发展的悖论中,环境污染治理投资力度成为非常重要的影响。

表 25 西北地区人口、资源环境协调发展评价待评指标熵值计算结果

人口系统			资源系统				环境系统	
人口规模	人口结构		自然资源禀赋		能源资源禀赋		环境治理	
人口自然增长率	劳动适龄人口比重	城镇化率	人均耕地面积	人均水资源量	人均能源生产量	人均能源消费量	环境污染治理投资总额	环境污染治理投资占比
−0.001 69	−0.108 88	−0.068 04	−0.000 83	−0.023 97	−0.074 44	−0.006 98	−0.105 9	−0.127 7
0	−0.108 18	−0.076 41	−0.000 58	−0.031 42	−0.092 84	−0.012 55	−0.053 77	−0.045 4
−0.008 37	−0.108 01	−0.089 76	−0.001 31	−0.013 69	−0.109 54	−0.016 9	−0.105 47	−0.094 71
−0.007 61	−0.106 03	−0.095 75	−0.003 44	−0.010 06	−0.120 11	−0.020 31	−0.122 21	−0.103 19
−0.007 99	−0.104 02	−0.101 42	−0.002 41	−0.009 74	−0.128 01	−0.023 16	−0.142 5	−0.114 34
−0.006 05	−0.103 13	−0.107 31	−0.002 41	−0.007 75	−0.131 9	−0.025 07	−0.116 11	−0.087 21
−0.025 39	−0.101 52	−0.113 32	−0.102 57	−0.018 15	−0.126 81	−0.026 74	−0.156 5	−0.119 09
−0.037 77	−0.097 58	−0.119 26	−0.101 06	−0.010 93	−0.139 35	−0.028 17	−0.154 47	−0.105 73
−0.025 96	−0.092 98	−0.124 6	−0.113 21	−0.021 5	−0.152 19	−0.025 07	−0.109 87	−0.060 08
−0.021 28	−0.089 11	−0.129 64	−0.111 78	−0.011 77	−0.152 61	−0.126 87	−0.138 21	−0.078 65
−0.064 34	−0.084 36	−0.011 3	−0.111 06	−0.014 36	−0.069 43	−0.136 35	−0.049 43	−0.071 17
−0.064 76	−0.083 43	−0.024 57	−0.110 34	−0.017 89	−0.075 55	−0.144 12	−0.064 78	−0.051 63
−0.064 97	−0.085 47	−0.034 53	−0.109 25	−0.018 14	−0.087 17	−0.149 87	−0.081 41	−0.059 26
−0.065 39	−0.085 8	−0.044 73	−0.108 15	−0.008 14	−0.090 54	−0.152 54	−0.070 69	−0.050 76

（续表）

人口系统			资源系统				环境系统	
人口规模	人口结构		自然资源禀赋		能源资源禀赋		环境治理	
人口自然增长率	劳动适龄人口比重	城镇化率	人均耕地面积	人均水资源量	人均能源生产量	人均能源消费量	环境污染治理投资总额	环境污染治理投资占比
−0.065 8	−0.084 55	−0.053 94	−0.107 78	−0.002 78	−0.098 62	−0.151 02	−0.049 43	−0.071 17
−0.068 06	−0.084 03	−0.062 52	−0.107 78	−0.004 51	−0.094 84	−0.146 87	−0.064 78	−0.051 63
−0.063 72	−0.083 56	−0.071 71	−0.052 28	−0.014 63	−0.089 95	−0.149 19	−0.081 41	−0.059 26
−0.064 13	−0.081 97	−0.078 39	−0.051 67	−0.023 53	−0.090 83	−0.153 3	−0.070 69	−0.050 76
−0.025 68	−0.080 49	−0.082 38	−0.051 13	−0.019 97	−0.098 07	−0.152 26	−0.049 43	−0.071 17
−0.007 23	−0.079	−0.070 18	−0.049 81	−0.008 14	−0.103 55	−0.057 75	−0.064 78	−0.051 63
−0.117 95	−0.097 45	−0.079 75	−0.049 57	−0.002 78	−0.050 02	−0.066 13	−0.000 83	−0.002 09
−0.116 87	−0.097 33	−0.088 81	−0.049 57	−0.004 51	−0.049 84	−0.073 8	−0.003 68	−0.002 09
−0.116 24	−0.100 8	−0.098 93	−0.048 79	−0.014 63	−0.067 11	−0.080 3	−0.013 07	−0.015 07
−0.111 35	−0.101 52	−0.105 98	−0.048	−0.023 53	−0.078 22	−0.084 67	−0.021 89	−0.054 22
−0.110 55	−0.101 16	−0.112 86	−0.048 79	−0.019 97	−0.048 52	−0.086 96	−0.007 39	−0.084 4
−0.101 84	−0.100 5	−0.117 23	−0.131 26	−0.178 97	−0.015 57	−0.085 62	−0.019 72	−0.024 46
−0.116 87	−0.101 34	−0.124 01	−0.130 29	−0.209 48	−0.014 51	−0.086 96	−0.005 47	−0.068 08
−0.112 46	−0.101 16	−0.127 52	−0.128 64	−0.235 67	−0.037 88	−0.089 87	−0.004 78	−0.006 95

（续表）

人口系统			资源系统				环境系统	
人口规模	人口结构		自然资源禀赋		能源资源禀赋		环境治理	
人口自然增长率	劳动适龄人口比重	城镇化率	人均耕地面积	人均水资源量	人均能源生产量	人均能源消费量	环境污染治理投资总额	环境污染治理投资占比
−0.097 41	−0.100 44	−0.091 08	−0.126 99	−0.235 67	−0.071 22	−0.081 95	−0.060 41	−0.027 72
−0.110 22	−0.084 03	−0.097 21	−0.123 63	−0.178 97	−0.070 74	−0.084 13	−0.052 46	−0.016 31
−0.109 74	−0.083 56	−0.103 63	−0.133 67	−0.209 48	−0.083 28	−0.088 28	−0.044 93	−0.005 43
−0.105 34	−0.081 97	−0.109 66	−0.132 24	−0.235 67	−0.091 84	−0.088 42	−0.046 52	−0.002 09
−0.102 17	−0.080 49	−0.114 07	−0.131	−0.228 43	−0.105 44	−0.091 17	−0.050 07	−0.003 82
−0.093 93	−0.079	−0.051 56	−0.129 39	−0.105 57	−0.042 92	−0.033 9	−0.047 45	−0.091 34
−0.142 2	−0.086 26	−0.055 99	−0.127 69	−0.085 99	−0.052 62	−0.046 12	−0.111 09	−0.184 03
−0.140 28	−0.079 61	−0.058 64	−0.124 73	−0.088	−0.063 58	−0.058 71	−0.128 15	−0.192 3
−0.143 97	−0.071 34	−0.061 3	−0.122 93	−0.089 54	−0.071 87	−0.073 22	−0.144 2	−0.198 27
−0.145 05	−0.064 5	−0.070 02	−0.120 79	−0.067 82	−0.073 48	−0.079 88	−0.171 06	−0.220 41
−0.152 32	−0.059 04	−0.076 06	−0.118 91	−0.084 23	−0.071 22	−0.081 95	−0.214 79	−0.154 45
−0.146 92	−0.058 19	−0.081 69	−0.117 32	−0.095 69	−0.070 74	−0.084 13	−0.132 76	−0.168 66
−0.147 19	−0.050 38	−0.086 71	−3.443 07	−0.088 06	−0.083 28	−0.088 28	−0.113 91	−0.128 26
−0.151 41	−0.049 56	−0.093 92	−0.120 79	−0.075 14	−0.091 84	−0.088 42	−0.087 04	−0.084 4
−0.066 42	−0.047 65	−0.098 3	−0.118 91	−0.073 62	−0.105 44	−0.091 17	−0.086 74	−0.077 18
−0.912 98	−0.985 51	−0.968 42	−0.909 86	−0.772 29	−0.961 24	−0.929 95	−0.903 82	−0.881 72

表 26 西北地区人口、资源环境协调发展评价待评指标权重计算结果

人口系统			资源系统				环境系统	
0.133 0			0.427 6				0.241 5	
人口规模	人口结构		自然资源禀赋		能源资源禀赋		环境治理	
0.087 0	0.046 1		0.318 7		0.108 9		0.214 5	
人口自然增长率	劳动适龄人口比重	城镇化率	人均耕地面积	人均水资源量	人均能源生产量	人均能源消费量	环境污染治理投资额	环境污染治理投资比
0.087 0	0.014 5	0.031 6	0.090 1	0.227 7	0.038 8	0.070 1	0.096 2	0.118 3

第二节 人口、资源和环境协调发展评价结果

一、人口、资源和环境协调发展特征

据研究，西北地区陕西、甘肃、宁夏回族自治区、青海、新疆维吾尔自治区人口资源与环境协调发展指数值分别为 0.808 4、0.751 9、0.771 9、0.560 3、0.576 3。总体来看，西北地区各省(区)人口、资源与环境协调发展状况差异较大，其中陕西省人口、资源与环境协调最好，其次为宁夏回族自治区和甘肃，最后为新疆维吾尔自治区和青海，这与首都经济贸易大学齐晓娟和童玉芬(2008)研究成果基本一致。齐晓娟和童玉芬研究发现西北地区陕西省协调值最高，其次为新疆维吾尔自治区，依次为宁夏回族自治区、甘肃和青海。由此可见，我们构建的西北地区人口、资源环境协调发展评价指标体系具有科学性。

1. 人口、资源与环境协调发展状况总体较差

西北五省区中，陕西省人口、资源与环境协调发展指数超过 0.8，其他省区人口、资源与环境协调发展指数均低于 0.8，青海和新疆维吾尔自治区的人口、资源与环境协调发展指数均低于 0.6。

2. 人口、资源与环境协调发展状况存在区域差异

如前所述，西北地区人口、资源与环境协调发展指数最高的陕西省与最低的青海省差值达 0.248 1。同时，青海和新疆维吾尔自治区的人口、资源与环境协调发展指数低于 0.6。

3. 人口、资源与环境协调发展限制因子存在差异

据研究，陕西省人口、资源与环境协调发展限制因子为环境污染治理投资比，其指数为0.955。甘肃省人口、资源与环境协调发展限制因子为人均耕地面积，其指数为0.933 3。宁夏回族自治区和青海省人口、资源与环境协调发展限制因子均为人均耕地面积，其指数为0.933 3和0.8。新疆维吾尔自治区人口、资源与环境协调发展限制因子为环境污染治理投资比，其指数为0.908 6。

表27 西北地区人口、资源环境协调发展评价指数

地区	人口系统			资源系统				环境系统		总值
	人口规模	人口结构		自然资源禀赋		能源资源禀赋		环境治理		
	人口自然增长率	劳动适龄人口比重	城镇化率	人均耕地面积	人均水资源量	人均能源生产量	人均能源消费量	环境污染治理投资额	环境污染治理投资比	
陕西	0.995 6	0.986 8	0.977 1	0.999 7	0.994 4	0.971 4	0.995 5	0.932 9	0.955 0	0.808 4
甘肃	0.977 7	0.990 0	0.991 5	0.933 3	0.995	0.981 7	0.934 6	0.971 8	0.976 3	0.751 9
宁夏	0.944 8	0.987 1	0.977	0.976 3	0.935 1	0.993 1	0.972 4	0.997 5	0.988 6	0.771 9
青海	0.949 6	0.990 2	0.977 1	0.915 2	0.8	0.983 1	0.968 9	0.979 5	0.996 7	0.560 3
新疆	0.931 8	0.993 7	0.985 4	0.917 3	0.950 6	0.986 1	0.975	0.927 8	0.908 6	0.576 3
总值	0.799 5	0.947 8	0.908 1	0.741 8	0.675 1	0.915 4	0.846 4	0.809 5	0.825 2	—

二、人口协调发展特征

1. 人口系统限制因子

西北地区人口、资源与环境协调发展的人口系统中，人口结构的劳动适龄人口比重和城镇化率两个指标值分别为0.947 8、0.908 1，高于人口规模指数的人口自然增长率指数。人口自然增长率指数成为西北地区人口、资源与环境协调发展的人口系统的限制因子。

2. 人口系统区域特征

人口规模二级指标的人口自然增长率指标，人口结构二级指标劳动适龄人口比重和城镇化率指数最低的省区分别为新疆、陕西和宁夏，指数值分别为0.931 8、0.986 8和0.977。可见西北地区人口、资源与环境协调发展的人口系统存在区域差异。

三、资源协调发展特征

1. 资源系统限制因子

西北地区人口、资源与环境协调发展的资源系统中，自然资源禀赋人均耕地面积、人均水资源量和能源资源禀赋人均能源生产量，人均能源消费量指数值分别为0.741 8、0.675 1、0.915 4、0.846 4。人均水资源量指数仅为0.741 8，人均水资源量成为西北地区人口、资源与环境协调发展的资源系统的限制因子。

2. 资源系统区域特征

西北地区人口、资源与环境协调发展的资源系统中，自然资源禀赋人均耕地面积、人均水资源量和能源资源禀赋人均能源生产量，人均能源消费量指数值最低值分别为青海省、青海、陕西和甘肃。可见西北地区人口、资源与环境协调发展的资源系统存在区域差异。

四、环境协调发展特征

1. 环境系统限制因子

西北地区人口、资源与环境协调发展环境系统中，测度环境系统的环境污染治理投资额、环境污染治理投资比指数值分别为0.809 5、0.825 2。由此可知，环境污染治理投资额成为西北地区人口、资源与环境协调发展的环境系统的限制因子。

2. 环境系统区域特征

西北地区人口、资源与环境协调发展环境系统中，测度环境系统的环境污染治理投资额、环境污染治理投资比指数值最低的为新疆，指数值分别为0.809 5、0.825 2。可见，新疆为西北地区人口、资源与环境协调发展的资源系统的短板区域。

第三节 人口、资源与环境协调发展建议

西部大开发以来，西北区域环境建设成效显著，但仍面临着生态环境恶化趋势未得到有效遏制、绿色经济发展缓慢且效益低下等突出问题。同时，由于历史和现实双重作用下，西北地区生态环境承载力较弱、产业结构失衡、环境保护意识薄弱等制约因素，进一步加剧了西北区域环境建设的难度。社会主义现代化的本质要求，就是要处理好环境与经济之间的关系，如何达到“二元驱动”

实现经济社会的高质量可持续发展，让顺应自然、保护生态的绿色发展理念遍布经济社会各项事业和各个方面。西北区域环境建设可谓是“道阻且长，行之将至”，以持之以恒的坚守筑就生态文明之基，必然会实现生态经济的绿色转型。

一、促进人口数量和治理协调发展

1. 大力宣传国家人口政策

国家的计划生育政策与现行的全面放开二胎政策是相辅相成的。西北地区各省区，人口增长多年来一直保持较快速度，但西北地区资源环境对人口的承载力是有限的，要保证人口数量在资源环境承载力允许的范围内发展，为此，要在全面开放二胎的背景下继续推行计划生育，保持人口数量在合理增长区间内有序发展并进一步提高人口质量。同时，要大力宣传全面开放二胎政策，根据各省区的实际情况制定、出台与二胎政策相配套的方案，保障女性的合法权益，从而通过二胎政策缓解西北地区存在的人口结构失调、老龄化、青少年抚养负担重等问题。只有当西北各省区的人口实现了合理、有序、可持续发展，才能更好地实现人口与资源环境和经济的协调发展。

2. 优化人口结构

性别比和年龄比失调且逐年呈现升高的趋势是西北各省区人口发展面临的主要问题，严重影响了西北各省区人口的合理、有序发展，并对经济、社会的发展产生了一定影响。人口性别比高的问题不仅在西北地区，在全国都可以说是一个人口发展面临的重要问题，需要国家和地方各级政府继续加大男女平等观念的宣传力度，特别是在广大西北农村地区，要通过宣传改变重男轻女的落后观念。仅转变观念还不够，还需要将计划生育、二胎政策与城镇、农村养老保险政策结合起来，全面建立健全养老保险制度，真正实现“老有所养”。

人口老龄化是我国近几年来在人口发展上面临的一个突出问题，已经成为我国经济、社会全面发展的关键因素。在西北地区，人口老龄化虽较全国还有一定优势，但这种优势是建立在六十余年人口高速发展的前提下的，随着时间的推移，西北地区人口老龄化问题会逐渐显现。对于人口老龄化问题，要转变“养儿防老”的观念，鼓励社会资金投入到老年人服务产业中来，在相关政策上予以倾斜，从而实现养老社会化、服务化，同时在条件允许的情况下逐步延长退休年龄，探索适合本地情况的弹性退休政策，而且目前实行的全面放开二胎政策可以在一定程度上能够缓解人口老龄化带来的压力。

3. 促进人口合理流动

人口流动是我国经济、社会发展的重要推动条件，特别是农村人口向城市的流动，不仅满足了工业、第三产业对人力资源的需求，而且能够转移农村剩余劳动力，提高农村进城人口收入，从而进一步改善广大农村群众的生活水平。从多年来我国人口流动的情况来看，绝大部分进城农民工已经习惯了城市生活，甚至在城市生儿育女，第二代、第三代农民工子女几乎与城市人无任何差别。在这种情况下，与其将广大农民冠以农民工的标签，不如将这些农民工完全纳入城市户籍中来，给予同城市人口一样的福利待遇，解决好在城农民工的后顾之忧，对城市的发展、对农村劳动力的转移将会产生巨大的推动作用，也有助于城镇化进程的进一步发展。

4. 加大教育投入

加大教育投入，大力发展教育，将人口压力转变为人力资本优势。西北各省区的人口基数小，人力资本优势不明显。改变这一现状，首先要加大教育投资力度，开设各类教育培训，提高人口文化素质。在人才培养过程中应以市场为导向，根据市场需求免费提供相应的就业培训课程，提高劳动力的就业能力，增加就业机会，提高劳动效率。同时，还要注重大力发展西北地区广大农村的教育事业，减小和城市教育之间的差距。通过发展教育，将普遍提高人们的综合素质，提高就业能力，才能从根本上增加西北各省区的人力资本优势，以人力资本优势减轻当地资源环境压力，从而促进西北地区的人口和经济社会发展。

二、加快产业结构与经济增长方式转变

1. 优化产业结构

产业结构优化是实现能源、资源优化配置、充分利用、降低消耗、调节经济矛盾、减轻环境压力的重要举措，是实现经济、社会可持续发展的重要手段。西北各省区调整产业结构，首先要转变农业生产方式，走新型化、规模化、产业化的发展道路。其次，继续发展第二产业，走高新技术的新型化工业发展之路，以绿色环保为基础，以节能减排提效为目标，不断壮大新兴战略性产业，以此带动国民经济快速发展。第三，在“互联网＋”时代背景下，大力发展云计算、数据存储、大数据、电子商务等新兴信息化产业，实现弯道超车，一次促进农业、工业的再发展。第四，产业结构优化还要注重发展本地区优势、特色产业，实现区域经

济、产业互补,走区域经济协调发展的特色道路。西北各省区各具资源、产业优势和发展特点,应充分发挥区域合作优势,创新发展规模化的产业经济,提高经济效益。

2. 调整经济增长方式

由于历史及西北地区资源、能源储量丰富的原因,多年来西北各省区大都以资源、能源的开发、粗加工为经济增长的主要方式,其结果就是资源、能源投入大、环境污染严重、经济、社会效益较低,而经济效益低又导致对环境的治理投资不够,恶性循环之下西北地区不仅经济、社会发展相对落后,本就恶劣的生态环境遭受了进一步的破坏。在这种形势下,调整经济增长方式刻不容缓。为此,西北各省区要在财政压力大的情况下,顶住压力,加大科研、技术的投入,吸引高学历、高职称的技术型、研究型管理型人才参与到西北地区的科研开发、经济发展上来,以新型科学技术、先进的管理经验调整经济增长方式,要果断淘汰一批产能差、污染重的企业,大力发展绿色、节能、环保、产业,不断提高原有资源、能源的深加工程度,提高综合利用率,以新技术、新思路、新理念推动经济与资源环境协调可持续发展。

3. 增强绿色生产力

生态生产力就是人们保护与利用自然而形成的致富之道,最终目的是达到人与自然的和谐统一。西北区域环境建设更应该倡导以科学技术为依托、以生态平衡为手段、以绿色产业为引领的“生态现代化”,让各族群众都能享受到自然之利,实现生态环境致富。保证第一产业的持续发展,就是对生态环境自身保持发展动力,针对林业、草原、农业及湿地进行科学化的保护和利用,有效治理水土流失、农业水土污染、湿地森林生态功能低下等生态问题,让生态生产力在西北地区大地焕发生机。在侧给供改革的基础上,建立健全绿色低碳循环发展的经济体系,加快培育壮大现代化新能源、新材料等新兴产业。加快完善第三产业尤其是旅游业的活力,克服当前由于区位、交通、季节所产生的制约因素,让旅游业朝着全时、全业、全民和全域的“四全”目标发展。通过环境建设与旅游开发让生态环境迸发出前所未有的生产力,让“旅游+”模式成为西北地区跨越式发展的新引擎。大力实施创新驱动战略,加快文化、旅游、科技融合发展,特别要充分发挥枸杞、葡萄酒等特色产业的特有地域效应,实现一流产业的创建,推进西北区域可持续发展。

三、践行生态文明思想，促进区域环境持续改善

干旱、水土流失、草场退化、土地沙漠化是农业的障碍，也是发展的障碍，更是贫困的根源，生态破坏已成为导致西北民族地区社会不稳定的突出影响因素。保护林地资源、治理生态环境、共建绿色家园已刻不容缓。生态环境与西北民族地区的各族群众生存息息相关，必须要树立起环境保护意识，共同为建立一种社会与自然和谐共处、协调生存、持续发展的良性循环而努力。尽管西部大开发带来了大量资金和政策优惠，然而并没有彻底改变西部提供低水平的劳动力和资源的现状，同时，伴随着东部地区率先进行的产业结构优化升级，部分“高投入、高耗能、高污染”的落后产能不可避免地被转移到经济实力相对薄弱的西部地区。不可否认，西部大开发使西北地区经济繁荣起来，但环境污染问题也十分突出，成为影响西北地区社会稳定的重要影响因素。近几年来，由环境问题引发的群体性事件迅速增加，已成为引发社会矛盾、制约社会发展的重大问题。调查发现，部分群众表示对环境破坏和环境污染行为将会采取必要的维权行为。环境问题引发的群体性事件给西北社会带来了较为严重的负面影响。首先，影响社会稳定。当前的环境群体性事件有越来越严重的趋势，持续时间越来越长，影响范围越来越大，事件的发生甚至超过了政府的控制。事实上，环境群体性事件的主要参与者仍然属于社会的弱势群体，他们的目的主要是为了获得经济补偿和基本的生存环境。但往往由于一些“非直接利益者”的卷入，甚至被一些不法分子利用，由环境群体性事件演变成政治事件，严重破坏了当地的社会稳定。其次，引起政府信任危机。环境群体性事件的发生一定程度上是源于民众对政府的不信任，而事件发生后更将影响到民众对政府的信任，甚至引发民众冲击政府机关的恶劣事件。

针对环境污染问题导致的社会不稳定，西北地区各级政府不仅需要在环保制度建设、环境风险排查、环境监测、环境事件应急处理方面不断创新，更重要的是如何最大限度地统筹环境治理和经济发展，走绿色低碳发展道路，这才能从根本上预防、解决环境问题及其引起的群体性事件，保障普通民众的基本权益。环境治理并非一朝一夕就可完成，地方政府需要坚持不懈地实施可持续发展战略，才能收到较好的环境治理效果，还给各族群众一个良好的生存生活环境。

1. 把生态环境建设放在突出位置

自实施西北大开发战略以来，国家加大了西部地区的开发和资源利用。邓

小平同志说:“发展是硬道理。”2013 年 2 月,在党的十八届二中全会第一次会议上,习近平总书记强调:“以经济建设为中心是兴国之要,发展仍是解决我国所有问题的关键。”2014 年 4 月,习近平总书记《在布鲁日欧洲学院的演讲》中进一步强调:“中国经济总量很大,但人均国内生产总值还排在世界第 80 位左右。城乡低保人口有 7 400 多万人,每年城镇新增劳动力有 1 000 多万人,几亿农村劳动力需要转移和落户城镇,还有 8 500 多万残疾人。根据世界银行的标准,中国还有两亿多人口生活在贫困线以下。让中国人过上好日子,还需要付出长期的艰苦劳动。中国目前的中心任务依然是经济建设,并在经济发展的基础上推动社会全面进步。”2015 年 10 月,习近平总书记又强调:“发展是基础,经济不发展,一切都无从谈起。”2017 年 1 月,习近平总书记继续强调发展,他说:“我们坚定向前发展的决心不会动摇。”2018 年 5 月,全国生态环境保护大会上习近平总书记指出:“生态环境是关系党的使命宗旨的重大政治问题,也是关系民生的重大社会问题。”中央多次强调发展是解决一切的关键,在西北地区尤其要加快发展。西北地区是全国贫困人口集中地区,在全国 592 个国家级重点贫困县中,西北地区就有 143 个,占全国贫困县比例的 245.16%。其中,有 50 个国家级贫困县分布在陕西,43 个在甘肃,27 个在新疆,15 个在青海,8 个在宁夏。2004 年,西北地区的农村贫困人口总量为 1 125.7 万人,占全国贫困人口的比重为 43.13%。2004 年,西北各省农村贫困人口规模分别为:陕西 133.5 万人、新疆 224 万人、甘肃 159 万人、青海 133.5 万人、宁夏 15.2 万人,分别占各省区总人口的比重为:陕西 16.03%、新疆 11.41%、甘肃 6.07%、青海 24.77%、宁夏 2.59%,绝大多数都明显高于同期全国贫困人口比例。2017 年,各省份农村贫困发生率普遍下降至 10%以下。其中,农村贫困发生率降至 3%及以下的省份有 17 个,包括北京、天津、河北、内蒙古、辽宁、吉林、黑龙江、上海、江苏、浙江、安徽、福建、江西、山东、湖北、广东、重庆等。这 17 个贫困人口下降的省份中,西北五省没有一个列居其中。这说明西北地区的贫困和经济发展依旧是今后工作的重点,但是西北地区生态基础脆弱,发展经济是西北地区脱贫攻坚的唯一战略,也是西北人民实现小康和中国梦的唯一路径。发展是硬道理,但必须把生态放在突出的地位。2014 年 12 月,在《经济工作要适应经济发展的新常态》的报告中,习近平总书记进一步指明了经济发展的新理念:“经济建设为中心是兴国之要,发展是党执政兴国的第一要务,是解决我国一切问题的基础和关键。同时,我们要的是有质量、有效益、可持续的发展,要的是以比较充分就业和提高劳动生产率、投资回报率、资源配置效率为支撑的发展。”西北是中国贫困人口最多的地区,西北的脱贫、西北的小康社会不能不发展经济,但鉴于西北生态问题已严重影响了西北地区经济的可持续发展,因此,今后的发展必须高度重视生态建设问题,生态建设问题也必须引起政府和当地广大人民的建设和保护意识。

2. 强化环境保护意识

人口是生产与消费的统一体,经济的发展与人口是紧密关联的。人口增长,单位环境内的资源压力必然加大,再加之人口科学文化素质不高,对资源利用的效率,对生态环境的保护意识都不能够与现代文明匹配。较低的人口文化素质,决定了人们对自然规律认识的有限程度,以及人们较低的开发资源的能力和技术,从而进行盲目的生产活动,激化了社会经济发展要求与资源供应和生态环境之间的矛盾,破坏了极为脆弱的生态平衡。同时,劳动力科技和文化素质低下,严重影响对现代生产技术的接受能力,并导致农村剩余劳动力向非农产业转化的能力差,使劳动生产率的提高和产业结构优化及乡镇企业发展受到阻碍。必须将保护生态环境作为最基本的道德责任深入人心,努力形成“自下而上”环保新思路,吸纳全社会共同参与到社会主义生态文明建设中来,创造出人人都是环保主体的主人翁意识。注重生态文化的宣传教育活动,力争建立覆盖政府、企业、学校、社区及家庭的全方位多层次宽领域系统化的生态文明教育体系,形成处处着想、面面行动的教育目标。充分发挥区内新闻媒体的舆论宣传作用,使保护生态成为全社会的集体意识和共同行动。因此,加大西北地区的基础教育,提高人口的科技和文化素质,是新时代西北脱贫攻坚战略和西北经济与生态可持续发展的重要举措。西北人民要在未来实现真正的脱贫,过上富裕幸福的小康生活,实现美好的中国梦,教育是发展的基石,提高人口素质,是西北发展的关键战略。

3. 实施生态移民、退耕还林工程

西北地区生态脆弱,经济贫困,随着人口数量的增长,生态环境逐年恶化。青海省的三江源地区属于生态移民地区,是中国最大的生态移民区。三江源地处青藏高原腹地,是世界上孕育大江大河最集中的地区,也是长江、黄河、澜沧江的发源地。据有关数据测算,三江源的长江总水量的25%、黄河总水量的49%和澜沧江总水量的15%都来自青海三江源地区。该地区是世界高海拔地区生物多样性最集中的地区,也是中国乃至世界环境气候的调节器。但三江源近年由于人口的增长和生态环境的脆弱,冰川萎缩、雪线上移、沼泽旱化、湿地缩小、草场退化、沙化以及水土流失严重,源头产水量逐年减少,草原鼠虫害猖獗,生物多样性也急剧减少。三江源生态移民搬迁,使得三江源生态环境得到休憩和保护,有效制止了当地生态环境的恶化。另外,从不适宜人类居住的山区搬迁,也能使当地人民改变落后的生产方式,有利于贫困地区的脱贫致富。金山银山与绿水青山之间的辩证关系应运到民族地区的跨越式发展过程中来,曾经用绿水青山换取金山银山的时代已经过去,如今的绿水青山就是金山银山,美丽健康的生态环境将给人类生活带来源源不断的财富和精神享受。“两山”理论告诫我们工业化并不是时时处处的办工业,农业化也不是非要在贫瘠的土地上开展粮食种植,而应当是宜工则工,宜农则农,宜开发则开发,宜保护则保护,因地制宜发展当地经济,实现居民创收。无论哪种模式,都是为适应我国所面临的新形势、新要求而进行的中国特色社会主义的道路探索,既是实现“两个一百年”奋斗目标和中华民族伟大复兴的必由之路,更是为实现我国社会主义现代化和创造人民美好生活所创造出来的中国智慧。因此,生态移民与退耕还林工程是一条有效缓解生态压力,又能脱贫致富的可行之路,是人口、资源、环境、经济协调发展的有效途径。

4. 开展农田基本建设,改善人地关系

西北地区深居内陆,距离海洋比较远,再加上地形对湿润气流的阻挡,仅东南部为温带季风气候,其他区域为温带大陆性气候。冬季严寒干燥,夏季高温,降水稀少,自东向西递减,是典型的半干旱、干旱气候。年降水量由东部的400毫米左右,往西减少到200毫米,甚至50毫米以下。西北地区新疆的吐鲁番是全国夏季最热的地方,托克逊是全国降雨量最少的地方。西北贫困的主要原因之一,源于缺水。西北地区每年有不同程度的旱灾,如甘肃中部的干旱地区,新疆广大地区,青海柴达木盆地和宁夏南部山区,因此,西北农业的发展依赖水利工程的建设。一方面,修缮和拓展现有的水利设施,提高效能;另一方面,各个省区可根据本地区的优势和特点开发新的水利工程,扩大灌溉面积。同时,提高渠系利用效率,科学灌溉,节约用水,发展节水和蓄水农业。有条件的地方可以开挖旱井,在雨季用于蓄水,供人畜饮用,以解缺水之急。另外,西北地区水土流失严重,土地肥力下降,农作物减产,土地沙化、碱化严重。宁夏水资源不到全国人均值的一半，却是中国水土流失最严重的地区之一，水土流失面积接近全区的 50%，森林覆盖率仅有 13.8%，退化草场面积占天然草场面积的 80% 以上，沙漠化最严重的盐池县沙化面积已近 700 万亩，人地关系已处于严重不和谐状态。因此，必须加强农田基本建设，平整土地，修筑梯田，改造坡耕地，改良土壤，营造农田防护林等。坚持山、水、田、林、路综合治理，以防止水土流失，提高抗灾能力，扩大稳产高产农田面积，为农业生产机械化、园田化和集约化创造条件，提高土地生产率。

5. 合理利用和保护土地资源

土地是我们赖以生存的不可再生资源，是一切生物的生长的最根本的基础，为"万物之母"。我们国家地少人多，水土资源短缺的状况使得合理利用土地在我们国家具有特殊的突出的生态意义，西北地区尤其如此。我国国土质量比较低，戈壁、沙漠多，三个重要问题是吃饭、建设、生态环境，土地资源的合理利用最关键，所以土地是整个地区发展必须要考虑的重要因素。近几年来，随着城镇化和农业现代化的加快推进，科学合理利用土地，节约集约用地，已成为人类发展的共同呼声。党的十八大将全面推进资源节约作为生态文明建设的重要内容，十八届三中全会《决定》指出，要健全能源、水、土地节约集约使用制度。2017 年 9 月，更是出台实施了《节约集约利用土地规定》。珍惜土地资源，节约集约用地，需要多策并举，真抓实干。首先，坚决落实耕地保护措施。坚持最严格的耕地保护制度，强化耕地保护责任制度，认真落实耕地占补平衡制度，加快土地综合整治工作，实行耕地数量、质量、生态全面管护，守住红线，确保总量不减少，质量不降低，布局更合理。其次，推进节约集约用地，坚决提高土地利用效率。要切实提高土地供应率、开工率和产出率；要立足存量挖潜，进一步盘活闲置土地、低效利用土地；要进一步理清土地经营的思路，提高土地利用效率，在更高的层次上节约集约利用土地。

西北地区是国家的战略要地，推动西北地区的人口、资源、环境和经济的和谐发展，对于维护社会稳定具有非常重要的意义。西北地区脱贫和城镇化，也是我国整体步入小康生活的重要指标，是实现美好中国梦的关键组成部分。这些重大问题的顺利解决有利于边疆民族地区长治久安。

6. 统一管理水资源

西北地区本就是水资源匮乏且分布不均的地区，对于有限的水资源更要进行统一规划管理、合理配置、科学使用，同时还要保质保量，城乡一体，从而提高水资源的利用效率。为此,要改变西北地区现有的水利投资、管理、使用机制,杜绝水利设施建设过程中的不良现象,确保水利设施能够最大限度地发挥作用。特别是西北地区水资源有着总量少、分布不均的特点,因此,必须对地下水和地表水、工业用水、农业用水进行统一规划、管理,建立水资源使用监控机制,提高污水、废水处理能力,将处理过的污水、废水用于绿化灌溉、工业用水等,从而实现对有限水资源的综合利用。与此同时,还要对广大公众大力宣传大节约用水、科学用水,培养人们节约水资源的意识,提高水资源的重复利用率。

7. 加强绿色制度体系建设

习近平总书记在全国生态环境保护大会上明确提出生态保护的六条原则,划定森林、湿地、草原、基本农田与饮用水源的五条红线,将护蓝、护清、护绿行动与地方性的法律制度相结合,让红线意识与底线思维贯穿于区域环境建设的一般过程中。要用最严格的制度最严密的法治保护生态环境,使有关于环境建设行为都在法律制度的框架内运行。西北地区各省市更应该明确环境保护红线,建立健全与当地实际相适宜的环境保护体系,不搞"一刀切",实施因地制宜的生态文明制度建设。让每个地区都能根据当地情况自行加强和完善生态环境建设中的薄弱环节,以变通促发展,以创新促改革。切实将国家五位一体的总体布局内化到西北地区区域发展的总布局中来,将生态文明的理念全方位地融入全区经济社会各项事业和各个方面,正确处理好与政治民主、经济增长、文化保护、社会和谐之间的关系,最终实现区域内生态环境的共享化,实现环境与经济增长的协调发展,树立和增强环境权益意识。引导公民有序参与到区内生态文明建设中,将共建共治共享的新型治理格局渗入社会建设的每一个领域。

8. 推动政府职能的绿色转型

治理理论是20世纪末才提出来的新的政治理论,它更强调治理主体多元、治理权力的下沉,是公民社会下的一种新的治理模式。当前,治理生态仍需要不断改善与加强,如浓厚的"官本位"思想使西北地区环境建设难免会出现不作为的"形式主义"与"政绩工程"。政府是社会良好运行的一个服务器,政府部门间的沟通与协调也是提高政府公信力与服务力的最佳方式,实现环境治理"扁平协同化"。让"互联网+"与"物联网+"现代化模式广泛使用在生态文明建设过程中,在生态环境治理上实现标准统一、过程严密,可以有效治理生态问题。西北区域环境建设进程中,明确政府的角色定位,转变政府职能,深化简政放权,创新生态监管方式,机构设置科学化与明确化,使生态治理更为专业有效。

第四编　生态文明建设宁夏实践

“十三五”时期，作为我国生态安全战略格局重要组成部分的西北地区，不断加快推进工业化、城镇化、农业现代化和信息化建设，力争全面建成小康社会。这一时期是西北地区融入“一带一路”建设的重要机遇期。但这一时期，西北部分偏远地区经济发展与人口资源环境之间的矛盾也日益凸显，薄弱的经济基础和脆弱的生态环境仍然是长期制约自治区加快发展的“瓶颈”，因此对生态保护和建设的任务显得十分艰巨而紧迫，思想意识尤其要先行。

战略意识。将生态文明建设上升到西北区域发展的顶层设计中，大力实施生态立区战略，切实打好污染防治攻坚战。宁夏回族自治区强化绿色发展指数导向，认真落实“生态立区28条”，把污染治理好，把环境保护好，把生态建设好。①通过《宁夏空间发展战略规划》和《宁夏回族自治区主体功能区规划》明确了宁夏经济社会可持续发展的生态空间格局和功能定位，加快形成人与自然和谐共处的社会主义现代化建设方向，使宁夏成为丝绸之路经济带的一颗绿色明珠，形成独具特色的“宁夏画卷”。着重推行新发展理念，着力推动经济绿色转型，提高经济发展质量效益；着力构建市场导向的绿色技术创新体系，从源头上为生态环境减负，使“和谐富裕开放美丽”作为新宁夏建设的重要指标。生态环境保护是功在当代利在千秋的重要举措，牢记习近平总书记在全国生态大会上做出的“重大判断”②和“六个原则”③，将其应用到党委和政府的决策部署上来，统筹各方力量对新常态背景下西北区域发展做足准备。将生态保护与建设放到西北区域发展的制高点上，使西北地区在全面建设小康社会和“一带一路”建设中发挥自身优势，开创出属于自己的生态建设新思路，确保到2022年使成为

---

① 《2018年宁夏回族自治区政府工作报告》，http://www.nx.gov.cn/zzsl/zfgzbg/201802/t20180205_685392.html。

② 生态文明保护会发生历史性转折性全局性的变化。

③ 六大原则：坚持人与自然和谐共生；绿水青山就是金山银山；良好生态环境是最普惠的民生福祉；山水林田湖草是生命共同体；用最严格制度最严密法治保护生态环境；共谋全球生态文明建设。

西部地区生态文明先行区。

发展意识。生态文明建设是关系中华民族永续发展的根本大计。自党的十八大五中全会正式提出“绿色发展”以来，西北地区转变发展理念，将绿色作为发展的首要任务。不断推进工业转型升级，打造出智能制造引领示范区，以生态企业发展模式将诸如宁东等传统老工业基地建成为经济增长、结构调整、绿色发展的生态型工业示范园。大力发展绿色新兴产业，加快培育壮大西北区域境内装备制造、现代纺织、信息技术、新能源、新材料等新兴产业，使智能化、清洁化、高端化成为产业转型的代名词。实施服务业供给创新，加快全域旅游的发展，提高景区的服务质量和设施升级，使旅游与文化、生态做好链接，将西北地区自然保护区打造成为一流景点的同时，使一批农家乐和特色旅游成为旅游新名片。内化生态建设的时代精髓，使西北地区的跨越式发展上升到一个新高度。我们必须认清现实，坚持绿色发展理念，正确处理好经济发展与环境保护间的关系，建设美丽西北。同时增强生态优先意识和理念，将生态文明教育成为干部教育和国民教育的重点培训内容，将生态文明宣传教育活动深入学校、社区、家庭中来，从青少年抓起，将可持续发展理念贯彻落实生态文明发展大计。

法治意识。宁夏回族自治区在“生态立区 28 条”中明确指出，保护生态环境靠的是最严格的制度和最严密的法律。对于群众关心和影响社会可持续发展的突出环保问题要依法依规以铁腕力量对环境污染源加以控制和消灭，依法促进区内环境监管体制和能力建设。坚持对全区境内生态问题从源头抓起、过程严管、后果严惩的阶段性管控，推进生态保护红线①，划定森林、湿地、草原、基本农田、饮用水源地五条红线将护蓝、护绿、护清行动与地方性法律法规相结合。全力通过法治手段打造生态优先、绿色发展、产业融合、人水和谐的沿黄生态经济带，将西北地区重点生态功能区、生态敏感区和生态脆弱区实施红线管理，绝不让社会对污染成本买单。对党政机关的决策过程，政绩考核以及责任追究都能做到有法可依，对社会企业的排污标准、污染指数都能做到法律明确，通过铁腕整治手段对环境污染进行治理，不断修订与生态立区战略中不相适应的地方性法规和政府规章制度，将资源节约、生态补偿、湿地保护以及生物多样

① 生态红线：既保护好自然生态资源，也考虑到自治区今后经济社会的长远发展需要。

性保护等重点领域渗入到法规制定中来。将“四个全面”与西北地区实际相结合,打赢新时代下的环境保卫战。

风险意识。吉登斯认为:“风险一方面将我们的注意力引向了我们所面对的各种风险其中最大的风险是由我们创造出来的。另一方面又是我们的注意力转向这些风险所伴生出来的各种机会。”①面对生态文明建设、经济发展新常态和“一带一路”建设新机遇,对西北地区的生态保护和建设既有诸多风险也迎来了难得的机遇。根据风险矩阵我们可以看到,西北地区今天正面临前所未有的机遇和挑战。“一带一路”倡议的实施,加速了西北的开放与发展,在此基础上协调好经济增长与生态环境的关系,增强生态承载力与生态容量,承担起开放带来的生态压力。在全面建成小康社会和“一带一路”战略驱动下,增强与沿线各民族、地区的联系,不断巩固绿水青山、经济增长与和谐民族之间的关系。②西北地区依然存在着经济建设与生态保护之间的矛盾,环境承载能力仍然较低,生态脆弱的瓶颈依然存在。要加强对区域开发、项目建设的环境风险评估,严格控制沿黄生态经济带、生态功能区、黄河干支流、饮用水源地周边环境安全,树立保护环境的责任意识。使风险意识内化于党政机关、社会组织、市场体系的决策和行为中来,从源头上遏制生态危机的出现,让西北地区的天更蓝、地更绿、水更美、空气更清新。

生产力意识。习近平总书记明确指出,保护环境就是保护生产力,改善生态环境就是发展生产力。③生态生产力必须与科学技术相结合,在科技生产力的推动下方可有效解决生态环境问题,实现生产力的全面提高。保护环境可以产生直接生产力,也可以产生潜在生产力。④宁夏回族自治区“十二五”期间林业建设及草原保护与建设取得了显著成效,退耕还林、三北防护林、生态移民移出区的林业修复等的生态工程,使全区林业建设呈现出“质量与效益同步,建设与管理并重”的新模式。早在2003年就实行封山禁牧全区草原得到了全面的休养与保护,如今有效地遏制了草原生态恶化并提高了草原生产力。在生态立区战

---

① 吉登斯:《第三条道路:社会民主主义的复兴》,北京大学出版社2000年版。

② 杨旭、金炳镐、盖守丽:《习近平总书记生态文明思想及其在民族地区的实践路径》,《黑龙江民族丛刊》2017年第3期。

③ 习近平总书记在海南考察工作结束时的讲话。

④ 赵煦:《宁夏生态生产力建设现状及路径研究——以习近平总书记生态生产力思想为指导》,《宁夏社会科学》2017年第6期。

略的推动下，宁夏生态环境得到了根本性的改变，不断满足人民日益增长的美好生活需要，实现经济社会的可持续发展。全域旅游试点的机遇下，全区各地更应该发展生态环境的潜在生产力，将生态环境同旅游、文化、扶贫、教育等相结合，最大限度地发展民生让我们的子孙后代在天更蓝，水更清，地更绿的美好环境下生活。

共同体意识。生态保护和修复是一个系统工程，将山水林田湖草作为一个整体进行统筹和治理，形成人与自然和谐发展的现代化建设新格局，以生态系统质量和稳定性作为生态工作的首要评价标准，不断完善生态共同体的治理模式。母亲河保护行动就是要将黄河宁夏段造成“水安全、水环境、水生态、水文化、水经济”五位一体的水生态廊道。[①]使沿黄生态经济带成为生态优先、绿色发展、产业融合、人水和谐的西北生态安全屏障。同时，对“三山”(贺兰山、六盘山、罗山)的天然林保护、封山禁牧、退耕还林还草以及防沙治沙的综合治理，以共同体意识部署宁夏生态建设工作，力争将宁夏建设成国家西部生态屏障和生态文明示范区。习近平总书记在视察宁夏时指出：“宁夏作为西北地区重要的生态安全屏障，承担着维护西北乃至全国生态安全的重要使命。”宁夏连同整个西北地区都是一个生态共同体，因此大力实施生态立区战略对于整个国家的生态建设都意义非凡。树立大局意识，把握宁夏是西部乃至全国重要生态屏障的特殊性，不以“小地方思维”主导西北地区经济、文化及生态建设。

---

① 宁夏生态立区实施战略。

第一章 宁夏生态补偿实践与经验

建设生态文明，是关系人民福祉、关乎民族未来的长远大计。2007 年，党的十七大报告首次提出："要建设生态文明，基本形成节约能源资源和保护生态环境的产业结构、增长方式、消费模式。"[①]2012 年 11 月，党的十八大从新的历史起点出发，做出"大力推进生态文明建设"的战略决策。以习近平同志为核心的党中央站在战略和全局的高度，对生态文明建设和生态环境保护提出一系列新思想新论断新要求，为努力建设美丽中国，实现中华民族永续发展，走向社会主义生态文明新时代，指明了前进方向和实现路径。2015 年 5 月 5 日，《中共中央国务院关于加快推进生态文明建设的意见》提出："牢固树立尊重自然、顺应自然、保护自然的理念，坚持绿水青山就是金山银山，动员全党、全社会积极行动、深入持久地推进生态文明建设，加快形成人与自然和谐发展的现代化建设新格局，开创社会主义生态文明新时代。"[②]2015 年 9 月 11 日，中央政治局会议审议通过《生态文明体制改革总体方案》，从推进生态文明体制改革要树立和落实的正确理念到要坚持的"六个方面"，全面部署生态文明体制改革工作，细化搭建制度框架的顶层设计，进一步明确了改革的任务书、路线图，为加快推进生态文明体制改革提供了重要遵循和行动指南。2015 年 10 月，党的十八届五中全会召开，增强生态文明建设首度被写入国家五年规划。2017 年 10 月 18 日，习近平总书记在十九大报告中指出，加快生态文明体制改革，建设美丽中国。自党的十八大以来，党中央、国务院高度重视生态文明建设，把发展观、执政观、自然观内在统一起来，融入执政理念、发展理念中，先后出台了一系列重大决策部署，推动生态文明建设取得了重大进展和积极成效，生态文明建设的认识高度、实践深度、推进力度前所未有。

---

① 《胡锦涛在中国共产党第十七次全国代表大会上的报告》，《人民日报》2007 年 10 月 25 日。

② 《中共中央国务院关于加快推进生态文明建设的意见》，《人民日报》2015 年 5 月 6 日。

第一节 宁夏生态文明建设意义

2015年5月,中共中央、国务院印发的《关于加快推进生态文明建设的意见》中明确提出,要"加快形成生态损害者赔偿、受益者付费、保护者得到合理补偿的运行机制"①。

宁夏是我国生态安全战略格局"两屏三带一区多点"中"黄土高原—川滇生态屏障""北方防沙带"和"其他点块状分布重点生态区域"的重要组成部分,是我国西部区域十分重要的生态屏障,在生态安全格局中处于特殊地理位置,保障着黄河中上游及西北、华北地区的生态安全。宁夏生态环境脆弱、敏感、复杂,水资源短缺且水土流失严重。基于此,不论在国家层面,还是宁夏层面,各级政府都十分重视宁夏的生态文明建设工作。改革开放以来,宁夏加大资源开发力度,支援全国经济建设,虽然实现了经济的较快增长,但生态环境问题却日趋严重,也限制了宁夏社会经济的发展。针对严峻的生态环境问题,宁夏开始探索建立多领域、多样化的生态补偿制度,先后在区内实施了森林生态补偿、矿产资源开发生态补偿、草原生态补偿等重大工程,在社会效益、经济效益、生态效益等方面取得了显著成绩,使人们更加积极地参与到生态环境的保护和恢复活动中来,形成了经济发展和环境保护的双赢局面。宁夏开展的大规模森林生态建设工程极大地改善了当地生态环境,但在森林生态建设中,一些结构性政策仍然存在缺位现象,使部分受益者无偿占有生态效益,而保护者却得不到应有的经济激励。只有对森林生态补偿机制进一步完善,并调整好各方相关利益的分配关系,才能在保护生态环境的同时,保障受损方的基本生活水准,支持其后续发展。同时,在宁夏建立健全森林生态补偿制,不仅可以推动宁夏的生态环境建设,对全国其他省区开展森林生态补偿工作也会起到示范作用。

第二节 宁夏生态补偿实施背景

何为生态补偿?生态补偿是用于维持、改善或者恢复区域性生态系统服务功能的一种制度系统,通常是运用经济等方式调节利益者之间的利益关系。通

① 《中共中央国务院关于加快推进生态文明建设的意见》,《人民日报》2015年5月6日。

过制度的建立，因对生态环境系统保护职责而使该区域的经济发展受到了限制的有关部门组织及个人给予一定补偿，并为其后期生产发展创造了条件。近几年来，从中央到地方政府十分重视生态补偿机制，并将其作为一个重要组成部分于我国生态文明建设工作中。2015 年 5 月，中共中央、国务院印发的《关于加快推进生态文明建设的意见》中明确提出，要"加快形成生态损害者赔偿、受益者付费、保护者得到合理补偿的运行机制"①。

宁夏是我国生态安全战略格局"两屏三带一区多点"中"黄土高—川滇生态屏障""北方防沙带"和"其他点块状分布重点生态区域"的重要组成部分，是我国西部区域十分重要的生态屏障，在生态安全格局中处于特殊地理位置，它保障黄河中上游及西北、华北地区的生态安全。宁夏生态环境脆弱、敏感复杂，水资源短缺并且水土流失严重。基于此，不论在国家层面，还是宁夏回族自治区层面，各级政府都十分重视宁夏的生态文明建设工作。

改革开放以来，宁夏加大资源开发力度，支援全国经济建设，虽然实现了经济的较快增长，但生态环境问题却日趋严重，很大程度上限制了宁夏社会经济的发展。针对这严峻生态环境问题，宁夏开始探索建立多领域、多样化的生态补偿制度，先后在区内实施了森林生态补偿、矿产资源开发生态补偿、草原生态补偿等重大工程，在社会效益、经济效益、生态效益等方面的取得了显著成绩。通过这方式刺激人们更加积极参与到生态环境的保护与恢复活动中来，并形成了经济发展与环境保护的双赢局面。

国家历来对生态环境保护和建设工作给予高度重视，把可持续发展作为基本国策。根据中央以及自治区党委、政府的总体部署，宁夏陆续出台了《关于建立和落实草原生态保护补助奖励机制的实施方案》《银川市环境空气质量生态补偿暂行办法》等地方性法规、规章，对水资源、森林资源、草原资源、大气环境等领域的生态补偿工作进行了有益的探索，取得了一定的经验和成绩，这为宁夏生态补偿工作的开展奠定了较好基础。

近几年来，宁夏开展了大规模的森林生态建设工程，极大地改善了当地生态环境。但在森林生态建设中一些结构性政策仍然存在缺位，使得部分受益者无偿占有生态效益，而保护者却得不到该有的经济激励。只有对森林生态补偿

---

① 《中共中央国务院关于加快推进生态文明建设的意见》，《人民日报》2015 年 5 月 6 日。

机制进一步建立完善，并调整好各方相关利益的分配关系，才能够保护生态环境的同时，并保障受损方的基本生活水准，支持其后续发展。同时，在宁夏建立健全的森林生态补偿机制，不仅仅只是推动宁夏的生态环境建设，而且对全国其他省区开展森林生态补偿工作也会起到示范作用。

第三节　国内外生态补偿研究进展

国外早在20世纪50年代就已开始生态补偿研究，研究的重点主要集中于自然生态补偿。经济学领域关于外部性理论的讨论也有诸多关于生态补偿的理论研究，对资源环境的外部性理论、计量方法研究和价值理论研究的相关成果，为生态环境价值补偿问题提供了一定的理论基础及技术支撑。基于这一背景，作为资源环境管理新生的经济手段，生态补偿方式得到广泛的应用。生态补偿作为国内资源环境、生态保护、可持续发展等方向研究的主要内容之一，已有研究主要集中于以下几个方面：(1)生态补偿概念；(2)生态补偿手段和方式；(3)生态补偿机制；(4)生态补偿标准。

关于生态补偿的概念，张诚谦提出生态补偿是从利用资源所得到的经济收益中提取一部分资金，并以物质或能量的方式归还生态系统，以维持生态系统的物质、能量、输入、输出的动态平衡①。有学者提出生态补偿是通过一种内部化手段，运用一定措施，其目的是为了保护环境。王钦敏指出对生态环境破坏进行补偿，对环境资源由于现在的使用而放弃的未来价值进行补偿②。这些定义从多层次、多视角阐述，没有较为统一的概念。

关于生态补偿的方式和手段，刘子飞等把一般的生态补偿方式分为实物补偿、资金补偿、技术补偿、政策补偿③。严立冬等认为，在农业生态补偿中应考虑以实物和资金补偿为主要补偿手段，再逐渐过渡到技术、政策补偿方式上④。

生态补偿机制方面，陈佐忠、汪诗平认为，从经济价值等方面建立草原生态补偿机制，有利于我国北方生态屏障建设⑤。

关于生态补偿的标准，郑海霞等从成本估算、生态服务价值增加量、支付意

---

① 张诚谦：《论可更新资源的有偿利用》，《农业现代化研究》1987年第5期。
② 王钦敏：《建立补偿机制保护生态环境》，《求是》2004年第13期。
③ 刘子飞，于法稳：《长江流域渔民退捕生态补偿机制研究》，《改革》2018年第11期。
④ 严立冬，田苗，何栋材，等：《农业生态补偿研究进展与展望》，《中国农业科学》2013年第17期。
⑤ 陈佐忠，汪诗平：《关于建立草原生态补偿机制的探讨》，《草地学报》2006年第1期。

愿、支付能力四个依据来确定流域生态补偿标准①。晏雨鸿等论述了公益林生态效益补偿的理论基础,依据公益林生态效益的补偿要素,计量公益林生态效益的补偿额②。

第四节　宁夏生态补偿实践探索

宁夏先后开展了退耕还林、"三北"防护林建设、天然林保护、自然保护区及野生动植物保护等林业重点工程(项目),森林覆盖率逐步提升。同时,工程区内生物多样性也得到了恢复,现有各种动物有了良好的栖息繁衍场所,使动植物得到了更好的保护。在森林生态补偿历程中,宁夏也出台了森林生态补偿的相关法规和政策。

一、退耕还林工程

退耕还林工程是宁夏林业生态补偿的典型。第一轮退耕还林工作主要分为三个阶段。第一阶段为试点阶段(2000—2001 年)。宁夏要完成 104 万亩退耕还林任务,包括对宁夏中南部八县区水土流失及沙化严重的地区治理。第二阶段为大发展阶段(2002—2006 年)。这五年的任务是完成退耕还林和荒山造林 1 035 万亩。第三阶段为维护和巩固退耕还林成果阶段(2007—2015 年)。2007 年以后,国家下达的任务是荒山造林和封山育林工作,停止了退耕还林工程,但退耕还林补助的期限延长,并设立了退耕还林成果专项资金。第一轮退耕还林工作开展以来,宁夏共完成国家下达的 1 305.5 万亩退耕还林任务,其中荒山造林 766.5 万亩,退耕造林 471 万亩,封山育林 68 万亩。退耕还林成果项目基本口粮田建设完成;完成县内生态移民 18.86 万人;农村能源沼气池建设完成 9 240 座,太阳灶 5.33 万台,太阳能热水器 5.85 万台,节柴灶 5.04 万台,秸秆固化成型燃料炉 10 510 台,在 8 个县建设农村能源技术服务点。新一轮退耕还林工程期限为 2015—2020 年,计划完成 163 万亩退耕还林任务。

宁夏退耕还林工程,其理论实施主要是以政策研究为主,通过经济补偿方式,对补偿数量、补偿办法给予规定,使得退耕还林工程在实施过程中能顺利进行。从生态补偿机制来看,退耕还林工程的经济补偿、补偿标准、补偿期限都给

---

① 郑海霞,张陆彪,涂勤:《金华江流域生态服务补偿支付意愿及其影响因素分析》,《资源科学》2010 年第 4 期。

② 晏雨鸿,万承永:《浅析公益林生态效益补偿理论》,《中南林业调查规划》2001 年第 2 期。

出相应措施。到了后期,这一工程虽然停止,但其补助期限延长,并设置了专项资金予以支持。通过加强农田基础设施建设解决基本口粮问题,并将退耕还林工程与生态移民相结合,合理解决农民吃饭和生态建设问题。

二、天然林资源保护工程

2000 年开始实施的天然林资源保护工程,国家设置了专项资金,用于社会保险补助、森林管护、政策性社会性支出补助、职工培训、职工分流安置和其他补助等项目支出。2000 年以来,宁夏纳入管护范围的林地共有 1 530 万亩,解决了 6 879 名国有林业场职工的养老保险、医疗保险、失业保险、工伤保险、生育保险。2017 年,国家下达两批次天保工程资金,财政专项资金共计 17 093 万元,其中,国有林管护费补助 10 255.1 万元,社会保险补助费 6 712.9 万元,政策性社会性支出补助 125 万元。该工程的实施使国有林场职工队伍进一步稳定,森林资源得到有效保护。我国实施大型天然林保护工程的战略决策是从 1998 年开始的,其主要目的是解决天然林恢复发展状况,对已有的天然林给予保护,对宜林荒地进行植树造林,使该地区的社会、经济、森林资源等得到协调发展。天然林工程保护通过建设自然保护区、建设森林公园等方式,结合森林生态效益补偿方法及地方政府的相关政策,使其实施得到持久运行。天然林保护的实施,使得经济效益、生态效益、社会效益得到综合实现。

三、森林生态效益补偿基金项目

宁夏从 2004 年开始实施森林生态效益补偿基金项目。根据财政部、国家林业局制定的《中央财政森林生态效益补偿基金管理办法》,建立生态公益林补偿基金是由中央与地方组成的,宁夏有 36.1 万公顷面积被纳入中央森林生态效益补偿基金范围,有 4.4 万公顷面积被纳入地方森林生态效益补偿基金范围。从 2010 年起,中央财政对集体和个人的国家级重点公益林补偿标准由每年每公顷 75 元提高至 150 元。2015 年,宁夏下达森林生态效益补偿资金达 8 820 万元,补助面积 892.8 万亩,标准为国有公益林补助 5.575 元/亩・年,集体所有和个人公益林补助 14.75 元/亩・年。2017 年,宁夏国家级公益林面积有 755.42 万亩,其中,国有公益林面积为 279.12 万亩,集体公益林面积为 476.3 万亩。国有公益林补偿标准为 10 元/亩・年,集体公益林补偿标准为 15 元/亩・年,国家级森林生态效益补助资金为 9 936 万元。宁夏省级公益林面积为 848 万亩,省级公益林补助标准为 6.5 元/亩・年,省级森林生态效益补助资金为 5 512 万元。森林生态效益补偿旨在促进林业生态健康发展，对保护生态林业起到了重要作用。该政策的实施一般由中央财政和地方财政相结合运行，对林业生态环境保护对象给予资金补偿，补偿范围包括公益林生态补偿、森林病虫害防治等。此专项资金用于公益林管护人员的营造、管理支付补助。通过专项资金促进林业建设发展，为森林生态环境保护和服务的生产经营者提供经济上的补助，能刺激生产经营者参与的积极性，有利于该工程的发展建设。

四、宁夏森林生态补偿法规及政策

根据国家和自治区下达的通知，宁夏相继出台了不少森林生态补偿政策，不同工程（项目）资金补偿标准各异。正如《关于 2002 年退耕还林工程实施意见的通知》（宁政发〔2002〕19 号）规定：依照生态林补助 8 年，经济林补助 5 年的标准，确定每亩退耕地每年的补助为 200 斤原粮；每亩给予 20 元的生活补助费，按退耕面积直接兑付到农户；按照国家提供的每亩 50 元种苗费补助标准，由各县林业局按照规划设计，与退耕户签订供苗合同，统一供苗，并确保苗木质量。该通知对生态林、经济林及退耕的补助给予不一样的标准。在自治区下达的生态补偿政策文件中，主要关注点有：(1)森林生态效益补偿基金管理，指出补偿资金重点用于公益林的营造、补植、抚育、保护和管理；(2)退耕还林政策补助资金管理，指出补助标准、补助期限及补偿专项资金等；(3)天保工程财政专项资金项目，指出森林管护费由中央和自治区共同承担；(4)中央财政森林生态效益补偿资金项目，指出中央财政给予森林生态效益补偿资金额度，以及对集体所有和个人的公益林每亩给予不同额度的补助；(5)天然林资源保护，指出对天然林保护工程投入一定资金，对人工造林计划、封山育林中央预算内投资给予每亩不同标准的补助金额。

第二章　生态补偿法律法规与政策评析

目前,我国尚未在国家层面制定出台一部生态补偿的法律,但地方性的生态补偿立法已经在多层次展开,既有综合性的生态补偿立法,也有某一领域内的单项生态补偿立法,显示出我国地方立法机关对于生态补偿的重视程度。就宁夏而言,在森林、草原、湿地等领域制定了一些相应的政策,指导生态补偿实践工作的开展。

第一节　国家生态补偿法律法规及政策

一、森林生态补偿法规政策

1.《中华人民共和国森林法》

第八条:根据国家和地方人民政府有关公有规定,对集体和个人造林育林给予经济扶持或者长期贷款;建立林业基金制度,国家设立森林生态效益补偿基金,用于提供生态效益的防护林和特种用途林的森林资源、林木的营造、抚育、保护和管理。

2.《中华人民共和国农业法》

第六十二条:禁止毁林毁草开垦、烧山开垦以及开垦国家禁止开垦的陡坡地,已经开垦的应当逐步退耕还林还草。禁止围湖造田以及围垦国家禁止围垦的湿地。已经围垦的应当逐步退耕还湖还湿地。对在国务院批准规划范围内实施退耕的农民,应当按照国家规定予以补助。

3.《国务院退耕还林条例》

第四十条:退耕土地还林的第一年,该年度补助粮食可以分两次兑付,每次兑付的数量由省、自治区、直辖市人民政府确定。从退耕土地还林第二年起在规定的补助期限内,县级人民政府应当组织有关部门和单位及时向持有验收合格证明的退耕还林者一次兑付该年度补助粮食。第四十二条:种苗造林补助费应当用于种苗采购,节余部分可以用于造林补助和封育管护。退耕还林者自行采购种苗的,县级人民政府或者其委托的乡级人民政府应当在退耕还林合同生效时一次付清种苗造林补助费。集中采购种苗的退耕还林验收合格后,种苗采购单位应当与退耕还评宁林者结算种苗造林补助费。第四十三条:退耕土地还林后在规定的补助期限内,县级人民政府应当组织有关部门及时向持有验收合格证明的退耕还林者一次付清该年度生活补助费。

4.《国务院关于进一步完善退耕还林政策措施的若干意见》

(国务院国发〔2002〕10 号)提出,国家无偿向退耕户提供粮食、现金补助。粮食和现金补助标准为:长江流域及南方地区,每亩退耕地每年补助粮食(原粮)150 公斤;黄河流域及北方地区,每亩退耕地每年补助粮食(原粮)100 公斤。每亩退耕地每年补助现金 20 元。粮食和现金补助年限,还草补助按 2 年计算;还经济林补助按 5 年计算;还生态林补助暂按 8 年计算。补助粮食(原粮)的价款按每公斤 1.4 元折价计算。补助粮食(原粮)的价款和现金由中央财政承担。在粮食和现金补助期间,退耕农户在完成现有耕地退耕还林后,必须继续在宜林荒山荒地造林,由县或乡镇统一组织。国家向退耕户提供种苗和造林费补助。退耕还林、宜林荒山荒地造林的种苗和造林费补助款由国家提供,国家计委在年度计划中安排。种苗和造林费补助标准按退耕地和宜林荒山荒地造林每亩 50 元计算。尚未承包到户及休耕的坡耕地,不纳入退耕还林兑现钱粮补助政策的范围,但可作宜林荒山荒地造林,按每亩 50 元标准给予种苗和造林费补助。干旱、半干旱地区若遇连年干旱等特大自然灾害确需补植或重新造林的,经国家林业局核实后,国家酌情给予补助。

5.《中央财政森林生态效益补偿基金管理办法》

(财农〔2007〕7 号)第二条:森林生态效益补偿基金用于公益林的营造、抚育、保护和管理。中央财政补偿基金是森林生态效益补偿基金的重要来源,用于重点公益林的营造、抚育、保护和管理。第四条中央财政补偿基金平均标准为每年每亩 5 元,其中 4.75 元用于国有林业单位、集体和个人的管护等开支;0.25 元由省级财政部门支,用于省级林业主管部门组织开展的重点公益林管护情况检查验收、跨重点公益林区域开设防火隔离带等森林火灾预防,以及维护林区道路的开支。第五条:重点公益林所有者或经营者为个人的,中央财政补偿基金支付给个人,由个人按照合同规定承担森林防火、林业有害生物防治、补植、抚育等管护责任。重点公益林所有者或经营者为林场、苗圃、自然保护区等国有林业单位或村集体、集体林场的,中央财政补偿基金的管护开支范围是:对重点公益林管护人员购买劳务、建立森林资源档案、森林防火、林业有害生物防治、补植、抚育以及其他相关支出。

6.《中央财政森林生态效益补偿基金管理办法》

(财农〔2009〕381号)第二条:森林生态效益补偿基金是指各级政府依法设立用于公益林营造、抚育、保护和管理的资金。中央财政补偿基金作为森林生态效益补偿基金的重要组成部分,重点用于国家级公益林的保护和管理。第五条:国有的国家级公益林管护补助支出用于国有林场、苗圃、自然保护区、森工企业等国有单位管护国家级公益林的劳务补助等支出。第六条:集体和个人所有的国家级公益林管护补助支出,用于集体和个人管护国家级公益林的经济补偿。管理办法规定,国有的国家级公益林平均补助标准为每年每公顷75元;集体和个人所有的国家级公益林补偿标准为每年每公顷150元。

7.《国务院关于完善退耕还林政策的通知》

(国发〔2007〕25号)要求:对退耕还林政策补助再延长一个补助周期,即国家对经阶段验收合格的退耕造林地,每公顷按1 050元生活补助费和300元管护费的标准,再继续给退耕农户补助一个周期,用于解决退耕农户的实际生活困难。

8.《关于扩大新一轮退耕还林还草规模的通知》

(财农〔2015〕258号)提出加快贫困地区新一轮退耕还林还草进度。从2016年起,国家有关部门在安排新一轮退耕还林还草任务时,重点向扶贫开发任务重、贫困人口较多的省倾斜。各有关省在具体落实时,要进一步向贫困地区集中,向建档立卡贫困村、贫困人口倾斜,充分发挥退耕还林还草政策的扶贫作用,加快贫困地区脱贫致富。及时拨付新一轮退耕还林还草补助资金。国家按退耕还林每亩补助1 500元(其中中央财政专项资金安排现金补助1 200元、国家发展改革委安排种苗造林费300元)、退耕还草每亩补助1 000元(其中中央财政专项资金安排现金补助850元、国家发展改革委安排种苗种草费150元)。中央安排的退耕还林补助资金分三次下达给省级人民政府,每亩第一年800元(其中种苗造林费300元)、第三年300元、第五年400元;退耕还草补助资金分两次下达,每亩第一年600元(其中种苗种草费150元)、第三年400元。各地要及时拨付中央下达的新一轮退耕还林还草补助资金。

二、草原生态补偿法规政策

1.《中华人民共和国草原法》

第二十六条:县级以上人民政府应当增加草原建设的投入,支持草原建设。第二十七条:国家鼓励单位和个人投资建设草原,按照谁投资谁受益的原则保护草原投资建设者的合法权益。第二十八条:县级以上人民政府应当支持、鼓励和引导农牧民开展草原围栏、饲草饲料储备牲畜圈舍、牧民定居点等生产生活设施的建设。第三十五条:在草原禁牧、休牧、轮牧区,国家对实行舍饲圈养的农牧民给予粮食和资金补助。第三十九条:因建设征用或者使用草原的应当交纳草原植被恢复费。草原植被恢复费专款专用,由草原行政主管部门按照规定用于恢复草原植被。

2.《关于做好建立草原生态保护补助奖励机制前期工作的通知》

(财农〔2010〕568号),根据国务院常务会议决定,国家从2011年开始在内蒙古、新疆、西藏、青海、四川、甘肃、宁夏和云南8个主要草原牧区省(区)及新疆生产建设兵团,全面建立草原生态保护补助奖励机制,对牧民实行草原禁牧补助、草畜平衡奖励、牧业生产补贴等政策措施。

3.《国务院关于促进牧区又好又快发展的若干意见》

(国发〔2011〕17号)提出,以稳定和完善草原承包经营制度为重点,落实基本草原保护制度,健全草原畜牧业市场化、专业化发展和生态补偿机制,深化牧区农村综合改革,逐步建立有利于牧区科学发展的体制机制。坚持保护草原生态和促进牧民增收相结合,实施禁牧补助和草畜平衡奖励,保障牧民减畜不减收,充分调动牧民保护草原的积极性。从2011年起,在内蒙古、新疆(含新疆生产建设兵团)、西藏、青海、四川、甘肃、宁夏和云南8个主要草原牧区省(区),全面建立草原生态保护补助奖励机制。对生存环境恶劣、草场严重退化、不宜放牧的草原,实行禁牧封育,中央财政按照每亩每年6元的测算标准对牧民给予禁牧补助,5年为一个补助周期;对禁牧区域以外的可利用草原,根据草原载畜能力,确定草畜平衡点,核定合理的载畜量,中央财政对未超载的牧民按照每亩每年1.5元的测算标准给予草畜平衡奖励。补助奖励政策实行目标、任务、责任、资金"四到省"机制,由各省(区)组织实施,补助奖励资金要与草原生态改善目标挂钩,地方可按照便民、高效的原则探索具体发放方式。建立绩效考核和奖励制度,落实地方政府责任。

4.《关于完善退牧还草政策的意见》

(发改西部〔2011〕1856号)提出,完善补助政策,巩固退牧还草成果从2011年起,适当提高中央投资补助比例和标准。围栏建设中央投资补助比例由现行的70%提高到80%,地方配套由30%调整为20%,取消县及县以下资金配套。青藏高原地区围栏建设每亩中央投资补助由17.5元提高到20元,其他地区由14元提高到16元。补播草种费每亩中央投资补助由10元提高到20元。人工饲草地建设每亩中央投资补助160元,主要用于草种购置、草地整理、机械设备购置及贮草设施建设等。舍饲棚圈建设每户中央投资补助3 000元,主要用于建筑材料购置等。按照围栏建设、补播草种费、人工饲草地和舍饲棚圈建设中央投资总额的2%安排退牧还草工程前期工作费。从2011年起,不再安排饲料粮补助,在工程区内全面实施草原生态保护补助奖励机制。对实行禁牧封育的草原,中央财政按照每亩每年补助6元的测算标准对牧民给予禁牧补助,5年为一个补助周期;对禁牧区域以外实行休牧、轮牧的草原,中央财政对未超载的牧民,按照每亩每年1.5元的测算标准给予草畜平衡奖励。

5.《关于深入推进草原生态保护补助奖励机制政策落实工作的通知》

(农办财〔2014〕42号)提出,2014年,草原生态保护补助奖励机制政策继续在内蒙古、四川、云南、西藏、甘肃、青海、宁夏、新疆、河北、山西、辽宁、吉林、黑龙江13个省区,以及新疆生产建设兵团、黑龙江省农垦总局实施。还提出要探索建立最严格的损害赔偿制度和责任追究制度,对破坏草原生态环境、造成严重后果的单位和个人,要求恢复、修复、赔偿,实行终身追究制。

6.《新一轮草原生态保护补助奖励政策实施指导意见(2016—2020年)》

"十三五"期间,国家在内蒙古、四川、云南、西藏、甘肃、宁夏、青海、新疆8个省(自治区)和新疆生产建设兵团(以下统称"8省区"),以及河北、山西、辽宁、吉林、黑龙江5个省和黑龙江省农垦总局(以下统称"5省"),启动实施新一轮草原生态保护补助奖励政策。在8省区实施禁牧补助、草畜平衡奖励和绩效评价奖励;在5省实施"一揽子"政策和绩效评价奖励,补奖资金可统筹用于国家牧区半牧区县草原生态保护建设,也可延续第一轮政策的好做法。其中,将河北省兴隆、滦平、怀来、涿鹿、赤城5个县纳入实施范围,构建和强化京津冀一体化发展的生态安全屏障。(1)禁牧补助。对生存环境恶劣、退化严重、不宜放牧以及位于大江大河水源涵养区的草原实行禁牧封育,中央财政按照每年每亩7.5

元的测算标准给予禁牧补助。5年为一个补助周期,禁牧期满后,根据草原生态功能恢复情况,继续实施禁牧或者转入草畜平衡管理。(2)草畜平衡奖励。对禁牧区域以外的草原根据承载能力核定合理载畜量,实施草畜平衡管理,中央财政对履行草畜平衡义务的牧民按照每年每亩2.5元的测算标准给予草畜平衡奖励。引导鼓励牧民在草畜平衡的基础上实施季节性休牧和划区轮牧,形成草原合理利用的长效机制。(3)绩效考核奖励。中央财政每年安排绩效评价奖励资金,对工作突出、成效显著的省区给予资金奖励,由地方政府统筹用于草原生态保护建设和草牧业发展。

三、湿地生态补偿法规政策

1.《关于2010年湿地保护补助工作的实施意见》

(财农〔2010〕114号)提出,2010年湿地补助以国际重要湿地为主,适当考虑湿地类型自然保护区和国家湿地公园。对湿地保护存在的主要问题,按照轻重缓急,分步实施保护补助工作。2010年湿地保护补助重点安排湿地监控监测和生态恢复项目。选择地方政府重视湿地保护,有健全的保护管理机构,并取得一定成效的湿地开展湿地保护补助工作。按照上述原则,2010年湿地保护补助资金补助范围为20个国际重要湿地、16个湿地类型自然保护区、7个国家湿地公园。

2.《中央财政湿地保护补助资金管理暂行办法》

(财农〔2011〕423号)第二条:中央财政湿地保护补助资金是指中央财政预算安排的,主要用于林业系统管理的国际重要湿地、湿地类型自然保护区及国家湿地公园开展湿地保护与恢复相关支出的专项资金。第四条:补助资金主要用于以下支出范围:(1)监测、监控设施维护和设备购置支出。具体包括:监测和保护站点相关设施维护、巡护道路维护、围栏修建、小型监测监控设备购置和运行维护等所需的专用材料费、购置费、人工费、燃料费等。(2)退化湿地恢复支出。具体包括:植被恢复、栖息地恢复、湿地有害生物防治、生态补水、疏浚清淤等所需的设计费、施工费、材料费、评估费等。(3)管护支出。湿地所在保护管理机构聘用临时管护人员所需的劳务费等。

3.《湿地保护管理规定》

(国家林业局令第32号)第二条:本规定所称湿地,是指常年或者季节性积水地带、水域和低潮时水深不超过6米的海域,包括沼泽湿地、湖泊湿地、河流湿地、滨海湿地等自然湿地,以及重点保护野生动物栖息地或者重点保护野生植物的原生地等人工湿地。第二十七条:因保护湿地给湿地所有者或者经营者合法权益造成损失的,应当按照有关规定予以补偿。第三十二条:工程建设应当不占或者少占湿地。确需征收或者占用的,用地单位应当依法办理相关手续,并给予补偿。临时占用湿地的,期限不得超过 2 年;临时占用期限届满,占用单位应当对所占湿地进行生态修复。

4.《中央财政林业补助资金管理办法》

(财农〔2014〕9 号)第十九条:湿地补贴主要用于湿地保护与恢复、退耕还湿试点、湿地生态效益补偿试点、湿地保护奖励等相关支出。其中,湿地保护与恢复支出指用于林业系统管理的国际重要湿地、国家重要湿地、湿地自然保护区及国家湿地公园开展湿地保护与恢复的相关支出,主要包括监测监控设施维护和设备购置支出、退化湿地恢复支出和湿地所在保护管理机构聘用临时管护人员所需的劳务费等;退耕还湿试点支出指用于国际重要湿地和湿地国家级自然保护区范围内及其周边的耕地实施退耕还湿的相关支出;湿地生态效益补偿试点支出指用于对候鸟迁飞路线上的重要湿地因鸟类等野生动物保护造成损失给予的补偿支出;湿地保护奖励支出指用于经考核确认对湿地保护成绩突出的县级人民政府相关部门的奖励支出。

5.《关于切实做好退耕还湿和湿地生态效益补偿试点等工作的通知》

(财农〔2014〕319 号)进一步明确了省级财政部门、林业主管部门和承担试点任务县级人民政府及实施单位的责任,提出了加强财政资金管理的要求。

四、荒漠生态补偿法规政策

《中华人民共和国防沙治沙法》第三十一条:沙化土地所在地区的地方各级人民政府,可以组织当地农村集体经济组织及其成员在自愿的前提下,对已经沙化的土地进行集中治理农村集体经济组织及其成员投入的资金和劳力可以折算为治理项目的股份、资本金,也可以采取其他形式给予补偿。第三十二条:国务院和沙化土地所在地区的地方各级人民政府应当在本级财政预算中按照防沙治沙规划通过项目预算安排金,用于本级人民政府确定的防沙治沙工程。在安排扶贫、农业、水利、道路、矿产、能源、农业综合开发等项目时,应当根据具体情况,设立若干防沙治沙子项目。第三十三条:国务院和省、自治区、直辖市人民政府应当制定优惠政策,鼓励和支持单位和个人防沙治沙。县级以上地方人民政府应当按照国家有关规定，根据防沙治沙的面积和难易程度，给予从事防沙治沙活动的单位和个人资金补助财政贴息以及税费减免等政策优惠。单位和个人投资进行防沙治沙的，在投资阶段免征各种税收；取得一定收益后可以免征或者减征有关税收。

五、综合性生态补偿法规政策

1.《国务院关于落实科学发展观加强环境保护的决定》

(国发〔2005〕39 号)要求完善生态补偿政策，尽快建立生态补偿机制。中央和地方财政转移支付应考虑生态补偿因素，国家和地方可分别开展生态补偿试点。

2.《国家环境保护总局关于开展生态补偿试点工作的指导意见》

(环发〔2007〕130 号)要求通过试点工作，研究建立自然保护区、重要生态功能区矿产资源开发和流域水环境保护等重点领域生态补偿标准体系，落实补偿各利益相关方责任，探索多样化的生态补偿方法、模式，建立试点区域生态环境共建共享的长效机制推动相关生态补偿政策法规的制定和完善，为全面建立生态补偿机制奠定基础。

3.《国务院关于实施西部大开发若干政策措施的通知》

(国发〔2003〕33 号)要求实行土地和矿产资源优惠政策。对西部地区荒山、荒地造林种草及坡地退耕还林还草，实行谁退耕、谁造林种草谁经营、谁拥有土地使用权和林草所有权的政策。各种经济组织和个人可以依法申请使用国有荒山荒地进行恢复林草植被等生态环境保护设在建设投资和绿化工作到位的条件下可以出让方式取得国有土地使用权，减免出让金，实行土地使用权得 50 年不变，期满后可申请续期，可以继承和有偿转让。国家建设需要收回国有土地使用权的依法给予补偿。对于享受国家粮食补贴的退耕地种植的生态林不能砍伐。对基本农田实行严格保护，实现耕地占补平衡。

4.《国务院关于进一步推进西部大开发的若干意见》

(国发〔2004〕6 号)要求把退耕还林、退牧、还草与加强基本农田建设农村能源建设生态农户后续产业发展、封山禁牧舍饲等配套保障措施结合起来。建立生态建设和环境保护补偿机制，鼓励各类投资主体投入生态建设和环境保护。

5.《中共中央国务院关于深入实施西部大开发战略的若干意见》

(中发〔2010〕11 号)要求加大筹集水土保持生态效益补偿资金的力度。继续完善用水总量控制和水权交易制度，在甘肃、宁夏、贵州开展水权交易试点。

6.《国务院关于进一步促进宁夏经济社会发展的若干意见》

(国发〔2008〕29号)要求完善森林生态补偿机制,逐步扩大补偿范围。研究建立草原、矿产资源开发和流域水环境保护的生态补偿机制。

7.《国务院办公厅关于健全生态保护补偿机制的意见》

(国办发〔2016〕31号)要求按照党中央、国务院决策部署,不断完善转移支付制度,探索建立多元化生态保护补偿机制,逐步扩大补偿范围,合理提高补偿标准,有效调动全社会参与生态环境保护的积极性,促进生态文明建设迈上新台阶。到2020年,实现森林、草原、湿地、荒漠、海洋、水流、耕地等重点领域和禁止开发区域、重点生态功能区等重要区域生态保护补偿全覆盖,补偿水平与经济社会发展状况相适应,跨地区、跨流域补偿试点示范取得明显进展,多元化补偿机制初步建立,基本建立符合我国国情的生态保护补偿制度体系,促进形成绿色生产方式和生活方式。

第二节　宁夏生态补偿法规及政策

一、森林生态补偿法规政策

1.《关于2002年退耕还林工程实施意见的通知》

(宁政发〔2002〕19号)规定:按照生态林补助8年,经济林补助5年的标准,确定每退耕地1亩每年补助原粮200斤。调运费由自治区财政承担,不得分摊转嫁到农民身上。要确保粮食质量,不得发放陈化粮,不得以任何形式将补助粮折算成现金发放。每亩20元的生活补助费,按退耕面积直接兑付到农户。按照国家提供的每亩50元种苗费补助标准,由各县林业局按照规划设计,与退耕户签订供苗合同,统一供苗,并确保苗木质量。在确定土地所有权和使用权的基础上,实行"谁退耕、谁造林草、谁经营、谁受益"的政策,责权利紧密结合,由乡级人民政府与农户签订退耕还林草合同,承包期一律延长到50年,允许依法继承、转让,到期后根据有关法律和法规可继续承包。严格按分配计划任务进行,不得擅自扩大退耕面积,不得在基本农田和山区的平地、水浇地安排退耕。对擅自安排的退耕面积和不符合国家规定在水浇地、平地基本农田安排的退耕地一律不补助粮款。

2.《宁夏回族自治区林地管理办法》

(2005年6月17日发布)规定:征收、征用或者占用林地的单位和个人,应当按照国家和自治区规定的标准预缴森林植被恢复费，并对被征、占用林地单位和个人支付林地补偿费、林木及地上附着物补偿费、安置补助费。临时占用林地的还应当按照土地复垦的有关规定对使用后的林地进行复垦或者交纳复垦费。

3.《宁夏回族自治区森林生态效益补偿基金管理实施细则》

第二条：补偿基金用于重点公益林的营造、补植、抚育、保护和管理。包括中央和地方财政预算安排的补偿资金。第三条：本实施细则所指重点公益林是指按照国家林业局、财政部印发的《重点公益林区划界定办法》(林策发〔2004〕94号)核查认定的，生态区位极为重要或生态状况极其脆弱的公益林林地。列入中央财政补助的，由国家林业局核查认定；列入自治区财政补助的，由自治区林业局核查认定。第四条：补偿基金的补助对象为重点公益林所有者和经营者。包括林场、苗圃、自然保护区等国有林业单位和村集体、集体林场和个人。第五条：中央财政补偿基金补助标准为每年每亩5元，其中4.75元用于国有林业单位、集体和个人的管护等开支；0.25元用于自治区林业局组织开展重点公益林管护情况检查验收、跨重点公益林区域开设防火隔离带等森林火灾预防及维护林区道路的项目支出。地方补偿基金补助标准为每亩4.5元，其中4.25元用于国有林业单位、集体和个人的管护等开支，0.25元用于自治区林业局组织开展重点公益林管护情况检查验收、跨重点公益林区域开设防火隔离带等森林火灾预防及维护林区道路的项目支出。第六条：重点公益林所有者或经营者为个人的，补偿基金的管护经费支付给个人，由个人按照合同规定承担森林防火、林业有害生物防治、补植、抚育等管护责任。重点公益林所有者或经营者为林场、苗圃、自然保护区等国有林业单位或村集体、集体林场的，补偿基金的管护开支范围是：对重点公益林管护人员购买劳务、建立森林资源档案、森林防火、林业有害生物防治、补植、抚育以及其他相关支出。

4.《宁夏回族自治区完善退耕还林政策补助资金管理办法实施细则》

(财政厅，2014年12月)第二条：补助资金是指中央财政在原退耕还林政策补助期满后安排的用于解决退耕农户生活困难的专项资金。第三条：补助资金的补助标准为：每亩退耕地每年补助现金70元；原每亩退耕地每年20元现金补助，继续直接补助给退耕农户，并与管护任务挂钩。第四条：补助资金的补助期限为：还生态林补助8年，还经济林补助5年，还草补助2年。

5.《2015年天保工程财政专项资金项目计划》

宁夏回族自治区关于下达《2015年天保工程财政专项资金项目计划》的通知:本次下达项目资金计划14 123万元。其中:森林管护费补助9 572.1万元(中央财政资金6 604.1万元,自治区财政资金2 968万元),社会保险补助费4 425.9万元,财政性社会性支出补助125万元。

6.《天然林资源保护工程二期宁夏2015年中央预算内投资计划》

宁夏回族自治区关于下达《天然林资源保护工程二期宁夏2015年中央预算内投资计划》的通知:本次计划下达天然林资源保护工程总投资3 500万元,全部为中央预算内投资。计划人工造林8万亩(全部为乔木林),封山育林15.7万亩。中央预算内投资补助标准为:乔木林300元/亩,封山育林70元/亩。

7.《2015年中央财政森林生态效益补偿资金项目计划》

宁夏回族自治区关于下达《2015年中央财政森林生态效益补偿资金项目计划》的通知:本次下达中央财政森林生态效益补偿基金项目计划8 820.0万元。本次下达中央财政森林生态效益补偿资金补助标准为:国有5.575元/亩,集体所有和个人的公益林14.75元/亩。

8.《2017年中央财政森林生态效益补偿资金项目计划》

宁夏回族自治区关于下达《2017年中央财政森林生态效益补偿资金项目计划》的通知:本次下达中央财政森林生态效益补偿基金项目计划9 936万元。本次下达中央财政森林生态效益补偿资金补助标准为:国有10元/亩,集体所有和个人的公益林15元/亩。

二、草原生态补偿法规政策

1.《宁夏回族自治区草原管理条例》

(2005年11月16日发布)规定:因建设证用集体所有的草原的,应当依照《中华人民共和国土地管理法》和《宁夏回族自治区土地管理条例》的有关规定给予补偿;因建设使用国家所有的草原的应当依照国务院有关规定对草原承包经营者给予补偿。因建设征用或者使用草原的,应当交纳草原植被恢复费。草原植被恢复费专款专用,由草原行政主管部门按照规定用于恢复草原植被任何单位和个人不得截留、挪用。

2.《关于设立草原植被恢复费的复函》

宁夏回族自治区财政厅、物价局联合出台了《关于设立草原植被恢复费的复函》和物价局、财政厅《关于制定我区草原植被恢复费收费标准的通知》(宁价费发〔2011〕14 号)。《通知》明确了宁夏回族自治区草原植被恢复费的征收范围。凡在自治区境内进行矿藏勘查开采和工程建设征用或使用草原的单位和个人,以及因工程建设、勘察、旅游等活动需要临时占用草原且未履行恢复义务的单位和个人,应向草原行政主管部门或其委托的草原监理站(所)交纳草原植被恢复费。

3.《关于建立和落实草原生态保护补助奖励机制的实施方案》

宁夏回族自治区制定下发了《关于建立和落实草原生态保护补助奖励机制的实施方案》(2011 年),明确提出宁夏回族自治区将继续坚持禁牧封育不动摇,推行草原承包经营责任制,坚持生态保护与产业发展、农牧民增收相协调。宁夏回族自治区可享受中央禁牧补助、牧草良种补贴、牧民生产资料综合补贴及奖励资金政策:对 3 556 万亩禁牧草原,每亩每年平均补助 6 元;对盐池、同心、海原 3 个国定牧业半牧业县的 17.7 万户牧民,每户每年生产资料补贴 500 元;对 570 万亩人工草地,每亩每年牧草良种补贴 10 元。三项补助资金共计 3.5 亿元,五年累计将达到 17.5 亿元,涉及全区 22 个县(市、区)的 178 个乡镇和农牧场。

4.《关于新一轮草原生态保护补助奖励政策实施指导意见》

《关于新一轮草原生态保护补助奖励政策实施指导意见[2016—2020 年]的通知》(宁政办发〔2016〕181 号)提出,对全区 2 599 万亩已落实草原承包经营责任制的禁牧草原,按照每年每亩 7.5 元的补助标准分配县级禁牧补助资金,开展补助奖励。凡落实草原承包经营责任制的市县区,已发放了草原承包经营权证或签订了草原承包经营合同的农户、国有农牧场、天然草原自然保护区,均可享受草原禁牧补助。按照草原补奖资金不得结余的要求,县级政府实行封顶保底,每户补助面积最大不得超过 3 000 亩,保底面积根据封顶结余资金测算确定。

5.《关于下达 2016 年退牧还草工程中央预算内投资计划的通知》

宁夏回族自治区发展改革委、农牧厅《关于下达 2016 年退牧还草工程中央预算内投资计划的通知》:本次计划下达 2016 年退牧还草工程中央预算内投资 3 774 万元,其中补播改良资金 600 万元,完成退化草原补播改良任务 10 万亩;人工饲草地建设资金 1 900 万元,完成人工饲草地建设任务 9.5 万亩;舍饲棚圈建设资金 1 200 万元,完成舍饲圈棚建设任务 2 000 户;前期工作费 74 万元。

各项目县(区)要严格执行退牧还草工程中央投资补助标准,退化草原补播每亩中央投资补助60元,主要用于补播草种购置和补播费等;人工饲草地建设每亩中央投资补助200元,主要用于草种购置、草地整理、机械设备购置及贮草设施建设等;舍饲棚圈建设每户补助面积80平方米,中央投资补助6 000元,主要用于棚圈建筑材料购置等。人工饲草地和舍饲棚圈可采取先建后补,直接按照中央投资补助标准进行补助,2016年建设且未享受过国家和自治区级人工饲草地建设补助的多年生人工饲草地可纳入补助范围。

三、荒漠生态补偿法规政策

《宁夏回族自治区防沙治沙条例》(2010年10月15日发布)第二十八条:各级人民政府鼓励和支持单位个人在自愿的前提下,以捐资、投入劳动、合作等形式开展公益治沙活动。单位和个人在沙化土地上植树种草造林绿化,享受国家和自治区三材绿化资金补助等优惠。第三十条:单位和个人投资进行治沙的,在投资阶段依法免征有关税收,取得一定收益后,以依法免征或金征有关税收。农村集体经济组织及其成员对已经沙化的土地进行集中治理投入的资金和劳力,可以折算为治理项目的股份、资本金,也可以采取其他形式给予补偿。第三十三条:沙化土地范围内的生态公益林的保护费用,应当与纳入县级以上人民政府森林生态效益补偿的范围,享受国家森林生态效益补偿。第三十五条:因保护生态的特殊要求,沙化土地治理后经:准划为自然保护区、沙化土地封禁保护区或者生态公益林的,批准机关应当按照有关规定给予治理者经济补偿。第三十七条:自治区人民政府应当对节水灌溉、沙地旱作农业、沙区能源、沙生经济作物等方面的科学研究与技术推广给予资金补助、依法减免税费等优惠。

四、湿地生态补偿法规政策

《宁夏回族自治区湿地保护条例》(2008年9月19日发布)第二十七条:未经批准,任何单位和个人不得占用湿地、因国家和自治区重要建设项目确需占用湿地,改变湿地用途的,应当经原批准机关同意。第二十九条:利用湿地资源应该符合湿地生态系统的基本功地保护规划,维护湿地资源的可持续利用,不得超出资源的再生能力或者损害野生植物物种,不得破坏野生动物的栖息环境。

五、综合性法规政策

1.《宁夏回族自治区环境保护条例》

(2009年11月19日)发布规定:开发利用自然资源的单位和个人,造成生态环境破坏的,应当缴纳生态环境补偿费,用于保护和恢复生态环境。生态环境补偿费征收管理办法,由自治区人民政府制定。

2.《自治区人民政府办公厅关于建立生态保护补偿机制推进自治区空间规划实施的指导意见》

(宁政办发〔2017〕118号)提出,以新发展理念为引领,以生态保护为主线,以改革创新为动力,围绕落实空间规划,建立生态保护成效与资金分配挂钩的激励约束机制,逐步建立多元化的生态保护补偿机制,基本建成与我区经济社会发展水平相适应的生态保护补偿制度体系,实现发展与保护内在统一、相互促进,为推进空间规划落地实施提供政策保障。以"三区三线"为依据,强化生态保护,确定生态补偿重点领域,建立森林保护补偿制度、草原保护补偿制度、湿地保护补偿制度、荒漠保护补偿制度、水源地保护补偿制度,探索建立耕地保护补偿制度,开展流域上下游横向生态保护补偿试点。建立生态保护红线管控机制、稳定的投入机制、生态保护成效与资金分配挂钩的激励约束机制,加强配套制度体系建设,鼓励贫困地区用好用活城乡建设用地增减挂钩机制,逐步建立碳排放权交易制度等,建立一套科学合理的工作机制,确保生态保护补偿各项制度落到实处。

第三节　生态补偿法律法规与政策评析

一、生态补偿法律法规与政策存在问题

1. 多元化补偿方式尚未形成

森林生态补偿财政转移支付中,转移支付资金里中央对宁夏支付占有很大的比重,除此以外的其他渠道明显缺失。宁夏作为生态服务的重要提供者,受益者却是周边及中东部省区,宁夏相对无法得到合理补偿,省与省之间的横向转移支付又很少涉及。而造成横向生态补偿机制不足的主要原因是缺乏相关法律法规,国家层面和地方层面都缺乏相关的生态补偿法律条文。生态受损地区和受益地区之间、流域的上下游之间仍缺乏有效的协商机制。

2. 补偿标准偏低

2017年,中央对宁夏下达的森林生态效益补偿资金的补助标准为:国有森林10元/亩·年,集体所有森林15元/亩·年。《宁夏回族自治区森林生态效益补偿基金管理实施细则》第六条规定:"地方财政补偿基金补助标准为每年每

亩4.5元,其中管护补助支出4.25元,公共管护支出0.25元。"其实,这样的补偿机制没有考虑机会成本的损失,是不能满足对森林管护和抚育需要的。补偿标准低是仅就纳入国家或自治区级森林生态效益补偿范围的森林而言,从广义上说,退耕还林工程、农业综合开发项目、移民迁出区的生态恢复工程、水利工程建设等也对涉及地区的森林做了一定的经济补偿,将其全部纳入测算范围十分困难。

3. 补偿资金来源少

宁夏不同地区的公益林类型、质量差异较大,这就使得生态价值和管护的成本存在一定差异。因此,目前"一刀切"式补偿政策方式并不能满足公益林的管护要求。现阶段,宁夏森林生态补偿融资渠道主要有两种方式,即财政转移支付和专项基金,但是针对生态补偿主体的相关税费征收措施缺失。另外,生态补偿的金额设置缺乏科学合理的安排,补助标准偏低,从而未能激发人们参与保护生态环境的积极性。宁夏经济发展相对滞后,财政收入较少,生态林业建设的资金投入对国家依赖性很强。同时,由于各地经济发展不平衡,对林业重视程度不够,以及资金支持力度不同,直接影响到退耕还林工程的发展水平。

4. 生态补偿管理部门职责交叉重复

森林生态补偿涉及众多的政府部门,它们在生态补偿工作中发挥着主导作用,这样的生态补偿具有一定的行政色彩。地方生态补偿的实施大多以政府部门为向导,工作涉及部门众多,分工不明确,责任主体模糊,在管理上造成部门职责的交叉状况,在日常管理中难以形成良好合力,造成生态保护与受益脱节现象:(1)从补偿资金来看,部门补偿多,而生态保护区农牧民得到的补偿相对较少;(2)直接生态建设补偿多,支持经济发展、扶贫补偿少,生态补偿资金不仅数量少,而且资金使用不到位。

5. 生态补偿法律法规可操作性有待加强

国务院制定生态补偿条例的立法工作于2010年就已启动,目前,立法草案的起草工作已经完成。2013年4月,国务院就生态补偿机制建设情况第一次向全国人大常委会进行了工作报告,该报告主要总结了我国生态补偿所做的工作和取得的进展,认为我国生态补偿制度框架已初步形成,生态补偿机制实施取得了显著成效,但也存在一些问题。针对生态补偿政策法规滞后问题,该报告"鼓励各地出台规范性文件或地方法规,不断推进生态补偿的制度化和法制化"。地方生态补偿立法也已多层次展开。目前,国家出台《中央财政森林生态效益补偿基金管理办法》和宁夏出台《宁夏回族自治区森林生态效益补偿基金管理实施细则》等规章制度，但在森林生态补偿主体确定、资金来源、补偿标准及监管措施等方面仍有待完善之处。

6. 法规与政策问题及创新

完善法律法规和切实可行政策措施的根本和前提是落实生态补偿机制，进而推进生态文明建设。改革开放特别是 2015 年以来，国家在生态补偿方面做了大量的立法实践和政策探索，取得了明显效果，宁夏在森林环境保护工作的补偿方面也进行了长期探索，生态建设成效走在了全国前列，但是从涉及生态补偿的 10 多部法律法规和相关政策措施来看，还存在一些问题，具体体现为：(1)关于森林生态补偿的法律法规缺乏系统的条例；(2)现有对森林生态补偿的法律法规只是某个领域的零散规定，在管理和使用内容上对补偿主体、补偿对象、补偿资金、补偿方式、补偿标准的规定不够明确，亟须完善；(3)有些规定存在条块分割、部门利益相争、主体缺失或交叉、补偿重叠或空白等问题，有待补充和修订；(4)有些规定没有随着实际情况的变化及时修订完善，针对性和实用性不强；(5)有些规定偏重经济价值，忽视生态价值，需要更新。

二、生态补偿政策机制实施对策建议

1. 建立和完善体制机制

要建立一套科学合理的生态补偿管理体制，做好跨区域、跨部门和上下级政府之间相互协调的补偿工作。一是政府部门内部管理体制。建立一个由自治区发改委统一监管，环保、林业、财政等各部门分工协作的生态补偿管理体制，由发改委统一监管各部门，从横向上看，可以减少森林生态补偿工作中跨部门的矛盾，同时从纵向上防止因人为割裂而导致的管理不善，在各部门齐抓共管下，使生态补偿工作形成良好局面。二是上下级政府之间的管理体制。从领导角度看，下级政府部门应充分尊重和服从上级政府部门部署，将本辖区内的森林生态补偿信息及时主动汇报给上级政府部门，使得上下级政府之间信息畅通无阻。三是同级政府之间的管理体制。为了方便协调同级政府之间的横向关系，应建立一个生态补偿的跨区域管理体制。

2. 系统制定政策措施

应系统地制定一套生态补偿政策措施，为生态补偿工作提供强有力的政策支持。第一，根据其他省区有关生态补偿政策法规，结合宁夏生态补偿工作现实情况,制定出生态补偿实施和管理办法。第二,根据宁夏自身特点,明确森林生态补偿的重点区域和重点对象,并制定合理的森林生态补偿标准,指导森林生态补偿工作顺利实施。第三,严格执行责任追究制度及官员绿色政绩考核制度,通过责任追究制度和考核制方式让地方官员认识到生态补偿工作的紧迫性和重要性。

3. 完善法制保障体系

建立一套科学完善的法律制度体系,并配备相应的执行措施和法律问责机制,确保生态补偿工作有法可依进行。首先,要尽快拟订《宁夏森林生态补偿条例》,明确规定有关森林生态补偿内容。宁夏生态补偿法律体系目前处于缺失状态,应抓紧进行有关专项立法工作,用法律方式来确定生态补偿主体权利与义务的关系,为该工作规范化运行提供法律依据。其次,其他环境资源法应该与生态补偿法律结合,形成有效体系,减少各部门之间的适用冲突。

4. 建立多元支付方式

为了确保生态补偿资金来源,应建立一套完整的财政保障制度。一是为了充分保障宁夏生态补偿资金来源,国家应加大对财政转移支付的支持。宁夏可利用中央财政转移支付资金建立生态补偿基金。该基金主要用于六盘山等重要生态功能区建设,以及国家重点生态建设项目的投入等,并用于补偿地方政府为保护生态环境所造成的经济损失。二是为了生态补偿有合理资金配套,宁夏应征收生态补偿税和生态补偿费作为中央转移支付资金和地方生态补偿资金的补充。三是为了使生态补偿资金来源渠道多元化,应吸收社会资金纳入该机制中,并开展生态补偿的市场化运行工作,通过完善并推广碳汇林权交易等,建立政府主导、市场化运行和民众参与的生态补偿投融资机制。

5. 提高公众生态保护意识

建立一套关于生态补偿宣传培训的机制,提高各级领导干部对生态补偿的意识,同时应增强社会公众对生态补偿的认识。首先,充分利用互联网、新闻媒体等媒介,全面开展多样化的宣传活动,不断强化各级政府官员和普通人民群众的生态补偿意识。其次,积极鼓励广大群众参与到生态补偿机制和规划的制定工作中来,让生态补偿工作更多地体现广大群众尤其是被补偿者的意愿。再次,为了提高生态补偿工作中的决策者、规划者、企业管理者等主体的参与能力,应该加强对全区各级领导、企业法人代表生态补偿知识技能的培训,鼓励环保志愿者,动员社会各界力量和全体公民参与生态补偿机制建设。

第三章　宁夏生态建设重大工程：新一轮退耕还林还草

长期以来，我国生态环境边治理边破坏的现象十分严重，生态环境的恶化，加剧了自然灾害，加深了贫困程度，给国民经济和社会发展造成了极大的危害。水土流失严重、荒漠化土地面积不断扩大、生物多样性物种数量急剧下降等问题，使社会各界充分意识到，加快林草植被建设，改善生态环境已成为我国面临的一项最为紧迫的战略任务，关乎中华民族生存和发展的根本大计。退耕还林就是从保护和改善生态环境出发，将水土流失严重的耕地，沙化、盐碱化、石漠化严重的耕地以及粮食产量低而不稳的耕地，有计划、有步骤地停止耕种，本着宜乔则乔、宜灌则灌、宜草则草的原则，因地制宜地造林种草，恢复植被。退耕还林是减少水土流失、减轻风沙灾害、改善生态环境的有效措施，是增加农民收入、调整农村产业结构、促进地方经济发展的有效途径，是西部大开发的根本和切入点。为此，1999 年 8 月，时任国务院总理的朱镕基同志先后视察了西南、西北 6 省区后，提出了"退耕还林(草)，封山绿化，以粮代赈，个体承包"十六字政策方针。随后，四川、陕西、甘肃 3 省率先开展了退耕还林还草试点工作，当年即完成退耕地还林 38 万公顷，宜林荒山荒地造林 6.6 万公顷，从而揭开了中国退耕还林还草的序幕。

2014 年，国务院批准实施《新一轮退耕还林还草总体方案》，提出到 2020 年，将全国具备条件的坡耕地和严重沙化耕地约 4 240 万亩退耕还林还草，明确 2014 年安排退耕还林还草任务 500 万亩。2017 年，党的十九大报告中明确提出，要"完善天然林保护制度，扩大退耕还林还草"。2017 年，宁夏第十二次党代会提出，要构筑西北生态安全屏障，构筑以贺兰山、六盘山、罗山自然保护区为重点的"三山"生态安全屏障。持续推进天然林保护、三北防护林、封山禁牧、退耕还林还草、防沙治沙等生态建设工程。可见，持续推进退耕还林还草工程，进一步扩大退耕还林还草规模已成为我国生态文明建设的关键内容。

实施新一轮退耕还林还草工程，对西北生态安全屏障建设、宁夏生态立区战略实施和农民脱贫致富都具有重要的现实意义。2016 年，习近平总书记来宁视察时指出："宁夏作为西北地区重要的生态安全屏障，承担着维护西北乃至全国生态安全的重要使命。"①可以说，显著的生态战略地位、巨大的生态潜力是宁夏的优势。在这样的背景下，推进宁夏新一轮退耕还林还草工程建设，对于维护西北乃至全国生态安全意义重大。2017 年 11 月 13 日，宁夏回族自治区党委、政府召开实施生态立区战略推进会，自治区党委书记石泰峰在会上提出，要"让居民望得见贺兰山、看得见黄河水、记得住塞上江南风情"。会议出台了《自治区党委人民政府关于推进生态立区战略的实施意见》，其中明确提出："争取国家支持，推进新一轮退耕还林还草，落实基本草原保护制度，实施草原生态保护工程，有效保护草地生态系统，加强草原补播、人工饲草地建设，改良天然草场，防止草原退化和土地沙化。"②宁夏通过推进新一轮退耕还林还草工程建设，有效治理水土流失、减轻土地沙化，可以全面推进生态立区的新实践，加快建设天蓝地绿水美空气清新的美丽新宁夏。对特定地区实施生态保护，在符合退耕条件的地区开展退耕还林，不仅有利于当地生态环境的改善，而且退耕还林还草政策给予的现金补助还可以帮助贫困群众进一步缓解贫困，实现脱贫致富，与全国同步进入全面小康社会。

宁夏自 2000 年实施退耕还林工程以来，取得了较为明显的生态、经济、社会效益。但经过多年建设，在国家现行政策内，宁夏新一轮退耕还林还草空间很小，与宁夏生态立区战略的需求相距甚远。经过 2015—2018 年的退耕还林还草，宁夏已面临"无地可还"的窘境，严重制约了新一轮退耕还林还草工程的继续推进。为深入推进新一轮退耕还林还草工程建设，促进生态立区战略实施，早日建成美丽新宁夏，必须进一步扩大新一轮退耕还林还草工程范围，并解决退耕还林还草补偿标准、补偿对象、补偿方式存在的系列问题。对宁夏来说，做好新一轮退耕还林还草工作，是一个非常紧迫的问题，是推进生态绿区战略的重要抓手，是宁夏经济社会发展的现实需要，也顺应了全区人民对美好生活的期待。为及时、准确地了解宁夏新一轮退耕还林还草工程的实施

---

① 张柏森：《建设美丽宁夏筑牢西北生态安全屏障》，《中国绿色时报报》2018 年 9 月 18 日。

② 宁夏自治区人民政府：《关于推进生态立区战略的实施意见》，https://www.chndaqi.com/news/266433_3.html。

进展,北方民族大学课题组于2018年5—8月,赴宁夏盐池、同心、沙坡头、海原、西吉、隆德、泾源、彭阳、原州9个县区进行调查,与当地县政府的林业、国土、畜牧、水务、扶贫等部门进行座谈,与村干部、农户等进行访谈。通过实地调研、数据分析和座谈访谈分析发现,在现有退耕还林还草政策下,宁夏25度以上坡耕地、严重沙化耕地和重要水源地15度至25度坡耕地中退耕空间很小,而生态农户迁出区、国家级自然保护区和重要水保区内仍有一定的退耕空间。

第一节　宁夏退耕还林还草工程实施概况

一、第一轮退耕还林工程建设历程

1. 退耕还林工程任务安排及实施情况

宁夏自2000年实施退耕还林工程以来,在自治区党委、政府的正确领导和高度重视下,各工程县以改善生态环境、增加农民收入为目标,按照"严管林、慎用钱、质为先"的要求,通过精心组织、认真实施,使宁夏退耕还林工程建设取得了显著成效。宁夏在退耕还林工程的实施上大体经历了三个阶段:第一个阶段是试点阶段(2000—2001年),这个阶段国家下达宁夏退耕还林任务104万亩,全部安排在水土流失及沙化严重的南部山区八县(含红寺堡);第二个阶段是大发展阶段(2002—2006年),这个阶段是退耕还林工程蓬勃发展阶段,宁夏抢抓机遇,加快了退耕还林的步伐,对全区范围内水土流失和风沙侵蚀严重地区进行全面治理,共完成退耕还林和荒山造林1 035万亩;第三个阶段是巩固退耕还林成果阶段(2007—2013年),2007年以来,国家暂停了退耕地还林任务安排,但仍继续安排荒山造林和封山育林任务,并且延长退耕还林补助期政策,设立了巩固退耕还林成果专项资金,标志着退耕还林进入到"巩固成果,稳步推进"阶段。这一阶段宁夏建设任务重点安排大六盘生态经济建设圈和生态产业带建设。2000—2013年,宁夏共完成国家下达的退耕还林任务1 305.5万亩,包括退耕地造林471万亩、荒山造林766.5万亩、封山育林68万亩,工程建设覆盖了全区除青铜峡市以外的21个县(市、区)以及自治区农垦系统,其中退耕地造林涉及20个县(市、区)及自治区农垦局的152个乡(镇、场)、1461个行政村,32.32万多退耕农户、153.02万退耕农民,人均退耕还林面积位居全国第一。

表 1　宁夏回族自治区退耕还林工程任务及投资安排汇总表

地区	任务安排(万亩)					资金安排(万元)				
	退耕地造林	荒山造林			封山育林	合计	种亩造林补助资金	原政策财政补助资金	完善政策财政补助资金	巩固成果专项资金
		其他	乔木	灌木						
1	2	3	4	5	6	7	8	9	10	11
宁夏回族自治区	471	737	14	15	64	1 267 543	68 580	599 479	337 207	262 277
固原市	254	261	8	9	20	648 975	29 608	325 313	182 988	111 065
原州区	55.9	52.7	1.3	2.0	4.0	149 036	6 247	71 494	40 216	31 080
彭阳县	74.0	64.8	1.0	2.0	4.0	185 311	7 648	94 720	53 280	29 663
西吉县	68.2	43.2	1.4	2.7	2.5	171 058	6 254	87 296	49 104	28 404
隆德县	24.6	50.1	1.5	1.2	3.0	63 185	4 309	31 488	17 712	9 676
泾源县	31.5	50.3	3.1	0.9	6.5	80 384	5 151	40 315	22 677	12 242
吴忠市	107.5	275.0	1.9	3.7	21.0	332 037	21 171	137 580	77 389	95 897
盐池县	42.0	121.0		1.5	5.0	110 352	8 583	53 760	30 240	17 769
同心县	41.7	83.8	0.1	1.8	6.5	159 180	7 023	53 356	30 013	68 788
红寺堡	23.8	67.2	1.8	0.4	6.5	62 165	5 265	30 464	17 136	9 300
利通区		3.0			3.0	340	300			40
中卫市	87.8	156.5	3.8	2.5	8.0	236 056	13 746	11 2318	63 179	46 814
沙坡头区	16.1	43.2	2.5	0.5	4.0	38 080	3 586	20 644	11 612	2 238
中宁县	14.9	37.9	1.0	2.0	1.0	36 652	3 082	19 076	10 730	3 764
海原县	56.7	75.3	0.3		3.0	161 325	7 078	72 598	40 837	40 812
石嘴山市	1.2	3.0				3 120	210	1 522	856	532
平罗县	0.5	3.0				1 404	175	640	360	229
大武口	0.3					772	15	384	216	157
惠农区	0.4					944	20	498	280	146
银川市	13.4	36.5			11.0	35 057	3 045	16 997	9 561	5 453
兴庆区	0.5	1.0			1.0	1 387	125	640	360	262
西夏区	0.7	1.0			3.0	1 809	235	813	458	303

(续表)

地区	任务安排(万亩)					资金安排(万元)				
	退耕地造林	荒山造林			封山育林	合计	种亩造林补助资金	原政策财政补助资金	完善政策财政补助资金	巩固成果专项资金
		其他	乔木	灌木						
1	2	3	4	5	6	7	8	9	10	11
金凤区	0.4	0.2				988	30	512	288	158
永宁县	0.4				3.0	1 068	170	474	266	158
贺兰县	0.5					1 154	25	606	341	181
灵武市	10.9	34.3			4.0	28 651	2 460	13 952	7 848	4 391
区农垦局	7.0	5.0			4.0	12 299	800	5 749	3 234	2 516

说明:1. 任务安排统计截止到2010年度。

2. 资金安排截至2010年底已安排中央补助资金实际数＋2010年以后仍将继续安排中央补助资金测算数。

2. 退耕还林政策补助情况

根据《退耕还林条例》的规定,退耕还林后国家除每亩安排50元种苗费外,还无偿向退耕农户提供粮食补助和现金补助。粮食和现金补助标准为:长江流域及南方地区,每亩退耕地每年补助粮食(原粮)300斤,每亩退耕地每年补助现金20元;黄河流域及北方地区每亩退耕地每年补助粮食(原粮)200斤,每亩退耕地每年补助现金20元。粮食和现金补助年限为:退耕地还生态林补助8年,还经济林补助5年,还草补助2年。

二、巩固退耕还林成果专项规划实施情况

2007年8月,国务院下发了《关于完善退耕还林政策的通知》(国发[2007]25号),退耕还林工程从大规模建设转变到对已有成果巩固和稳步发展阶段。为了巩固退耕还林成果、解决退耕农户生活困难和长远生计问题,决定延长退耕还林补助期限,继续给予退耕农户适当补助。补助标准为:长江流域及南方地区每亩退耕地每年补助现金105元;黄河流域及北方地区每亩退耕地每年补助现金70元。原每亩退耕地每年20元生活补助费,继续直接补助给退耕农户,并与管护任务挂钩。补助期为:还生态林补助8年,还经济林补助5年,还草补助2年。同时,为集中力量解决影响退耕农户长远生计的突出问题,中央

财政安排一定规模资金,作为巩固退耕还林成果专项资金,主要用于西部地区、京津风沙源治理区和享受西部地区政策的中部地区退耕农户的基本口粮田建设、农村能源建设、生态农户以及补植补造,并向特殊困难地区倾斜。中央财政按照退耕地还林面积核定各省(自治区、直辖市)巩固退耕还林成果专项资金总量,并从2008年起按8年集中安排,逐年下达,包干到省。专项资金要实行专户管理,专款专用,并与原有国家各项扶持资金统筹使用。

巩固退耕还林成果专项规划林业建设项目共涉及两方面内容:一是补植补造项目。2008—2013年,宁夏共安排巩固退耕还林成果补植补造任务171.32万亩,安排专项资金10 691万元。2008—2012年,各县区已完成补植补造任务128.82万亩,并通过了自治区专项验收。2013年自治区下达的42.5万亩补植补造任务,截至2015年底,全区共完成补植补造169.52万亩。二是林果产业项目。2008—2013年期间,全区共安排巩固退耕还林成林果产业项目中央专项资金6 397.2万元。项目建设涉及原州区、彭阳县、西吉县、隆德县、泾源县、盐池县、红寺堡区、沙坡头区、中宁县和灵武市10个县(市、区)。

2008年至今,国家逐年对第一轮政策补助到期的退耕地造林进行验收,并依据验收结果兑现完善后的政策补助和安排巩固退耕还林成果专项资金。2008—2014年,宁夏阶段验收保存率分别为96.6%、98.8%、98.9%、99.9%、100%、100%、100%,不合格面积经补植补造申请国家补验后,也已全部达到合格标准,面积保存率为100%。连续七年阶段验收结果表明,宁夏退耕地造林的保存率和合格率实现两个"百分之百",验收成绩在全国名列前茅。在第二个补助周期,可为全区153万退耕农民顺利争取到32.64亿元政策补助资金和25.39亿元退耕还林专项资金。

三、新一轮退耕还林还草工程实施情况

1. 新一轮退耕还林工程启动情况

党中央、国务院高度重视退耕还林工作。2009年至2014年,连续5年强调退耕还林的重要性,并于2010年、2012年、2013年和2014年分别在中央1号文件中对退耕还林工作作出部署:2010年,中央1号文件《中共中央国务院关于加大统筹城乡发展力度进一步夯实农业农村发展基础的若干意见》要求:"巩固退耕还林成果,在重点生态脆弱区和重要生态区位,结合扶贫开发和库区农户,

适当增加安排退耕还林。"①2012 年,《中共中央国务院关于加快推进农业科技创新持续增强农产品供给保障能力的若干意见》(中央 1 号文件)要求:"巩固退耕还林成果,在江河源头、湖库周围等国家重点生态功能区适当扩大退耕还林规模。"②

2013 年,《中共中央国务院关于加快发展现代农业进一步增强农村发展活力的若干意见》(中央 1 号文件)要求:"巩固退耕还林成果,统筹安排新的退耕还林任务。"③2014 年,中央 1 号文件《中共中央国务院关于全面深化农村改革加快推进农业现代化的若干意见》要求:"从 2014 年开始,继续在陡坡耕地、严重沙化耕地、重要水源地实施退耕还林还草。"④党的十八届三中全会对全面深化改革作出总体部署时,也突出强调,将稳定和扩大退耕还林范围作为全面深化改革的 336 项重点任务之一大力推进。经过林业等相关部门的积极酝酿,2014 年,国务院批准实施《新一轮退耕还林还草总体方案》,提出到 2020 年,将全国具备条件的坡耕地和严重沙化耕地约 4 240 万亩退耕还林还草,明确 2014 年安排退耕还林还草任务 500 万亩。

2. 新一轮退耕还林还草任务安排情况

按照国家新一轮退耕还林还草总体方案的要求,结合宁夏实际,在各县新一轮退耕还林还草工程实施方案的基础上,编制完成了《宁夏新一轮退耕还林还草工程实施方案》。宁夏新一轮退耕还林还草工程建设实施期限为 2015—2020 年,年限为 6 年。提出到 2020 年,工程区新增林地 121.06 万亩、草地 42 万亩,增加林草植被覆盖度,防止水土流失和土地沙化,构筑稳固的西部生态安全屏障。同时,进一步改善当地农民的生产生活条件,提高农民的生活水平,实现经济社会全面协调可持续发展。

建设任务主要是安排在宁夏南部山区和中部干旱带上 25 度以上坡耕地、严重沙化耕地和重要水源地 15—25 度坡耕。这一区域包括固原市原州区、彭

---

① 中共中央国务院.中共中央国务院关于加大统筹城乡发展力度[DB/OL]. http://www.gov.cn/gongbao/content/2010/content_1528900.htm.

② 中共中央国务院.中共中央国务院关于加快推进农业科技创新持续增强农产品供给保障能力的若干意见 http://www.gov.cn/gongbao/content/2012/content_2068256.htm.

③ 中共中央国务院.中共中央国务院关于加快发展现代农业进一步增强农村发展活力的若干意见[DB/OL]. http://www.gov.cn/gongbao/content/2013/content_2332767.htm.

④ 中共中央国务院.中共中央国务院印发关于全面深化农村改革加快推进农业现代化的若干意见[DB/OL]. http://www.gov.cn/gongbao/content/2014/content_2574736.htm.

阳县、西吉县、隆德县、泾源县，吴忠市盐池县、同心县、红寺堡区、利通区，中卫市海原县、中宁县、沙坡头区和自治区农垦集团。

按地质类型规划，新一轮退耕还林还草规划区域可划分成土石质山区、黄土丘陵沟壑区、干旱风沙区三大类型。土石质山区包括泾源县、隆德县大部、彭阳县西部、原州区南部、西吉县东北部、海原县南部，计划实施退耕还林 21.84 万亩。黄土丘陵沟壑区，包括隆德县局部、彭阳县大部、原州区中北部、西吉县大部、海原县大部、同心县东南部、盐池县南部，计划实施退耕还林 42.79 万亩，退耕还草 7.3 万亩。干旱风沙区，包括海原县北部、同心县西北部、盐池县中北部、红寺堡区和自治区农垦集团。计划实施退耕还林 56.43 万亩，退耕还草 34.7 万亩。

3. 新一轮退耕还林还草工程资金投入情况

宁夏根据《新一轮退耕还林还草总体方案》中规定的补助政策对农户进行补助。补助金包括造林种草补助和退耕农户现金补助。其中，造林补助 300 元/亩，种草补助 120 元/亩，由国家发改委通过中央预算内投资安排；给还林农户兑现的现金补助 1 200 元/亩和还草农户兑现的现金补助 680 元/亩，由财政部通过专项资金安排。退耕还林每亩补助 1 500 元，分三次下达给省级人民政府，每亩第一年 800 元(其中，种苗造林费 300 元)、第三年 300 元、第五年 400 元；退耕还草每亩补助 800 元，分两次下达给省级人民政府，每亩第一年 500 元(其中，种苗种草费 120 元)、第三年 300 元。省级人民政府可在不低于中央补助标准的基础上自主确定兑现给退耕农民的具体补助标准和分次数额。地方提高标准超出中央补助规模部分，由地方自行负担。工程建设总投资 217 114 万元。其中，种子苗木种植补助 41 358 万元，包括造林补助 36 318 万元和种草补助 5 040 万元；兑现退耕农户现金补助 173 832 万元，包括给退耕还林农户兑现的现金补助 145 272 万元和给退耕还草农户兑现的现金补助 28 560 万元；以及工作经费 1 631 万元。

4. 新一轮退耕还林还草工程执行情况

2015 年，国家安排宁夏退耕还林还草任务 25 万亩，其中，退耕还林 20 万亩，退耕还草 5 万亩。工程补助资金 3.5 亿元，其中造林种草补助资金 6 600 万元。退耕还草补助标准有所提高，变更为每亩补助 1 000 元，其中退耕农户现金补助 850 元，种苗种草费 150 元。退耕还草补助资金第一年给予 600 元，其中包括150元种草种苗费,第三年给予400元。各项目县完成24万亩退耕还林还草任务,占年度计划的96%,红寺堡区1万亩退耕还草任务因无法落实地块,已调整到同心县2017年计划中实施。

表2　宁夏回族自治区2015年度退耕还林还草任务表

地　区	实施任务(万亩)		
	小计	退耕还林	退耕还草
宁　夏	25.00	20.00	5.00
吴忠市	12.50	8.50	4.00
盐池县	6.00	4.00	2.00
同心县	4.00	3.00	1.00
红寺堡	2.50	1.50	1.00
固原市	6.70	6.70	
原州区	0.80	0.80	
彭阳县	0.70	0.70	
泾源县	0.10	0.10	
隆德县	1.30	1.30	
西吉县	3.80	3.80	
中卫市	4.30	4.30	
海原县	2.80	2.80	
中宁县	0.50	0.50	
沙坡头区	1.00	1.00	
农垦集团	1.50	0.50	1.00

表3　宁夏回族自治区退耕还林还草工程2015年中央预算内投资计划表

地　区	合计	退耕还林		退耕还草	
		任务(万亩)	中央预算内投资(万元)	任务(万亩)	中央预算内投资(万元)
全区总计	6 600	20	6 000	5	600
吴忠市	2010	5.5	1 650	3	360
盐池县	720	2	600	1	120

（续表）

地　区	合计	退耕还林		退耕还草	
		任务（万亩）	中央预算内投资（万元）	任务（万亩）	中央预算内投资（万元）
同心县	720	2	600	1	120
红寺堡	570	1.5	450	1	120
固原市	1 710	5.7	1 710	0	0
原州区	240	0.8	240		
彭阳县	210	0.7	210		
泾源县	30	0.1	30		
隆德县	390	1.3	390		
西吉县	840	2.8	840		
中卫市	1 290	4.3	1 290	0	0
海原县	840	2.8	840		
中宁县	150	0.5	150		
沙坡头区	300	1	300		
农垦集团	270	0.5	150	1	120
第二批投资	1 320	4	1 200	1	120
盐池县	720	2	600	1	120
同心县	300	1	300		
西吉县	300	1	300		

2016 年，国家安排宁夏退耕还林还草任务 17 万亩，其中，退耕还林 15 万亩，退耕还草 2 万亩。工程补助资金 2.45 亿元，其中造林种草补助资金 4 800 万元。完成退耕还林任务 13.08 万亩，占年度计划的 76.94%，其余建设任务计划在 2017 年底完成。

2017 年，宁夏退耕还林还草任务需求 3 万亩，全部为退耕还林。种苗造林补助资金 1 200 万元，直补农民现金补助 2 400 万元。2018 年，确定宁夏退耕还林任务 1.9 万亩，种苗造林补助资金 760 万元，直补农民现金补助 950 万元。

表 4　宁夏回族自治区新一轮退耕还林还草工程 2016 年中央预算内投资计划表

地　区	合计	退耕还林		退耕还草	
		任务（万亩）	中央预算内投资（万元）	任务（万亩）	中央预算内投资（万元）
全区总计	4 950	15	4 500	3	450
吴忠市	1 440	4.3	1 290	1	150
盐池县	600	2	600		
同心县	450	1	300	1	150
红寺堡区	390	1.3	390		
固原市	1 590	5.3	1 590		
原州区	120	0.4	120		
西吉县	1 095	3.65	1 095		
泾源县	45	0.15	45		
隆德县	300	1	300		
彭阳县	30	0.1	30		
中卫市	1 920	5.4	1 620	2	300
沙坡头区	300	1	300		
中宁县	300	1	300		
海原县	1 320	3.4	1 020	2	300

说明:本年度下达的中央预算内投资计划包括红寺堡区退回的 2015 年 1 万亩退耕还草资金。

第二节　新一轮退耕还林还草工程效益分析

退耕还林还草是一项具有最终扭转生态恶化,优化生态环境,实现可持续发展,具有重大现实意义与历史意义的工程。多年来的实践表明,退耕还林还草工程对宁夏经济社会发展和生态文明建设产生了重要影响,经济、社会、生态效益逐渐显现。[①]新一轮退耕还林还草工程推动了宁夏经济社会又好又快发展。

经济效益显著。自 2000 年以来,宁夏先后实施了两轮退耕还林还草工程,

① 王旭明、张国芳:《退耕还林(草)工程的综合效益实证分析——以宁夏南部山区为例》,《宁夏党校学报》2010 年第 4 期。

取得了较为显著的减贫效果。自2000年至2013年,在第一轮退耕还林还草工程中,宁夏共实施退耕还林还草1 305万亩,发放退耕补助和巩固退耕成果专项补助近200亿元,惠及153.02万退耕农民。2015年,宁夏启动新一轮退耕还林还草工程,退耕农户亩均可获得1 500元退耕补助。截至2018年底,宁夏已实施新一轮退耕还林还草45.9万亩,退耕农户获得直接现金补助5.145亿元。从劳务收入看,退耕还林还草工程还促进了退耕农户劳动力的转移,贫困农户外出务工收入明显增加。

生态效益凸显。退耕还林还草工程的实施,有效改善了宁夏中南部地区的生态环境。监测数据显示,截至2018年底,经两轮退耕还林还草工程,宁夏已退耕沙化土地10.72万公顷,涉及3市9县和宁夏回族自治区农垦集团,占退耕总面积的12.40%;退耕严重沙化土地1.71万公顷,涉及2市3县,占退耕总面积的1.98%;实现防风固沙4 272.25万吨/年,固土505.85万吨/年。坡耕地退耕还林还草后,土壤侵蚀模数(指单位面积土壤及土壤母质在单位时间内侵蚀量的大小,是衡量土壤侵蚀强度的指标)为23.5立方米/公顷/年,分别比没有实施退耕还林还草工程的坡耕地和宜林荒山荒地降低了18立方米/公顷/年和11立方米/公顷/年,有效地控制了水土流失,调节了水土平衡,达到了涵养水源、净化水质的目的。而且,退耕林草地每年可吸收二氧化碳12.76万吨,吸收污染物1.607万吨,释放氧气27.76万吨,生态系统服务功能总价值达到47.07亿元。

社会效益明显。新一轮退耕还林还草工程建设,实现了人—粮—地—林良性循环,人与自然和谐发展,农民生产生活条件明显改善。一是改善了农业生产条件,推动了农业现代化进程。新一轮退耕还林还草工程实施以来,宁夏中南部地区农民使用役畜数量有所减少,农民运输过程中使用的胶轮手推车逐渐被三轮机械运输车和小型拖拉机代替。二是有效解决了温饱问题。从2015年至2018年,宁夏中南部地区粮食平均亩产量呈明显增加趋势。三是促进了农村富余劳动力转移。调查显示,2018年宁夏中南部地区农民从事非农产业的劳动力占从业人员总数的45.2%,比2015年上升了2.6个百分点。

第三节　新一轮退耕还林还草工程实施中存在的问题

一、退耕补助标准低不利于扶贫减贫

调查发现,86.64%的被访农户认为新一轮退耕还林还草工程政策补助标准

偏低,32.53%的被访农户认为退耕还林和还草应执行统一的补助标准,不应差别对待,补助标准低且存在差别将不利于激发农户退耕的积极性。国家新一轮退耕还林还草政策规定,退耕还林每亩中央补助资金 1 500 元,扣除造林种苗补助资金 300 元,退耕农户 5 年期间可获得现金补助 1 200 元。2018 年,中央政府将造林种苗补助资金提高到 400 元,宁夏回族自治区政府又配套了 300 元的现金补助,将农户现金补助提高到了 1 500 元。也就是说,2018 年宁夏给予退耕农户的补助资金总额为 1 900 元,年均补助近 400 元/亩。比较上一轮退耕还林工程,退耕还林每亩前 8 年给农户现金补助 1 280 元,后 8 年补助 720 元,累计给农户补助 2 000 元,年均补助 125 元/亩。虽然新一轮退耕补助标准大幅提高,但考虑到农产品价格上涨、种粮等农业补贴不断提高等因素,退耕还林补助政策的比较效益优势并不明显。另外,盐池、同心、沙坡头区等地属于中部干旱带,每年降水量极其有限,蒸发量却比较高,仅有的灌渠水也只能用来灌溉农作物,严重缺水导致还林树苗成活率不高,退耕后每年都需要大面积补植。退耕还林补助中包含 400 元种苗费,但这笔费用仅是一次性购买种苗的费用,后期补植的种苗费就只能占用补助给农户的其他费用。据当地林业部门工作人员反映,部分干旱少雨地区的农户面临不断补植的困境,实际还林成本可能达到千元左右,还林成本的提高,导致农户退耕意愿减弱,宁可放弃后期补助资金,也不愿继续完成退耕任务。而且,目前宁夏境内的基础设施建设和工厂企业建设较多,如土地用于修路或建厂,则农户可获得每亩 6 000 元左右的征地补偿款,但新一轮退耕占地每亩只补偿 1 900 元,而且一旦土地退耕便不能随便更改土地用途,少数农户因对修路、建厂占地赔偿有较高期待,以致不愿退耕。新一轮退耕还林任务主要集中在贫困地区,14 个集中连片特困地区 25 度以上梯田和坡地分别为 53.29 万 hm^2 和 343.39 万 hm^2,占全国总量的 48.4%和78.1%。[①]调查发现,40.98%的被访农户表示,退耕补助将给农户家庭经济收入产生较大影响。退耕补助标准较低将大大弱化退耕还林工程的减贫效益,尤其是对那些缺乏劳动能力,主要依赖退耕补助生活的老幼病残农户。

二、新型经营主体与退耕农户之间的利益难以平衡

新一轮退耕还林鼓励兴办家庭林场。调研发现,不同类型的专业大户、合

---

① 谢晨、王佳男等:《新一轮退耕还林还草工程:政策改进与执行智慧——基于 2015 年退耕还林社会经济效益监测结果的分析》,《林业经济》2016 年第 3 期。

作社都对新一轮退耕还林还草表现出积极性,有的凭借雄厚的资金实力,流转了上千亩的耕地,对于林业部门来说,由于现有退耕地分散零碎,监督管理有难度,也难于进行产业化、规模化经营,公司、大户参与新一轮退耕还林可能有利于加快工程实施进度、降低工程组织实施难度。因此,有些地方明确提出要鼓励公司、大户参加退耕还林,在与原退耕还林农户签订协议并保障他们应得利益前提下,将新一轮退耕还林补助兑现给大户和公司。调查发现,75.65%的被访农户表示愿意将自家适合退耕的土地流转给农业合作社或者某个农业企业,进行退耕还林,以方便种植和管理,这样可以将农户从土地中解放出来,投身到其他经济活动中。但由于我国处于合作社组建初期,龙头企业或大户以投资者的身份进入合作社,拥有较大的经营权、决策权和剩余索取权,过低的产品收购价格、过高的按股分配比例以及农户对合作社控制权和决策权的丧失等问题比较严重,农户的应得利益得不到有效保障。同心县X村以村支书为牵头人成立农业合作社,流转村内退耕的非基本农田3 000亩,集中连片管理,种植苜蓿,效益比较可观。但五年期内,每年地租每亩仅为40元,每亩地五年期满还可分红150元,退耕户五年每亩可获得经济收入总计350元。这与政府给予的现金补助相差甚远,退耕补助对扶贫减贫发挥的作用极其有限。因此,面对日新月异的农村发展形势和不断涌现的新型农业经营主体,如何在组织好退耕还林任务的同时,保障普通退耕农户的利益,是摆在地方政府和林业部门面前的新课题。数据显示,多数农户对最终获得的退耕补助有最低的期望值,75.65%的被访农户只愿意将种苗费交由新型经营主体,至于新型经营主体是否能从中盈利他们并不关心。这样一来,新型经营主体和退耕农户双方对各自所获补助金的较高期望,补助金如何分配的问题比较突出。

三、多种因素导致少数县区不愿承担退耕任务

由于多方面因素的影响,某些县区对承担新一轮退耕还林任务存在畏难和抵触情绪。一是退耕还林还草的具体工作涉及方面广,涉及人群多,需要耗费大量人力、物力、财力,而人员和工作费用却严重不足,导致相关工作开展困难。二是地类性质导致退耕地块落实困难,完成既定的新一轮退耕还林还草任务非常困难。三是泾源县直接提出不再承担退耕还林任务,主要原因是该县区植被覆盖率较高,且退耕还林与农户经济利益冲突。泾源县年降水量比较丰富,植被茂盛,育苗产业成为当地的主导产业,多数耕地都种植树苗,相比退耕补助,

育苗收益更大,农户退耕积极性不高,政府也不愿这一主导产业受到不利影响。因此,泾源县明确提出不再承担退耕还林任务。

四、退耕后农户复垦风险加大

目前,宁夏新一轮的退耕地基本上都是粮食产量低而不稳、水土流失或沙化严重的坡耕地,其中部分耕地已撂荒。通过退耕还林,农户不但可以无偿得到国家的资金资助,而且部分剩余劳动力经过劳务输出和发展多种经营,实际收入要比退耕前从事"广种薄入、靠天吃饭"传统农业的收益高,所以退耕还林积极性较高。78.2%的被访农户表示"如果家里有适合退耕的土地,愿意响应国家政策进行退耕"。然而,近几年来随着宁夏生态环境的逐步改善,尤其是宁夏中南部地区的多个县区,雨水较以往更为充沛。如果自然条件更加适合种植农作物,退耕农户就会与退耕地的实际效益进行重新对比,如果退耕地种植农作物效益比生态林的效益高,势必导致他们林地管护的积极性下降,甚至出现毁林复耕的现象。28.42%的被访农户表示,"如果当年雨水充沛,将在退耕地上重新种植粮食作物"。尤其是在国家补助期满后,退耕地的经济收入低于退耕前的收入,更是远远低于政策补助期的收入,毁林复耕的现象势必会更加严重。

五、退耕农户重退轻管的问题普遍存在

按照《退耕还林条例》,退耕农户在享受国家退耕政策补助的同时,农户有义务完成相应匹配的荒山造林任务和对自己退耕地的抚育管护工作。但在具体实施过程中,部分地区退耕农户因劳力和其他因素,只在个人的退耕地上造林,无法完成匹配的荒山造林任务。为了确保完整当年的退耕还林任务,当地林业部门只能组织专业造林队完成匹配的荒山造林任务,并负责林地抚育管护,这样就增加了荒山造林的成本,加重了林业部门的负担。另外,退耕地的管护工作压力较大。退耕还林政策规定"谁退、谁造、谁管、谁用",但由于退耕还林以生态林为主,经济效益有限,而且,如同心、盐池、沙坡头区等地干旱少雨,造林成活率和保存率较低,往往要"一年造、多年补",才能达到国家的验收标准。加上以鼢鼠为主的树木鼠害日趋严重,特别是南部山区的落叶松、油松、云杉、沙棘、山杏受损尤为严重,因此增加了造林成本。多数农户清楚自身对退耕林地有管护的责任,但仍有64.95%的被访农户认为自己没有管护的精力和能力。94.52%的被访农户同意,"由政府统一招标,利用种苗费促使大户、合作社等新型经营主体承担退耕还林的所有任务"。52.28%的被访农户甚至表示,“除种苗费外,还可以从现金补助中抽取一部分拨付给新型经营主体使用,以保证新型经营主体的经济收益”。种植和管护成本较高,退耕农户根本无利可图,极有可能放弃对退耕林地的抚育管护责任,这部分林地的管护问题就突显出来。

六、退耕还林的经济效益与生态效益较难兼顾

新一轮退耕还林强调根据农民意愿选择退耕还林树种,不再强调生态林和经济林比例。调查发现,在此政策引导下,当地政府部门为了提高林地的经济效益,将经济林作为退耕还林的主导,生态林不再是新一轮退耕还林还草的工作重点。即使是在生态条件极为脆弱的盐池县,红梅杏等经济作物依旧成为新一轮退耕还林的首选。从退耕农户的角度看,经济林虽然收益高,但投入也大,技术要求高,市场风险大,如果没有规模化、产业化经营,收益可能比预想的要低得多。盐池县的农户普遍反映,新一轮退耕还林还草工程开始后,盐池县为进一步提高农户退耕积极性,增加农户经济收入,规划种植红梅杏。但种植红梅杏出现了两个问题:一是由于干旱缺水,红梅杏树成活率较低,次年要进行补植补种,退耕户不仅未获得较高的经济收益,还提高了种植成本。二是盐池县因人口较少自身消费能力有限,加之向外的销售渠道狭窄,导致红梅杏销售情况较差。为减少退耕户经济损失,县政府采取兜底定向销售的方式,组织县党政事业单位工作人员以8—10元/斤的高价购买红梅杏。这种兜底帮扶措施虽然降低了退耕户经济损失,但增加了党政事业单位工作人员的经济压力,以致无法长久实施。因此,如何协调好经济林和生态林的退耕比例,在退耕经济林时兼顾好生态效益和经济效益是新一轮退耕还林还草工程中必须注意的问题。对于退耕地还林还是还草,农户认为已有实施方案并不十分科学。有必要根据退耕土地的实际情况,选择退耕还林或是还草。

第四节　推进新一轮退耕还林还草工程实施对策

经过多年建设,宁夏新一轮退耕空间已十分有限,拓展退耕空间成为宁夏退耕还林还草面临的首要难题。为此,自2018年开始,宁夏大胆探索,提出将新一轮退耕还林还草工程实施范围扩大到生态移民迁出区。一方面推动移民迁出区的生态恢复和建设,另一方面帮助贫困移民获得补贴性收入,实现脱贫。在宁夏中南部地区开启绿色减贫之路,是宁夏回族自治区党委、政府推进生态

立区,建设美丽新宁夏的一项重要战略举措,也是生态移民脱贫减贫一项民心工程。虽然在生态移民迁出区实施退耕还林还草面临着一些困难,但宁夏各级政府和相关部门齐心协力,多措并举,排除困难,为生态移民迁出区顺利开展绿色减贫行动打下基础,还将为其他省区在生态移民迁出区开展绿色减贫行动提供宝贵的实践经验。

一、适当扩大退耕还林还草地块类型及区域范围

积极争取国家将宁夏生态农户迁出区、国家级自然保护区和重要水保区耕地列入新一轮退耕还林还草实施范围,努力扩大新一轮退耕还林还草规模。在生态农户迁出区实施退耕还林的原因有二:第一,生态农户迁出后的土地收归国家或集体所有,包括耕地和宅基地。生态农户多半采取的是"整村搬迁、整村安置"的搬迁方式,以自然村或行政村的规模实施整体搬迁,这样搬迁后农户迁出区的耕地是集中连片的,有利于退耕和后期管护。第二,多数生态农户是县外农户,迁出区耕地多数处于撂荒状态,无人耕种。鉴于以上两个方面的原因,在农户迁出区实施退耕还林是可行的。应积极争取国家政策支持,在农户迁出区非基本农田进行退耕还林,提升宁夏退耕还林还草空间。

二、合理提高退耕补助标准,强化减贫成效

新一轮退耕还林还草工程遵循自愿参与的原则。生态农户的积极参与是农户迁出区退耕还林还草工程实施的基本前提,而合理的退耕补助标准则是维持农户环境友好行为、激励其积极参与其中的有效措施。宁夏第一轮退耕补助标准是每亩退耕地安排 50 元种苗费,每年补助粮食(原粮)100 公斤和 20 元现金,且退耕地还生态林的补助 8 年,还经济林的补助 5 年,还草则补助 2 年。2014 年开始实施的国家新一轮退耕还林还草政策规定,退耕还林地每亩中央补助资金 1 500 元,包括造林种苗补助资金 300 元和 5 年期现金补助 1 200 元。考虑到近几年来物价上涨、农作物种植成本变化、农户补偿意愿等因素,2018 年,中央政府将造林种苗补助资金提高到 400 元,宁夏政府又配套增加了 300 元现金补助,将农户现金补助提高到每亩 5 年期内 1 500 元。也就是说,2018 年,宁夏给予退耕还林生态农户的补助资金总额为每亩 5 年期内 1 900 元,年均补助接近 400 元/亩。宁夏新一轮退耕还林还草任务主要集中在宁夏中南部地区,这里既是生态农户迁出区,也是深度贫困地区。以农户户均承包 30 亩耕地计算,5 年期内每亩补助 1 900 元,农户户总计可获得新一轮退耕补助资金 57 000

元,平均每年可获得补助资金 11 400 元。对退耕农户尤其是对那些缺乏劳动能力、缺乏其他收入来源的贫困农户来说,退耕补助无疑会对其家庭经济收入产生较大影响。新一轮退耕补助标准持续合理地提高,极大地强化了退耕还林还草工程的减贫成效。延续前一轮退耕还林的补助方式,根据物价、经济发展水平提高新一轮退耕还林补助标准。退耕涉及的补偿对象越多,补偿标准就越高。

三、因地制宜实施退耕还林还草

针对退耕还林需多次补植的问题,建议遵循"宜林则林、宜草则草"的原则,尤其是对于盐池、同心、沙坡头等宁夏中部干旱带地区,更要注意遵循"宜林则林、宜草则草"的原则。而且,根据实地勘察情况发现,退耕还草可分为自然恢复和人工恢复两种作业方式。因盐池北部地区降水相对较多,采取人工恢复的方式可以快速有效地提升退耕效果,但盐池中南部地区、同心县和沙坡头区因相对缺水,为节省人力、财力,适宜自然恢复。宁夏南部山区则适宜种植落叶松、油松、云杉、沙棘、山杏等,而且要坚持生态优先原则,引导鼓励退耕还生态林。同时,要注意防治鼠害,提高林木成活率。

四、新型经营主体参与,推动退耕产业化经营

在宁夏中南部生态脆弱区,造林成活率和保存率较低,往往要"一年造、多年补",造林成本较高。为保证生态农户顺利获得退耕现金补助,部分县(区)政府召集农业合作社、经营大户或社会企业等新型经营主体进行公开招标,由其统一负责退耕地种植、管理和后期维护等事宜,并确保退耕验收合格。退耕还林还草由农户个体分散经营向新型主体产业化经营发展,不仅保障了农户切身利益和工程质量,还能有效防止农户返迁。

五、积极发展后续产业,促进农户稳定增收

积极发展后续产业,促进农户稳定增收。为了进一步促进农户稳定增收,对于未实施退耕地产业化经营的部分县(区),通过逐步提高退耕地产值,激发生态农户开发、经营林草地的积极性,达到"自主经营、自主管护"的目的。一是逐步发展以林药、林果、林菜、林苗、林瓜间作等为主要发展模式的林下种植业。二是大力发展林下生态鸡等养殖业,逐步形成了一批各具生态、初具规模的林下养殖示范基地。三是以宁夏全域旅游发展为契机,充分发挥山清水秀、空气清新、生态良好的区域性优势,合理利用自然地理环境、森林景观和林下产品资源,发展旅游观光、休闲度假、农家乐等生态旅游业。通过后续产业发展,确保

各项退耕政策结束后，生态农户还能获得稳定的经济收入，实现生态保护与经济发展双赢的目标。

六、争取将退耕林地纳入生态效益补偿基金

随着国家新一轮退耕还林还草政策补助的逐年到期，如何建立长效的林地补偿机制，成为退耕还林还草工程管理越来越突出的问题。应积极引导各县(区)结合本区域林地管护现状，科学合理制定规划，积极争取，根据不同地区的自然条件，按类型进行划分，尽快将自然条件差、生态环境脆弱地区的退耕还林纳入生态效益补偿基金，解除退耕还林政策补助到期后退耕农户对原政策的依赖性，建立政策保障的长效机制，确保退耕还林建设成果。

七、纳入补偿基金或延长补助年限，减少复垦风险

纳入补偿基金或延长补助年限，减少复垦风险。通过退耕还林还草，退耕农户不但可以得到国家的资金补助，还可以参与劳务输出、发展多种经营，实际收入要比退耕前从事“广种薄入、靠天吃饭”传统农业的收益高，因此，农户退耕还林还草的积极性较高。但在国家补助期满后，还存在林草复垦风险。为此，宁夏积极引导各县(区)结合本区域林地管护现状，科学合理制定规划，根据不同地区的自然条件，按类型进行划分，将自然条件差、生态环境脆弱的生态农户迁出区的退耕地纳入森林生态效益补偿基金，建立政策保障的长效机制，巩固退耕还林还草成果。对于到期后未能纳入森林生态效益补偿基金的退耕地，则采取适当方式延长退耕补助期限，巩固退耕还林还草成果。

第四章　宁夏中部干旱带生态旅游新实践

习近平总书记指出:“要不断开创绿色发展的方式方法,通过‘旅游+’模式使全国各地呈现出和谐绿色发展的总基调,让生态文明成为两个一百年实现的新引擎。”《乡村振兴战略规划(2018—2022年)》提出,坚持乡村振兴和新型城镇化双轮驱动,以镇带村、以村促镇,推动镇村联动发展。乡村振兴战略实施为宁夏全域旅游发展实践提供了新契机。宁夏中部乡村旅游呈现出多样化发展态势,乡村旅游如雨后春笋般发展起来。各地相继出现了一批具有浓郁乡土气息、生态文化的旅游景区。宁夏中部干旱带拥有丰富的旅游资源,如何依托生态文化,整合旅游资源,发展红色革命旅游区、内陆边塞水利风景区、生态小城镇,使各景区旅游业呈相辅相成的发展形态,成为发展生态旅游实践的关键。

第一节　研究综述

研究生态旅游,学界多从乡村旅游、文化旅游、民族地区生态旅游等视角来展开分析。随着乡村振兴战略实施,相关课题逐渐成为研究热点。旅游资源开发利用研究方面:马剑平,卢钦(2015年)认为,有些民族欠发达地区,旅游资源较为丰富,但因环境问题等原因限制了旅游业开发[①]。朱丽等(2020年)基于游客需求视角,分析了乡村红色旅游发展所面临的景区缺乏生态、设施亟待更新、资源未能得到充分利用等诸多问题[②]。费巍(2015年)利用演化博弈理论,构建了生态旅游开发过程中旅游企业、当地政府相关部门、原住民等利益相关者之间的利益博弈模型[③]。乡村振兴背景下相关生态旅游发展研究方面:熊正贤(2019年)基于生态小镇四维空间的构建和镇村联动耗散结构的运行机理分析,

① 马剑平、卢钦:《民族旅游资源开发利用与贫困地区发展——以广西为例》,《贵州民族研究》2015年第6期。

② 朱丽、李美:《游客需求视角下的乡村红色旅游发展困境及应对》,《农村经济》2020年第3期。

③ 费巍:《历史文化名镇名村生态旅游开发利益相关者博弈行为研究》,《生态经济》2015年第6期。

系统归纳生态小镇空间重构和镇村联动发展的基本经验和发展规律[①]。赵承华(2020年)从优化农村产业结构、改善农村生态环境、推动乡土文化传承与发展、优化农村治理机制、提高农民收入水平五个方面论证了乡村旅游对乡村振兴战略实施的推动机制[②]。何星(2019年)提出,要转变旅游发展理念,建立农村旅游合作社,促进产业融合,发展“旅游+”培养新兴业态,寻求民族地区旅游与环境一体化共生的实现途径[③]。

综上所述,2000年以来,学者从经济学、管理学、社会学、民族学等学科理论出发,以旅游为多维研究对象,进行了由浅入深的研究,内容涵盖了旅游理论、企业发展、脱贫致富、社区参与、利益协调等诸多方面,为研究和决策提供了理论基础和决策参考。但通过研究梳理也不难发现,在乡村振兴背景下,以生态建设为切入点,对于民族地区生态旅游理论深入研究还比较缺乏,实践路径还在探索之中。宁夏中部的干旱地带拥有独特的自然水利景观、丰富的红色文化资源、历史人文资源和民族风情,在乡村振兴视阈下开发这些旅游资源对于打造美丽宁夏、助力脱贫攻坚和乡村振兴至关重要。

第二节　生态旅游现状

在实施乡村振兴战略背景下,开发中部干旱带各种资源,开拓旅游资源市场,是打造美丽乡村,脱贫致富的重要途径。文章所指的宁夏中部干旱带,主要包括宁夏回族自治区盐池县、同心县、海原县全境及吴忠市部分山区、红寺堡区、灵武市、中卫市、中宁县、西吉县等市县部分区域。这里有丰富的民族文化、红色文化和自然景观资源,承接北方荒漠草原文明演变历史,孕育出别具一格的民族风情,也蕴含着火热的红色革命文化和独特的地理人文,其深厚的文化底蕴为生态旅游业发展实践打下了坚实基础。

一、红色革命旅游区

宁夏红色文化形成于20世纪20年代国民革命时期,经过土地革命、抗日

---

① 熊正贤:《乡村振兴背景下生态小镇的空间重构与镇村联动》,《中南民族大学学报》2019年第2期。

② 赵承华:《乡村旅游推动乡村振兴战略实施的机制与对策探析》,《农业经济》2020年第1期。

③ 何星:《乡村振兴背景下民族地区旅游扶贫中的生态化建设——以阿坝州为例》,《云南民族大学学报》2019年第3期。

战争和解放战争，革命的星星之火已经点燃了自治区全境。宁夏中部干旱带作为革命活动的密集地，随着革命形势逐步升温，大量的红色文化浸润着各县市人文景观，形成了众多的革命会址、军工厂、战斗地、纪念馆、纪念园、纪念碑以及各种相关设施等红色物质文化资源。目前，红色旅游在旅游市场上逐步升温，全国各地陆续开辟红色旅游景点及路线。紧跟旅游发展浪潮，宁夏中部干旱带不失时机地发展红色旅游业，单家集红军旧址、将台堡等景点已经成为全国百个红色旅游经典景区，其他红色资源有待进一步深入开发。盐池县作为中国工农红军活动集中区域，拥有高崾岘炮台、毛泽民故居、三五九旅驻地、盐池城市消费合作社、苏维埃政府、回汉支队驻地等旧址。同心县也集聚了大量红色旅游资源，如三军会聚同心城万人军民联欢大会旧址、西征红军总指挥部旧址、朱德为傅连暲夫妇主婚地、陕甘宁省豫海县回民自治政府成立大会会址等，蕴含着丰富的红色文化和商业价值。

二、内陆边塞水利风景区

"十二五"期间，宁夏自治区为建设生态文明旅游景区，搭建了开发水利风景区的组织机构，通过建立专家库和评审委员会，组织开展水利风景区建设和管理后评估检查工作①，使旅游业走上制度化管理道路。目前，宁夏建成国家级水利风景区共有 11 处，还有待可开发潜在的共有 71 处。其中，宁夏中部干旱带具有巨大开发潜力的水利风景区有 6 处，主要分布于盐池县和同心县，分别是盐池县花马池水利风景区、哈巴湖水利风景区、古长城水利风景区、同心县天台山水利风景区、豫海湖水利风景区和莲花山水利风景区(见表 1)。当前，6 处水利风景区均已开发，但由于长期以来忽视水利景区的保护与开发，导致景区相关配套设施与服务不健全，发展空间极大。另外，2018 年 8 月以来，宁夏干旱带 7 座重点脱贫攻坚水源工程调蓄水库、盐环定扬黄更新改造工程，以及自治区成立 60 年大庆重点项目——红寺堡扬水泵站更新改造主体工程均已建成通水，丰富了本地区水利资源，为中部干旱带地区下一步开发水利景区，推动乡村振兴实践，确保生态立区战略目标顺利实现提供了水利保障。

三、生态小城镇

2016 年 10 月，经住建部通过对全国多个小镇进行筛选、比较，公布了 127

---

① 何凤翔:《宁夏国家级水利风景区发展现状及规划》,《宁夏农林科技》2017 年第 2 期。

个生态小镇名单，宁夏自治区泾河源镇、镇北堡镇榜上有名。2017年，宁夏中部干旱带生态旅游及相关产业迈出“新步伐”。一是产业引进。同心县通过与厦门商会合作发展葡萄酒产业，种植葡萄1万亩。二是打造上千个层次不一的名优品牌、明星、生态酒庄。三是以葡萄酒文化为主题，开发生态旅游，打造集养老、休闲、观光、酒文化为生态的旅游小镇。这些依托于产业发展起来的小镇已经初具规模，设施建设逐渐改善，环境优美，拥有独特的地方产业文化与民族风情，产业发展与群众生活融合程度较好，生态旅游资源优势明显。目前，宁夏中部干旱带地区正在融入宁夏自治区生态小城镇培育发展规划之中，可以预计，未来中部干旱带地区将拥有更多的生态小镇，从而带动当地人就业，推动地区经济社会的发展。另外，除了上述典型旅游资源外，宁夏中部干旱带地区还拥有诸如兴武营古城、窨子梁唐朝墓群、花马寺、古城堡、古长城、古墓葬、古城墙、生态治沙基地、草原等自然人文景观，也蕴藏着极大的旅游价值。

表1　内陆边寨水利风景区

名　　称	所在县区	依托工程及重要资源	类　型	开发状态
哈巴湖水利风景区	盐池县	哈巴湖	自然河湖	已开发
花马池水利风景区	盐池县	花马池	自然河湖	已开发
古长城水利风景区	盐池县	古长城	自然河湖	已开发
豫海湖水利风景区	同心县	豫海湖	城市河湖	已开发
天台山水利风景区	同心县	水土保持工程	水保	已开发
莲花山水利风景区	同心县	水土保持工程	水保	已开发

第三节　生态旅游区面临挑战

一方面宁夏中部干旱带旅游资源丰富，另一方面也存在大量文物古迹被损害的现象。由于基础建设落后、保护意识薄弱、自然风化、不合理开发等自然与人为因素，旅游资源面临不同程度的遗失与破坏。

一、设施滞后，难以进行配套升级

中部干旱带经济发展滞后，贫困地区密集，基建投入乏力。随着精准扶贫战略实施，部分地方把旅游经济与精准扶贫挂钩，旅游景点得到一定经济投入；反之，如果旅游业没有得到当地政府重视，则基础建设投入较少，容易产生“马太效应”现象。比如,水利景区建设。宁夏中北部水利资源较少,地方政府长期忽视水利景区基础设施建设,即便在同心、盐池等水利景区建设过程中,尽管基建投入较以前有所增加,但与南部投入相比较,无论是前期建设和后期运营,政府与开发商投入的资金、人员普遍较少,致使游客在水利景区内基本享受不到优质的公共服务。总体上看,基础设施建设整体性落后成为宁夏干旱商业价值。

二、景区分散,难以产生规模效应

中部干旱带虽然拥有丰富的旅游资源,但大多较小且呈点状分布,红色景区、水利景区、生态小镇在经济上没有形成互动与整合,规模开发存在难度。受地区历史发展条件所限,宁夏中南部的地理区位相对偏远,同心、盐池、海原县等地交通发展滞缓,直通直达性弱,更加割裂了景区之间的联系,丧失资源丰富的优势,难以在旅游市场形成规模与品牌效应。当前,来宁夏参观旅游的人主要集中在银川等核心城市,而宁夏人口较为密集的中部干旱带成为了旅游的非热点区域。实施乡村振兴战略,要求农村依托资源实行一、二、三产业联动。因此,如何集合旅游资源,提高自然人文、革命历史文化的综合吸引力,形成生态旅游规模经济效应,成了宁夏中部干旱带的生态旅游开发的核心问题。

三、同质化严重,难以体现民族生态

一是景区规划模仿化。部分地方在没有充分调查自身资源,了解自身优势的情况下,盲目模仿外地知名的生态小城镇做法,造成生态小镇标配化,居民住宅、商业建筑、乡村民宿建筑统一化。二是旅游产品同质化、儿童化。针对红色旅游文化产品,在盐池县苏维埃政府、同心县陕甘宁省豫海县回民自治政府成立大会旧址、西吉县将台堡会师等多地进行了实地调查,发现多个旅游景点市场上售卖常见的仿制塑料武器及勋章,带有红色标志的服装等旅游产品,多数旅游产品只是对普通商品进行了简单的红色包装,价格低廉,工艺粗糙且没有生态,导致旅游产品单一化、儿童化,难以得到成人游客认同。把自己历经千年的独特文明丢弃一旁,旅游商品大众化,民俗表演同质化,规划建设模仿化,造成了生态小镇“千篇一律”的硬伤。

四、保护乏力,难以得到有效利用

中部干旱带主要以工业、农业经济为发展的主导方向,旅游服务业相对滞缓,社会对历史文物比较薄弱的保护意识,使既有资源得不到有效保护,损坏严重。在经济开发过程中，开山、修路、工程建设等项目实施，一些革命历史旧址遭到破坏，失去原有的风貌。另外，保护意识缺乏也导致一些文物没有得到应有的保护，有的被人为损坏，有的则随岁月而流失，加之宁夏中部干旱带自然环境的条件较差，无形之中增加了对于文物、遗址的保存难度，诸多历史遗迹因年久失修而倒塌，一些则处于自然毁坏的边缘。

五、注重眼前，难以实现持续发展

地方政府作为小镇建设的策划、实施、监督主体，其利益价值取向决定了生态小镇建设的真正目的和发展走向。地方行政的主要官员，当政一方，任期满后或升职、或调任到其他地区。而生态小镇从立项到建成周期很长，不是一两年能够完成的事情。也就是说，在小镇建设完成后，前期主持工作的地方官已经调任他地，由新任地方官员主持建成城镇发展的具体工作。这样的工作机制下，一些地方主事官员把建设生态小镇当成政治资本，盲目立项、匆匆开工，他们往往只图基础建设带来的就业和税收增长等眼前利益，而忽视地方发展的可持续性。

第四节　生态旅游新理念

传统掠夺式、功利型开发方式已不能适应新的转型发展，迫切需要新的理念指导乡村旅游实践。随着生态文明建设成为社会发展的主导方向，乡村振兴战略实施，给宁夏中部干旱带生态旅游业发展提出了产业兴旺、生态宜居、乡风文明、治理有效、生活富裕的总要求。鉴于旅游发展现状及问题，以“绿水青山就是金山银山”等发展理念为指导，提出宁夏中部干旱带生态旅游发展新思路。

一、践行“绿水青山就是金山银山”发展理念

习近平总书记提出的“两山”理论对宁夏中部干旱带发展生态旅游业有着重大的指导意义。宁夏中部干旱带资源丰富，多样化和耦合程度高。一方面，旅游业是环境友好型和资源增值型产业，具有可持续发展性，是宁夏中部干旱地带沙漠化地区最理想的经济形式。另一方面，原生态是旅游的资本，如果保护得好，旅游成本最低而效益较高。反之，如果牺牲生态环境来开发旅游业，搞过度商业化开发，生态资源一旦遭到破坏，发展旅游业便成无源之水，难以为继。在“两山”理论指导下，加强宁夏中部干旱带地区生态文明建设，把沙漠荒山变身“金山银山”，走出一条转型升级、绿色发展的道路。

二、践行全域旅游绿色低碳可持续发展理念

在转型中找到发展机会，在发展中贯彻落实创新、协调、绿色、开放、共享发展理念，打造全域生态旅游，形成处处有新意、农家有风情、小镇有文化、景区有生态的旅游资源分布格局。第一，实施旅游生态创新，实现中部干旱带旅游项目由低端向高端市场迈进。第二，坚持协调发展。突出旅游景区、城市、乡镇、农村的整体设计，优化区域布局，完善各功能区建设，构建人、自然、社会协调发展格局。第三，走生态文明发展之路。依托绿色生态建设，切断污染源头，构建生态文明景区。第四，坚持改革开放。秉持刀刃向内的改革精神，对旅游产业相关的管理体制、制度进行改革，提升旅游综合管理能力。第五，发展共享经济。通过建立利益协调机制，发挥生态旅游在乡村振兴、精准扶贫种的作用，引导群众参与，不断增强旅游资源地群众的利益获得感，从而推动生态旅游业发展。

三、践行"旅游融入乡村振兴战略"发展理念

旅游融入乡村振兴战略，将给民族地区生态旅游发展带来巨大发展机遇。宁夏中部干旱带应充分融入乡村振兴全过程，挖掘、整合、开发各种优势资源，发展生态旅游业。第一，充分引入乡村振兴资源。融入乡村振兴战略，意味着能够获得更丰富的社会资源。地方政府在政治上给予生态旅游发展的各种政策支持，在经济上给予贷款、税收等刺激政策，在引进优质产业方面提供"绿色通道"等等，为生态旅游业发展注入新动能。第二，吸收当地贫困人员。当地贫困人员熟悉本地景区情况，工作相对稳定，加之脱贫愿望比较迫切，往往在工作中表现出更加吃苦耐劳的品质，他们将成为生态旅游业发展的优质人力资源。第三，把地方生态旅游写入村镇发展计划，通过以镇带村、以村促镇，推动生态旅游和镇村联动发展。

第五节　乡村生态旅游新思路

党的十九大报告指出，中国生态社会主义进入新时代，我国社会主要矛盾已经转化为人民日益增长的美好生活需要和不平衡不充分的发展之间的矛盾。在乡村振兴战略实施背景下，以新发展理念为指导，通过生态文明建设实践，充分整合、开发旅游资源，探索出宁夏中部干旱带乡村旅游业，生态发展、集聚发展、生态发展、红色发展、利民发展、共享发展的新路径。

一、优化旅游业生长环境：生态治理

宁夏中部干旱带土地总面积巨大，占自治区总面积的50%以上。辖区常年日照强度大、降水量较少、水资源缺乏、水蒸发量较大，东部、西部被两大沙漠包围，自然生态条件严重制约了旅游业发展。生态就是生产力，生态建设是旅游业发展的前提。

1. 通过生态补偿机制促进生态建设

构建生态补偿机制，可以调节各方利益和生态环境保护的关系，有效的生态补偿手段可以促进社会公平，实现国家公园生态保护与经济利益的统一。宁夏中部干旱带是重要生态产业区，它所贡献的生态价值长期溢出，惠及自身及其周边地区，如果得不到合理补偿，会导致这种正溢出不可持续。采用生态补偿机制，利用"有形之手"校正市场机制无效率资源配置，将促进宁夏中部干旱地带生态林业、农业实现可持续发展。

2. 通过发展旅游业巩固生态建设

旅游业与生态建设是相互促进的关系。一方面，发展旅游业可以促进生态建设。旅游业是绿色的第三产业，能够以游客参观等形式把生态资源转换为经济资源。因此，旅游业发展过程中必须注重生态环境维护与改善。另一方面，通过动态规划与调整，把生态建设中增加的绿色资源不断纳入生态旅游业，在促进生态旅游发展的同时，也巩固生态文明建设成果。

二、引导散布红色资源：集聚发展

一方面，宁夏中部干旱地革命遗址遍布各地且相对分散，呈点状分布；另一方面，宁夏红色资源是一个有机联系的系统资源，事件与事件之间关联性强。以革命事件相关性为线索，从整体、系统的视角出发，整合红色资源，打造宁夏中部干旱地红色旅游的整体优势。第一，整体规划建设。例如，把陕甘宁省豫海县回民自治政府成立大会旧址、三军会聚同心城万人军民联欢大会遗址、西征红军总指挥部遗址、朱德为傅连暲夫妇主婚地旧址等红色资源整合起来，以革命事件发生时间、地点、参与人物、革命历史影响力为线索，通过革命历史故事把景点串联起来，形成不同故事与故事之间、遗址之间结构性逻辑关系。根据新的诠释，重新整理红色烈士纪念园、苏维埃纪念馆等景点、旧址的旅游宣传资料，突显宁夏中部干旱地带红色文化的关联性和集群优势。第二，突出重点，带动发展。对影响力较大的红色革命旧址，发展基础好、资源相对集中景区，要重点发展，形成以核心带动周边的整体发展模式。根据生态旅游现实发展需要，围绕影响力较大的革命遗址，突出旅游重点，以点带面，处理好不同红色文化网络、遗址网络之间的关系，带动红色旅游的集聚发展。

三、开发水利景区策略：因势利导

尽管宁夏中部干旱地带水利景点不多，但是，一旦拥有便独具生态。根据水利风景资源特点，遵循自然规律，因势利导地进行生态水利景区建设。例如坐落在盐池县中北部的国家级自然保护区哈巴湖水利景区，它由哈巴湖主景区和花马湖、骆驼井两个辅景区组成，总占地面积 750 万亩。第一，哈巴湖主景区占地 800 hm^2，面积巨大。由于哈巴湖主景区地处活动沙丘带边缘，生态系统极为脆弱。因此，主景区应以科学考察、沙漠生态观光体验等为主。在哈巴湖管理站所在地，基础设施建设较好，可以开展会议(考察、休闲)旅游活动。第二，花马湖景区在三个景区中，离县城最近，地表景观最为复杂，资源类型最为丰富，适于开展多样性旅游活动。鉴于此，根据国际上对国家公园功能分区的行政划分，进一步将花马湖景区划分为宗教文化区、生态保育区、特殊景观区、游憩区(含露营区)、果园观光采摘区和游客中心区六类功能区，让游客产生"同在水边戏、心欢各不同"的旅游体验。第三，骆驼井景区地处宁夏、陕西、内蒙古交界地，景区沙丘连连、大漠连天，生态环境系统相当脆弱，同时骆驼井还是盐池县的水源地，但其基础设施条件差。综合以上因素，骆驼井景区不适合开展大型的娱乐活动，只能在限制游客人数的基础上，发展科学考察、纯生态旅游、沙漠探险、野生动物观赏等旅游项目。

四、突出小镇主流生态：红色文化

在科学规划基础上，发挥中部干旱带红色资源较多的特点，打造以红色文化为主要生态的小镇。第一，科学规划小镇布局。根据《乡村振兴战略规划》要求，结合乡镇特点及未来演变趋势，统筹规划小镇生活区、商业区、休闲区、参观区，使城镇布局能够承载农村现代文明发展需要，又能体现农村建筑风格生态。第二，挖掘小镇红色文化。随着时光流逝，一些革命亲历者已经逝去，一些历史故事开始鲜为人知。通过整理历史文献，走访革命亲身经历者，记录下一个个生动的革命故事，并把这些故事编写成剧本、小说加以流传，提高景区在群众中的知晓度。第三，打造系列的红色文艺综合体。比如，建设具有红色文化特点的电影院、舞台、礼堂、体验大观园和休闲长廊，穿插性播放经典红色电影，表演如《红灯记》《智取威虎山》，表演生态样板戏等；第四，增加红色小镇体验项目。比如，可在入口处兑换仿制的苏区专用钱币及粮票，用以购买生态小吃以及旅游纪念品，真实地将苏区革命历史生活景象还原出来，让游客在历史场景中产生身临其境之感。第五，组织红色文化活动。例如，在八一建军、国庆节、三八妇女节等假期旅游旺季，定期组织举办篝火晚会，举办红歌、红色诗歌朗诵、书法创作比赛等，通过组织一系列活动，将红色生态小镇文化进行现代性的阐释与弘扬。

五、支持贫困户参与实践：生态产业

宁夏中部干旱地带生态旅游资源集聚地与贫困地区在地理位置上交叉融合、互通互嵌。乡村振兴战略实施，从政治、经济、文化、社会等方面给予农村产业发展提供了巨大支持。秉持"人无我有、人有我优"思想发展生态产业，形成配套产业链。通过给予贫困户优惠政策，提高当地贫困户从事生态产业积极性，使他们成为'独特文化'代表者、传播者和经营者。第一，在贫困乡村发展具有红色气息的民宿业，安排游客有序入住。从家具到装潢，既能够还原革命家庭生活场景，又配以现代化的设施；既解决了游客在景区衣食住行等方面的要求，又能使生态旅游业与贫困群众在民宿业发展中互利互惠。第二，乡村生态饮食文化产业。例如，盐池县作为"滩羊之乡"，具有滩羊民族风味浓郁的滩羊美食和饮食文化。可结合哈巴湖自然保护区文化生态，打造以市场主导、贫困户参与的滩羊美食文化产业链。又如，同心县葡萄产业链正在形成。鼓励各相关企业与当地村民进行有效联合，积极参与，形成独特的葡萄文化和知名品牌。让游客在"大漠孤烟直"月色下享受美食、美酒，陶醉在丰富的饮食文化中，并用微信把"无声的广告"传向四方。第三，发展红色文化教育产业。红军长征胜利会师 80 年之际，习近平总书记在将台堡提出了"旅游＋教育"的新模式，即通过发展红色旅游稳定地实现当地村民创收增收。干旱带要保持红色文化本色，通过发展红色教育产业，创建各种形式的教育基地，集聚人气，从而达到缅怀先烈、教育后人和发展红色旅游业之综合目的。第四，以品牌辐射圈带动景区周边发展。例如，盐池县境内现存 4 道共 259 公里的隋、明长城，被称为"中国长城博物馆"。可以在保护区内的古长城遗址地段建设相应的旅游景点，把古长城观光带项目打造成精品旅游项目，并与其他景点相呼应，形成生态品牌辐射圈，增强宁夏中部干旱带生态旅游的经济辐射力。

六、加强旅游基础设施建设:品质升级

宁夏中部干旱带区域内拥有多个国家级、省级、县市级精准扶贫重点区域,解除交通等基础设施短板对经济社会发展的制约,成为发展民族经济的当务之急。结合乡村振兴和生态旅游发展对基础设施的双重需要,打造科学、便捷、集约的基础设施网。第一,加强交通基础设施建设。通过建设机场、高速公路、地铁、城际直达线、景区干线等交通设施,形成各县市景点之间的交通网络,打造行程为一二小时不等的各景点交通干道,减少各个景区之间的交通时间,提高旅游过程中的时间利用率,降低游客经济成本。第二,完善景区公共基础设施。加大对贫困地区景点公共设施建设的投入力度,完善景区类加油站、休闲设施、卫生间、防护栏、园区道路等公共基础设施建设,提升游客对设施硬件的安全感、便利感和品质感。第三,打造优质景区配套服务。按照功能区划,完善景区服务区建设,采用"公司+农户"等模式引进优质餐饮业,培训贫困户开办生态餐馆等形式,为游客提供优质生态餐饮服务,能让远道而来的游客放下疲惫的身心,玩得开心、住得舒心。

生态文明建设是宁夏自治区经济转型发展的趋势,是带动宁夏中部干旱带乡村生态旅游发展的重要产业和必然选择。乡村振兴战略实施,为宁夏中部干旱带生态旅游发展带来了新资源、新内涵和新的发展机遇。乡村振兴与生态旅游业进行有机融合,实现政府、贫困户以及社会各界的共同参与,必将开创以重点红色革命旅游区、内陆边塞水利风景区以及生态知名小镇为发展重点,与其他景区形成集聚发展的新局面。通过深度挖掘宁夏中部干旱带的红色旅游资源,不断延长生态旅游产业链,打造出宁夏中部干旱带生态旅游的新模式,从而不断提高宁夏中部干旱带旅游资源的知名度和影响力。最终,依靠生态旅游产业发展带动经济增长,形成宁夏中部贫困地区旅游经济的"造血功能",助力民族乡村贫困群众脱贫致富、全面建成小康社会。

第五编　宁夏农业优势特色产业转型升级与可持续发展

2016年7月，习近平总书记莅临宁夏，对宁夏相关工作视察指导时曾对宁夏地理位置的重要性做出评价，并提出“宁夏在西北地区具有重要的生态战略意义，其生态安全屏障作用维护着整个西北乃至全国的生态安全”，承担如此重要使命凸显出宁夏生态战略地位的重要性，其巨大的生态潜力是宁夏的优势。2017年6月6日，宁夏召开了自治区第十二次党代会，会议上明确提出，要“将生态立区战略作为重中之重，将绿色发展深入推行到底”。这是立足宁夏生态环境脆弱的实际，符合宁夏区情、顺应发展规律、顺应群众期盼作出的重大决策。2017年11月13日，宁夏回族自治区党委、政府召开实施生态立区战略推进会，出台了《自治区党委人民政府关于推进生态立区战略的实施意见》，强调要深入学习领会党的十九大精神，坚持以习近平新时代中国特色社会主义思想为指引，牢固树立社会主义生态文明观，坚持节约资源和保护环境的基本国策，全面推进生态立区新的实践。

从以上事关宁夏生态文明建设、生态立区、农业转型升级的指示、会议精神、实施意见中我们能强烈的感受到新时期宁夏生态立区战略下蕴含着的巨大机遇与挑战，实现生态立区战略下农业优势特色产业的转型升级与可持续发展是实现宁夏经济蓬勃发展、环境美丽怡人、民族团结统一、人民富裕安康的重要途径，同时也是新时代宁夏全面建成小康社会的重要保证。

本书的研究目的就是在宁夏生态立区战略背景下对宁夏农业优势特色产业开展深入的调查、研究，在掌握第一手调研资料的基础上，构建综合评价指标体系，将各产业分别划归为支柱产业、主导产业、优势产业和特色产业，并针对各产业发展存在问题提出相应发展路径以及保障措施，着力推进产业转型升级与可持续发展，全力打造宁夏特色现代农业体系，力图通过此研究找寻出宁夏农业优势特色产业的转型升级与可持续发展存在的迫切需要解决的问题，并提出发展路径与对策建议。

第一章　优势特色产业与生态立区战略的耦合

第一节　文献综述

增速农业优势特色产业转型升级与可持续发展是实现农业产能效益增加、提高农民各项收入的现实需要，是转变传统农业发展方式、实现新时代下新型农业的必由之路，是统筹城乡发展、全面促成“四化同步”的战略举措。在全面、深入调研的基础上将宁夏农业优势特色产业划分为支柱产业、主导产业、优势产业和特色产业，并根据不同产业提出不同的发展路径与对策建议，从而全面带动宁夏现代农业的可持续发展。

从生态立区这一战略高度出发，以宁夏生态文明建设为根本，运用生态文明建设、产业融合发展、需求层次理论等民族经济学、生态学学科理论和方法，并基于宁夏全区特色生态产业的相关数据，综合利用田野调查法、SWOT 分析法、因子分析法从市场竞争优势、发展潜力、综合效益等指标来对比分析各个特色生态产业，从而达到进一步全面、系统、深入的调查研究宁夏农业优势特色产业与可持续发展的目的。

一、产业转型升级研究

产业转型升级是一个比较宽泛的概念，它被定义为使产业结构向高层次发展，即向有利于经济进步、社会稳定方向的发展，可以通过产品低附加值转化为高附加值，高污染高排放的粗放型生产方式向能耗低、污染低的集约型生产方式转变来实现。[①]针对本书所论述的农业产业转型升级，借鉴此概念可定义为：农业产业转型升级是指在传统农业的基础上，通过与服务业和高新技术产业的整合，将传统农业体系向新型农业体系转变的动态过程，在此过程中，实现农业产值的提高，转变农业结构继而增加农业产业的附加值，农业产业转型升级实

① 程敏、孙璐：《对宁夏农业优势特色产业发展的若干思考》，《宁夏农林科技》2010 年第 4 期。

质上是传统农业与其他产业互相融合协调发展的结果。

周蕾、王登科(2010)研究了宁夏农业优势特色产业在主要功能区框架下的发展战略,对宁夏农业优势特色产业的概况、内涵进行研究,针对宁夏主体功能区建设的优势与劣势,提出相应的宁夏农业优势特色产业发展战略选择。①杜国华(2011)对宁夏沿黄经济区农业优势特色产业资源进行分析,根据分析结果从优势、劣势、机遇和挑战四个方面提出相应的发展思路。②纳娟(2013)对宁夏的农业优势特色产业法律保障的现状进行分析,通过国外保护特色生态产业的立法措施与宁夏具体条件的结合,利用国外的成功经验,提出了一些具体有效的改革措施。③黄亚玲(2011)针对沿黄经济区农业产业转型升级的环境条件,对相关理论依据和现实需求的可行性与必要性进行研究分析,提出了相应的对策建议。④唐献玲(2016)将新型职业农民的培育工作列为现当代解放发展农村生产力的迫切需求,认为农业产业转型升级的必要条件是培育新型职业农民,并针对培育中存在问题的解决方法提出了自己的见解。⑤

"转型"这一概念最早是由 Nikolai 在 1921 年提出并使用于经济领域,该学者提出的"经济转型"概念被认为是经济制度的改变,伴随经济转型的产业升级则是指某个经济主体向对其获利能力显著提高的方向发展的过程。转型和升级二者虽然概念完全不同,但是往往都以"转型升级"一词的形式出现。这样来看,从某种意义上来讲,农业产业转型升级实际上就是农业产业的优化。⑥美国经济学家 Schultz(2006)就曾在其著作《改造传统农业》一书中,研究如何将传统意义上的农业产业改造成为新的经济部门。⑦继 Schultz 之后,越来越多的学者参与其中,共同研究与探讨。农业产业转型升级的本质是农业产业结构调整

---

① 周蕾、王登科:《主体功能区框架下宁夏农业优势特色产业发展战略研究》,《安徽农业科学》2010 年第 29 期。

② 杜国华:《宁夏沿黄经济区农业优势特色产业分析》,《宁夏大学学报》2011 年第 4 期。

③ 纳娟:《宁夏农业优势特色产业发展法律保障研究》,宁夏大学 2013 年博士论文。

④ 黄亚玲:《基于产业转型升级的宁夏沿黄经济区发展现代农业的战略选择》,《安徽农业科学》2011 年第 30 期。

⑤ 唐献玲:《农业产业转型升级中新型职业农民培育的思考》,《农业经济》2016 年第 1 期。

⑥ Chen CH. A study of waterl and environmental carrying capacity for a river basin[J]. Water Science & Technology, 2000, 2(3):389—396.

⑦ Meadows DH, Meadows DL, Randers J, et al. The limits to growth. A report for the Club of Rome's project on the predicament of mankind. [J]. Demography, 1971, 5(6):721—31.

和市场改革,以市场化为导向,实现农业生产动态优化的升级过程。①根据产业经济学的基本原理,农业产业生产技术体系的全面发展、相关生产经营模式的改变以及产业结构高度化升级的过程,三者整体提升的过程基本上就是农业产业的进步。

二、可持续发展研究

学术界对于可持续发展概念的首次提出,可以追溯到20世纪80年代中期,世界环境与发展委员会在其发表的报告《我们共同的未来》中正式使用了可持续发展概念。②学术界对于可持续发展的概念有超过100多种定义,但最被大众广泛接受的仍是《我们共同的未来》中的定义:“可持续发展是一种新型发展方式,它既满足了当代人的需求,同时又不对子孙后代满足他们的需求构成危害。”③可持续发展概念中,需要和限制是两个重要的概念。需要是指人类的基本需要,在人类发展历史中处于优先地位;限制是指在满足当前需要的前提下,对未来需求可能造成的影响所施加的限制。可持续发展主要包括经济、社会和生态这三个方面的内容。

中国独特的国情决定了农业的发展具有大量的传统经验以及独特的发展条件。20世纪70年代末80年代初期,以谦吉为代表的一批科学家结合现代科学技术,并结合我国传统农业的发展现状,提出了具有针对性的“生态农业”这一新的发展理念。这一理念对于农业来说,是一种可持续的发展模式。依据中国国情来说,生态农业的范围远远超过其本身的特定产业,覆盖了整个农村社会。④生态农业在我国的发展,已在国际可持续发展领域得到高度的认可,对国际可持续发展运动在农业领域方面做出重大贡献。

石岩(2012)认为,农业的可持续发展应该包括三个部分,除传统的物质使用问题和产出效益问题外,还应该将农业生态效益的提高包含其中。⑤彭晓洁、冀茜苑和张翔瑞(2011)依据相关数据统计建立了江西农业可持续发展评价指标体系,其中涵盖了经济、资源环境及社会的可持续性发展,并根据指标体系得

---

① 程敏:《宁夏农业优势特色产业发展现状及对策研究》,《甘肃农业》2010年第10期。

② 郝曙光:《冀西部山区农业可持续发展存在的问题及建议——以平山县为例》,《现代农业科技》2017年第21期,第266—267页。

③ 韩业斌:《再生资源产业可持续发展研究》中国地质大学2018年博士论文。

④ 毛蕴诗:《新型农业经营主体发展趋势研究》,《农业经济研究》2015年第1期,第104—109页。

⑤ 石岩:《论生态环境与农村经济的可持续发展》,《法学与实践》2012年第4期,第90—91页。

出结论，研究指出农业经济的可持续性发展是一切农业发展的根本之源，是基础保证，而农业资源的可持续性发展又是一切农业发展的重中之重，是必要条件，农业社会的可持续性发展是一切农业发展的最终目的，是根本目标，这三者之间相互关联缺一不可。[①]曹执令(2012)认为可持续农业是农业发展的新模式，在综合利用农业资源环境的基础上，该模式统一了质量和效益，并且避免了损害生态环境导致影响后代利益，平衡农产品的供需，实现农业的可持续发展。[②]

自 20 世纪中叶以来，许多外国专家学者分析讨论了不同学科背景下的可持续发展，并针对农业可持续发展进一步在内涵、特征及相关指标体系构建方面进行深入研究。20 世纪 80 年代之后，全世界迅速传播开农业可持续发展的新思潮。[③]加州大学"可持续发展农业研究教育项目"认为环境健康、经济效益和社会经济平衡发展这三个因素是农业可持续发展所必须涵盖的三个主要目标。鉴于可持续发展涉及内容广泛且复杂，西方学者对此提出了不同的指标体系构建模式，例如 PSR 模型(即压力—状态—响应模型)，以及 DSR 模型(即驱动力—状态—响应模型)等。[④]Kevin Parris(2012)指出，可持续农业可以有效地保护环境，降低生产成本，并通过选择一系列方法，如农作物类型、耕作方法和土壤肥力研究等，实现环境保护与农业发展的结合，进而实现可持续发展的目标。[⑤]由此可见，发达国家在发展农业的过程中更加注重环境与资源的相互协调，走生态无污染的农业发展道路。

三、文献评述

基于对农业产业转型升级及可持续发展相关内容理论的考察，国内外学者经过对产业转型升级和可持续发展理论的诸多探讨不断完善，相关理论已经不断成长为较详尽的研究体系，多视野、广角度的分析使研究成果及设计范围更

---

① 彭晓洁、冀茜茹、张翔瑞：《江西农业可持续发展评价与对策研究》，《江西社会科学》2011 年第 9 期，第 76—79 页。

② 曹执令：《区域农业可持续发展指标体系的构建与评价——以衡阳市为例》，《经济地理》2012 年第 8 期，第 98—102 页。

③ 焦冬梅、张占富、宋春艳：《我国可持续农业发展面临的主要问题及解决对策》，《黑龙江科技信息》2014 年第 2 期，第 121—123 页。

④ 李忠香：《特色农业可持续发展的制约因素及对策探讨》，《中国农村小康》2010 年第 11 期，第 34—35 页。

⑤ Kevin Parris, Wilfrid Legg. Water and farms: Towards sustaina bleuse Organisation for Economic Cooperation and Development[J]. The OECDO bserver, 2012(3): 121—124.

加广泛,由此可见国内外对于农业产业转型升级及相伴随的后续发展比较重视,自然、经济、科学等知识的整合对于农业产业转型升级理论研究意义,有助于探索出满足各国农业特色发展和可持续性的不同模式及方法。在农业转型升级发展方面的内容和模式,各国有诸多的思考及实践。国内主要通过政府政策引导的方式实现,结合新时代出现的富有科技含量的新兴技术来促进产业的转型升级。但是在理论层面上,相关的理论基础薄弱,针对少数民族地区农业升级实现可持续发展目标的相关文献研究较少,理论支撑也相对匮乏。针对性实证分析较少,研究结果缺乏必要的数据支撑,尤其宁夏地区研究还需进一步深入。

第二节 优势特色产业与生态立区战略的耦合

生态文明的发展理念出现以后,被社会各界所广泛关注,并且对于生态文明发展理念的研究也日渐增多。特别是在《中共中央国务院关于加快推进生态文明建设的意见》提出后,生态文明建设成为我国社会经济发展过程中必须重点关注的方面,全面推荐生态文明建设也由此上升至国家发展战略的需求之一。2017 年 11 月,宁夏回族自治区出台了《关于推进生态立区战略的实施意见》,该意见中着重强调了党的十九大精神对于生态立区战略的重要性,指出现阶段宁夏推进实行生态立区新的实践离不开高标准、硬举措与更大的决心,在习近平新时代中国特色社会主义思想的指引下,为坚持我国的基本国策,应将资源与环境放在首位,逐步树立起良好的社会主义生态文明观,为实现美丽新宁夏的建设竭尽全力。①

宁夏的农业优势特色产业是有机农业、生态农业、绿色农业和循环农业所共同构成的,它们的发展都以自然生态系统中最原始的发展原理相契合,并且都追求自然资源循环利用的发展目标,最终要求都是实现生态系统的可持续性发展,其发展过程中都紧紧围绕健康、生态、公平、关爱等发展原则,这些发展特征的相似性与现阶段大力推行的生态文明建设理念紧密相连,与宁夏生态立区战略实施有着异曲同工之妙。②因此,在宁夏推进实施生态立区战略的重要进程

---

① 杨涛、张仲举、贾国晶:《宁夏国有林场在生态立区战略中的重要意义及支撑路径》,《宁夏农林科技》2017 年第 12 期,第 31—33 页。

② 范锐君:《推动生态立区战略落地生根》,《中国环境报》2017 年 8 月 15 日。

中，宁夏农业优势特色产业转型升级是战略推进的迫切要求，根据产业转型升级过程中所必须坚持的原则，对生态立区战略与农业优势特色产业两者进行耦合度关系的探究，是宁夏全面推进农业现代化进程中所不可缺失的一部分，这也对宁夏生态立区战略的深入实施提供了十分重要的战略指导意义。

一、优势特色产业与生态立区战略的内在联系

社会经济发展中所划分出的三大产业在其发展过程中或多或少都对自然生态系统有一定的影响，农业作为依托自然生态系统发展的产业，在其发展过程中对自然生态系统的影响力最为突出。农业生产过程会直接对自然生态系统施加作用，无论是积极作用还是消极作用，都对自然生态系统产生了很强的外部影响力。农业现代化发展是我国农业的发展要求，生态立区战略的实施进一步推进了农业现代化的发展进程，生态文明建设要求农业生产过程符合绿色发展的理念，在保证农业生产满足人民的日常生活需求的情况下，主要农产品的供给以及农产品质量安全的保证也是农业现代化的最终目的，与此同时，维护自然生态系统的可持续性也是生态文明建设所提出的所必须坚守的原则。

二、优势特色产业转型升级是生态立区战略重要组成

生态立区战略要求农业发展过程中将保护生态系统放在首位，人类的发展与延续在历史长河中都与农业密不可分，而中国作为农业大国，一直以来农业都是我国国民经济的基础保证。农业的转型升级是生态文明建设的必然要求，故而农业转型升级也成为生态立区战略的重要组成部分之一。人类的生存离不开食物的供给，而农业作为食物供给的主要来源，成为人类赖以生存的依托产业，对农业产业进行转型升级，是人类发展的必然要求，生态立区战略的实施改变了农业生产环境，这对于可持续发展有着重要的促进作用，同时也对经济社会的稳定发展提供了保障，进而对国家安全起到不可忽视的重要作用。

三、农业发展方式转变得益优势特色产业转型升级

农业作为宁夏社会经济发展的重要组成部分，一直以来都存在着与其他地区相同的发展问题，对自然资源的利用不够充分合理，着眼现在忽视未来从而对资源过度使用，以牺牲环境的代价获取进步，忽视了农业发展的可持续性。在未来农业发展进程中，农业发展方式转变是实现农业可持续性发展的重要举措之一，将农业优势特色产业的发展列入转型升级途径中，着力于探索新的资源节约型和环境友好型农业发展道路，是生态立区战略实施所期望达成的目

标，最终实现对自然资源的合理化利用、农业发展与环境保护齐头并进，从源头出发来改善农业的自然生态环境。

第三节 优势特色产业转型升级促进生态立区战略实施

一、生态环境得到改良

农业优势特色产业转型升级符合农业发展的自然规律，通过农业优势特色产业生产体系来对农业生态系统进行治理和维护，实现物质循环的发展目标，最终实现农业的可持续发展。[①]改良生态环境的重要举措之一是禁止在农业生产过程中使用化学合成肥料、杀虫剂等可能会对生态环境造成不良影响的化学制品，结合长久以来农业技术的发展经验，通过物理、生物方法来获取能代替化学制品的无公害替代品，将农业生态系统内部中的物质充分利用，实现物质循环再利用的良好格局，进而实现农业绿色发展、生态可持续性的发展目的，这对促进生态立区战略的实施起到良好的推动作用。

二、生态经济发展得到提高

生态经济的建立，旨在将农业生态模式发展成为一个长期性的具有可持续性的节约型经济发展模式。[②]从宏观经济角度来看，宁夏回族自治区政府针对宁夏得天独厚的地理生态优势，并结合实际地区相关的地方特色，提出了许多有针对性的地方政府政策，宁夏回族自治区政府为进一步发挥地区生态优势，为生态经济的发展注入动力，结合地方特色实际来制定了诸多相关政策支持，从政府举措方面为促进农业优势特色产业转型升级提供支持，从而获得生态环境效益和经济效益的双丰收，以达到绿色发展的目标。从微观经济角度来看，农业优势特色产业的发展对农业生产技术的提高有促进作用，通过技术的改良与提高，大大提高了农业资源的利用率，这对于降低农业生产成本影响巨大。绿色生态农业生产制造出的农产品，由于贴上了绿色与环保的标签，有益于消费者的身体健康，现如今消费者对于高端农产品的需求旺盛，使得此类农产品受到大量消费者的喜爱，扩大了产品的占有市场。并且绿色环保农产品相比于普通农产品价格稍有提高，这对于企业来说，其收益能力也有所提高。由于农业

---

① 汶上县人民政府：《培育优势特色聚焦重点发力加快推进农业供给侧结构性改革》，《山东经济战略研究》2017 年第 11 期，第 44—46 页。

② 董凯安：《生态农业经济发展研究》，《山西农经》2018 年第 24 期，第 55—56 页。

优势特色产业是劳动密集型产业，生产经营者众多，在整个生产过程中精细化管理要求较高，对生产管理者的综合素质能力也有一定要求，这就要求对生产者进行良好的管理培训和再教育，提高生产者自身的素质能力。改变传统农业的耕作模式，将新科技与传统农业有机结合，因地制宜的发展符合当地实际情况的农业优势特色产业，这对于自然优势不足地区以及经济发展水平相对落后的地区来讲有十分重要的意义，可以有效地开发农村剩余劳动力，将闲置的人力资源投入到农业生产过程中去，从而提高农民的综合收入。①

三、生态文化氛围得以孕育形成

农业优势特色产业的产品要求优势与特色并存，在具备这两者的同时，安全、优质也是其内在的品质和内涵。因此，农业优势特色产品对于消费者有不小的吸引力，消费者对于优势特色产品的信任，使得优势特色产品市场比重不断加大，其认可度也在稳步提升。农业优势特色产业的发展促进了生态的健康发展、市场产品的安全标准实施以及生产者的诚信原则的建立，这与社会主义核心价值观具有意义上的统一，对良好社会氛围的树立与发展起到重要的助推作用。

第四节　生态立区战略确保优势特色产业转型升级

一、生态立区战略为转型升级提供环境保障

生态立区战略的核心目标是达到人与自然的和谐统一，人类发展过程中将自然的全方面保护同步进行，这二者是不可分割的，经济和社会的稳定发展必须以生态与资源的可持续性为前提，生态立区战略为生态资源的良好保持以及自然生态系统的保护修复提出了更高的要求，通过生产方式的转变，改变之前只重发展不重环境的错误发展模式，将绿色低碳的环保理念注入农业优势特色产业转型中的每一个细节中去，这对良好生态环境的保持以及特色生态产业的成功转型升级提供了具有深远意义的保障作用。②

二、生态立区战略为转型升级确立制度保证

党的十九大对于生态文明建设的重要性作出指示，将推进生态文明建设作

---

① 徐雪竹、王云：《生态经济模式的实践和探索——以江苏宿迁市为例》，《北方经贸》2018 年第 12 期，第 120—123 页。

② 邹博清：《绿色发展、生态经济、低碳经济、循环经济关系探究》，《当代经济》2018 年第 23 期，第 88—91 页。

为重要发展目标,相关政策支持体系与制度保障体系也在尽快落实和完善中。[①]生态立区战略是生态文明建设理念的延伸,在生态文明建设过程中,实行环境友好型经济建设模式是生态立区战略的严格要求,由此制订的一系列环境保护条例法规对农业优势特色产业的转型升级提供了强有力的制度保证,相关财政税收和政策保障等激励措施也大大调动了农业优势特色产业生产者的积极性和决心。

三、生态立区战略为转型升级营造文化氛围

生态立区战略不是某一个人、某一个企业的努力方向,而是宁夏全社会、全人民所需要共同奋斗的目标。因此,生态立区战略的实施要求全民在日常的生产生活中时刻保持生态文明的建设要求,将绿色发展观念深入到生活中的每一个角落中去,将生态文化的培育提上日程,这对于全区人民践行低碳环保绿色发展观提供了思想理念上的保障,发展观念的转型为产业的转型升级创造了良好的社会环境,提供了和谐的社会文化氛围。

---

① 王佳:《十八大以来中国共产党生态文明建设研究》,辽宁师范大学 2017 年博士论文。

第二章　农业优势特色产业发展现状及对比分类实证研究

第一节　基于 SWOT 的优势特色产业竞争力分析

本节采用 SWOT 分析方法，从发展优势、劣势、机遇和威胁四个方面来对宁夏农业优势特色产业的发展竞争力来进行分析，其中农业优势特色产业发展的优势与劣势可归为产业发展的内部自身因素，产业发展所面临的机遇及威胁归为外部环境因素。通过内外部相关因素的结合分析，使宁夏农业优势特色产业充分发挥自身优势，扬长避短克服劣势，提高自身因素对产业发展的影响力，同时正确面对现阶段面临的机会与挑战，化解潜藏在发展过程中的诸多威胁，将外部因素对宁夏农业优势特色产业的影响趋于积极态势，从而达到促进宁夏农业优势特色产业快速与健康同步发展的目标。

SWOT 分析法又被称为态势分析法。该分析方法最早是在 20 世纪 80 年代初提出的，其主旨在于对研究对象所处环境进行准确、系统的评价，从而根据评价结果制订具有针对性的发展策略计划，利用 SWOT 分析法的优势在于能够系统的将各个独立的因素相互匹配来进行综合分析，使得制订的策略更加科学合理。其中，S、W、O、T 分别代表优势（strength）、劣势（weakness）、机遇（opportunity）以及威胁（threat），优势与劣势归为内部因素，机遇和威胁归为外部因素。[①]态势分析，就是把研究对象相关的各种因素分为优势、劣势、机会及威胁四个大的方面，分类整理列举出来，之后将因素加以匹配，从中系统分析得出一些具有决策指导性的结论与建议。SWOT 分析法的指导思想是通过对主体内外部因素的系统性分析，制订符合主体未来发展趋势的战略分析方法，是战略管理理论中重要的分析工具之一。

---

① 仇立：《基于 PEST-SWOT 分析法的我国农产品绿色营销策略研究》，《安徽农业科学》2018 年第 11 期，第 188—190 页。

一、优势特色产业发展优势分析

1. 特色农产品资源种类优势

宁夏有诸多优势特色农产品且都名声在外，大部分特色农产品发展历史较为长久，广为消费者所称道。宁夏素来有“枸杞之乡”的名号，枸杞已经成为宁夏的招牌农产品。同时，宁夏盐池滩羊、灵武长枣、中卫硒砂瓜等特色农产品也享誉盛名，成为独具特色的地方品牌。在贺兰山东麓沿山一带建有众多葡萄酒庄，其种植的酿酒葡萄质量优良，所酿葡萄酒受到众多消费者青睐，也使得宁夏贺兰山东麓一带被称为中国的“波尔多”。

2. 农产品种植地理优势

宁夏作为西北内陆地区，平均海拔在 1 100 米左右，平原与山区地貌共存，黄河水流贯穿宁夏，黄河水引流灌溉具有得天独厚的优势，气候宜人，属于典型的温带大陆性气候。主要由三大板块构成，分别为宁夏北部引黄灌溉区、宁夏中部干旱带以及宁夏南部山区，各大板块地理资源与自然环境迥异，各自具有不同的天然优势。北部引黄灌溉区地势平坦，土地肥沃，依托黄河流经区域自流灌溉这一得天独厚的优势，在瓜果、水稻产业发展处于优势地位，加之光照资源丰富，产品质量优且高。中部干旱带昼夜温差较大，白天日照时间长且太阳辐射较强，土地辽阔地广人稀，十分适合发展特色旱作节水农作物。南部主要以山区居多，气候阴凉雨水充足，生物种类繁多，生态环境保护状况十分完好，对于发展生态农业具有较大的可行性。宁夏生态环境的多样性造就了气候的多样性及生物资源的多样性，并且环境洁净污染较少，这为宁夏发展优势特色农业提供了最基础的环境保障条件。①

3. 特色生态产业带逐步形成

经过一段时间因地制宜的发展，宁夏产业布局取得了新的突破，初步形成了一些具有地方特色的优势产业带：以中宁县为发展中心、贺兰山东麓同步发展的枸杞产业带；引黄灌区中银川—吴忠为核心发展的奶牛产业带；盐池—灵武—同心等宁夏知名牛羊肉养殖地区的牛羊肉产业带；以中卫环香山地区为主体，向牛首山山麓周边辐射发展的百万亩硒砂瓜产业带；以西吉县为核心的马铃薯产业带；以中卫、银川、青铜峡为主体，宁夏境内全面推进的设施蔬菜产业带。特色生态产业带的逐步形成，为宁夏优势特色农业的发展提供了良好的发

---

① 范晓旭：《宁夏引黄灌区节水农业发展现状与模式探析》，《科技创新与应用》2016 年第 34 期，第 239 页。

展环境。

4. 农业科技支撑优势

农业科技的创新是农业进行产业结构调整、农业优势特色产业发展及宁夏区域经济增长的重要举措之一。截止到目前，宁夏农业在科技创新方面已经取得了一定的成效：在玉米种植方面，品种更新换代紧跟步伐，已经实现了第6次的更新换代，其产品利用结构已逐步形成了饲料喂用、新鲜食用及精深加工于一体的专用化结构；马铃薯种植方面，也实现了第6次的品种更新换代，使得种薯的脱毒化率增长到80%以上；在农业种植技术方面，大力实施农业新技术的推广，例如秋季覆膜、节水灌溉、"三元"高效种植等，同时积极推进农业机械化进程，综合农机化率现已达到67%；在农作物病虫害防范方面，统一防范统一治理成功率达到65%以上，同时积极做好禽畜防疫工作，防疫密度达到98%以上。正是由于农业科技的创新，农作物各项指标才能得到稳固的提升。

二、优势特色产业发展劣势分析

1. 优势特色产业基础薄弱

相对于其他省市而言，宁夏在农业优势特色产业方面的发展起步较晚，并且大多以粗放的产业发展方式为主，总体来看产业基础还比较薄弱。现阶段依旧存在产业集中度不高、总体发展规模不大的产业现状，市场的资源配置作用没有得到完全的发挥，发展状况不容乐观。在农产品加工方面，没有形成较长的产业链条，农产品加工转化能力不高，缺少带动作用尤其是强势龙头企业带动发展的能力；在农产品流通方面，市场需求量稳步扩大，但生产能力与大市场的需求能力不匹配，尚未建成完整有效的市场流通体系，制约了优势特色农产品的发展；品牌特色方面，虽有一些宁夏全域闻名的优质特色农产品，但针对国内外大市场，缺少能够在大市场上具有影响力的品牌产品，品牌培育能力亟待提高，依靠品牌农产品打开国内外大市场的力度不够。

2. 特色农产品质量参差不齐

由于宁夏农业规模化程度相比其他省市而言依旧处于较低发展水平，严重制约了特色农产品向高质量方向的发展。现阶段依旧以小规模生产方式为主，其生产集中度低、生产技术和生产过程管理的相对落后，使得宁夏特色农产品标准化程度与其他发达地区差距较大，生产销售的特色农产品质量参差不齐，品质不稳定，在市场化竞争中占据不到优势地位，严重制约着特色农产品经济效益的提高。

3. 农民组织化程度不高

根据相关资料调查显示,截止到2017年年底,宁夏全区农民专业合作组织已经发展到6 500余个,家庭农场数量增长至3 000家左右,拥有国家级重点农业专业化龙头企业17家。虽然农业专业合作社数量逐渐增多,但依旧存在合作社规模小、经济实力不足的问题。规模小就意味着带动能力不强,带动的农户数量就不多,经济实力的不足导致发展能力受限,发展速度自然就变得缓慢。农民合作经济组织带头人的综合素质也亟待提高,既懂技术又懂管理的人才更是少之又少,这在一定程度上也制约了宁夏农民组织化的创新与发展。

4. 特色生态产业竞争力不强

宁夏农产品由于存在原料生产规模不大、原料深加工能力不高的问题,使得大部分农产品依旧以初加工产品的形式在市场流通,产品进一步加工能力低下使得优势特色农业市场化程度低,不能从中提炼出一批高精尖的农产品,缺乏品牌优势的竞争力。由于产品深加工能力落后,缺少研发能力,使得市场流通农产品多以"原产品"为主,这就势必会影响到具有品牌影响力的知名农产品的发展,限制了农产品产业竞争力的增强。

三、优势特色产业发展机遇分析

1. 国家推动农村信息化建设

早在2007年9月,宁夏就被列为全国第一个国家级新农村信息化工作试点省区,这为宁夏农业农村信息化建设奠定了基础。近些年,通过大力推进"新农村信息化省域试点"工程的实施,宁夏对农村的多种资源进行了资源整合,积极向农民宣传信息化知识,提高农民对于信息化的认知程度,这对于提高农民的综合素质起到了至关重要的作用。在相关政策的大力支持下,已经建成了集视频系统、语音系统为一体的农村信息化平台,农民通过网络在平台中了解相关农业政策、技术等,并且通过手机App实时了解信息,同时积极建立微信公众号"三农科技",全方面、多方位的信息化平台建设为宁夏农业优势特色产业发展提供了新的机遇。

2. 实施优势特色农产品名牌战略

2018年,宁夏大力实施特色产业品牌工程,在特色农产品宣传推广方面下了很大的努力,对宁夏大米、盐池滩羊等宁夏知名特色农产品进行产品包装宣传,拍摄了10集的宁夏特色农产品宣传片,并且在中央电视台等诸多媒体上播放,从而增强宁夏特色农产品的品牌影响力。新评选了10个宁夏知名农业企业品牌,截止到 2018 年底,相关特色农业品牌数量已经达到 317 个,品牌战略的大力实施为宁夏特色农业产业发展提供了新的动力。[①]

3. 构建现代农业产业技术体系

近些年来,宁夏一直着力于扎实建设现代农业产业技术服务体系。秉着因地制宜、分类指导以及统筹规划的原则,针对现代农业发展的现实需求,根据自治区内各农业科技示范园区的实际情况,尝试探索新思路、新路径。大力鼓励支持新兴力量进入到农业生产发展的各个环节中来,对农业生产环节中的创新创业者给予充分的关怀,通过龙头企业带动、科技创新特派员带动创业、农业科技中介服务提供等多种途径,构建完善农业科技技术服务体系,并且向多元化、融合化方向发展,为宁夏特色农业茁壮成长提供强有力的技术体系支撑。[②]

4. 政府提供相应的政策支持

一直以来,宁夏都将其农业优势特色产业的发展放在重要位置上,并且颁布了诸多具有针对性的条例规划,为宁夏发展特色生态产业提供相应的政策支持。在总结了前几年发展经验的基础上,宁夏参照国家政策文件《全国农业现代化规划(2016—2020 年)》、《全国特色农产品区域布局规划(2013—2020 年)》,根据宁夏实际区情,编制并且实施了《宁夏农业优势特色产业发展布局规划(2016—2020 年)》、《宁夏特色产业精准扶贫规划(2016—2020 年)》等政策规划文件。这些政策文件为宁夏农业优势特色产业的发展提供了强有力的政策支持。

四、优势特色产业发展威胁分析

1. 临近省区间的竞争加剧

特色农业的发展并不是宁夏所独有的,随着特色农业的逐渐兴起,各个省份都从区域实际出发,结合地理资源等条件的优势,大力发展起符合自身优势的农业优势特色产业。同为西北内陆地区,甘肃、内蒙古、陕西等省份都与宁夏具有诸多相似的发展条件,例如地理气候环境的相似性、农业优势特色产品的相似性,导致这些省份发展的农业优势特色产业与宁夏具有相似的农产品结构,临近省份发展优势特色农业的相似性,使得这些省份之间的竞争尤为激烈。

---

① 田甜:《生态脆弱地区的农业绿色发展水平评价——以宁夏回族自治区为例》,《佳木斯大学社会科学学报》2017 年第 2 期,第 63—65 页。

② 董丽华、罗万有:《宁夏农业科技园区专项计划项目实施情况及效果分析》,《科技和产业》2018 年第 11 期,第 30—32 页。

2. 社会化服务体系有待完善

社会化服务体系是农业发展过程中必不可缺的体系之一,但是现阶段宁夏农业优势特色产业发展过程中社会化服务体系并不是十分完善,体系的不健全严重制约了宁夏农业优势特色产业的发展。相关的针对涉农企业的配套服务机构相对较少,且服务水平不高、服务范围不广,尚未形成完整的服务支持网络,无法全方位的对涉农企业进行相关服务。这也严重制约了特色生态产业的发展,没有形成对企业生存有利的外部影响条件,无法满足企业发展的需求,威胁特色生态产业的发展。所以,进一步完善社会化服务体系是为宁夏特色生态产业发展扫清障碍的重要举措之一。

3. 农产品质量安全把控愈发严格

近几年来,国家逐渐加大对农产品质量安全的把控,农产品安全质量要求越来越严格,并且相应的监控体系也逐步完善,各类认证体系表明了对产品安全质量保障的决心。国外地区对于进口农产品也提高了相应的进口产品卫生安全检测标准,针对农产品可能存在的农药残留、重金属污染以及有害微生物滞留等产品污染现象,都增加了相应的检测项目,同时农产品初加工、深加工过程中可能添加的添加剂也被列入检测项目中,逐步提高的安全检测标准对优势特色农业产品的质量要求越来越高。面对不断升级的农产品质量安全标准,如果宁夏农业优势特色产业不能达到生产过程中的洁净化、产品加工过程中的清洁化,就会大大降低宁夏农业产业发展的竞争力。

第二节 优势特色产业发展现状

2003年,宁夏回族自治区政府对全区农业产业发展做出了相关的规划,初步确立了重点发展的四大战略主导产业,同时对区域产业带中的优势产业以及地方性具有特色的农业产业做出相关规划。2008年底,《宁夏农业优势特色产业规划(2008—2012)》中确定了各农业优势特色产业。近几年来,宁夏从自身角度出发,坚持把自然规律放在首位,始终坚持以市场规律为导向,充分利用本地优势自然、人文资源,紧紧围绕农业优势特色产业,依靠宁夏的资源优势充分发展出来,并将其转变为经济的优势,认识到宁夏存在的巨大发展潜力,把发展潜力转变为现实生产力。“十二五”期末,宁夏根据过往的发展历史并结合当今实际情况,提出“1+4”的发展模式。其中,“1”是指宁夏本地的优质粮食产业,而“4”则指宁夏本地枸杞、草畜、葡萄、蔬菜等产业。随着宁夏社会经济发展的进一步优化升级与融合，在相关政策指导下稳固发展的宁夏农业优势特色产业也取得了可喜可贺的佳绩，这也化作为拉动宁夏社会经济增长的源泉之一。①

一、特色生态产业初见成效

当前，宁夏已经在特色生态产业的布局规划中取得了一定的成效，特色产业的发展呈现出专业与分工专业化、生产规模化、经营专业化的特点。枸杞产业作为宁夏最具特色的产业之一，享有非常高的美誉。相比于全国而言，宁夏枸杞产业在品种优势、种植技术方面都处于领先地位。根据相关数据统计，截止到2017年底，枸杞种植面积初步达到预期目标，全区种植面积已达到87万亩，干果年产量超8万吨。②马铃薯的生产对环境有一定的要求，其主要布局的在宁夏南部山区和中部的干旱区域，随着种薯繁育体系的逐步健全与种植标准化水平的不断提高，马铃薯品质也在稳步提升中，其种植面积已达19万公顷，新鲜马铃薯年产量达到400万吨以上，已成为栽种面积第一大的农业作物。适水产业带养殖水域面积达到70多万亩，相关水产品的产出总量达到10万多吨，宁夏人均水产品占有量排名居西北5省区地第1。宁夏地区的优质粮食产业以种植水稻、小麦和玉米为主，总粮食播种面积控制在600万亩左右，年度粮食总产量达250万吨以上。受益于优质的阳光及土质贺兰山东麓地区以发展葡萄产业为主，葡萄播种面积约为52万亩，总产量20万多吨。③宁夏实施天然草原禁牧封育以来，制订了一些草原年生态奖补措施，推动了牧草产业的转型升级，逐步形成了三大优质牧草产业带，包括宁夏南部山区退耕种草带、中部干旱地区旱作草地以及引黄灌区粮草兼用地带，一年生牧草与多年生牧草种植面积分别达到200万亩和600万亩。④宁夏地区苹果产业的产业布局主要集中在吴忠市的利通区以及青铜峡市和中宁县，总种植面积63万亩，总产50万吨以上。地道中药材主要集中在盐池和六盘山地区独有的干旱风沙区，其自然环境非常适合的相关药材的种植和生长，中药材种植面积、产量与产值实现全面增

---

① 黄亚玲、李晓瑞：《宁夏“1+4”特色农业产业增长及其质量分析》，《宁夏农林科技》2018年第12期，第79—82页。

② 《宁夏振兴发展枸杞产业纪实》，《宁夏林业》2018年第1期，第20—26页。

③ 厚正芳、吴正：《宁夏葡萄产业现状与发展趋势研讨》，《农业与技术》2017年第24期，第150—168页。

④ 李玉平：《宁夏草畜产业现状调查与发展建议》，《中国畜牧兽医文摘》2017年第12期，第10页。

长,在六盘山地区形成了独特的药材产业带。①

各类特色生态产业的合理优化布局,有效地带动了宁夏社会经济的发展和地区产业结构的转型。经过一定时间因地制宜的发展,中宁和西吉分别发展成为中国枸杞之乡和马铃薯之乡,宁夏中卫市也凭借自身优势成为首屈一指的西砂瓜生产基地和分拨转运中心,吴忠市利通区的奶牛养殖已经达到一定的规模,发展水平和质量领跑西北平均水平,银川市兴庆区培育的观赏花卉远销周边地区,总体来看,特色生态产业在西北地区都取得了一定的成就。截止到2017年,全区特色生态产业集中度已经达到85%以上,优势特色农业集中区的农民年均收入有超过一半的部分来自特色生态产业,经过长期的产业布局与优化,全区始终坚持优势产品向优势基地集中的策略,优势产业向优势区域集中的布局,形成了区域化、产业化发展新思路。②

二、加工转化能力持续提升

根据打造龙头企业、建立产业基地、拓展区域市场、树立知名品牌、充分发动农户的思路,宁夏全区不断制定相关产业优惠政策,对于资金支持力度逐步加大,从而吸引到了诸多国内外知名农业龙头企业参与到特色农产品精深加工的合作中来。经过多年的培养,重点企业数量上的增长比较明显,根据调查资料,自治区以上级的产业化重点企业数量已经有300余家之多,在这其中,产业规模达到国家级农业化产业重点龙头企业的数量超过20余家,已经有462家企业达到农产品深加工规模化水平,主要农产品的加工转化率提高到六成左右,农产品深加工企业数量达到462家,主要农产品加工转化率达到近6成,由农产品加工所创造的GDP总量超过450亿元,年均增长15.5%。③目前宁夏的农产品加工产业总体发展前景比较光明,特色加工产品的生产与销售同步增长,价量齐升。国内知名的企业包括蒙牛、伊利等乳业龙头,以及中粮、雨润等肉食龙头企业相继在宁夏投资建厂,为相关农产品从产到销提供的大量支持。

---

① 王天琪:《“一带一路”背景下民族地区产业发展研究——以宁夏中药材产业为例》,《中国商业》2018年第3期,第148—149页。

② 刘俭、刘艳华、易静华:《宁夏“互联网+农业优势特色产业”发展路径研究》,《江西农业学报》2017年第12期,第143—146页。

③ 黄亚玲、杨晓洁:《宁夏农业加工企业技术创新主体实证研究》,《宁夏农林科技》2017年第4期,第37—41页。

三、质量安全水平稳步提升

在食品质量安全方面，宁夏始终将优势特色农产品的质量提升放在首要位置，推行标准化生产模式，加大对产品质量的控制投入，引入新型设备强化检验监测，推广产地标识制度，提高市场准入标准，形成了一定的产业链。相关部门逐步加大起农业综合执法力度，从源头进行把控，形成了从田间种植到走上餐桌整个过程的完整产业监管体系。通过一系列的举措，种植蔬菜产品、养殖畜禽和水产品的监测合格率分别保持在 97%、99%和 100%，消费者的食品质量安全得到有效的保证。同时加强质量管理认证和品牌培育，认证无公害农产品 841 个，地理标志证书 48 个，培育“中国驰名商标”21 个。[①]截至目前，一些重点产品如宁夏大米，具有地方性特色的产品如中卫硒砂瓜、中宁枸杞、盐池滩羊、贺兰山东麓葡萄等均已经取得国家地理标志认定，全区优质农作物产物、绿色食品成长规模及质量在西北均处于领先梯队。

四、科技装备支撑能力增强

宁夏围绕三大示范区，以示范区为核心，辐射带动周边农业示范基地的发展，共同建立了完整的产业技术支持体系，围绕自治区设定的 13 个特色生态产业，注重富含科技创新力的新品种、新技术的引进与实施，在示范区改变传统的经营模式，以产业化经营模式为重点发展模式，通过经营模式的改变促进农业特色产业结构的转型升级，进一步推进了宁夏农业现代化水平的发展。在相关政策的指引下，目前为止，全区已经创立了近 120 个现代农业示范基地，各示范基地通过引进不同的新科技品种，逐步提升了各基地的产品科技创新能力。例如，海原红古养牛示范基地通过主推新品种，引进并培育了西门塔尔和利木赞等优质肉牛品种，通过示范基地的带动养殖作用，为广大养殖散户指引新道路，起到了良好的示范带动作用，推动了周边养殖户养殖技术水平的提高，并且为新品种养育的规模标准化提供技术支持，大大增强了新品种肉牛产业化经营水平；平罗优质水稻标准化种植示范基地积极引进新的水稻品种，主要培育水稻新品种宁粳 43 号，从水稻引进、种植培育以及施肥效果展示等方面都做出了良好的示范带头作用，共完成新品种栽培示范化种植面积 3 160 亩，为推进水稻种植科技化增添了不小的力量。截至目前，在相关部门的大力推动下，全区已建

---

① 马文礼：《发展节水农业推动宁夏农垦农业高质量发展》，《中国农垦》2018 年第 6 期，第 33—35 页。

成 128 个农业科技示范园区，在示范区中严格执行生产安全标准，对粮食作物严格进行质量把控，在此努力下，粮食作物产量中 80%以上都为优质水平。养殖场数量稳固提高，不同规模的养殖场达到近 2 500 个，且规模化养殖水平占全区比例较高，达到 65%以上。农业机械化水平也在稳步提高中，全区主要粮食作物耕种收综合机械化水平达 50%以上，农业机械化推进成效明显，水稻机械化种植水平达 70%，收获水平达到 95%，由于农业设施机械化的成功推广，灵武市被列为全国农机规范化示范市。①

五、市场流通体系逐渐完善

为保证农产品的市场流通，宁夏着力推动现代农村市场体系建设，紧紧围绕农业生产过程中的五大因素即农产品产销市场、产品贮藏运输、相关物流配送、市场营销、农户与超市对接等构建相关体系。在现如今互联网时代下，充分利用互联网对市场流通的重要作用，建立相应的农产品信息网络平台，从而达到信息共享的目的。重点农产品销售区域广泛，宁夏枸杞、果汁、脱水蔬菜等产品成功远销海外，打入近 30 多个国家和地区的销售市场。水产品在国内市场销售区域除周边省份外已经涉及西藏地区，走出宁夏打入其他地方市场，宁夏已经成为整个西北地区重要的渔业生产基地。宁夏比较有名的中卫硒砂瓜已建立较高的品牌优势，成功进入“沃尔玛”“家乐福”等大中型连锁超市，颇受欢迎。

六、产业扶持机制日益优化

针对产业扶持问题中重要的资金扶持方面，宁夏回族自治区政府逐步建立起以财政资金为引导，金融支农资金为主体，社会资金为补充的农业资金保障体系。近几年来，宁夏根据不同产业规模实行不同的产业扶持方式，通过对产业资金的整合，在政府部门领导下引导社会投资，严格把控资金流向，将有限的力量集中起来对特色生态产业进行扶持，充分调动起农户对于发展优势特色农业的积极性。同时，积极协调各金融机构充分发挥金融信贷的支持作用，为农户提供贷款，创新惠农卡、“融地贷”“融易得”等金融产品，以新的融资模式为特色生态产业资金问题提供支持，从而为困扰企业及农户在发展特色生态产业过程中面临的最重要的资金方面，提供了有效的解决方案。

---

① 路洁、杨晓洁、黄亚玲：《宁夏农业科技协同创新的实践效应分析》，《宁夏农林科技》2017 年第 9 期，第 60—62 页。

第三节　优势特色产业对比分类实证研究

《宁夏农业优势特色产业发展规划(2008—2012)》中确定了13个农业优势特色产业,并按产业排名将枸杞、牛羊肉、奶产业、马铃薯、瓜菜等五大产业划归于战略性主导产业,优质粮食、淡水鱼、葡萄、红枣、优质牧草、农作物制种六大产业划归于区域性特色生态产业,苹果和中药材产业划归于地方性特色产业。①这一产业排名及产业划归方式是基于"十一五"期间农业优势特色产业发展情况,随着产业发展环境及产业自身发展情况的变化,已不能有力地指导"十三五"期间农业优势特色产业的发展,并且已有的产业归类方式比较笼统,不符合国际上的产业划分标准。为解决这一问题,需要通过构建宁夏农业优势特色产业综合评价指标体系,基于自治区统计局提供的宁夏全区13个特色生态产业的相关数据(主要是2016—2017年数据),利用因子分析法从市场竞争优势、发展潜力、综合效益等方面对各特色生态产业进行排名,将13个农业优势特色产业分别划归为支柱产业、主导产业、优势产业和特色产业四大类型,以期为宁夏产业划分提供科学依据,为进一步明确产业转型升级的方向,为转型升级路径奠定基础。

一、综合评价指标体系构建

根据宁夏农业经济发展及社会经济状况,并结合因子分析方法的要求构建一个包括5个二级指标10个三级指标的宁夏农业优势特色产业综合评价指标体系,如表1所示。

表1　综合评价指标体系

准则层	指标层	指标概述
经济效益	资产利税率 X_1	反映某产业全部资产的收益能力,又反映某产业向国家的贡献程度,资产利税率越高说明某产业投入产出水平越高,综合经济效益越好
	规模效益系数 X_2	着重分析某产业内大中型企业的销售和盈利能力
	劳动生产率 X_3	根据产品的价值量指标计算的平均每一个从业人员在单位时间内的产品生产量

① 马彩云:《宁夏农业优势特色产业发展情况》,《农业科技与信息》2011年第17期,第8—9页。

（续表）

准则层	指标层	指标概述
发展潜力	产业贡献率 X_4	某产业增加值在全部产业增加值当中所占的份额，反映某一产业对经济贡献的重要程度
	产业增长率 X_5	某产业的经济增长速度，反映了某产业的经济发展潜力
市场绩效	需求收入弹性 X_6	消费者对某种商品需求量的变动对收入变动的反应程度
	市场占有率 X_7	某产业的销售量在市场同类产品中所占的比重市场份额越高，表明产业竞争能力越强
显性优势指数	区位熵 X_8	反映某产业部门的专业化程度，以及某一区域在高层次区域的地位和作用等方面
	比较利税率 X_9	反映了当地某产业的利税能力在全国的比重
区域利用条件	劳动吸纳率 X_{10}	单位产值所需要的劳动力，反映了某产业的发展对于劳动力的吸纳能力

二、基于因子分析法的实证分析

1. 因子分析检验

评价指标原始数据的单位并不一致，需要先对原始数据进行标准化处理。利用 SPSS 软件对表中原始数据标准化，得到评价指标的标准化数据，根据以上标准化后的数据，通过因子分析法运用 SPSS 进行测算。

在使用因子分析时，应当注意各指标的相关性，使用 KMO 取值和 Bartlett 的球形度检方法验值。首先计算 10 个评价指标的相关矩阵(见表 2)，表中>0.3 的数据居多，说明多数指标相关性较强。其次，由表 3 可见，KMO 值为0.825>0.7，Bartlett 球形度检验值的概率为 0.000<0.05，说明各指标有较强的相关性，可以做因子分析。

表 2　评价指标相关矩阵

	X1	X2	X3	X4	X5	X6	X7	X8	X9	X10
X1	1.000	−0.109	−0.706	−0.712	−0.667	−0.619	0.169	−0.452	−0.626	0.165
X2	−0.109	1.000	0.248	0.226	0.105	0.277	0.339	0.289	0.079	−0.761
X3	−0.706	0.248	1.000	0.998	0.983	0.987	−0.124	0.143	0.974	−0.514
X4	−0.712	0.226	0.998	1.000	0.988	0.990	−0.141	0.173	0.975	−0.508

（续表）

	X1	X2	X3	X4	X5	X6	X7	X8	X9	X10
X5	−0.667	0.105	0.983	0.988	1.000	0.978	−0.170	0.103	0.996	−0.428
X6	−0.619	0.277	0.987	0.990	0.978	1.000	−0.110	0.167	0.969	−0.589
X7	0.169	0.339	−0.124	−0.141	−0.170	−0.110	1.000	−0.121	−0.166	−0.340
X8	−0.452	0.289	0.143	0.173	0.103	0.167	−0.121	1.000	0.036	−0.415
X9	−0.626	0.079	0.974	0.975	0.996	0.969	−0.166	0.036	1.000	−0.411
X10	0.165	−0.761	−0.514	−0.508	−0.428	−0.589	−0.340	−0.415	−0.411	1.000

表3　KMO 和 Bartlett 检验

取样足够的 Kaiser-Meyer-Olkin		0.836
Bartlett 的球形度检验	近似卡方	88.250
	df	14
	Sig.	0.000

2. 共同度分析

共同性系数>0.5 表示效度较高。用主成分分析法对变量进行了提取，发现除了 X6 指标，其他指标信息都被完全提取，说明提取的因子可以较好地解释各变量。

表4　10 个评价指标的共同度

	初始	提取
X1	1.000	0.882
X2	1.000	0.995
X3	1.000	0.969
X4	1.000	0.881
X5	1.000	0.976
X6	1.000	0.634
X7	1.000	0.918
X8	1.000	0.879
X9	1.000	0.899
X10	1.000	0.942

3. 释的总方差

表 5 所示，1、2、3 三个公因子的累计方差贡献率为 85.725%，大于 85%，

反映了各指标的绝大部分信息,1、2、3 主成分是影响宁夏农业优势特色产业发展的主要因子。

表 5　10 个评价指标解释的总方差

成分	特征根	方差贡献率	累计方差贡献率
1	4.428	49.200	49.200
2	1.919	21.323	70.523
3	1.368	15.203	85.725
4	0.809	8.987	94.713
5	0.256	3.136	97.849
6	0.126	1.103	98.952
7	0.051	0.569	99.521
8	0.037	0.406	99.927
9	0.005	0.058	99.985
10	0.001	0.015	100.000

4. 因子载荷

因子载荷矩阵如表 6 所示。

表 6　因子载荷矩阵

	主成分		
	公因子 1	公因子 2	公因子 3
X1	−0.725	−0.159	0.281
X2	0.368	−0.849	0.131
X3	0.975	0.169	0.122
X4	0.978	0.175	0.095
X5	0.947	0.296	0.121
X6	0.979	0.112	0.136
X7	−0.145	−0.411	0.791
X8	0.313	−0.479	−0.589
X9	0.931	0.319	0.162
X10	−0.626	0.691	−0.237

由表 6 中不能明显看出有些因子代表的指标,对因子载荷矩阵进行方差最大化正交旋转发现,公因子 1 在 X4、X7、X8、X9 上载荷较高,这四个指标反映了竞争优势,视为市场竞争优势因子。公因子 2 在 X1、X5、X10 上载荷较高,

这四个指标反映了发展潜力,可视为发展潜力因子。公因子 3 在 X2、X3、X6 上载荷较高,这三个指标反映了盈利能力,可视为效益因子。

表 7 旋转后的因子载荷矩阵

	主成分		
	公因子 1	公因子 2	公因子 3
X1	0.429 8	0.855 9	0.045 8
X2	0.316 9	−0.326 8	0.651 6
X3	0.042 8	−0.323 3	0.923 2
X4	0.991 3	−0.008 5	0.072 8
X5	−0.039 5	0.791 2	0.441 5
X6	0.091 9	−0.076 0	0.936 4
X7	0.981 5	0.097 1	0.146 0
X8	0.981 1	0.096 4	0.153 0
X9	0.629 0	0.477 9	−0.364 6
X10	−0.066 7	0.941 5	0.279 0

5. 因子得分

因子分析后,根据因子得分系数阵求出公因子得分,并以提取的各公因子的方差贡献率占 3 个公因子的累计方差贡献率的比重作为权重进行加权求和,计算综合得分。因子得分系数矩阵如表 8 所示。

表 8 因子得分系数矩阵

	主成分		
	公因子 1	公因子 2	公因子 3
X1	0.059	0.305	0.032
X2	0.092	−0.131	0.229
X3	0.083	−0.169	−0.381
X4	0.292	−0.080	−0.023
X5	0.031	−0.291	0.146
X6	−0.015	0.002	0.363
X7	0.277	−0.036	0.014
X8	0.276	−0.033	0.015
X9	0.169	0.125	−0.159
X10	−0.107	0.388	0.150

因子得分模型如下所示。

公因子1得分模型：

$$F1=0.059X1+0.092X2+0.083X3+0.292X4+0.031X5-0.015X6+0.277X7+0.276X8+0.169X9-0.107X10$$

公因子2得分模型：

$$F2=0.305X1-0.131X2-0.169X3-0.080X4-0.291X5+0.002X6-0.036X7-0.033X8+0.125X9+0.388X10$$

公因子3得分模型：

$$F3=0.032X1+0.229X2-0.381X3-0.023X4+0.146X5+0.363X6+0.014X7+0.015X8-0.159X9+0.150X10$$

通过综合计算，得出农业优势特色产业排名，如表9所示。

三、产业分类研究

宁夏按照“一特三高”农业发展总体要求，大力扶持创新产业发展，促进农业发展方式转变，优化农业产业结构，打造了一批优势特色农业产业，有力地促进了农业增效、农民增收和农村发展。

(一) 草畜产业

1. 牛羊肉产业

盐池、同心、灵武等市县是宁夏滩羊的主要产区，该地区具备了适宜滩羊生长繁殖的优越条件，从而成为滩羊最早的生养乐园，主要原因有以下几点：第一，宁夏地属暖温性干旱草原，当地的气候适宜滩羊生长；第二，宁夏天然牧区地势平坦，土质坚硬，十分适合滩羊所食草类的生长；第三，宁夏地区常年干旱，雨水较少导致相对湿度不高；第四，宁夏天然牧区的植被比较稀疏，矿物质含量在宁夏天然牧场中牧草的含量十分丰富；第五，宁夏水质偏碱性，水中含有一定量的碳酸盐和硫酸盐成为，矿化度相对较高，比较适合宁夏滩羊的饮用。用宁夏民间的话说，宁夏的滩羊“吃的是中草药，喝的是矿泉水”。滩羊作为宁夏的特产，正是宁夏特殊生态环境的产物。银川、吴忠、青铜峡、泾源等市县为肉牛的主要产区。尤其是泾源县的黄牛肉，在第十六届中国国际农产品交易会上公布的17个国家级农产品地理标志示范样板中，泾源黄牛肉名列其中，成为宁夏继盐池滩羊之后第二个获得该项荣誉的农产品，中国品牌建设促进会审定

表 9 因子得分及排名情况

产业	市场竞争优势因子		发展潜力因子		效益因子		综合因子	
	得分	位次	得分	位次	得分	位次	得分	位次
草畜产业	1.589 63	3	1.526 88	1	2.599 84	1	1.826 52	1
枸杞产业	2.814 05	1	1.191 37	2	0.768 95	5	1.462 71	2
中药材产业	2.052 56	2	−0.925 58	9	2.045 8	2	0.957 50	3
瓜菜产业	0.589 55	5	0.985 20	3	−0.560 21	8	0.657 82	4
优质粮食产业	−0.954 87	11	−0.214 86	6	1.588 24	3	0.446 58	5
马铃薯产业	−0.121 85	7	0.598 82	4	1.239 81	4	0.302 92	6
适水产业	−0.302 32	8	−0.491 44	8	−0.349 82	7	0.138 53	7
葡萄产业	1.236 58	4	0.253 68	5	−0.879 51	9	−0.277 52	8
红枣产业	−0.683 15	10	−0.294 52	7	−1.464 85	11	−0.341 72	9
农作物制种产业	0.205 58	6	−1.258 20	10	−1.199 79	10	−0.399 45	10
苹果产业	−0.158 21	9	−1.658 51	11	0.350 48	6	−0.565 87	11

注:"十二五"期末,宁夏提出重点发展优质粮食和草畜、蔬菜、枸杞、葡萄"1+4"特色生态产业,其中草畜产业包括牛羊肉产业、奶产业和优质牧草产业,在因子排名计算中,将以上三个产业合并计算。

其价值达5.16亿元。[①]宁夏的牛羊肉产业呈现出稳步快速发展的趋势,并发展成宁夏畜牧业的主导产业之一,牛羊肉产业具备较强的发展潜力和竞争优势。

2. 奶产业

宁夏是全国著名的优质牛奶产区,一直是伊利、蒙牛、夏进、金河等知名牛奶企业的奶原料产地。目前,我国的人均奶类产品消费水平尚不到世界平均水平的一半,随着人民生活水平的不断提高,奶类产品的需求量会有所增加,奶产业发展前景广阔,发展潜力较大。除奶牛养殖散户外,宁夏还有部分大中型的奶牛养殖企业,如宁夏农垦集团贺兰山奶业等,规模化经营使得原料奶的成本大为降低,即使在奶产业整体发展情况不良的前提下,它们仍有一定的盈利能力。但是从整体来看,奶产业经济效益仍然不高。[②]

3. 优质牧草产业

宁夏发展优质牧草产业具有较好的资源优势和社会基础。宁夏实施天然草原禁牧封育以来,制定了一些草原生态奖补政策,推动了优质牧草产业的转型升级,但草原奖补政策的覆盖面太广,每家每户得到的补助资金较少,补助资金发挥的效益不明显,对一些牧草龙头企业的扶持相对较少,尤其是牧草企业继续在基础设施建设和机器设备购入方面没有获得较大力度的支持。加之,还存在着苜蓿草产业集约化程度低、品种衰退、加工技术落后等问题,严重制约了优质牧草产业的发展潜力。近几年来,随着国内外草业产品市场容量加大,市场对优质牧草的需求呈现出供不应求的态势,牧草的种植效益也逐渐凸显。宁夏拥有一定面积的草原,而且北部灌区自然条件和农业结构都决定了该地区非常适合发展牧草产业。目前,宁夏的牧草产业已经由分散化向集约化、规模化发展,推广实行的人工草原鼠虫害防治技术、退化草原补播治理技术等,为牧草产业的健康稳定发展提供了有力的科技支撑,牧草品质得到大幅提升,产业竞争力逐步增强。[③]

(二) 葡萄产业

该产业主要集中在贺兰山东麓地区和吴忠市,其中贺兰山东麓地区已经成

---

① 王庆锋:《宁夏家庭农场的产业功能定位及区域分析》,《现代商业》2018年第7期,第80—83页。

② 李星光,王国庆:《关于深入推进宁夏现代农业发展的理性思考——基于供给侧结构性改革的视角》,《农业科学研究》2017年第3期,第76—79页。

③ 牟高峰:《宁夏"十三五"草畜产业发展的思考》,《中国畜牧业》2016年第2期,第31—32页。

为中国本土葡萄酒产业发展的标牌，被称为最适合种植葡萄发展葡萄产业的生态地区，被国内外广泛认知。除得天独厚的自然环境优势外，葡萄产业发展还具备良好的产业发展环境和市场品牌优势。贺兰山东麓葡萄酒于2008年获得国家地理标志产品保护，宁夏葡萄酒享誉中外。近几年来，“王朝”“张裕”“长城”等国内外著名葡萄酒企业都看中了贺兰山东麓地区天然的地理优势，先后在此地投产，为宁夏葡萄酒产业发展注入新鲜血液。①在2017年举办的世界最著名的比利时布鲁塞尔国际葡萄酒大赛上，宁夏共有4家酒庄生产的葡萄酒获得最高奖项大金奖；此外，在其他获得33个金奖、41个银奖的葡萄酒品牌中，绝大部分出产于宁夏，将“宁夏贺兰山东麓”这一名称响彻海内外。这表明贺兰山东麓葡萄酒的质量达到国际水准，大大增强了宁夏葡萄产业的行业竞争力。但不可否认的是，由于管理成本高，机械化程度低，产业组织化程度和产业化水平低等原因，葡萄产量低而不稳，平均不足300 $kg/667\ m^2$。有些地区种植葡萄的比较效益还不如种玉米和苜蓿，加之进口酒的冲击，进一步打破了葡萄产业的供求状况，葡萄种植业效益有待提高。

（三）枸杞产业

枸杞产业作为宁夏最具特色的产业之一，享有非常高的美誉。“世界枸杞看中国，中国枸杞看宁夏”，这两句话充分体现出宁夏枸杞产业的重要性。②近几年来，宁夏发展起具有地方特色的枸杞文化，“中国·宁夏国际枸杞节”每年都会吸引大量兴趣浓厚的游客前来参与，为树立良好的品牌形象、宣传宁夏枸杞品牌、发展宁夏枸杞产业起到了巨大的推进作用。③与枸杞相关的科研单位较多，相比于全国而言，宁夏枸杞产业在品种优势、种植技术方面都处于领先地位，诸多优良品种纷纷被其他省区引进培育。针对宁夏枸杞产业，宁夏回族自治区响应国家鼓励宁夏枸杞产业大力发展的号召，建立了4个特色产业带，并出台诸多政策扶持产业发展。近几年来，果农地均纯收入超过6万元/hm^2，最高可达15万元/hm^2，经济效益明显。但宁夏不是唯一的枸杞产地，河南、甘肃、新疆等多个北方省区都在大规模种植枸杞。这些省区生产的枸杞不论在药用

---

① 徐颖：《宁夏贺兰山东麓“葡萄酒旅游”的研究分析》，西北农林科技大学2017年博士论文。

② 李惠军，祁伟，张雨：《关于宁夏枸杞产业发展的调查与思考》，《宁夏林业》2017年第4期，第32—34页。

③ 张雨：《浅谈宁夏枸杞产业面临的挑战与发展对策》，《农技服务》2017年第12期，第200页。

价值还是保健价值上均不及宁夏枸杞，而且其生产加工标准较低，大量仿冒宁夏枸杞的产品充斥市场，严重破坏了宁夏枸杞的声誉。此外，随着欧美国家民众养生需求的提高，大量枸杞出口国外，但这些国家都有着严格的食品检测制度，为宁夏枸杞打开国际市场设置了重重阻碍，进而影响枸杞产业生产规模的扩大，其发展潜力收到较大限制。

（四）马铃薯产业

马铃薯产业主要集中在宁夏南部山区和中部干旱带，此地区自然资源禀赋优良，是马铃薯最佳生态区。尤其是在西吉、原州、彭阳等六盘山地区，气候温和，雨量较少，光照充足，无霜期短，降水和温度变率大，适宜种植马铃薯。种薯繁育体系逐步健全与种植标准化水平不断提高，进一步提升了马铃薯品质，宁夏马铃薯鲜薯农产品旺盛的需求也进一步拉动了产业发展的潜力。马铃薯的经济效益比较显著，单位面积的产值分别是豌豆的 3.2 倍，莜麦的 3.6 倍，胡麻的 4.4 倍，春小麦的 2.3 倍，加工成淀粉后则是其他作物的 4.5—8.8 倍，在西吉马铃薯主产区，对农民人均收入的贡献率达 30%以上。[①]但由于优质种薯流失严重，加工产品种类、层次低，新技术、新成果转化应用率较低等原因，使高端产品、品牌产品尚未形成规模，产品竞争力亟待强化。

（五）制种产业

宁夏的气候、光照、水源等条件为宁夏创造了得天独厚的农业发展优势。宁夏所繁殖的农作物种子具有很多独特的优势特点，例如种子色泽好、发芽率高、耐贮藏耐运输等，这些特点吸引国内外用户的纷纷采购，得到国内网用户的一致好评。平罗县作为制种大县，始终以打造“全国黄金制种第一县、宁夏制种核心区”为核心目标，其产业优势始终作为农业发展重点，曾先后与上海种业等诸多国内知名种业公司联合发展，分别建设了几大区域的蔬菜制种基地，主要以头闸镇、黄渠桥镇、高庄乡等乡镇为主；同时建设了杂交玉米和小麦制种基地，主要区域包含渠口乡、陶乐镇、高仁乡等乡镇；在水稻制种基地方面，分别以通伏乡、姚伏镇、崇岗镇等乡镇为主要种植区域。截止到 2017 年底，全县制种面积已达到 15 万亩。在全县企业中，具有种子经营资质的种子企业有 22 家之

① 杨巨良：《主粮化战略下宁夏马铃薯产业发展路径选择》，《宁夏农林科技》2017 年第 3 期，第 41—43 页。

多，通过与国内知名企业单位的合作，其产品已在上海、广东、四川等全国20多个省市销售开来，与诸多大客商建立起了稳定长效的产出销售合作关系，建立了完善的市场营销网络体系。制种产业对制种区农民增收贡献率超过60%。但是，宁夏制种产业发展仍存在较大的局限性：从制种企业方面来说，企业集约化、规模化程度较低，缺乏龙头企业带动，导致宁夏制种产业在国内缺乏市场竞争力；而且，制种企业不重视科研工作，制种创新能力较差，无法实现自主发展，缺乏发展后劲和潜力。

（六）苹果产业

宁夏苹果已有二百多年的种植历史，2018年底，全区苹果栽培总面积达到40万亩。宁夏中卫市苹果产品质量优良，其果汁含量在89%以上，糖分含量在16.4%左右，并且富含硒、锌、铁、钙等微量元素和各种氨基酸，对于人的身体十分有益，相比于全国其他产区的苹果，其对于人的营养价值不言而喻，因此也受到了诸多消费者和苹果客商的青睐，并且在国内享有一定的盛名。但由于优质果率低，“三低”果园面积大，果农收入增幅缓慢，产业经济效益不高。[①]近年来，以浓缩果汁加工为主的苹果加工业得到快速发展，但是宁夏苹果产量存在着果汁原料不足的重要问题，苹果原料需求旺盛，产业具有较强发展潜力。目前，宁夏苹果产业尚处于低端发展阶段，苹果加工业仅停留在浓缩果汁加工一项，产品附加值不高，市场竞争力较弱。

（七）红枣产业

宁夏中部干旱带干旱少雨，年降雨量仅200—300 mm，水资源十分紧缺。由于干旱少雨，枣园病虫害种类明显少于老灌区，危害程度明显轻于老灌区，特别是由于降雨少、裂果轻，非常适宜制干品种，大部分枣园虽处于不灌水、不施肥、不打药、不修剪、放任管理的自然状态，但有着令人欣慰的收成。近几年来，在狠抓发展的同时，各主产市县非常重视抓产品、抓质量、树立品牌和开拓市场的工作，为进一步提高产品质量、树立品牌，灵武长枣与同心圆枣已经获准为地理标志保护产品，灵武市果品开发有限责任公司、同心县天予枣业有限责任公司等企业，分别注册了灵丹牌、灵武红牌、同心圆枣等商标，并完成了绿色食品

① 陈瑞剑，杨易：《非优生区苹果产业转型的思考与展望——以宁夏回族自治区为例》，《中国食物与营养》2016年第1期，第23—25页。

认证。截至2017年,全区红枣基地总面积已达87万亩,年总产量突破7.2万吨,总产值3.1亿元。随着市场需求能力的不断扩大,消费者对于鲜枣、干枣及相关深加工产品的需求旺盛,未来的市场发展空间巨大,其市场竞争力较强,经济效益比较可观。

(八)中草药产业

近年来,宁夏成立中药材产业指导组对中药材产业进行发展规划的监督指导,并取得了一定成效,通过诸多手段来引导中药材产业的健康发展,设立了中药材专家工作站,并不断优化调整中药材专家工作组成员,与国家相关领域专家合作研讨并邀请其来宁夏考察,制定了合理有效的中药材年度主推品种及主推技术,充分发挥了指导组的作用,调动起中药材产业协会的行业积极性。并且,相关部分针对中药材产业安排了专项资金来支持与国内高等院校、科研院所的合作,例如与南京中医药大学、中国中医科学院等高校院所的合作,通过药材加工技术的研发、中药材产业化关键技术的集成示范等途径,对中药材产业技术创新起到良好的推动作用。对先进技术加以系统化的培训,推广应用产业化关键技术,从而引导宁夏中药材产业化健康发展。[①]根据相关数据统计,截至2017年底,全区中药材种植面积61.8万亩,药材总产量10.13万吨,总产值10.93亿元,2018年上半年新增种植面积近10万亩。种植面积扩大的同时,宁夏中药材的种植品种也逐步增多,已有种植品种37种,菟丝子、银柴胡、黄芪、板蓝根、小茴香、甘草等中药材品种的种植面积已超过万亩以上。中药材相关企业规模也日益壮大,登记在册的中药材法人企业共计259家,其中有4家企业具有精深加工能力。所有中药材企业中,产地初加工及饮片加工能力达到2 000吨规模级以上的有1家,1 000—2 000吨规模级的有4家,500—1 000吨规模级的共有7家,产业规模扩大可见一斑。一些大型的龙头企业也看中了宁夏的市场竞争优势,广州香雪集团、上药集团等国内具有一定影响力的企业纷纷进驻宁夏。目前,宁夏中药材企业产能逐步增加,全区中药材产地初加工和饮片生产能力保持在1万吨左右,年产值近4亿元,无论是在中药材种植面积,还是在中药材产品产量及产值方面,都实现了全面增长的目标。但整体而言,

① 那黎,沈栋:《宁夏中草药保健食品发展初探》,《临床医药文献电子杂志》2016年第3期,第8479—8481页。

宁夏中药产业发展仍处于起步阶段,尚缺少具有较强市场竞争能力的拳头产品,产业集中度和关联度不高,限制着宁夏中药产业经济效益的提升。

(九) 适水产业

较全国渔业大省,宁夏渔业资源不具备规模优势,其规模化发展受到较大制约,发展潜力不大。但宁夏水、光、热、环境等资源条件优越,发展适水产业得天独厚,竞争优势比较明显。截至2018年底,宁夏有100多个养殖产品获得无公害农产品认证,20多个养殖产品通过"绿色食品"认证,70%的水产品稳定销往周边省区,产业发展潜力较大。

表10　宁夏农业优势特色产业类型归属

产业类型	产　　业	特　　征
支柱产业	优质粮食、瓜菜、草畜	产值所占比重很大、经济效益较高、发展潜力较强
主导产业	枸杞、马铃薯	产值所占比重较大、经济效益较高、发展潜力较强
优势产业	葡萄、中药材、适水、农作物制种	有较强的比较优势和竞争优势
特色产业	苹果、红枣	有较强的区域或地方特色,具有一定的比较优势和竞争优势

所谓主导产业是指在产业结构中,处于主要的支配地位,产值所占比重较大,经济效益较高,具有较大的发展潜力的产业。在产业的生命周期中,主导产业处于成长期,而处于成熟期的是支柱产业。支柱产业与主导产业最大的区别在于,支柱产业更加侧重产值。由表9可见,优质粮食产业、草畜产业、枸杞产业、瓜菜产业和马铃薯产业均表现出综合效益较高,且发展潜力较大的特征。2017年,宁夏优质粮食产业、草畜产业、枸杞产业、瓜菜产业和马铃薯产业产值分别为99.19亿元、103.17亿元、21.12亿元、105.68亿元、27.04亿元,优质粮食产业、草畜产业、瓜菜产业产值则远远高于枸杞产业和马铃薯产业。因此,可将优质粮食产业、草畜产业、瓜菜产业归于支柱产业,枸杞产业和马铃薯产业归于主导产业。所谓优势产业是指具有较强的比较优势和竞争优势的产业,特色产业是指具有较强的区域或地方特色,具有一定比较优势和竞争优势的产业。由表9可见,除支柱和主导产业外,葡萄产业、适水产业、中药材产业和农作物制种产业的市场竞争优势分别排在第4、8、2、6位,具有较强的市场竞争优势,可

归于优势产业；而苹果产业和红枣产业的市场竞争优势分别排在第9、10位，且具有较强的区域或地方特色，可归于特色产业。通过以上分析，我认为农业优势特色产业归属如表10所示。除葡萄产业外，以上对农业优势特色产业的排名及类型划分基本符合宁夏提出重点发展的优质粮食和草畜、蔬菜、枸杞、葡萄“1+4”特色生态产业思路。

第三章　优势特色产业转型升级与可持续发展路径

第一节　支柱产业转型升级

一、瓜菜产业建立升级新模式

在宁夏回族自治区范围内，鼓励各乡镇建设蔬菜采摘收购点，以补贴的方式吸引收购商前来收购，对于产量较大的部分蔬菜采取冷库冷藏的方式暂时储存，从而延长销售期。同时充分利用互联网新时代的优势，通过网络在各个平台发布销售信息，并将互联网销售模式定位重点发展模式。借鉴区外农业产业发展战略，推广供港蔬菜基地运营模式，执行国外农残安全标准和标准化操作流程，积极拓展东南亚市场和欧洲市场。提高蔬菜品质，从化肥、农药等的采购，坚持从源头进行严格把控，并在蔬菜供应地区建立质量追溯体系，实现农产品质量安全可追溯，确保蔬菜品质安全。

二、粮食产业探索转型新机制

借助宁夏回族自治区、银川市优质水稻产业联合体平台，政府与平台之间通力合作，逐步建立起粮食产业化服务体系。大力发展有机大米产业，促进优质粮产业转型升级。此外，政府可以对该产业立项研究，探索企业增效、农民增收的利益链接机制。逐步建立起建立新型投资多元化机制，具体实施以政府资金为投入导向，农民及企业资金为投入主体，同时将信贷投入、外资投入和社会投资作为补充。

三、草畜产业改变产业发展策略

1. 牛羊肉产业

采取差异化销售策略，将牛羊肉初级产品加工成半成品或成品进行销售，重点拓展国内外市场。鼓励龙头企业带头发展，加强农户与企业之间的联系，引导发展合同农业、建立专业合作组织等多种发展模式，实现规模化养殖，提高经济效益。成立牛羊肉研究机构,提高产品创新能力,开发新产品,实现将创新驱动转化为现实生产力,同时成立专业技术人才培训基地,培养专业的技术技能型人才,为产业经济增长及结构调整优化提供人才保障。

2. 奶产业

鼓励扶持零散养殖业的奶牛进入市场,通过淘汰奶产量低的奶牛来增加高产奶牛在奶牛群中的比例,提高奶产量和效率来应对市场竞争。加强对行业风险的研究,提前警示可能遇见的行业风险,促进奶产业全程合作,利益与风险共担,最大可能的降低在风险来临时承受的损失。加大奶牛养殖的基础投入,引导奶农科学养殖,同时将奶牛养殖的整个过程包括饲料、药物、奶产品运输、奶产品加工等各方面纳入质量控制流程,严格把关。

3. 优质牧草产业

通过对收获加工机械的改进,引进并推广适合山坡地的机械,在保证牧草质量的前提下适时收获,运用科学的方法进一步加工。政府加大对牧草产业的扶持力度,投入专门的扶持资金,对于相关农机的购买提供政策性补贴,为牧草产业发展提供物质保障。此外,政府还应当加强专业合作社与产业龙头企业的合作交流,实现以龙头企业为核心的产业化经营模式,带动周边农户参与其中实现收入的增加,以此建立完善的利益联接机制。①

第二节　主导产业转型升级

一、枸杞产业建立品牌优势

政府应从全区角度出发,做好规划,在污染较为严重的老种植区发展无公害枸杞,在新规划种植区发展有机枸杞,保核心产区。枸杞发展道路应走精品枸杞发展之路,枸杞产业未来发展不是数量的扩充,而是品质的提升,有机是发展方向,进一步建立健全宁夏有机枸杞质量标准体系。政府做好统筹工作,保护市场,加大市场监管力度,严格控制国家规定的化学违禁药物的使用。另外,通过科技创新保护,促进产业的发展,具体可以由以下几点出发:第一,种植商业模式创新,规模化、集约化种植,统防统治,以提高质量为中心;第二,经营商业模式创新,走精深加工发展之路,提高附加值,政府重点对

---

① 李宇飞:《促进我国家庭农场发育与发展问题研究——基于山东省诸城市家庭农场典型模式的调查》,烟台大学 2014 年博士论文。

深加工企业给予支持；第三，研发模式创新，以企业为中心，市场需求为出发点，加大新技术、新产品研发力度，尤其是枸杞鲜果汁饮料、枸杞保健食品、枸杞方便食品、枸杞化妆品等产品研发，撬动、拉动市场；第四，销售模式创新，整合优势资源，打造以重点龙头企业为核心的联合舰队，抱团经营，打出拳头产品，创出中国名牌。

二、马铃薯产业提高市场经济效益

加强对环保设备研发与推广，解决好污染问题。大力推广全粉加工，把更多马铃薯产品推向市场。引导农户家家建窖、户户储藏，利用标准化窖藏保鲜技术，进行反季节销售。从科学技术层面解决马铃薯新品种选育及栽培过程中遇到的问题，加强病害防治，对成熟后产品贮藏、产品加工等方面立项研究，探索出产品销售方式的新模式，为马铃薯产业实现可持续发展提供强有力的技术保障。

第三节 优势产业转型升级

一、适水产业实施技术体系改造

通过用料模式的转变，促使鲜鱼提早上市，避开鲜鱼大量上市的时段，推动养殖户效益提升。把渔业设施的使用与调水产品的使用进行组合推广，立足养殖户需求，贴近市场服务养殖户，促进养殖环境的优化。推进旧池塘改造，进一步完善“以渔改碱”“以渔养水”等生态渔业技术模式。在改旧换新的同时，大力推进新型渔业技术的示范和推广，实现生态渔业领域的科技创新，从而建立高效、安全、增产的产业技术体系。

二、葡萄产业抢占市场份额

从全区角度层面来规划，建设多地域的试验示范区，不同区域间建立新品种新技术示范区、新管理体制示范区、新型效能示范区等多方面、多种类的试验区，对比研究各示范区对产业产值提升带来的影响，从而解决酒庄生产经营过程中遇到的问题。严把产品质量关，制定产品质量标准，重点针对葡萄生产过程、产品加工、贮藏保鲜、成品包装等环节，依据国家标准对各个环节的技术操作标准制定操作规程。政府对葡萄产业相关基础建设作出保障，完善葡萄酒庄周边水、电、路等基础配套设施，从根本上保证产区发展。相应的，机械设备商要加快生产适应宁夏需求的种植机械，酒庄要推广标准化栽培模式，便于葡萄种植机械化发展。[①]在政府支持下，组建一个专业化的葡萄设备租赁服务公司，为酒庄提供优质机械，从而降低酒庄生产成本，确保葡萄产业标准化和优秀技术的推广落实。拓宽发展思路，与知名果汁加工企业合作，生产葡萄汁饮品，将葡萄籽、葡萄叶、葡萄藤等开发成市场需求旺盛、潜力较大、附加值高的系列保健品和护肤品。

三、中药材产业提高产品附加值

实施多元化经营机制，以企业带领农户、政府引导合作社等模式将加工生产向一体化模式发展。严把生产质量关，加强对无公害产品资格认证的监督管理，构建完善的质量技术监管体系。着力打造中药材市场电子商务模式，通过完善的物流配送机制，大力建设中草药交易市场，逐步实现中药材原材料、中医药产品生产一体化的目标，扶持优势企业带动周边企业共同发展。提高产品附加值，加强与周边大学、农科院等科研机构的合作研究，打造出中药保健品等一些优势特色产品，使中药材产品种类多元化发展。

四、农作物制种产业提高企业带动能力

保证制种数量、制种质量及制种效益，在传统制种结构的基础上，引进培育新型蔬菜杂交制种新品种，根据市场反应情况逐步提高新型蔬菜杂交制种占比，使制种产品呈现出多样化、层次化的结构，从而进一步提升效益。从园区角度来看，打造核心园区，带动示范区发展，形成以示范区带动周边辐射区发展的新体系。不同地域建设不同品种的示范园区，以乡镇、农业合作社、种植大户为主体，构建地域性强的多品种辐射区，通过多梯度的层次性发展，使得不同地域环境下、不同制种技术水平区域的同步高速可持续发展。以龙头企业为核心，充分发挥龙头企业的产业带动能力，帮助中小型企业提升规模扩大生产。建立完善质量技术监督体系，对生产过程严格把关，保证种子质量达标，力求质量优质、安全。推进产业园区一体化建设，以生产加工、交易、技术服务、储藏的多功能的制种产业园为引，引导大型制种企业入驻，形成买全国、卖全国的中国西部种子集散地。

---

① 王秀芬，刘俊，李敬川，于祎飞，刘寅喆：《转型升级是中国葡萄产业可持续发展的必由之路》，《中外葡萄与葡萄酒》2017 年第 4 期，第 117—119 页。

第四节 特色产业转型升级

一、红枣产业打造高精尖品牌

政府不断增加相关科研的投入，通过提高先进设备的引进数量，将红枣深加工作为发展重点，打造具有市场吸引力的红枣深加工产品，例如一些具有高营养价值属性的枣酒、枣类休闲食品等。充分利用红枣可作为保健性食品、高品质活性炭、天然食品添加剂和功能色素重要原料的特性，对枣渣、枣皮、枣核等尾料进行开发利用，开启红枣的多维度、全利用时代，变废为宝，解决红枣产业的过剩危机。同时对市场进行调研，细分深加工产品与初级产品市场，着力打造新时代养生、保健产品。红枣具有多种养生功能，补虚益气、健脾健胃、养血安神等功能都为高端人群所关注的方面，利用其独特的营养价值研发新产品，以养生为招牌，迎合高端消费群体的消费需求，通过精细化营销模式打造高端品牌。另外，大型枣企应采用外销与内销相结合的方式，面向日本、港澳台、东南亚等国家和地区进行销售，通过多地域的推广提升红枣产品附加值，建立品牌优势，全面提高企业销售利润。

二、苹果加工产业发展进步

对企业来说要提升综合加工能力，在果汁类产品上，对高利润率小品种浓缩果汁保持投入；对于副产品，实现果糖、果胶、香精、主剂等高附加值产品的规模化生产与销售。政府应支持各类基地及果园开展有机果品、绿色果品等认证活动，建立相应的质量监督体系，通过认证提高果品质量，始终将质量把控放在首位。相关科研机构加快果品贮藏保鲜及冷链系统建设研究，延长果品贮藏保鲜期，开展果品冷链系统建立和研究，进一步延长果品的货架期，有效解决果品鲜销压力，提高苹果附加值。企业要勇于引进、筛选适合栽培的抗寒、矮化砧木品种、鲜食品种，按照引种程序对引进品种进行认真试验筛选，不断推出优新品种，提升苹果产业市场竞争力。整个苹果产业要构建现代水果产业整体产业链运作模式，通过农业合作社和农民的相互联系，以村为单位，开展合作社培训职业农民的模式，以企业带动合作社、合作社培训农民的方式实现企业快速发展、农民迅速致富双赢的目标。

第四章　优势特色产业转型升级的突出问题及对策

第一节　优势特色产业转型升级面临的突出问题

宁夏特色生态产业的发展在近些年来表现出了强劲的发展势头，经过一定时间的发展，逐步形成了规模化的发展形式、区域化的布局特征、专业化的生产方式以及产业化的经营模式等新格局。这都为宁夏新农村的稳固建设、农业产业效益增收和当地农户增收奠定了坚实的产业基础。随着我国社会市场经济的进一步深化，在农副产品行业表现出了更为激烈的竞争形势。因此，区域经济发展过程中农产品产业的快速转型是必不可少的发展途径，这为实现一个地区经济的腾飞起着重大作用。宁夏地区农业特色产业所取得的成绩虽然让人感到欣喜，但在发展过程中仍存在一部分突出的问题急需解决。

一、市场化程度不高

随着近些年宁夏农业优势特色产业的迅猛发展，其产生的直接经济效益非常显著，但仍存在着农业产业规模化程度较低、农业资源的集约化成本较低等问题，在农产品生产管理和生产技术方面仍属于落后水平，经营分散化的现象较为突出，存在的诸多问题究其原因主要是市场资源配置没有发挥出应有的作用，从而导致了农产品的低产量、低质量和农业经济收益不高等现实问题。农业生产主要是以农户种植为主，较少的农业企业能够实现规模化经营。农户由于现实原因，在农业种植过程中缺乏技术与成本资金的投入，并且存在市场信息不对称的问题，与企业经营相比没有一点优势可言。同时，农户的市场意识不强，主要以个体户生产、出售为主，产品外销优势得不到充分发展。例如，宁夏中宁虽被誉为“中国枸杞之乡”，但当地种植枸杞的农户主要还是以家庭为单位的散户为主，在枸杞种植过程中农户在使用化肥、农药时没有统一的标准，使用较为随意，这种现象在当地其他农产品的种植过程中也时常出现。

二、农产品市场体系不健全

当今,市场国家化的发展趋势更为明显,宁夏所生产出的农产品不仅需要能够满足标准化生产的要求,更应当注重卫生、安全。如今宁夏农产品的种植人员大多对种植质量的把控意识不强,加上农户是弱势群体,种植上缺乏技术上的相关指导。同时,对大多数农产品种植的散户来说,文化水平不高,更多的是通过自我经验积累、自我学习等方式进行种植技术的提高。随着宁夏回族自治区政府在近些年的实践发展,在政府的引导下已经形成了一批具有规模的较为成熟的产业综合配套技术,但技术水平仍处于初始阶段,在实践的过程中仍处于对技术水平的提高、完善技术实施过程以及明确公共服务机制的不断摸索中。宁夏部分中部干旱带和南部山区配套技术设备到位率较低,对防病防虫技术、环境监控、无公害技术的使用率较低,仍存在农业优势特色产业的产量不足、质量较低、收益不高的现实状况。

三、农产品精深加工能力薄弱

宁夏拥有近万余家的农产品相关的精深加工企业,但这些企业普遍存在着规模较小、精深加工能力较弱、创新意识不强和技术水平不够先进的诸多问题。农产品的精深加工仍以农初级产品加工企业为主,能够达到深加工水平的企业很少,导致深加工产品附加值不足,产品竞争优势不够,龙头企业无法发挥企业带动示范作用,农民增收的目的难以达到。例如,枸杞被我们所熟知,但是把枸杞再加工形成枸杞系列文化的产品并不多,只是停留在对枸杞这一初级农产品加工出售的阶段而已。黄河之水生产的淡水鱼,受污染较少,具有自己的优势条件,但未形成增加品牌效益的加工优势。

四、农产品品牌培育不足

宁夏现有的农产品并没有充分发挥品牌优势,提供个性化服务,农产品的个性化培育体系尚属于探索阶段,在开发市场过程中应当依据市场需求定制不同的个性化培育体系。宁夏现有的农产品品牌缺乏竞争力,难以起到拉动相关产业发展的带头作用,并且在国内具有较强影响力的品牌稀少。有些已经开发的农产品品牌,由于品牌相对其他稍有优势,导致恶性竞争的出现,品牌保护的责任也更为艰巨。通过中宁枸杞的例子来看,宁夏中宁枸杞已经形成了全国枸杞产品集散中心地,但是由于外地枸杞的流入,市面上出现的宁夏枸杞存在以次充好和以假乱真的产品质量不规范现象,同时也有部分不良竞争者将宁夏中宁枸杞与外地劣质枸杞混合装袋或是直接用标有中宁商标包装进行以假销售的现象，给中宁枸杞品牌的保护带来不小的难度，使得中宁枸杞品牌信誉受到不小影响。

五、农业生产组织化程度低

现阶段，宁夏共有三千余家农业产业化组织，但是其中能够起到带头示范作用的企业数量不多，仍然有超过一半的农户尚未进入农业化经营管理的机制系统之内，没有得到产业化发展的帮扶。并且，农业产业的多数龙头企业没有与当地农户风险共担利益共享的意识。现实情况反映出许多规模较小的合作经济组织存在生产能力较低、企业发展缓慢的状况，大约只有三分之一的合作组织能实现正常运行模式。再有，遇到市场波动较大的情况时，订单的销售就会受到影响，这就导致违约的现象时有发生，针对此类现象缺乏一种有效的约束力，这些现象制约了农业优势特色产业的发展。

六、投融资渠道单一

近些年来，宁夏农业优势特色产业投入与生产建设仍处于滞后状态，产业投入不能完全满足生产建设的充分需求，当地政府试图通过强农惠农政策的政策，通过增加农业特色产业的扶持力度解决这一问题，但农业产业生产的主体均为农民，农民在特色生态产业的发展过程中，自身经济条件的劣势阻碍了特色生态产业的发展。因此，在地区特色生态产业建设中，通常凭借向金融机构信贷的方式获得所需资金的投入。而农业的投融资方式较为单一，农民在获取信贷资金的过程中无法完善信贷资金的风险监控，相关的风险防控不健全会导致金融资金难以为农业特色产业的发展提供支持力，农民的信贷资金往往变成了金融机构趋利性的商业化运营模式。而经济条件较差的贫困户和农村小微企业的公共金融产品需求又较小，甚至于个别地区完全没有金融产品的需求，条件较好的农民能够通过各种手段向金融机构申请到一定额度的信贷资金，但是经济状况堪忧的农户往往在获取金融资金上有着不小的难度，遇到突发情况需要使用资金时，只能通过高利贷的方式来实现，进而加剧了农户的资金困难程度。当一些农户手头具有好的经营项目时，往往因为资金问题而无法实施，白白错失良好的机会。

七、保护型立法欠缺

宁夏由于地理位置特殊的因素，拥有较多的农业优势特色产业，现已申请了地理标志保护的企业包括了宁夏灵武长枣、中宁枸杞以及贺兰山东麓葡萄酒等特色产业。以产业化生产方式发展地方特色产业，能够为当地农户提供就业岗位，增加收入，解决对外信息不对称的瓶颈，为地区脱贫致富提供了基础条件。但目前品牌保护方面仍有所欠缺，品牌保护工作开展的较为缓慢，保护力度也十分有限。宁夏的枸杞声名享誉全国，可是具有这样知名度的地方特色产品却没有一个规范体系给予品牌上的特殊保护，使得其他地方枸杞以假乱真的现象层出不穷，对宁夏枸杞知名度带来很大影响，建立起来的知名度、信誉度都受到很大冲击，针对性的保护性立法亟待建立与完善。

第二节　优势特色产业转型升级与可持续发展对策建议

生态立区战略关注的是“为何发展、为谁发展、如何发展”的问题，这一战略的提出是基于对宁夏区情的深刻认识以及对党的十九大重要精神的深入理解。宁夏特色生态产业的可持续发展需要生态立区战略对于现阶段农业发展的合理定位，在环境质量与自然系统容量上给予支撑，同样需要在推动农业经济发展方式上提供约束和保障。生态文明建设中保护生态环境就是保护农业的生产力，改善生态环境就是发展农业的生产力，环境保护与经济发展是相互依托、相互扶持的关系，在生态立区战略的实施下，宁夏农业必然会实现经济发展与环境治理保护的共赢。

农业作为国民生计的战略性产业，以及承受自然及市场双重风险的弱质产业，长期以来政府一直在强农惠农富农政策方面给予倾斜支持，给予了很大扶持力度。这些政策大多是以“选择型”政策为主，这样的方式有利于少数产业的不均衡发展，但是同样也存在很大的问题，时常导致结构性失衡。从保障政策的实施方面来看，实施效果还是比较明显的，相关的政策法规实施落实比较到位，经济效益得到良好的改变，这在农业优势特色产业的发展中起到了积极的作用。但是随着现阶段下发展速度的不断提升，以及发展环境的不断改变，原有的一些政策措施支持的力度不能够匹配现实情况，亟待加强。某些方面的政策措施仍然处于一种空闲缺失状态，需要重新进行制定。

一、促进土地的合理流转

针对土地流转问题，建议政府扩大土地流转补贴的受惠范围，由单一的农产品龙头企业受惠，扩展到龙头企业及其带动发展的农村合作社和普通农民，通过扩大受惠面积解决土地流转过程中遇到的重重阻碍,根据实际情况适当提高土地流转补贴金额,避免出现“一刀切”现象。现阶段应逐步建立起适应实际生产需求的土地流转经营机制,通过相关政策法规的建设,制定出详尽的土地流转章程,从原则、方式、程序、合同等方面规范土地流转流程,统一土地流转合同。针对农村土地流转问题立项研究,探索流转过程中流转价格机制及相应的补偿机制,对于土地流转过程中最重要的价格问题,应制定相关标准,规定最低指导价格,完善土地流转保障机制,同时对于土地流转期限做出政策指导,明确期限,降低经营主体承担的流转风险。加强政策支持和资金投入,通过建设县乡土地流转交易平台和服务中心,进行一体化的管理和服务,政府引导解决土地流转中存在的纠纷问题,市场调节土地流转指导价格,农民公平自愿的进行土地流转,依据法律法规做出合理补偿,以此来形成良性循环。①有针对性的给予金融政策倾斜,加大金融支持力度,根据土地流转主体的金融需求,鼓励农业银行等金融机构提供必要的金融支持。

二、实现产业规模化经营

解决现阶段存在的瓶颈问题从根本上就要解决产业存在的市场化程度低、产业规模整体偏小以及产业化结构单一等问题,要想扩大产业经济的整体总量,就要从转变产业经济增长模式上入手,在经济发展的同时与资源环境协调统一,将绿色发展理念与产业规模化经营融为一体,通过科学发展观的正确指导,加快发展速度。现代化规模化生产过程要求成本的低廉与效益的提高,这些都可以通过规模化经营的途径来实现。以陕西省为例,其苹果产业的发展归功于当地独特的地理气候环境以及丰富的土壤资源,陕西省充分利用这一优势,引进推广了诸多国内外先进的技术,加快规模化经营进程的脚步,在陕西建成了多个苹果生产基地,无论是在苹果质量还是在苹果产量上都处于我国苹果产业的前列地位,成为西部地区重要的苹果产品生产加工出口基地,依靠规模化经营,当地的农民群众从中获得不少的收益,成为特色生态产业规模化经营的直接受益者。从陕西这一成功的经验可以看出特色生态产业实现规模化经营对地区经济的发展有着重要意义,对于产品的市场竞争力以及市场参与者的经济效益提高起到重要作用。

---

① 马少兴,马学锋,杨健:《吴忠市农业优势特色产业发展现状、问题及对策》,《农民致富之友》2016年第6期,第84—85页。

三、加快培育新型农业经营主体

进行专项资金的设立与风险保障机制的设立，政府部门设定农业产业化专项资金与农民专业合作社专项资金，实行发放补助、贴息贷款等多种鼓励措施，促进产业生产设施、技术水平的全面提高，激励科研工作的开展与企业生产规模的扩大。对于农业龙头企业进入上市辅导期和列入上市后备资源的情况，区级政府在股权融资、并购重组和发行债券时应当重点支持，自治区重点工程优先纳入新建项目中符合条件的企业。随着农业产业化发展与现代农业综合开发的推广，这部分资金优先提供给农业产业龙头企业与示范性合作社。将农户与龙头企业绑定在一起，共同组建风险保障机制，发生实际支出时优先提取农业产业龙头企业的风险保障金，并在计算企业所得税前依法扣除。

从税收方面施行惠民惠企政策，国家税收对农业产业龙头企业的财政专项扶持资金施行优惠税收政策，不征拖拉机车船税，免征渔船车船税，减免农、林、牧、渔生产用地的土地使用税，简化相关税务登记时的工作流程。免征农户部分营业税，例如在农业的防病害、农业方面的技术培训、家禽或水生动物的配种方面施行免收政策，以设定"绿色通道"的方式为鲜活农产品的整车合法运输免收通行费。

各级政府制定每年新增建设用地的计划时，将农业产业经营主体的扩建、企业费用最低执行价和项目用地申报等工作提前安排妥当。政府部门加强与电力部门沟通，保证企业与农民合作社等农业经营主体正常用电，根据不同用途实行不同的用电执行价，用于种植、养殖、收获等方面的机械用电按照农业生产的标准，其他加工用电按照工商业用电的收费标准。

加强各类金融机构在农村地区的金融服务，农村合作金融机构、政策性银行与商业银行三者共同完善地区金融服务环境。在农村地区建立信用评估等级工作，针对各类新型农业经营主体在金融机构的流水记录进行合理的信用评级，增加信贷资金扶持力度。完善各类农业担保机制，解决经营主体的后顾之忧，新型农业经营主体应享受政策性农业担保公司的充分担保，担保工作能有效缓解新型农业经营主体可能遇到的市场风险与自然风险。自治区财政部门应当提供一部分财政资金用于农业担保机构的风险补偿，推进保险行业向农业的产业融合，通过保险服务减缓新型农业经营可能遇到的风险，为农业的发展"保驾护航"。

四、注重龙头企业的培育

龙头企业一直以来都是产业发展中起带头作用的重要因素之一，加快对龙头企业的培育发展，是宁夏农业优势特色产业转型升级的重要实施路径。通过对龙头企业的培育，可以使产业进一步聚集，使资源得到充分的合理利用，同时培育过程中起到的带头示范作用，对于提升同产业相关企业的整体素质意义巨大，政府同时可以筛选出一批具有同样发展潜力的企业，进而壮大龙头企业的队伍。同时，对于较强的企业在科技研发方面提供政策以及资金的扶持，争取将科学技术转化为实实在在的企业生产力，提高企业的核心竞争力。同时企业自身也应改进生产加工技术，提高企业高、精、深加工能力，紧紧围绕自身企业发展形成具有知识产权的产品加工技术，最终实现农业生产效益规模的提高。

五、发展专业合作组织

生态立区战略的推进实施要求对环境的保护，以往农民散户散种的方式对于生态环境的良好维护起到阻碍作用，因此，大力发展农业合作组织十分有必要，提高农民生产的组织化是推进农业现代化进程、促进生态立区战略实施的重要举措之一。开展地方性的农民专业合作组织，紧紧围绕宁夏回族自治区的13个特色生态产业，对区域性经济的发展意义重大。专业合作组织无论是从产品生产、产品质量把控还是在产品销售方面都密切相关，可以形成完整长效的产业利益链条，对特色生态产业的多元化发展以及多层次经营模式的转变都起到良好的推动作用。合作社可以成为农户与企业合作经营的媒介，要严格遵守合作社与农户权利平等、合作社服务农户、农户服从合作社管理等多项原则来实现，通过合作社与企业签订产品要求合同，农民满足企业产品需求的方式，合理分配农业产业资源，因地制宜地进行产业分类指导，从而为企业带来方便，为农民带来实惠。①

六、推进实施品牌战略

具有优势特色的产品商标可以为农产品市场竞争力的提高添砖加瓦，农产品向更优质、更安全、更出名方向的发展是产业化发展的必然选择。具有品牌的产品在市场经济中的表现更好，越来越多的消费者开始认准名优品牌的产品，做大做好具有品牌效应的农产品，可以在市场竞争中获得绝对的主动权，所

---

① 张黎，叶拓：《推进营山农业优势特色产业发展的思考》，《四川农业科技》2015年第11期，第66—67页。

以对于农业特色优势产业来说,推进实施品牌战略是亟待重视的发展方向。但是,品牌建设必然需要大量的投入,从建设、推广到新品牌的建立,在资金与技术上都需要不断地投入。根据宁夏特色生态产业发展的实际情况来看,产业主体依旧是以家庭为主,不具备品牌建设能力,所以只能通过政府的支持来实现。从政府角度来说,成立品牌战略公关团队,通过人力资源、物质条件、财力支持等多方面途径对农户农产品进行推广和代言,同时给予资金、技术等方面的政策支持,对现有名牌进行保护,对发展中名牌进行推广支持,建立良好的信誉形象来创立品牌。

七、提高农业机械化发展水平

政府应该充分运用补贴政策的引导作用,为了能够尽快推进农业全程机械化的发展,补贴资金应向农业生产过程中的薄弱环节和关键环节倾斜,对于技术、装备等应补尽补,由于相关大中型机械金额较大,对列入补贴项目的大中型机械实行优先补贴的政策,并且相应的对农机柴油进行补贴,制定合理的农机柴油补贴政策,带动起农民购买使用农业自动化机械的积极性。

重视农机合作社在引导农业发展过程中的作用,围绕特色生态产业发展要求,对农机产业合作社发展做出规划,增大农机产业合作社的覆盖力度,争取每1—2万亩土地覆盖一个农机产业合作社。对土地流转大户、新型农业经营主体着重推广,鼓励建立农机产业合作社,并提供政策倾斜,启动资金有困难的,提供贷款援助,并根据相应贷款凭证,给予贴息补助。

加强对农业机械化装备的研发与创新,从而建立特色生态产业全程机械化平台,通过技术创新与制度创新将农业机械化与农业技术相互融合,做到农业机械化服务于农业艺术,农业艺术指导农业机械化发展,促进农业机械化水平向更高层次的发展。

八、促进现代农业技术推广应用

针对现代农业发展中存在的各项数据,建立相应的基准数据库,高标准、严规范的把控数据采集、数据传输、数据储存以及数据交汇等各阶段,大数据的收集整理为农业发展决策提供数据支持与基础支撑;对数据库中内容建立相应的智能模型系统,做好数据挖掘工作,优化处理分析结果以便辅佐农业决策的制定,以科学严谨的方法为农业决策提供数据支持;同时多部门共享数据,为相关农业检测管理部门提供信息支撑,全方位引导现代农业的发展。

对于农业经费实行办法方面同时也要进行改革，成立农业科技推广专项资金，以项目经费的方式进行资金发放，成立专门的项目资金管理领导小组，吸引相关农业学家、经济学家以科研项目的形式进行农业科技推广，最终根据项目完成情况以及农业市场表现、是否实现增收来决定项目资金的发放，制定相关措施确定项目认定标准，以科研带动推广的方式实现农业生产新技术的推广。

与此同时，还应加强与科研院所的合作，争取高层次技术人才深入到农业技术推广应用一线工作中，对投入一线工作的高校大学生和教师实行考核制度，根据推广范围和效益体现来发放项目资金，吸引高层次的专业型农业技术人才加入到农业科学技术推广应用工作中。

九、开发特色产业发展人力资源

就人才培养而言，资金支持只是基础，建议除资金奖励之外，在龙头产业从事科学研发的相关高层次人才，对其人事关系、专业技术资格评定等方面给予一定的政策扶持，鼓励高层次人才带领组织一批素质精良、结构合理的青年人才队伍，建立完善的奖励机制，对科技创新能力突出、产业发展作出巨大贡献的人才给予补贴支持，完善知识产权，保护高层次人才权益。通过对优势产业和特色产业中重大项目的建立，引进国内外人才投身其中，扩大高层次人才队伍。高层次人才培养为主，农民专业技术培育为辅。实地调研农民生产技术培训的需求，有针对性地开展培训工作。培训资金管理实现科学化，资金投入以政府资金为主，吸引公益企业、金融机构等社会力量注入资金，实现资金来源的多元化。鼓励龙头企业带领农民进行技能培训，建立合理的奖励制度，对于培训成果显著的优秀农民学员，给予一定的物质奖励，从而带动农民参与培训的积极性。重视新时代下“互联网＋”在农民培训中的应用，借助网络培训的优势，培养出有文化、懂技术农民学员，努力培养出一批新型职业农民。

十、给予优势特色产业地方立法保护

宁夏作为我国民族自治区之一，具有《宪法》赋予的民族区域地方自治权，宁夏可以依据此天然优势，制定特色生态产业相关的条例法规，以法律文件的形式支持农业优势特色产业的发展，也可以根据制定的相关条例给予政策倾斜支持。在制定的宁夏地方产品保护办法中，应从资金支持、监督管理、侵权处罚等多个方面对产业提供法律保护。针对有突出特色的例如枸杞产业等相关产业，还可以专门制定针对性的法律条例，给予针对性的法律保护。同时，在立法保护的具体实施过程中，法律条例的合理制定尤为重要，但条例实施的合法性与规范性也不容忽视，明确执法主体、执法过程的公开透明化以及执法部门的监督管理都要作为重点关注的方面，推进地方农业优势特色产业的法定化进程。

农业作为我国社会经济发展的基础产业，是我国三大产业中生产主体最多、区域面积最广、发展历史最为长久的产业。对农业及特色生态产业的转型升级，是实现人与自然和谐统一、全面建成小康社会发展道路里程中不可忽视的重要方面。针对宁夏农业的特色生态产业，进一步推导出支柱产业、主导产业、优势产业和特色产业，并提出相应的发展路径措施，面对农业优势特色产业转型升级过程中面临的突出问题，做出相关的政策性建议，旨在为宁夏农业优势特色产业提供新的发展思路，早日实现农业现代化以及宁夏全面建成小康社会的发展目标。

农业产业转型升级是一个必须长期坚持的过程，不能一蹴而就。并且本书也存在着诸多不足，产业转型升级过程包括产业内部的转型升级以及产业之间的转型升级，如何使农业与工业、服务业完美融合，探索出新的转型升级路径，如何协调管理各产业间存在的问题等等，这些问题都有待解决。宁夏特色生态产业转型升级任重而道远，需要我们在农业的发展中，不断地根据实际情况来综合调整特色生态产业升级的有效方式。在今后的特色生态产业发展中，力争实现环保清洁、高产高效的符合生态文明建设发展要求的目标，从而全面推动宁夏社会经济的稳定增长。

结　语

西北地区不仅作为我国"两屏三带一区多点"生态安全战略格局的重要组成部分,更是我国重要的生态屏障。本书对西北区域生态环境及其变迁,从纵向生态文明历史演进和横向生态文明区域发展两个维度进行了全面的总结和反思,我们可以看出西北地区的生态区位除了保障着华北、东北地区的生态安全之外,而且又连接中亚、西亚地区,其在维护边疆稳定和持续发展的大格局中起着至关重要的作用。

生态文明建设是中华民族实现伟大复兴中国梦的重要支撑和组成部分,树立大局意识,深刻领会习近平总书记生态文明思想的内涵及实质,在西北区域环境的历史变迁中深入践行生态文明思想,将山水林田湖草作为一个整体进行统筹和治理,形成人与自然和谐发展的现代化建设新格局,推动西北地区生态文明建设,具有重大的历史意义和深刻的现实意义。习近平总书记多次到陕甘宁青省区考察,近期在视察宁夏时明确指示:努力建设黄河流域生态保护和高质量发展先行区,赋予西北生态区域新的时代重任。对西北区域环境历史变迁与现实发展的关注和研究,将推动西北地区生态环境综合治理与区域经济绿色转型发展。

2020年开年所暴发的新型冠状肺炎引发了人类与病毒之间的灾疫战,是大自然对人类的再次警告。人类逐渐明白,作为生态系统中的成员,人与自然界生物都享有生存与发展的权利。从远古走来,人类无数次企图扮演自然界"主人"的角色,但每次自然都给人类重重地回击。工业文明给人类操控自然的力量、财富与便利,同时也带来污染、疫病等不可持续发展问题,使"我们现在的经济正在破坏着自然支持系统,这是一条把我们推向衰退和崩溃的道路"。面对一场突如其来的灾疫战,人类在疲于应战的同时应该冷静地思考下人与自然关系变异的根本原因。以人类为中心的工业文明时代即将过去,以人与自然和谐发展的生态文明社会已经到来,发展马克思主义生态文明哲学思想,不仅为中国生态和谐社会建设点亮“明灯”，也为世界各国实现人与自然和谐发展指明了方向。

2021年9月21日，习近平总书记在北京以视频方式出席第七十六届联合国大会一般性辩论并发表题为《坚定信心共克时艰共建更加美好的世界》的重要讲话。习近平的讲话为全球发展提出重要倡议，为国际社会共同应对挑战，推动实现更加强劲、绿色、健康的全球发展，构建人类命运共同体凝聚起强大合力。

人与自然关系贯穿于人类社会发展的历史进程，人类与灾害的斗争从未停止过，中国共产党人以马克思主义生态理论为指导，在生态文明的历史演进及抗灾斗争实践中形成与发展中国生态文明思想。回顾中国文明发展史和灾疫史，只有深刻反思文明演进中人与自然之间的关系的变异，系统总结中国共产党人应对灾疫战中升华人与自然关系的生态哲学思想，厘清人类与自然关系的价值体系内容，分析生物的多样性与公平性辩证关系，论证人的能力发展无限性与有限性的逻辑联系等，才能重新构建人与自然的和谐发展生态哲学理论，人类文明才能在经受灾疫和磨难后得到永续发展，从而为全球生态安全和人类生命安全、构建人类命运共同体贡献中国智慧，提供中国新理念、新思维，这也是本书的主旨。

后　记

生态文明是人类文明发展的历史趋势，反映了一个社会的文明进步状态。生态文明建设是中华民族实现伟大复兴中国梦的重要支撑和组成部分，树立大局意识，深刻领会习近平总书记生态文明思想的内涵及实质，在西北区域环境变迁历史进程中践行生态文明思想，将山水林田湖草作为一个整体进行统筹和治理，形成人与自然和谐发展的现代化建设新格局，推动西北地区生态文明建设，具有重大的历史意义和深刻的现实意义。

本书为西北大学科学史高等研究院学术成果，暨北方民族大学国家民委西北少数民族社会发展研究基地项目成果，项目组成员深入西北各省区进行持续的田野调查和历史文献资料搜集及数据采集，在搜集整理大量历史文献资料和数据资料基础上，经过不懈的研究和探索，最终成书《生态文明与西北区域环境变迁》。本书由束锡红教授总策划，确定选题、写作提纲及总体思路，并具体负责实施、组织课题调研，协调课题进度。各部分具体撰写分工如下：绪论、结语由束锡红撰写，第一编由束锡红、张跃东、陈祎撰写，第二编由胡鹏撰写，第三编由屈原骏、丁文强撰写，第四编由束锡红、汪亚光、孔丽霞、聂君、叶毅撰写，第五编由陈昊、屈原骏、夏亮亮撰写。全书最后由束锡红教授、丁文强副教授、潘光繁博士统稿和定稿。

本书从调查研究到付梓凝结了许多人的心智和热情，北方民族大学许多同学参与调查过程，同时得到各级政府部门的大力支持和帮助。在这里对于给予过我们支持和帮助的人们表示最衷心的感谢！

由于涉及地域广泛、涉及人群众多等原因，我们搜集到的文献资料、访谈和数据资料仍有所局限，这给本书的成稿带来了一定的困难，但我们最终还是以极其认真负责的态度完成了这本书，但受各种复杂条件的限制，加之我们在理论水平和学术视野等方面的局限性，有些观点和看法尚显不足。对于书中欠妥、错误之处，我们恳请广大读者和同行予以批评指正，以便我们在今后的研究中进一步完善和充实。

作者

2021 年 12 月 25 日

图书在版编目(CIP)数据

生态文明与西北区域环境变迁/束锡红等著.—上
海:上海人民出版社,2022
ISBN 978-7-208-17543-3

Ⅰ.①生…　Ⅱ.①束…　Ⅲ.①生态环境建设-研究-
西北地区　Ⅳ.①X321.24

中国版本图书馆CIP数据核字(2021)第276733号

责任编辑　赵　伟
封面设计　陈绿竞

生态文明与西北区域环境变迁
束锡红　胡　鹏　陈　袆　屈原骏　著

出　版　上海人民出版社
(201101　上海市闵行区号景路159弄C座)
发　行　上海人民出版社发行中心
印　刷　常熟市新骅印刷有限公司
开　本　720×1000　1/16
印　张　23.25
插　页　2
字　数　355,000
版　次　2022年2月第1版
印　次　2022年2月第1次印刷
ISBN 978-7-208-17543-3/X·9
定　价　95.00元